教育部高等学校地矿学科教学指导委员会
矿物加工工程专业规划教材

矿物物理分选

主　编　魏德洲
副主编　何平波　文书明　孙春宝

·长沙·

教育部高等学校地矿学科教学指导委员会
矿物加工工程专业规划教材

编审委员会

矿物物理分选

编 委 会

主　　编　魏德洲

副 主 编　何平波　文书明　孙春宝

参　　编　(按姓氏笔画排序)

邓海波　刘文刚　周　源

高淑玲　彭会清　戴惠新

主编单位　东北大学

参编单位　昆明理工大学

中南大学

北京科技大学

武汉理工大学

江西理工大学

总序

“人口、发展与环境”是21世纪人类社会发展过程中的重要问题，矿物资源是人类社会发展和国民经济建设的重要物质基础。从石器时代到青铜器、铁器时代，到煤、石油、天然气，到电能和原子能的利用，人类社会生产的每一次巨大进步，都与矿物资源利用水平的飞跃发展密切相关。

人类利用矿物资源已有数千年历史，但直到19世纪末至20世纪20年代，世界工业生产快速发展，使生产过程机械化和自动化成为现实，对矿物原料的需求也同步增大，造成了“矿物加工”技术从古代的手工作业向工业技术的真正转变，在处理天然矿物原料方面获得大规模工业应用。

特别是20世纪90年代以来，我国正进入快速工业化阶段，矿产资源的人均消费量及消费总量高速增长，未来发展的资源压力随之加大。我国金属矿产资源总量不少，但禀赋差、品位低、颗粒细、多金属共生复杂难处理，矿产资源和二次资源综合利用率都比较低。

矿物加工科学与技术的发展，需要解决以下问题。

(1)复杂贫细矿物资源的综合回收：随着富矿和易选矿物资源不断开采利用而日趋减少，复杂、贫细、难处理矿产资源的开发利用成为当前的迫切需要。

(2)废石及尾矿的加工利用：在选矿过程中，全部矿石经过碎磨，消耗了大量原材料和能源，通常只回收占总矿石质量10%～30%的有用矿物，大量的伴生非金属矿不仅未能有效利用，并且当作“废石”和“尾矿”堆存成为环境和灾害的隐患。

(3)二次资源：矿山、冶炼厂、化工厂等排出的废水、废渣、废气中的稀有、稀散和贵金属，废旧汽车、电缆、机器及废旧金属制品等都是仍然可以利用的宝贵的二次资源。由于一次资源逐步减少，二次资源的再生利用技术的开发无疑成了矿物加工领域的重要课题。

(4)海洋资源：海洋锰结核、钴结壳是赋存于深海底的巨大矿产资源，除富含锰外，铜、钴、镍等金属的储量也十分丰富，此外，海水中含有的金属在未来陆地资源贫化、枯竭时，也将成为人类的宝贵资源。

（5）非矿物资源：城市垃圾、废纸、废塑料、城市污泥、油污土壤、石油开采油污水、内陆湖泊中的金属盐、重金属污泥等，也都是数量可观的能源资源，需要研发新的加工利用技术加以回收利用。

面对上述问题，矿物加工科技领域及相关学科的科技工作者不断进行新的探索和研究，矿物加工工程学与相邻学科的相互交叉、渗透、融合，如物理学、化学与化学工程学、生物工程学、数学、计算机科学、采矿工程学、矿物学、材料科学与工程已大大促进了矿物加工学科的拓展，形成各种高效益、低能耗、无污染矿物资源加工新知识、新技术及新的研究领域。

矿物加工的主要学科方向有：

（1）浮选化学：浮选电化学；浮选溶液化学；浮选表面及胶体化学。

（2）复合物理场矿物分离加工：根据流变学、紊流力学、电磁学等研究重力场、电磁力场或复合物理场（重力＋磁力＋表面力）中，颗粒运动行为，确定细粒矿物的分级、分选条件等。

（3）高效低毒药剂分子设计：根据量子化学、有机化学、表面化学研究药剂的结构与性能关系，针对特定的用途，设计新型高效矿物加工用药剂。

（4）矿物资源的生化提取：用生物浸出、化学浸出、溶剂萃取、离子交换等处理复杂贫细矿物资源，如低品位铜矿、铀矿、金矿的提取，煤脱硫等。

（5）直接还原与矿物原料造块：主要从事矿物原料造块与精加工方面的科学研究。

（6）复杂贫细矿物资源综合利用：研究选－冶联合、选矿、多种选矿工艺（重、磁、浮）联合等处理一些大型复杂贫细多金属矿的工艺技术和基础理论，研究资源综合利用效益。

（7）矿物精加工与矿物材料：通过提纯、超细粉碎、纳米材料制备、表面改性和材料复合制备等方法和技术，将矿物加工成可用的高科技材料。

现今的矿物加工工程科学技术与20世纪90年代以前相比，已有更新更广的大发展。为了适应矿业快速发展的形势，国家需要大批掌握现代相关前沿学科知识和广泛技术领域的矿物加工专业人才，因此，搞好教材建设，适度更新和拓宽教材内容对优秀专业人才的培养就显得至关重要。

矿物加工工程专业目前使用的教材，许多是在20世纪90年代前出版的教材基础上编写的，教材内容的进一步更新和提高已迫在眉睫。随着教育部专业教育规范及专业论证等有关文件的出台，编写系统的、符合矿物加工专业教育规范的全国统编教材，已成为各高校矿物加工专业教学改革的重要任务。2006年10月在中南大学召开的2006—2010年地矿学科教学指导委员会（以下简称地矿学科教指委）成立大会指出教材建设是教学指导委员会的重要任务之一。会上，矿物加工工程专业与会代表酝酿了矿物加工工程专业系列教材的编写拟题，之后，中南大学出版社主动承担该系列教材的出版工作，并积极协助地矿学科教指委于2007年6月在中南大学召开了“全国矿物加工工程专业学科发展与教材建设研讨会”，来自全国17所院校的矿物加工工程专业的领导及骨干教师代表参加了会议，拟定了矿物加工专业系列教材的选题和主编单位。此后分别在昆明和长沙又召开了两次矿物加工专业系列教材编写大纲的审定工作会议。系列教材参编高校开始了认真的编写工作，在大部分教材初稿完成的基础上，2009年10月在贵州大学召开了教材审稿会议，并最终定稿，交由中南大学出版社陆续出版。

本次矿物加工专业系列教材是在总结以往教学和教材编撰经验的基础上，以推动新世纪矿物加工工程专业教学改革和教材建设为宗旨，提出了矿物加工工程专业系列教材的编写原则和要求：①教材的体系、知识层次和结构要合理；②教材内容要体现科学性、系统性、新颖性和实用性；③重视矿物加工工程专业的基础知识，强调实践性和针对性；④体现时代特性和创新精神，反映矿物加工工程学科的新原理、新技术、新方法等。矿物加工科学技术在不断发展，矿物加工工程专业的教材需要不断完善和更新。本系列教材的出版对我国矿物加工工程专业高级人才的培养和矿物加工工程专业教育事业的发展将起到十分积极的推进作用。

形成一整套符合上述要求的教材，是一项有重要价值的艰巨的学术工程，绝非一人一单位之力可以成就的，也并非一日之功即可造就的。许多科技教育发达的国家，将撰写出版了水平很高的、广泛应用的并产生了重要影响的教材，视为与高水平科学论文、高水平技术研发成果同等重要，具有同等学术价值的工作成果，并对获得此成果的人员给予的高度的评价，一些国家还把这类成果，作为评定科技人员水平和业绩和判据之一。我们认为这一做法在我国也应当接纳及给予足够的重视。

感谢所有参加矿物加工专业系列教材编写的老师，感谢中南大学出版社热情周到的出版服务。

王淀佐

前　言

本书是根据教育部高等学校地矿学科教学指导委员会的教材出版规划,从矿物加工工程学科的发展和各种分选方法的应用范围不断扩大这一客观事实出发,为了使矿物加工工程专业本科生的培养跟上科学技术发展的步伐,在原有多种教材的基础上编写而成的。

为了适应“加强基础、淡化专业”这一培养本科生的总体指导思想,本书的编写立足于介绍矿物物理分选方法的基本概念、基本原理、主要设备和常见分选工艺。书中的内容包括重选、磁选与电选。本书可作为矿物加工工程专业本科生相应课程的教材,也可以作为工作在矿物加工领域的技术人员和相关专业的学生及技术人员的工作参考书。

参加本书编写工作的有:东北大学的魏德洲(绪论、第 14 章)、高淑玲(第 5 章)、刘文刚(第 12 章),中南大学的何平波(第 10、第 11 章)、邓海波(第 7、第 8、第 9 章),昆明理工大学的文书明(第 1、第 2 章)、戴惠新(第 15、第 16 章),北京科技大学的孙春宝(第 3、第 4 章),武汉理工大学的彭会清(第 13 章),江西理工大学的周源(第 6 章)。魏德洲担任主编,何平波、文书明、孙春宝担任副主编。魏德洲对全书作了统一整理和修改;各位副主编审阅了全部书稿。由于编者水平有限,书中难免存在缺点和错误,恳切希望读者批评指正。

在本书编写过程中,中南大学的黄枢教授、孙仲元教授对书稿进行了认真审查,提出了许多宝贵意见,在此一并致以诚挚的谢意。

编者

2018 年 5 月

目　录

第一篇　重　选

第二篇　磁选与电选

绪 论

0.1 矿物分选的任务及发展简史

矿物分选是一门关于依据矿物之间密度、磁性、导电性等的差异，对矿物进行分选的理论与实践的课程，其中心任务是客观而系统地介绍实现分选所需要的科学技术和典型的生产工艺。本着拓宽矿物加工工程学科的专业口径和客观表述目前已广为利用的分选方法的原则，书中将分选方法的处理对象扩展到了矿石、煤炭、建筑材料、化工原料及产品、工业废渣、生活垃圾等所有需要分选的固体物料。

矿物分选是随着科学技术的不断发展而形成的。最简单而古老的分选方法是人工拣选，即人们凭借直接观察、感觉判断，对多种组分的固体混合物料进行按组分分选。尽管我们无法探究人工拣选和重选究竟哪一种首先被人们所掌握，以及何时、何地为人类首次利用，但第一种实现机械化生产的分选方法确实是重选。

起初，人们在日常生活中，逐渐掌握了依据固体物料中不同组分的密度差异，借助于水流或空气流的作用(流体动力作用)，对其进行按密度分类的技术(如淘米、扬场等)，这就是典型的重选方法。后来，由于冶金技术的发展，为了满足生产需要，人们将人工拣选技术用于分选金属矿石的同时，又将掌握的重选技术应用到了金属矿石的分选过程中，从而宣告了重选工艺的正式问世。例如，在明朝宋应星所著的《天工开物》一书中，就有关于铁矿石选矿的记载，其具体表述为："凡砂铁一抛土膜即现其形取来淘洗入炉煎炼熔化之后与锭铁无二也。"当然，那时的生产技术十分简陋，处理的大都是砂矿或仅经过人工破碎的、成分比较简单的金属矿石。

随着冶金工业的进一步发展和多金属复杂矿石的开发利用，尽管重选方法已于19世纪30—40年代进入了机械化生产的历史阶段，但仅利用单一的重选方法仍远远不能满足实际生产的需要。于是，人们经过大量的试验研究，又于20世纪初，相继将浮选、磁选和电选成功地应用到了选矿工业生产中。

由于上述分选方法都是为了满足矿石分选的需要而发展起来的，在中国，人们不仅习惯上将它们分别称为重力选矿、浮游选矿、磁电选矿等，而且还沿用苏联的做法，分别建立起了相互独立的理论体系和高等教育课程。然而，随着科学技术的不断发展，分选技术及其准备作业的应用范围早已超出了矿石的处理，目前它们被广泛应用于冶金、化工、建筑、能源、农业、环境等涉及固体物料分选的各行业。

为了促进学科发展和技术进步，冶金工业出版社于1987年和2000年先后出版了丘继存主编的《选矿学》和魏德洲主编的《固体物料分选学》(2009年第二版)；煤炭工业出版社于1992年出版了张家骏和霍旭红主编的《物理选矿》；科学出版社于2005年出版了王淀佐、邱冠周和胡岳华主编的《资源加工学》。这些教科书在一定程度上打破了各种分选方法被人为割裂的框框，为系统而全面地介绍分选方法奠定了基础。为了客观而系统地介绍重选、磁选和电选的基本概念、理论体系及其在固体矿产资源加工利用过程中的地位和作用，我们在现有的各种教科书的基础上，参考有关的专著和新近发表的研究成果，编写了这本《矿物物理分选》，以达到既能适应矿物加工工程学科发展的需要，又能表达分选方法具有广泛应用领域的客观事实，达到能被相关学科参考借鉴的目的。

0.2 分选的目的和根据

之所以要对固体矿产进行分选，主要是为了更合理、更充分地对它们加以利用。例如，对于低品位的铁矿石，如果不进行分选富集，则会由于技术或经济原因而无法用来炼铁，从而使之成为一种不能利用的含铁岩石。

又如，开采出来的原煤，如果不进行分选提纯和除杂的话，一方面会因矸石含量太高而使得运输费用和灰分上升、热值下降；另一方面，还会因含硫量过高，燃烧时产生大量的二氧化硫而污染环境。所有这些都使得煤炭的利用价值大幅度下降，尤其是一些高硫煤，甚至因缺乏技术上合理、经济上可行的分选工艺，而无法开采利用。

对矿物进行分选的主要根据是不同矿物之间的物理及化学性质的差异。依据所利用的性质，可以对分选方法进行进一步的分类。例如，依据矿物之间密度的差异进行的分选称为重选；依据矿物之间磁性的差异进行的分选称为磁选；依据矿物之间导电性的不同进行的分选称为电选；依据矿物之间颗粒表面润湿性的差异进行的分选称为浮选；依据矿物之间颜色、光泽、放射性等的差异进行的分选称为拣选。可利用的矿物性质及常用的分选方法如表0－1所示。

表0－1　分选可利用的矿物性质和常用的分选方法

矿物性质	分选方法	工艺
密度	重选	洗矿、分级、重介质分选、跳汰分选、摇床分选、溜槽分选、风力分选、磁流体分选等
磁性	磁选	弱磁场磁选机分选、强磁场磁选机分选、超导磁选机分选等
导电性	电选	高压电选
润湿性	浮选	泡沫浮选、表层浮选、油浮选、油团聚分选、粒浮、台浮、液－液分离、离子浮选、油膏分选等
颜色、光泽、放射性等	拣选	手选、激光拣选、X射线激发检测拣选、放射性检测拣选、中子吸收检测拣选、光中子检测拣选、红外扫描热体拣选等

分选方法的应用，可大致归纳为如下7个方面：

1）将固体物料按照一定的要求分选成不同的产品，以满足生产需要或增加其使用价值。例如，火力发电厂产出的粉煤灰中，含有一些空心微珠，可用作生产防火涂料的原料，而其他组分可用作制砖原料，应用重选方法将这两种组分分选开，分别用于不同的目的，以增加粉煤灰的利用价值。

2）将矿石中有价成分富集起来，使之达到冶炼或其他工业上规定的要求，以便合理地、经济地、有效地利用矿产资源。例如，通常开采出的钼矿石，其钼含量仅有千分之几或万分之几，如此低的含钼量，无论采用什么样的冶炼技术都无法对其直接进行冶炼，必须先进行富集，分选出钼含量达40%以上的钼精矿以后，方能进行冶炼。

3）除去矿石中所含的有害杂质，使之易于或能够被利用。例如，一些含铁较高的高岭土矿石，如果不利用某些分选方法有效地脱除其中的大部分铁，就不能被用来生产陶瓷制品或用作工业填料和涂料。

4）将矿石中多种有用矿物分选成各种精矿产品，以利于分别加工利用。例如，含铜、铅、锌的多金属硫化物矿石，在用来冶炼提取金属铜、铅、锌之前，必须从中分选出铜精矿、铅精矿和锌精矿或者分选出铜精矿和铅锌混合精矿，否则冶炼过程将无法进行。

5）从废物、废渣（如城市固体垃圾、冶炼炉渣、电解泥等）中回收有价成分，解决废物利用问题。例如，生产铁合金的冶炼炉渣中含有一些铁颗粒，如果不将其中的铁分选出来，则会造成资源的大量浪费。

6）从废液或工业废水中回收有价成分或净化排放污水，保护自然环境。例如，工业废水中常常含有不同性质的固体悬浮物，根据这些悬浮物的具体性质，可利用浮选、重选或磁选方法予以回收，既充分利用了资源，又达到了净化工业废水的目的。

7）从空气或废气中分离出粉尘，控制大气污染。在工业生产过程中，往往会产生一些粉尘扩散到周围的大气中，由于粉尘颗粒与空气之间存在着明显的密度差异，所以可利用重选或过滤的方法将粉尘回收，达到净化空气的目的。

0.3 分选的基本过程及常用术语

从对固体物料进行分选的依据中可以看出，无论采用哪种分选方法，保证分选过程有效进行的前提都是待分选的组分之间存在并能表现出某些物理及化学性质方面的差异。因此，在对固体物料进行分选之前，必须使各种组分（或其中的一种）基本上呈单体状态，也就是说，给入分选作业的物料，在粒度符合选别作业要求的同时，还必须是包含具有不同物理及化学性质颗粒的碎散物料粒群，这样才能实现有效的分选。正是由于这一实际要求，在对物料进行分选之前，一般都需经过准备作业（通常包括破碎筛分和磨矿分级），以制备出符合分选作业要求的给料。所以固体物料的分选过程大都包括选前准备、分选作业和产品处理3个基本环节。

在涉及矿石分选的试验研究和工业生产实践中，经常遇到的术语有如下一些：

1）矿物：矿物是由地质作用所形成的、具有相对固定化学组成的天然单质或化合物，是组成岩石和矿石的基本单元，在一定的物理化学条件范围内稳定；绝大多数矿物是固态无机物，液态的（如自然汞）、气态的（如氦）以及有机物（如琥珀）仅占很小部分；呈固态的矿物具有确定的内部结构，其中绝大部分属于晶质矿物，只有极少数（如水铝石英）属于非晶质矿物。

2）岩石：岩石是天然产出的具有一定结构构造的矿物集合体，它构成地球上层部分（地壳和上地幔），在地壳中具有一定的产状；按成因可将岩石分为火成岩、沉积岩和变质岩3类，其中以火成岩最多，在地壳深至16 km范围内，95%以上为火成岩。

3）矿石：矿石是在当前技术、经济条件下（或经济上）可供利用的特殊的岩石。

4）原料（原矿）：给入选矿厂的待分选的物料。

5）给料：给入某一个选别回路或者分选设备的物料。

6）高密度产物（重选精矿）：经过重选而得到的、主要由高密度矿物组成的产品。

7)低密度产物(重选尾矿):经过重选而得到的、主要由低密度矿物组成的产品。

8)磁性产物(磁选精矿):经过磁选而得到的、主要由磁性矿物组成的产品。

9)非磁性产物(磁选尾矿):经过磁选而得到的、主要由非磁性矿物组成的产品。

10)疏水性产物(浮选泡沫):经过浮选而得到的、主要由疏水性矿物颗粒组成的产品。

11)亲水性产物(槽内产物):经过浮选而得到的、主要由亲水性矿物颗粒组成的产品。

12)导体产物(电选精矿):经过电选而得到的、主要由导体矿物组成的产品。

13)非导体产物(电选尾矿):经过电选而得到的、主要由非导体矿物组成的产品。

14)中间产物(中矿):分选过程产出的、需要进一步处理的产品。

15)原矿:矿山开采出的、没有进行过加工的矿石。

16)精矿:分选作业或选矿厂得出的、富含一种或几种欲回收成分的产物,如铁精矿(富含铁的产物)、铜精矿(富含铜的产物)、铜铅混合精矿(富含铜和铅的产物)。

17)尾矿:分选作业或选矿厂得出的、主要由脉石矿物组成的产物。

18)品位:给料或产物中某种成分(如元素、化合物或矿物等)的质量分数,常用%或g/t、g/m^3表示。

19)产率:某一产物与给料或原料的质量比,常用字母γ表示。

20)回收率:产物中某种成分的质量与给料或原料中同一成分的质量之比。在工业生产实践中,回收率又细分为理论回收率和实际回收率两种。理论回收率是用给料和产物的化验品位,基于物质量平衡的原理计算出来的。对于一个两种产物的分选过程,若给料和两种产物的质量分别为Q_0、Q_1和Q_2,相应的某种成分的品位分别为α、β和θ,则有:

$$Q_0\alpha = Q_1\beta + Q_2\theta \tag{0-1}$$

$$Q_0 = Q_1 + Q_2 \tag{0-2}$$

由式(0-1)和式(0-2)得: $Q_0(\alpha-\theta) = Q_1(\beta-\theta)$

亦即:

$$\frac{Q_1}{Q_0} = \frac{\alpha-\theta}{\beta-\theta} \tag{0-3}$$

根据回收率的定义,得该成分在产物Q_1中的理论回收率ε为:

$$\varepsilon = \frac{Q_1\beta}{Q_0\alpha} = \frac{\beta(\alpha-\theta)}{\alpha(\beta-\theta)} \times 100\% \tag{0-4}$$

式(0-4)就是理论回收率的计算式。根据定义,产物Q_1的产率γ的计算式为:

$$\gamma = \frac{Q_1}{Q_0} = \frac{(\alpha-\theta)}{(\beta-\theta)} \times 100\% \tag{0-5}$$

因此,理论回收率的计算式又可以表示为:$\varepsilon = \dfrac{\beta}{\alpha}\gamma$ (0-6)

对于实际回收率,则是直接对给料和产物进行计量和品位化验,并根据所得数据直接计算出的回收率,亦即:

$$\varepsilon_{实际} = \frac{Q_1\beta}{Q_0\alpha} \times 100\% \tag{0-7}$$

21)选矿比:选得1 t销售产物(最终精矿)所需原料(原矿)的吨数。

22)富集比:产物中某种成分的品位与给料中同一成分的品位之比。

23)分选工艺流程图:表示分选过程的作业顺序及产品流向的线路图称作分选工艺流程图(见图0-1)。其中,A、B、C 3个部分又分别称为破碎流程、磨矿流程和分选流程。

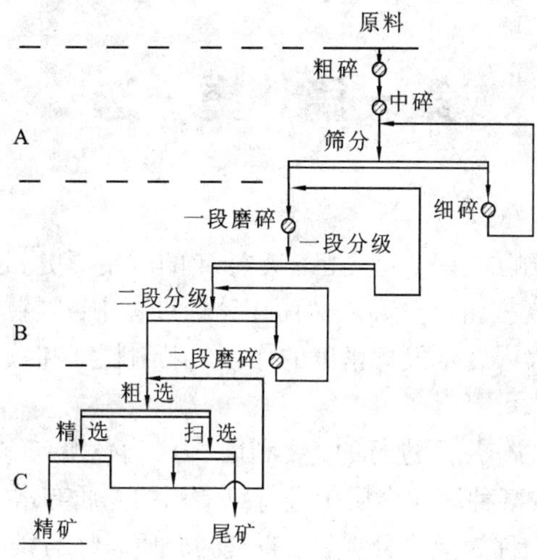

图0-1 分选工艺流程图

24)单体颗粒：仅含有一种化学成分(组分)或物质的颗粒。

25)连生体颗粒：含有两种或两种以上组分或物质的颗粒。

26)单体解离度：给料或分选所得的产物中，某种组分呈单体颗粒存在的量占给料或产物中该组分总量的百分数。

第一篇 重 选

重选是最古老的分选方法之一，迄今已有数千年的应用历史。这种分选方法的实质就是借助于多种力的作用，实现按密度分离。然而在分选过程中，颗粒的粒度和形状也会产生一定的影响。因此，如何最大限度地发挥密度的作用，限制粒度和颗粒形状的影响，一直是重选理论研究的核心。

由于重选是在多种力的作用下进行的，要利用"力"就必须有施加、传递或表现"力"的媒介，因此，重选过程必须在某种流体介质中进行。常用的介质有水、空气、重液或重悬浮液，其中应用最多的介质是水，称为湿式分选，以空气为介质时称为风力分选。

重液是密度大于1000 kg/m^{3}的液体（如三溴甲烷$CHBr_3$、四溴乙烷$C_2H_2Br_4$等，前者的密度为2877 kg/m^3，后者的密度为2953 kg/m^3）或高密度盐类水溶液（如杜列液即碘化钾KI和碘化汞HgI_2的水溶液，最大密度可达3170～3190 kg/m^3；氯化锌$ZnCl_2$的水溶液，最大密度可达1962 kg/m^3）。重液多在实验室用于分离物料（或矿石样品）中密度不同的组分。

工业上应用的重悬浮液是高密度、细粒级固体物料与水组成的两相流体，具有同重液一样的作用，利用这种介质进行的分选称为重介质分选（HMS）。

从宏观的角度讲，介质的作用在于强化固体物料的可选性，并借助于流动使颗粒群松散悬浮，使其具有发生相对位移的空间并按密度实现分层，此后可借介质流动或辅以机械机构将密度不同的产物分离。所以重选的实质就是一个松散－分层－分离过程。

生产中常用的重选方法有：

1）重介质分选：介质的密度介于待分选物料中高密度颗粒和低密度颗粒的之间，可使物料有效地按密度分离。

2）跳汰分选：介质流作交变运动，使物料实现按密度分离。

3）摇床分选：在倾斜摇动的平面上，颗粒借机械力与水流冲洗力的作用而产生运动，使物料实现按密度分离。

4）溜槽分选：在斜面水流中，借助于流体动力和机械力的作用，使物料实现按密度分离。

选前的两个准备作业是分级和洗矿（包括脱水和脱泥）。

1）分级：在上升流动、水平流动或回转运动的介质流中，使物料按粒度发生分离。

2）洗矿：用水力或辅以机械力的方法将被黏土胶结的物料块解离开。

由于重选是基于不同固体颗粒之间的密度差进行的，因此，对物料进行重选的难易程度与待分离成分之间的密度差以及介质的密度有着非常密切的关系。综合这些因素，前人曾提出了对物料进行重选的可选性判断准则E，其计算式为：

$$E=(\rho_1'-\rho)/(\rho_1-\rho)$$

式中 ρ_1'——被分选物料中高密度组分的密度，kg/m^3；

ρ_1——被分选物料中低密度组分的密度，kg/m^3；

ρ——介质的密度，kg/m^3。

$E>2.5$时，分选极易进行；$1.75<E\leq2.5$时，容易实现分选；$1.5<E\leq1.75$时，分选难

易程度属中等；$1.25 \leqslant E \leqslant 1.5$ 时，分选比较困难；$E < 1.25$ 时，分选极其困难。

当然，分选的难易程度与颗粒粒度也有关系，通常是物料的粒度愈细愈难选。一般来说，-0.074 mm 粒级的物料用常规的重选法进行处理就比较困难。在重选的生产实践中，常把这部分物料称为矿泥。

对于自然金($\rho_1 = 16000 \sim 19000\ kg/m^3$)、黑钨矿($\rho_1 = 7300\ kg/m^3$)、锡石($\rho_1 = 6800 \sim 7100\ kg/m^3$)与石英($\rho_1 = 2650\ kg/m^3$)以及煤($\rho_1 = 1250\ kg/m^3$)与煤矸石($\rho_1 = 1800\ kg/m^3$)在水($\rho = 1000\ kg/m^3$)中进行分离的情况，其 E 值分别为 9.1 ~ 10.9、3.8、3.5 ~ 3.7 和 3.2，所以这些分选过程都非常容易进行，从而使重选成为处理金、钨、锡等矿石及煤炭的最有效方法。

此外，重选方法也常用来回收密度比较大的钍石($\rho_1 = 4400 \sim 5400\ kg/m^3$)、钛铁矿($\rho_1 = 4500 \sim 5500\ kg/m^3$)、金红石($\rho_1 = 4100 \sim 5200\ kg/m^3$)、锆石($\rho_1 = 4000 \sim 4900\ kg/m^3$)、独居石($\rho_1 = 4900 \sim 5500\ kg/m^3$)、钽铁矿($\rho_1 = 6700 \sim 8300\ kg/m^3$)、铌铁矿($\rho_1 = 5300 \sim 6600\ kg/m^3$)等稀有和有色金属矿物，还用于分选粗粒嵌布及少数细粒嵌布的赤铁矿矿石($\rho_1 = 4800 \sim 5300\ kg/m^3$)和锰矿石(软锰矿 $\rho_1 = 4700 \sim 4800\ kg/m^3$ 或硬锰矿 $\rho_1 = 3700 \sim 4700\ kg/m^3$)以及石棉、金刚石等非金属矿物和固体废弃物。

重选方法的特点是不耗费贵重材料，适合处理粗、中粒级物料，而且设备简单，生产能力大，与其他分选方法相比生产成本低，不造成或较少造成环境污染，所以是优先考虑采用的分选方法。

第 1 章　颗粒在介质中的沉降运动

内容提要　介质的密度、黏度，介质的浮力，介质阻力的形式、个别阻力公式、阻力通式，李莱曲线。球体颗粒自由沉降末速通式、个别公式、自由沉降末速的计算方法。矿物颗粒的形状和粒度、沉降速度，矿粒在达到沉降末速之前经过的时间和距离。自由沉降等降现象和等降比。干涉沉降的形式和影响因素，干涉沉降试验，干涉沉降速度公式，干涉沉降等降现象和等降比。旋转流的离心力强度，颗粒在旋转流中的径向沉降运动。

1.1　颗粒在垂直介质流中的沉降运动

1.1.1　介质的性质和介质的浮力与阻力

1.1.1.1　介质的性质

任何物体在真空中下落的加速度都是一样的，这是由于该物体除受重力的作用外，不再受周围其他物质的影响。但是，当物体在空气、水等介质中沉降时，其沉降的加速度就会因情况不同而发生变化。影响物体沉降运动的介质性质主要有密度和黏度。

(1)介质的密度

介质的密度是指单位体积内介质的质量。水的密度随温度和压强的变化很小，可以按1000 kg/m³计算。空气的密度随温度和压强的变化较大，基本符合理想气体状态方程。在标准状态(0℃、1.013×10^5 Pa)下，空气的密度为1.29 kg/m³。

固－液悬浮体(悬浮液)的密度决定于其中固体的密度、体积分数和液体的密度。悬浮体内固体的体积分数通常用φ表示，其计算式为：

$$\varphi=\frac{\rho\omega}{\rho_1(1-\omega)+\rho\omega} \tag{1-1}$$

式中 ω——悬浮体内固体的质量分数；

ρ——悬浮体内液体的密度，kg/m³；

ρ_1——悬浮体内固体的密度，kg/m³。

悬浮体的密度就是单位体积悬浮体内固体颗粒的质量与介质质量之和，也称为物理密度，用ρ_{su}表示，即有：

$$\rho_{su}=\varphi(\rho_1-\rho)+\rho \tag{1-2}$$

(2)介质的黏度

对于实际流体，黏度是其基本性质之一。当均质流体发生流动时，其内部受到的黏性力和速度梯度之间的关系服从牛顿内摩擦定律，即：

$$F=\mu A\frac{\mathrm{d}u}{\mathrm{d}h} \tag{1-3}$$

式中 F——黏性摩擦力，N；

A——摩擦面积，m²；

$\frac{\mathrm{d}u}{\mathrm{d}h}$——在摩擦面法线方向上的速度梯度，$s^{-1}$。

式(1－3)中的比例系数μ就是介质的黏度，也称为介质的动力黏度，单位为Pa·s。流体的动力黏度与其密度的比值称为运动黏度，用υ表示，单位为m²/s，即有：

$$\upsilon=\frac{\mu}{\rho} \tag{1-4}$$

悬浮液中的固体颗粒在运动过程中的相互摩擦、碰撞，会增加运动的阻力，表现为悬浮液的黏度增加。悬浮液的这种黏度与均质介质的黏度存在物理意义上的差别，将悬浮液的黏度称为视黏度。

1906年，爱因斯坦在不考虑固体颗粒之间的摩擦、碰撞，只考虑悬浮液固相界面增大对液体流动影响的情况下，提出悬浮液的黏度计算公式为：

$$\mu_{su}=\mu(1+2.5\varphi) \tag{1-5}$$

式中 μ_{su}、μ——悬浮液和液体介质的动力黏度，Pa·s。

式(1－5)在$\varphi\leqslant0.03\sim0.05$的情况下适用。

1948年，王德在考虑固体颗粒之间的摩擦、碰撞的情况下，提出悬浮液的黏度计算公式为：

$$\mu_{su}=\mu(1+2.5\varphi+7.34\varphi^2+16.2\varphi^3+\cdots) \tag{1-6}$$

这一公式适用于φ小于0.5的悬浮液。

1.1.1.2 介质的浮力

物体在介质中由于上下表面受到的流体静压力不同，从而产生一个自下而上的作用于该

物体上的力，称为介质的浮力，其计算式为

$$P_{bu} = V_{gr}\rho g \tag{1-7}$$

式中　P_{bu}——物体受到的介质浮力，N；

V_{gr}——物体的体积，m^3。

物体在悬浮液中受到的浮力为：

$$P_{bu} = V_{gr}\rho_{su}g = V_{gr}\rho g + V_{gr}\varphi(\rho_1 - \rho)g \tag{1-8}$$

1.1.1.3　**介质的阻力**

颗粒在介质中运动时，在其背后将留下空间，介质将绕过颗粒予以补充，这种介质绕过颗粒的流动称为绕流。介质的绕流会产生 1 个与颗粒运动方向相反的、阻碍颗粒运动的力，称为介质阻力。

(1) 介质阻力的形式

介质阻力的形式与介质的绕流流态有关，主要有两种形式，一种是层流绕流时的黏性阻力，另一种是湍流绕流时的压差阻力。

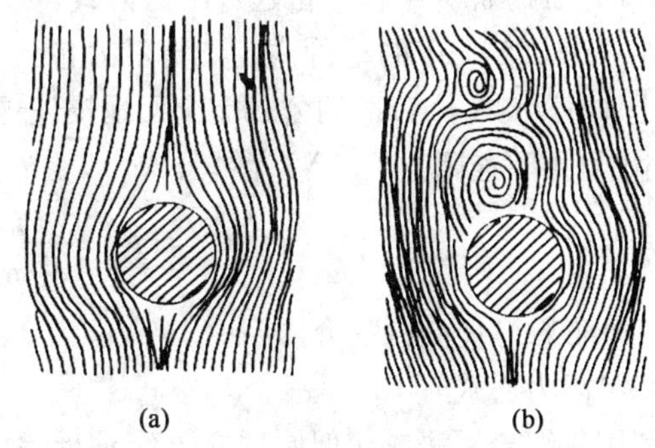

图 1-1　球体颗粒周围介质的流态

(a)层流；(b)湍流

图 1-1 表示出两种不同的绕流流态。当颗粒运动速度很慢，或颗粒周围的介质(流体)以很低的速度绕过颗粒流动时，颗粒迎面的介质(流体)按照颗粒的表面形状平稳地分开，紧附着表面流动，然后在颗粒的背后又稳定地会合起来，流体的流线平滑而连续。紧贴固体表面的一层介质随固体颗粒一起运动。由此向外，介质(流体)层间出现速度梯度，由此产生黏性阻力，又称摩擦阻力。

当颗粒运动速度较快，或颗粒周围的介质(流体)以较高的速度流过颗粒时，颗粒与周围介质(流体)接触的时间很短，颗粒运动只对其外很薄的一层介质产生影响，这一层称为边界层，边界层外的介质几乎不受影响。在这种情况下，介质的绕流呈湍流流态，在颗粒背后形成一道涡街形式的漩涡区(卡门涡街)(见图 1-2)。漩涡区内的流体呈强烈的湍流流态，动能很高，压强降低，从而形成颗粒前后的压强差，致使颗粒的运动受到显著的阻碍，由此产生的阻力称为压差阻力。

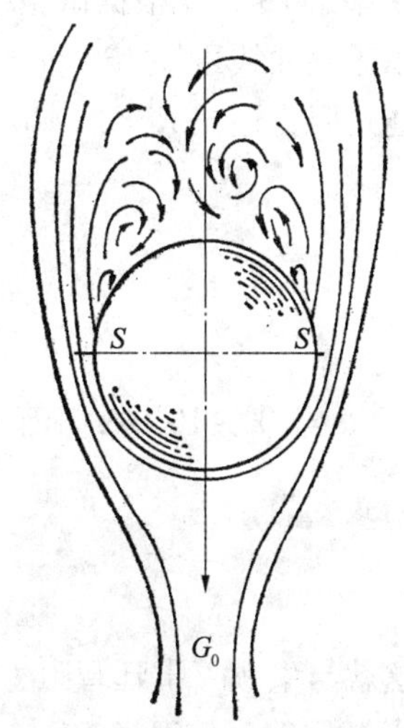

图 1-2　球体颗粒表面边界层分离与压差阻力的形成示意图

颗粒在介质中受到的阻力决定于介质的绕流流态，所以，可以用判断流态的雷诺数对阻力的形式进行判断。颗粒沉降的雷诺数 Re 为：

$$Re = \frac{dv\rho}{\mu} \tag{1-9}$$

式中的 d 和 v 分别是颗粒的粒度及颗粒在介质中的相对运动速度。

雷诺数反映颗粒受到的惯性阻力与黏性阻力的比例关系，雷诺数越大，惯性阻力占的比例越大。

(2) 阻力的个别计算公式

当颗粒周围的介质做层流绕流时，斯托克斯于 1851 年导出的作用于微细球形颗粒上的黏性阻力 R_S(N)的计算式为：

$$R_S = 3\pi\mu dv \tag{1-10}$$

式(1-10)称为斯托克斯阻力公式，适用于绕流雷诺数 $Re<0.5$ 的情况。

当颗粒周围的介质做湍流绕流时，雷廷智基于牛顿的阻力平方公式，于1867 年导出的作用在球形颗粒上的惯性阻力 R_N(N)的计算式为：

$$R_N = \frac{\pi}{18.2}d^2v^2\rho \tag{1-11}$$

式(1-11)称为牛顿-雷廷智阻力公式，适用于 $Re=10^3\sim10^5$的绕流流态。

在 $Re=0.5\sim10^3$的范围内，介质阻力包含介质的黏性阻力和惯性阻力，二者都不可忽略，目前还没有一个合适的公式能全面地描述这一区域内的介质阻力变化规律。当 $Re=25\sim500$ 时，可用阿连阻力 R_A(N)计算公式

$$R_A = \frac{5\pi}{4\sqrt{Re}}d^2v^2\rho \tag{1-12}$$

来计算球形颗粒所受到的介质阻力。

(3) 阻力通式

利用量纲分析法或相似原理的 π 定理推导出的阻力通式为：

$$R = \psi d^2v^2\rho \tag{1-13}$$

式中 R——颗粒受到的介质的阻力，N；

ψ——阻力系数，与介质绕流的雷诺数 Re 有关。

(4) 李莱曲线

李莱于 1893 年根据试验结果绘制了图 1-3 所示的 ψ 与 Re 的关系曲线，即李莱曲线。

由李莱曲线可知，当 $Re<0.5$ 时，$\lg\psi$ 与 $\lg Re$ 基本上为直线关系，且斜率为 -1。该关系式可通过阻力通式 $R=\psi d^2v^2\rho$ 与斯托克斯阻力公式 $R_S=3\pi\mu dv$ 相比较得出，即：

$$R_S = 3\pi\mu dv = \frac{3\pi}{Re}d^2v^2\rho = \psi d^2v^2\rho \tag{1-14}$$

$$\psi = \frac{3\pi}{Re} \tag{1-15}$$

当 $Re=10^3\sim10^5$时，李莱曲线基本为一水平线，ψ 可视为常数，为$\frac{\pi}{16}\sim\frac{\pi}{20}$，若取$\frac{\pi}{18.2}$，则阻力通式变为：

$$R = \frac{\pi}{18.2}d^2v^2\rho \tag{1-16}$$

这就与牛顿-雷廷智阻力公式一致。

当 $Re=0.5\sim10^3$时，ψ 与 Re 的关系很复杂，称为过渡区。当 $Re=25\sim500$ 时，ψ 与 Re 的关系为：

$$\psi = \frac{5\pi}{4\sqrt{Re}} \tag{1-17}$$

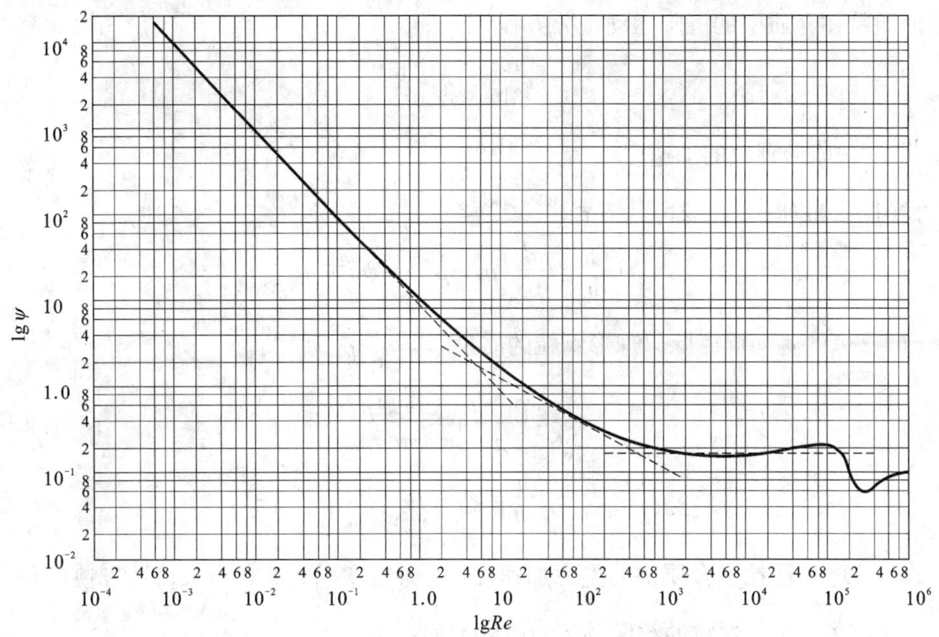

图 1－3　ψ－Re 关系曲线（李莱曲线）

1.1.2　球形颗粒在介质中的自由沉降

球形颗粒的形状规则，与同体积的其他形状的颗粒相比，表面积最小。由于这些特性，球形颗粒在介质中的沉降规律性好，影响因素也相对固定，因此，球形颗粒的沉降速度，理论计算结果与实际情况比较接近。

颗粒的沉降有自由沉降和干涉沉降两种形式。自由沉降是指单个颗粒在无限的介质空间内的沉降，即颗粒在沉降过程中，除受其周围介质的影响外，不受其他颗粒和容器边壁等的影响。在实际生产中，绝对的自由沉降是不存在的，但当固体的体积分数 φ 很小（$\varphi < 3\%$）时，颗粒彼此之间的距离很大，发生的干扰很小，也可以当成自由沉降处理。干涉沉降是指颗粒在悬浮粒群中的沉降。在干涉沉降过程中，颗粒除受周围介质的影响外，还受到周围颗粒或者容器边壁的影响。

1.1.2.1　自由沉降末速

球形颗粒在静止介质中，受到两种力的作用，即颗粒的重力和介质作用于颗粒的浮力。如果重力大于浮力，则颗粒向下沉降；如果重力小于浮力，则颗粒向上运动。如球形颗粒的质量为 m、直径为 d、密度为 ρ_1，在密度为 ρ 的介质中沉降，则有：

重力 G：

$$G = \frac{\pi d^3}{6}\rho_1 g \tag{1-18}$$

浮力 P_{bu}：

$$P_{bu} = \frac{\pi d^3}{6}\rho g \tag{1-19}$$

球形颗粒在介质中的有效重力 G_0 为：

$$G_0 = \frac{\pi d^3}{6}(\rho_1 - \rho) g \tag{1-20}$$

球形颗粒受到的介质的阻力 R：$R=\psi d^2v^2\rho$ (1－21)

球形颗粒在介质中的沉降运动微分方程为：

$$m\frac{\mathrm{d}u}{\mathrm{d}t}=G_0-R \tag{1－22}$$

式中 $\frac{\mathrm{d}u}{\mathrm{d}t}$——球形颗粒的加速度。

将式(1－20)和式(1－21)代入式(1－22)得：

$$m\frac{\mathrm{d}u}{\mathrm{d}t}=\frac{\pi d^3}{6}(\rho_1-\rho)g-\psi d^2v^2\rho \tag{1－23}$$

式(1－23)的各项同时除以球形颗粒的质量 $m=\frac{\pi d^3}{6}\rho_1$ 后得：

$$\frac{\mathrm{d}u}{\mathrm{d}t}=\frac{\rho_1-\rho}{\rho_1}g-\frac{6\psi v^2\rho}{\pi d\rho_1} \tag{1－24}$$

或

$$\frac{\mathrm{d}u}{\mathrm{d}t}=g_0-a_R \tag{1－25}$$

式中 g_0——球形颗粒在介质中的重力加速度（初加速度），$g_0=\frac{\rho_1-\rho}{\rho_1}g$，只与颗粒和介质的密度有关，而与颗粒的粒度及运动速度无关；

a_{R}——阻力加速度，$a_{\mathrm{R}}=\frac{6\psi v^2\rho}{\pi d\rho_1}$，与颗粒运动速度的平方成正比，还与颗粒的阻力系数、颗粒及介质的密度有关。

从式(1－25)可知，球形颗粒的加速度等于颗粒在介质中的重力加速度与阻力加速度之差。在颗粒沉降运动的整个过程中，重力加速度是不变的，而阻力加速度随颗粒运动速度的变化而变化。在颗粒开始沉降时，速度为零，阻力加速度也为零，球形颗粒沉降的加速度最大，等于颗粒在介质中的重力加速度 g_0，所以颗粒的沉降速度从零开始迅速增加。随着颗粒运动速度的增加，阻力加速度也迅速增加，导致颗粒沉降运动的加速度减小，当颗粒沉降运动一段时间后，阻力加速度越来越接近重力加速度，直至趋近于与重力加速度相等，此时，作用于颗粒上的力达到平衡，球形颗粒的沉降速度不再增加，达到最终速度，即球形颗粒的沉降末速，用 v_0 表示。颗粒达到沉降末速时，其加速度等于零，即有：

$$g_0-a_{\mathrm{R}}=0 \tag{1－26}$$

或

$$g_0=a_{\mathrm{R}}$$

亦即

$$\frac{6\psi v_0^2\rho}{\pi d\rho_1}=\frac{\rho_1-\rho}{\rho_1}g \tag{1－27}$$

由式(1－27)得：

$$v_0=\sqrt{\frac{\pi d(\rho_1-\rho)}{6\psi\rho}g} \tag{1－28}$$

式(1－28)就是球形颗粒在静止介质中的自由沉降末速计算式。由式(1－28)可知，球形颗粒的沉降末速与颗粒的直径、密度以及介质的密度和阻力系数有关。

由于阻力系数影响着颗粒的沉降末速，因此在沉降过程中，若介质的流态不同，沉降末速也就不同。将层流、过渡流和湍流状态下的阻力系数带入沉降末速的计算式中，可得球形颗粒沉降时，不同流态下的沉降末速公式。

斯托克斯沉降末速公式：

$$v_{0s}=\frac{d^2(\rho_1-\rho)}{18\mu}g \tag{1－29}$$

当球形颗粒在水中做自由沉降时，将 $\mu = 0.001\ \mathrm{Pa \cdot s}$，$g = 9.807\ \mathrm{m/s^2}$，$\rho = 1000\ \mathrm{kg/m^3}$ 代入式(1-29)得：

$$v_{0S} = 545d^2(\rho_1 - 1000) \tag{1-30}$$

式(1-30)的适用范围为 $Re < 0.5$，工程上可放宽至 $Re < 1$。

阿连沉降末速公式：

$$v_{0A} = 1.2d\sqrt[3]{\left(\frac{\rho_1 - \rho}{\rho}\right)^2 \frac{\rho}{\mu}} \tag{1-31}$$

式(1-31)的适用范围为 $Re = 25 \sim 500$。

牛顿-雷廷智沉降末速公式：

$$v_{0N} = 1.74\sqrt{\frac{d(\rho_1 - \rho)}{\rho}g} \tag{1-32}$$

将 $g = 9.807$ 代入式(1-32)得：

$$v_{0N} = 5.45\sqrt{\frac{d(\rho_1 - \rho)}{\rho}} \tag{1-33}$$

式(1-33)的适用范围为 $Re = 10^3 \sim 10^5$，也可放宽至 $Re = 500 \sim 10^5$。

由球形颗粒在不同流态下的沉降末速公式可看出，随着雷诺数的增加，介质黏度的影响变小，当雷诺数大于500时，介质黏度的影响已经消失。

1.1.2.2　自由沉降末速的图解计算方法

图解计算方法是利用已知的 $\psi - Re$ 关系曲线，先绘制出 $Re^2\psi - Re$ 和 $\frac{\psi}{Re} - Re$ 关系曲线图，从图中求解沉降末速的方法。对于一个已知粒度、密度的球形颗粒，在已知密度和黏度的介质中自由沉降，因为尚不知道颗粒沉降的雷诺数 Re，所以无法确定合适的沉降末速计算式。为了解决这一问题，由沉降末速计算式 $v_0 = \sqrt{\frac{\pi d(\rho_1 - \rho)g}{6\psi\rho}}$ 解得：$\psi = \frac{\pi d(\rho_1 - \rho)g}{6v_0^2\rho}$，将 $Re = \frac{dv_0\rho}{\mu}$，引入式中得：

$$Re^2\psi = \frac{\pi d^3(\rho_1 - \rho)\rho g}{6\mu^2} \tag{1-34}$$

式(1-34)没包含未知的沉降末速 v_0，所以，可以通过已知的颗粒密度、粒度及介质密度和黏度，计算出 $Re^2\psi$ 的值，再根据 $Re^2\psi - Re$ 的关系曲线(见图1-4)查出对应的 Re 值，从而计算出球形颗粒的沉降末速。

在已知球形颗粒沉降末速 v_0 的情况下，要求出球形颗粒的粒度，可以利用 $\frac{\psi}{Re} - Re$ 的关系曲线(见图1-5)查出对应的 Re 值，从而计算出球形颗粒的粒度，其中：

$$\frac{\psi}{Re} = \frac{\pi\mu(\rho_1 - \rho)\rho g}{6v_0^3\rho^2} \tag{1-35}$$

1.1.3　矿物颗粒在介质中的自由沉降

1.1.3.1　矿粒的形状和粒度表示法

矿物颗粒一般都不是球形的，它与球形颗粒的形状偏差用球形系数表示。球形系数是指与矿粒同体积的球体的表面积与该矿粒表面积之比值，用 χ 表示，即：

$$\chi = \frac{A_{gl}}{A_{gr}} \tag{1-36}$$

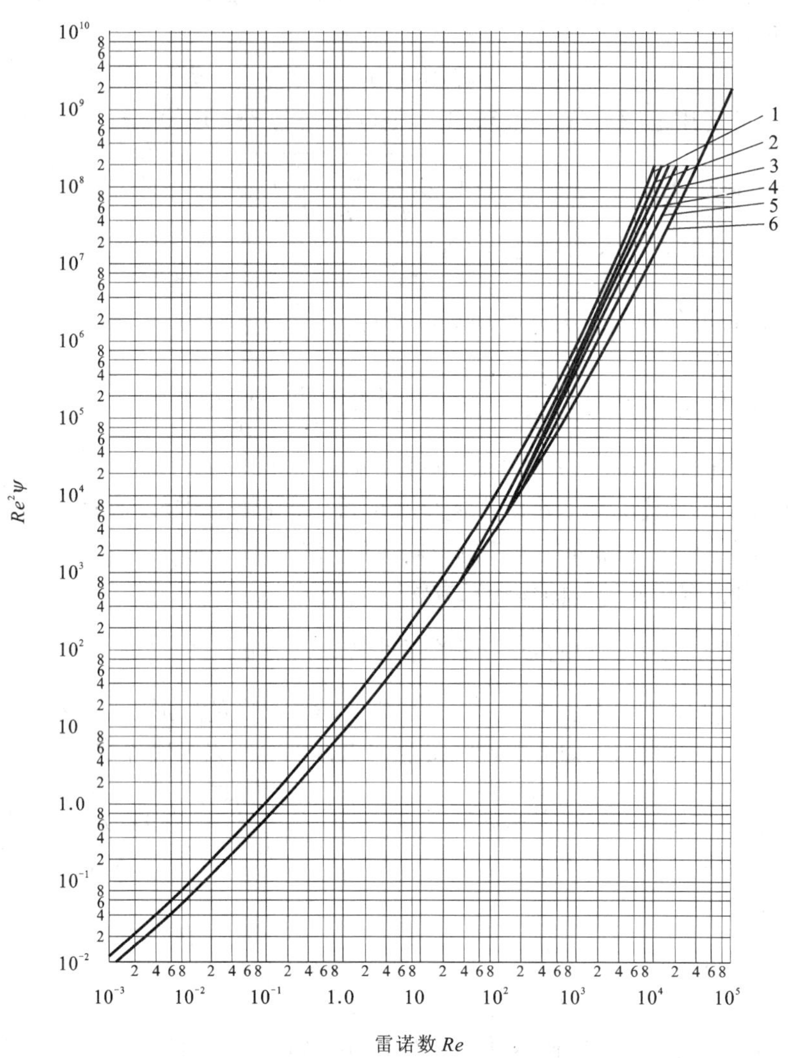

图 1－4　规则几何形状颗粒在介质中沉降的 $Re^2\psi-Re$ 关系曲线

1—球形体；2—六八面体；3—八面体；4—立方体；5—四面体；6—圆盘形体

式中的 A_{gl} 和 A_{gr} 分别是与矿粒同体积球体的表面积和矿粒的表面积。

各种形状矿物颗粒的球形系数如表 1－1 所示。

表 1－1　矿物颗粒的球形系数

矿粒形状	球形	类球形	多角形	长条形	扁平形
球形系数	1.0	1.0～0.8	0.8～0.65	0.65～0.5	<0.5

矿物颗粒的体积当量直径是指与矿粒同体积的球体的直径，用 d_V 表示，即：

$$d_V=\sqrt[3]{\frac{6V_{gr}}{\pi}} \tag{1-37}$$

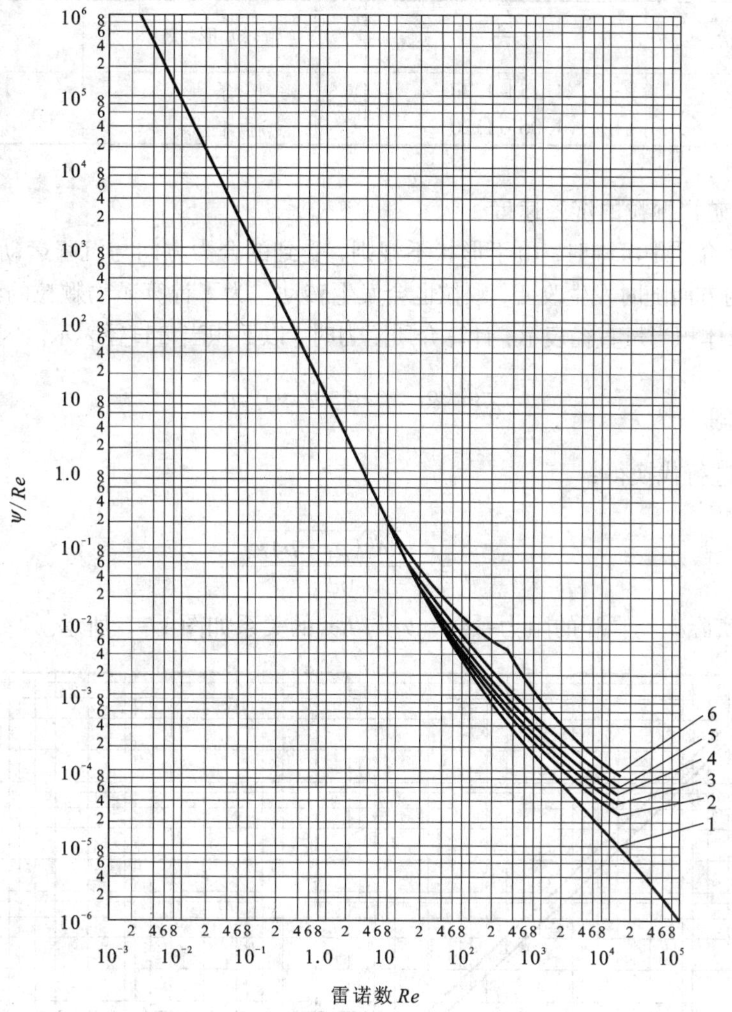

图 1－5　规则几何形状颗粒在介质中沉降的$\frac{\psi}{Re}-Re$关系曲线

1—球形体；2—六八面体；3—八面体；4—立方体；5—四面体；6—圆盘形体

矿物颗粒的面积当量直径是指与矿粒同表面积的球体的直径，用 d_A 表示，即：

$$d_A=\sqrt{\frac{A_{gr}}{\pi}}=\sqrt{\frac{A_{gl}}{\pi\chi}}=\sqrt{\frac{\pi d_V^2}{\pi\chi}}=\frac{d_V}{\sqrt{\chi}} \tag{1-38}$$

通常情况下，用筛比小于 1.5 的方孔筛，筛分矿物粒群，留在一个筛子筛面上的矿物颗粒的粒度用该筛子筛孔尺寸与上一个筛子筛孔尺寸的平均值表示，该粒度称为筛分粒度，用 d_{si} 表示，即：

$$d_{si}=\frac{d_1+d_2}{2} \tag{1-39}$$

式中的 d_1 和 d_2 是两相邻筛孔的尺寸。

利亚申柯通过实验得到筛分粒度与体积当量直径的关系如表 1－2 所示。

表 1-2　颗粒的筛分粒度与体积当量直径的关系

颗粒形状	$\frac{d_{si}}{d_V}$	颗粒形状	$\frac{d_{si}}{d_V}$
类球形	1.15～1.30	长条形	1.15～1.22
多角形	1.06～1.20	扁平形	1.05～1.11

1.1.3.2　**矿物颗粒的沉降速度**

矿物颗粒在介质中沉降时，由于形状不规则，受到的合力方向与沉降运动的方向不一致，颗粒沉降运动的方向随时发生改变，颗粒也会发生转动。为了计算矿物颗粒的沉降速度，计算颗粒质量时，以体积当量直径表示，计算介质阻力时，以面积当量直径表示。因此，有：

$$\frac{\pi}{6}d_V^3(\rho_1-\rho)g=\psi_A d_A^2 v_{gr}^2\rho \tag{1-40}$$

以 $d_A=\frac{d_V}{\sqrt{\chi}}$进行代换得：

$$v_{gr}=\sqrt{\frac{\pi d_V(\rho_1-\rho)g\chi}{6\psi_A\rho}} \tag{1-41}$$

式中　ψ_A——实际矿物颗粒的阻力系数，ψ_A与 Re_A的关系如图 1-6 所示。

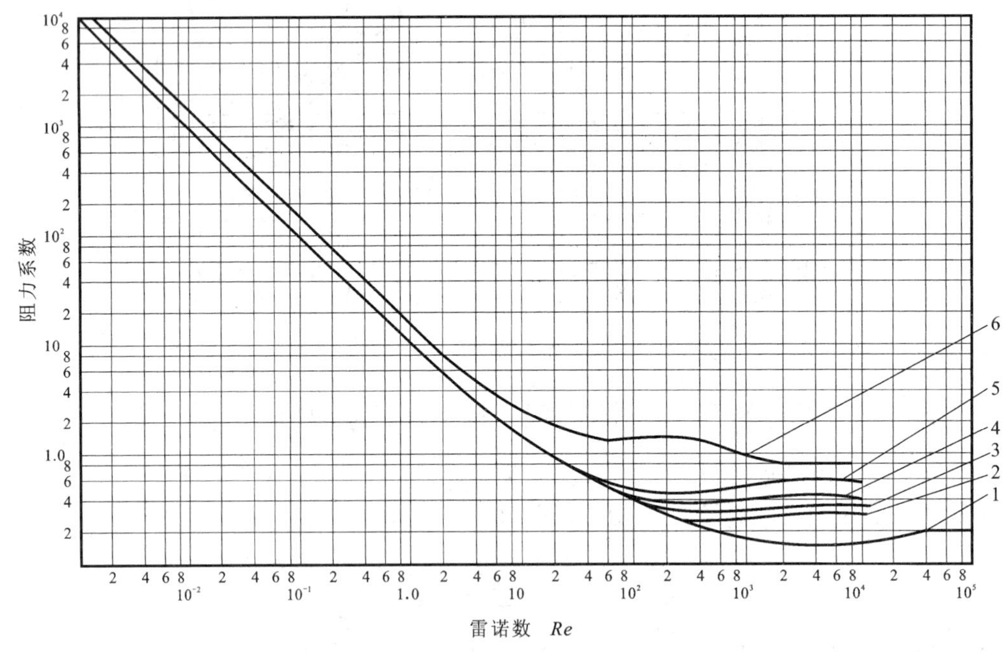

图 1-6　规则形状颗粒的阻力系数与雷诺数的关系曲线

1—球形体；2—六八面体；3—八面体；4—立方体；5—四面体；6—圆盘形体

当矿物颗粒的当量直径 d_V与球体直径 d 相同且两者的密度相等时，矿物颗粒的自由沉降末速与球形颗粒的自由沉降末速之比称为矿物颗粒的形状修正系数，记为 P，即：

$$P=\frac{v_{gr}}{v_0}=\sqrt{\frac{\psi\chi}{\psi_A}} \tag{1-42}$$

由此可得矿物颗粒的自由沉降末速公式为：

$$v_{gr}=Pv_0 \tag{1-43}$$

帕夫洛夫等人以颗粒的筛分粒度计算沉降的雷诺数 Re 及 $Re^2\psi$ 的值，给出了不同形状颗粒在有限雷诺数下的形状修正系数，如表 1－3 所示。根据球形颗粒自由沉降末速的计算方法和表 1－3 中的 P 值，就可以计算已知矿物颗粒的自由沉降末速。

表 1－3　流态过渡段不同雷诺数的形状修正系数 P 值

Re	$Re^2\psi$	颗粒形状				
		球形	类球形	多角形	长条形	扁平形
170	8000	1	0.805	0.680	0.610	0.450
190	10000	1	0.800	0.678	0.595	0.441
330	20000	1	0.790	0.672	0.590	0.433
530	50000	1	0.755	0.650	0.564	0.420
750	100000	1	0.753	0.647	0.562	0.408
1100	200000	1	0.740	0.635	0.560	0.392

1.1.4　颗粒在加速沉降阶段的运动

1.1.4.1　颗粒在达到沉降末速以前经过的时间

颗粒在静止介质中，从开始沉降到达到沉降末速的一段时间内，都是做加速运动。该段时间内，吸附于颗粒表面的介质将被颗粒带动做加速运动，从而使颗粒受到一个附加的介质加速度惯性阻力 R_{ac}，其计算式为：

$$R_{ac}=\zeta\frac{\pi d^3}{6}\rho\frac{dv}{dt} \tag{1-44}$$

式(1－44)中的 ζ 是质量联合系数，相当于与颗粒做同样加速度运动的介质质量与颗粒质量的比值，对于球形颗粒，$\zeta=0.5$；对于圆柱体且当长轴垂直于运动方向时，$\zeta=1$；对于椭球体，当长轴平行于运动方向时，$\zeta=0.2$。

颗粒在沉降运动过程中还受到有效重力 $G_0=\frac{\pi}{6}d^3(\rho_1-\rho)g$ 和介质阻力 $R=\psi d^2v^2\rho$ 的作用，根据牛顿第二定律，颗粒在加速度运动阶段的运动方程为：

$$ma=G_0-R-R_{ac}$$

或

$$\frac{\pi d^3}{6}\rho_1\frac{dv}{dt}=\frac{\pi d^3}{6}(\rho_1-\rho)g-\psi d^2v^2\rho-\zeta\frac{\pi d^3}{6}\rho\frac{dv}{dt} \tag{1-45}$$

式(1－45)中的各项都除以 $\frac{\pi d^3}{6}$，并合并同类项得：

$$(\rho_1+\zeta\rho)\frac{dv}{dt}=(\rho_1-\rho)g-\frac{6\psi v^2\rho}{\pi d}$$

即：

$$\frac{dv}{dt}=\left(\frac{\rho_1-\rho}{\rho_1+\zeta\rho}\right)g\left[1-\frac{6\psi v^2\rho}{\pi d(\rho_1-\rho)g}\right] \tag{1-46}$$

假如加速度运动阶段 ψ 值不变，则由沉降末速计算式(1－28)得：

$$\frac{1}{v_0^2}=\frac{6\psi\rho}{\pi d(\rho_1-\rho)g} \tag{1-47}$$

将式(1－47)和$\frac{\rho_1-\rho}{\rho_1}g=g_0$代入式(1－46)得：$\frac{dv}{dt}=\frac{\rho_1 g_0}{(\rho_1+\zeta\rho)}\left[1-\frac{v^2}{v_0^2}\right]$，从而解出：

$$dt=\frac{(\rho_1+\zeta\rho)v_0^2}{\rho_1 g_0}\frac{dv}{v_0^2-v^2} \tag{1-48}$$

对式(1－48)积分，并取 $t=0$ 时，$v=0$ 得：

$$t=\frac{(\rho_1+\zeta\rho)v_0}{2\rho_1 g_0}\ln\frac{v_0+v}{v_0-v} \tag{1-49}$$

由式(1－49)可知，当$v=v_0$时，$t=\infty$，即理论上颗粒不可能达到沉降末速。但实际上，当$v=0.99v_0$时，可认为颗粒达到了沉降末速。将$v=0.99v_0$和$\zeta=0.5$代入式(1－49)得：

$$t_0=\frac{(\rho_1+0.5\rho)v_0}{2\rho_1 g_0}\ln\frac{1.99}{0.01}=2.65\frac{(\rho_1+0.5\rho)v_0}{\rho_1 g_0} \tag{1-50}$$

t_0就是颗粒从开始沉降至到达沉降末速所需要的时间。

1.1.4.2 颗粒在达到沉降末速前行经的距离

颗粒在加速运动阶段沉降的距离，可以通过公式(1－49)导出。为了方便计算，令：

$$k=\frac{(\rho_1+\zeta\rho)v_0}{2\rho_1 g_0} \tag{1-51}$$

代入式(1－49)得：

$$v=v_0\frac{e^{t/k}-1}{e^{t/k}+1} \tag{1-52}$$

则颗粒在加速运动阶段沉降的距离为：$h=\int v\mathrm{d}t$，将式(1－52)代入并积分得：

$$h=\frac{(\rho_1+\zeta\rho)v_0^2}{\rho_1 g_0}\ln\frac{e^{\frac{\rho_1 g_0 t}{(\rho_1+\zeta\rho)v_0}}+e^{-\frac{\rho_1 g_0 t}{(\rho_1+\zeta\rho)v_0}}}{2} \tag{1-53}$$

对于球形颗粒，将$\zeta=0.5$，$t_0=2.65\frac{\rho_1+0.5\rho}{\rho_1 g_0}v_0$代入式(1－53)得：

$$h_0=1.96\frac{(\rho_1+0.5\rho)v_0^2}{\rho_1 g_0} \tag{1-54}$$

式(1－54)就是球形颗粒在加速沉降阶段所经过的距离，实际上是$v=0.99v_0$时颗粒沉降的距离。

1.1.5 不同密度颗粒的等降现象和等降比

在同一介质中，不同密度、粒度、形状的颗粒，在某些特定条件下，可以出现沉降速度相等的现象，这种现象叫等降现象。在同一介质中，具有相同速度而密度、粒度、形状不同的颗粒称为等降颗粒。等降颗粒中，低密度颗粒的粒度d_{v1}与高密度颗粒的粒度d_{v2}之比称为等降比，用e_0表示，即：

$$e_0=\frac{d_{v1}}{d_{v2}} \tag{1-55}$$

由于等降颗粒的沉降速度v_{gr}相等，即$v_{gr1}=v_{gr2}$，故在斯托克斯阻力范围内，有：

$$e_{0S}=\frac{d_{v1}}{d_{v2}}=\left(\frac{P_2}{P_1}\right)^{1/2}\left(\frac{\rho_1'-\rho}{\rho_1-\rho}\right)^{1/2} \tag{1-56}$$

式中　P_1、P_2——等降颗粒中，低密度颗粒和高密度颗粒的形状修正系数；

ρ_1、ρ_1'——等降颗粒中，低密度颗粒和高密度颗粒的密度。

同理可得，在牛顿 - 雷廷智阻力范围内，有：

$$e_{0N}=\left(\frac{P_2}{P_1}\right)^2\left(\frac{\rho_1'-\rho}{\rho_1-\rho}\right) \tag{1-57}$$

由于 $\rho_1'>\rho_1$，所以一般情况下，$e_0>1$。

当颗粒形状相同时，$P_1\approx P_2$，则等降比 e_0 只与密度相关。

1.1.6　颗粒在悬浮粒群中的干涉沉降

1.1.6.1　干涉沉降的形式和影响因素

实际生产过程中，单个颗粒的沉降是少见的，绝大多数都是颗粒在粒群中的沉降。颗粒在穿过粒群的沉降过程中，不仅受到介质的阻力，还要受到周围其他颗粒的摩擦、碰撞，或者受到附近颗粒带动的介质流的干扰，这样的沉降属于干涉沉降。如果对实际过程中的干涉沉降进行分类，主要有以下 4 种形式：

(1)颗粒在密度和粒度均一的粒群中沉降[见图 1-7(a)]；

(2)颗粒在粒度大致相同而密度不同的粒群中沉降[见图 1-7(b)]；

(3)颗粒在密度和粒度均不同的混合粒群中沉降[见图 1-7(c)]；

(4)粗颗粒在微细粒分散悬浮液中沉降[见图 1-7(d)]。

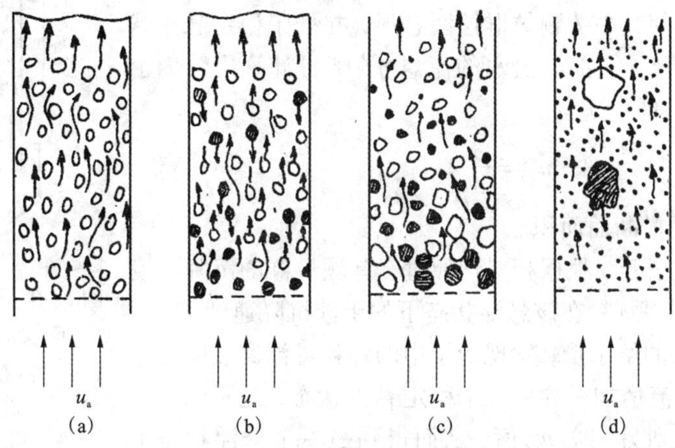

图 1-7　常见的几种干涉沉降形式

颗粒的干涉沉降速度主要受到以下几方面因素的影响：

(1)颗粒自身的自由沉降速度；

(2)周围颗粒的摩擦、碰撞；

(3)由于固体颗粒群的存在，介质变为悬浮体，悬浮体的密度大于介质的密度，从而使颗粒受到的浮力增加，颗粒沉降的速度减慢；

(4)两个和两个以上颗粒的间隙中、颗粒与容器器壁间形成上升股流(如图 1-8 所示)，使得颗粒相对于介质的运动速度加大，从而阻力增加，沉降速度减小。

以上几方面的影响使得干涉沉降速度小于自由沉降速度。干涉沉降速度的减小都与颗粒周围其他颗粒的多少有关，故可以认为，干涉沉降速度是自由沉降末速 v_0 和固体体积分数 φ 的函数。

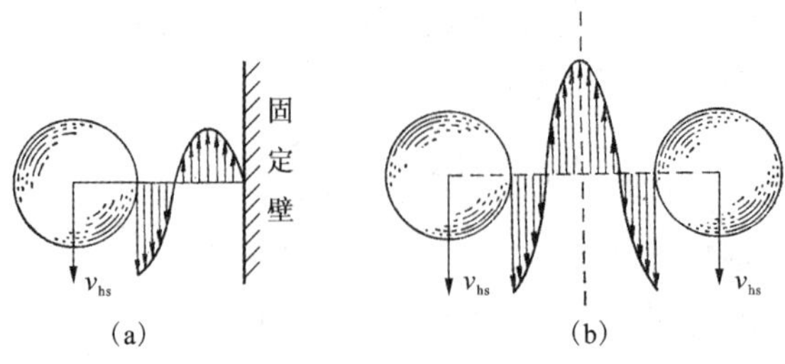

图 1－8　干涉沉降时

(a) 颗粒与器壁间的上升股流；(b) 颗粒与颗粒间的上升股流

悬浮体的松散度是指单位体积悬浮体内介质占有的容积，用 φ_1 表示，即有：

$$\varphi_1 = 1 - \varphi \tag{1-58}$$

1.1.6.2　颗粒干涉沉降速度的试验研究

20 世纪 30 年代，苏联人利亚申柯通过实验研究了均匀粒群的干涉沉降。利亚申柯干涉沉降的实验装置如图 1－9 所示。在直径为 30～50 mm 垂直安装的玻璃管下部，安装一个切向给水的涡流管，并安置一个筛网。进行实验时，筛网上放置一组粒度、密度均一的粒群，从管子下部涡流管切向给水，形成上升水流，逐步增大水量使其中的颗粒群松散悬浮，并处于稳定悬浮状态，此时，测定从管子上部流出水的流量 q，则可计算出管内上升水流的速度 u_{up}，即：

$$u_{up} = \frac{q}{A} \tag{1-59}$$

式中 A 为玻璃管的横断面面积。

由于粒群稳定悬浮，根据相对性原理，有颗粒群的沉降速度 $v_{hs} = u_{up}$，由此可测得颗粒在该悬浮状态下的干涉沉降速度。

增大管子下部的给水量，发现管子中的颗粒悬浮高度随之增加，并处于上升水流增加后的另一个稳定悬浮状态，此时测量流量，通过计算又得到另一个 u_{up} 值，从而得到另一个悬浮状态下的 v_{hs}。

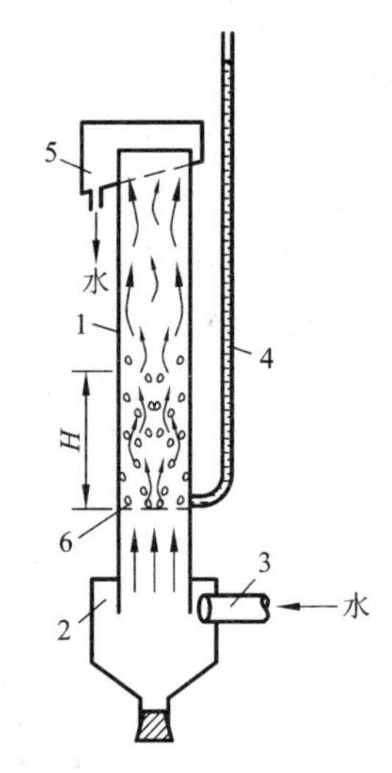

图 1－9　干涉沉降实验装置

1—玻璃管；2—涡流管；
3—切向给水管；4—测压管；
5—溢流槽；6—筛网

1.1.6.3　颗粒在均匀粒群中沉降的干涉沉降速度公式

(1) 干涉沉降速度公式的导出

利亚申柯通过干涉沉降实验发现，颗粒的干涉沉降速度 v_{hs} 与松散度 φ_1 有关。通过实验测出不同悬浮状态下的干涉沉降速度 v_{hs}，并用 $\lg v_{hs} - \ln\varphi_0$ 作图，$\lg v_{hs} - \lg\varphi_1$ 是一条直线，即：

$$\frac{\lg v_0 - \lg v_{hs}}{\lg 1 - \lg\varphi_1} = n(\text{常数}) \tag{1-60}$$

变换式(1－60)可得：$\lg v_{hs} = \lg v_0 + n\ln\varphi_1$，即：$v_{hs} = v_0\varphi_1^n$，或：

$$v_{hs} = v_0(1-\varphi)^n \tag{1-61}$$

式(1－61)中的 n 是反映粒群的粒度和形状影响的指数。当粒度和形状一定时，n 为定值，其随粒度变化的关系如表 1－4 所示，颗粒形状对 n 值的影响如表 1－5 所示，同时，n 还是颗粒自由沉降雷诺数的函数。

表 1 – 4　干涉沉降速度公式中 n 值随颗粒粒度的变化关系

平均粒度(d_{si})/mm	2.0	1.4	0.8	0.5	0.3	0.2	0.15	0.08
n 值	2.7	3.2	3.8	4.6	5.4	6.0	6.6	7.5

表 1 – 5　颗粒形状对 n 值的影响

颗粒形状	类球形	多角形	长条形
n 值	2.5	3.5	4.5

在干涉沉降中，颗粒间的间隙流速与净断面流速的关系为：

$$u_{up} = u_{v_0}\frac{A_{med}}{A} = u_{v_0}\varphi_1 = u_{v_0}(1-\varphi) \tag{1-62}$$

而 $v_{hs} = u_{up} = v_0(1-\varphi)^n$，所以有：

$$u_{v_0} = v_0(1-\varphi)^{n-1} \tag{1-63}$$

式(1－63)中的 u_{v_0} 是粒群中颗粒间的间隙流速。

(2) 指数 n 的实验测定

干涉沉降速度公式中的指数 n 可以通过查表获得，但准确一些的 n 值要通过利亚申柯干涉沉降实验进行测定。

在利亚申柯干涉沉降速度实验中，不同的上升水流速度 u_{up} 条件下，有不同的悬浮高度 H，在上升水速为 0 时，对应的高度为 H_0，此时的松散度为 φ_1'，则有：

$$\varphi_1 = 1-\frac{H_0}{H}(1-\varphi_1') \tag{1-64}$$

$$\varphi = 1-\varphi_1 = \frac{H_0}{H}(1-\varphi_1') \tag{1-65}$$

以不同的 $\lg u_{up}$ 为纵坐标，$\lg(1-\varphi)$ 为横坐标作图，得一直线，该直线的斜率就是指数 n 的值，即有：

$$n = -\frac{\lg v_0 - \lg u_{up}}{\lg(1-\varphi)}\phi \tag{1-66}$$

1.1.6.4　**干涉沉降等降现象和干涉沉降等降比**

(1) 宽级别粒群按干涉沉降速度分层

将粒度级别很宽的物料放入干涉沉降试验管中，在上升水速适当的情况下，可使下式成立：

$$v_{01}(1-\varphi)^{n_1} = v_{02}(1-\varphi')^{n_2} = v_{03}(1-\varphi'')^{n_3} = \cdots = u_{up} \tag{1-67}$$

由式(1－67)可得悬浮体内某一层的固体体积分数 φ 为：

$$\varphi = 1-\sqrt[n]{\frac{u_{up}}{v_0}} \tag{1-68}$$

不同密度、粒度的颗粒在同一上升水流中悬浮时，粒度大或密度高的颗粒的自由沉降末速 v_0 大，将位于悬浮体的下部；粒度小或密度低的颗粒的自由沉降末速 v_0 小，则位于悬浮体的上部这就是干涉沉降分级的原理。

(2) 干涉沉降等降比

在同一介质中，不同密度、粒度、形状的颗粒，在某些特定条件下，可以出现干涉沉降速度相等的现象，这种现象叫干涉沉降等降现象。在同一介质中，具有相同干涉沉降速度但密度、粒度、形状不同的颗粒称为干涉沉降等降颗粒。干涉沉降等降颗粒中，低密度颗粒的粒度 d_1 与高密度颗粒的粒度 d_2 之比称为干涉沉降等降比，用 e_{hs} 表示，即：

$$e_{hs}=\frac{d_1}{d_2} \tag{1-69}$$

对于干涉沉降等降颗粒，由于 $v_{hs1}=v_{hs2}$，则有 $v_{01}\varphi_1^{n_1}=v_{02}\varphi'^{n_2}_1$，由此可得斯托克斯阻力区的干涉沉降等降比为：

$$e_{hsS}=\left(\frac{\rho_1'-\rho}{\rho_1-\rho}\right)^{1/2}\left(\frac{\varphi_1'}{\varphi_1}\right)^{2.35}=e_{0S}\left(\frac{\varphi_1'}{\varphi_1}\right)^{2.35} \tag{1-70}$$

在牛顿－雷廷智阻力区，有：

$$e_{hsN}=\left(\frac{\rho_1'-\rho}{\rho_1-\rho}\right)\left(\frac{\varphi_1'}{\varphi_1}\right)^{4.78}=e_{0N}\left(\frac{\varphi_1'}{\varphi_1}\right)^{4.78} \tag{1-71}$$

因为 $\varphi_1'>\varphi_1$，所以有 $e_{hs}>e_0$，即干涉沉降时，形成等降的低密度颗粒和高密度颗粒的粒度差更大。

1.2 颗粒在旋转流中的沉降运动

1.2.1 旋转流的离心惯性力强度

在重力场中，颗粒沉降受重力加速度 g 的制约，因为 g 是定值，所以颗粒的沉降速度受到限制，这样重选设备的生产能力就受到限制。在离心力场中，颗粒沉降受离心加速度 a 的制约，由于 a 是可以调节和改变的，因此离心力场下的重选过程，其处理能力比重力场中选别过程的大。离心加速度 a 为：

$$a=\omega^2r=\frac{u_t^2}{r} \tag{1-72}$$

式中的 r、ω、u_t分别是颗粒运动的回转半径(m)、回转角速度(rad/s)和回转半径上的线速度(m/s)。

离心加速度与重力加速度的比值为离心力强度，用 i 表示，即：

$$i=\frac{a}{g}=\frac{\omega^2r}{g} \tag{1-73}$$

在离心力场中重选时，离心力强度在数十倍至百余倍之间变化，所以重力往往可以忽略。

在实践中，形成旋转流的主要方式有 3 种：其一是将矿浆在一定的压强下给入圆形容器，迫使其产生回转运动；其二是圆形容器回转运动，其壁上的矿浆随着做回转运动；其三是借助于中心叶轮的转动，带动矿浆做回转运动。

在离心力场中，因为离心加速度很大，是重力加速度的数十倍，所以介质流动速度一般都很快，即使在坡度很小的斜面流(如离心选矿机、螺旋溜槽)中，流态也基本上属于湍流，介质沿斜面的流速 u_{amea} 为：

$$u_{amea}=C\sqrt{H\frac{\omega^2R}{g}\sin\alpha} \tag{1-74}$$

式中 C——谢才系数；

H——介质流的水层厚度；

R——过水断面的水力半径；

α——斜面倾角。

1.2.2 颗粒在旋转流中的径向沉降运动

在旋转流中，离心惯性力沿径向向外，在介质内部产生压强梯度，即：

$$\frac{dp}{dr}=\rho\omega^2 r \tag{1-75}$$

颗粒在介质中要受到一个向心浮力的作用，对于球形颗粒，受到的向心浮力 P_r 为：

$$P_r=\frac{\pi d^3}{6}\rho\omega^2 r \tag{1-76}$$

如果颗粒与介质同步旋转，除去向心浮力后的离心惯性力 C_0 为：

$$C_0=\frac{\pi d^3}{6}(\rho_1-\rho)\omega^2 r \tag{1-77}$$

如果 $\rho_1>\rho$，则颗粒沿径向向外做沉降运动，设相对速度为 v_r，则颗粒受到的介质阻力 R_r 为：

$$R_r=\psi d^2 v_r^2\rho \tag{1-78}$$

当颗粒沉降过程中受到的离心惯性力和阻力平衡时，可得到颗粒的离心沉降末速 v_{0r} 为：

$$v_{0r}=\sqrt{\frac{\pi d^2(\rho_1-\rho)}{6\psi\rho}\omega^2 r} \tag{1-79}$$

对于微细颗粒，当离心沉降运动的雷诺数 $Re<1$ 时，颗粒的离心沉降末速 v_{0rs} 为：

$$v_{0rs}=\frac{d^2(\rho_1-\rho)}{18\mu}\omega^2 r \tag{1-80}$$

习题

1. 微细颗粒形成的矿浆质量百分浓度为 12%，矿石密度为 3200 kg/m^3，水的密度为 1000 kg/m^3，黏度为 0.003 Pa·s，计算矿浆的固体体积分数、矿浆密度、矿浆动力黏度和运动黏度。

2. 一组粒度不均匀的球形硅铁颗粒，密度为 6800 kg/m^3，搅拌悬浮后经过 66 s 上层微细颗粒沉降了 200 mm，计算微细颗粒的粒度。

3. 试用公式和查图法计算 1 mm 石英颗粒（密度为 2650 kg/m^3）在常温的水和空气中的沉降速度。

4. 计算粒度为 2 mm 的球形石英（密度为 2650 kg/m^3）和黑钨矿颗粒（密度为 7200 kg/m^3）在常温水中加速沉降阶段经过的时间和距离。

5. 试求与粒度为 2 mm 的类球形黑钨矿颗粒（密度为 7200 kg/m^3）成等降的多角形石英（密度为 2650 kg/m^3）颗粒的粒度。

第2章　水力分级

内容提要　分级的基本概念和基本过程。沉降水析法，上升水流分析法，旋流水析法。云锡式分级箱，机械搅拌式水力分级机，分泥斗，斜板分级浓密机。螺旋分级机。水力旋流器的结构、矿浆流速分布，水力旋流器的工艺计算，影响旋流器工作的参数。粒度分配曲线和分级效率。

2.1　概述

分级是根据固体颗粒在介质中沉降速度的不同，将宽级别粒群分成两个或多个粒度级别较窄粒群的过程。在水中进行的分级称为水力分级，在空气中进行的分级称为风力分级。分级中，介质有垂直的、接近水平的或旋转的运动。水流做垂直运动时，向上流动的水流将沉降速度低的颗粒带到顶部排出，得到的细粒级矿浆产品称为溢流；沉降速度大的颗粒从底部排出，得到的粗粒级产品称为沉砂。混合粒群在上升水流中分级，其中的颗粒成为溢流还是成为沉砂，可以通过下式表示的颗粒的绝对速度进行判断。

$$v = v_0 - u_a \text{或} v = v_{hs} - u_a \tag{2-1}$$

在垂直上升水流中进行分级的过程如图2-1(a)所示。如果要得到多个粒级产品，则可将所得到的溢流或沉砂在依次减少或增大的上升水流中继续分级。

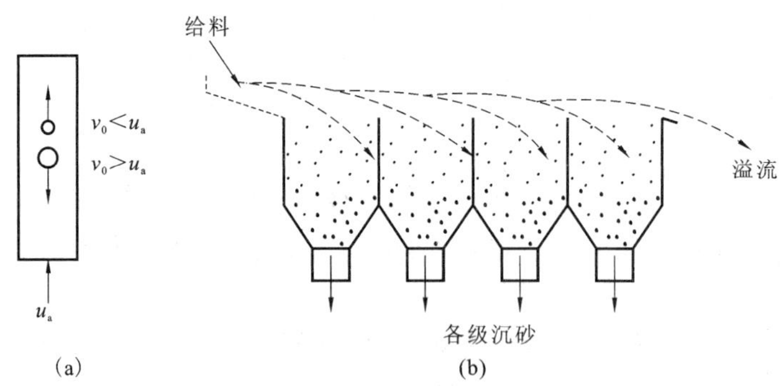

图2-1　颗粒在垂直上升或接近水平流动的水流中分级

(a)垂直上升水流；(b)水平水流

在接近水平的介质流中，颗粒水平运动的速度可以认为与介质流的速度相同，但沉降速度则随颗粒粒度的大小而变化。由于粗颗粒的沉降速度大，在水平运动过程中最先沉降下来；粒度中等的颗粒的沉降速度小一些，向前运动的距离要远一些；而细颗粒的沉降速度则比较小，向前运动的距离必然更远；十分微细的颗粒在运动中就不会沉降下来。由此可根据颗粒的沉降速度，在水平运动的不同距离处将颗粒截取下来，就得到不同粒级的沉砂产物，最后不能沉降下来的是微细粒级的溢流产品[见图2-1(b)]。

在回转流中进行分级时，颗粒按离心沉降速度的不同实现分级。

分级和筛分都是将混合粒群分成几个粒度级别较窄粒群的过程，但筛分是按筛孔尺寸的大小来分离矿粒，得到的产物粒度严格受几何尺寸的控制，所以筛分产物中颗粒的几何尺寸相对均匀。而分级是按矿粒在介质中的沉降速度不同而实现颗粒分离的，沉降速度相同的颗粒将进入同一产物，因而除几何尺寸外，颗粒的密度和形状对分级产物的粒度有重要影响，致使在同一分级产物中，高密度颗粒的几何尺寸小，低密度颗粒的几何尺寸大。

分级产物的粒度以该粒级中最大与最小颗粒的尺寸进行度量，如 -0.1 +0.074 mm，这里的粒度以通过95%物料量的筛孔尺寸表示。有时产物粒度用某一特定粒级含量表示，如 -0.074 mm占90%。

分级过程中，分级的界限尺寸有两种表示方法，一种是以沉降速度等于上升水速的标准矿物(我国常用石英)的粒度代表分级粒度，这种方法由于水速难以测准或计算上的偏差，常出现偏差。另一种是将实际产物中在沉砂和溢流中各占50%的那一极窄粒级的尺寸作为实际的分级界限，称为分级粒度，用 d_{50} 表示。

筛分主要用于较粗粒级的粒度分析和分离，分级用于细粒物料的粒度分析和分离。

2.2　水力分析

实际生产和试验研究中，经常要对物料进行粒度分析。对于粗粒物料，常采用筛分分析。对于细粒物料，筛分比较困难，则采用分级方法进行分析。通过测定颗粒在水中的沉降速度，间接计算颗粒粒度的方法称为水力分析，简称水析。当颗粒粒度极其细微、沉降速度极慢或者难以沉降时，可以采用激光粒度分析法测定粒群的粒度组成。

常用的水析方法有沉降法、上升水流法、旋流水析法等。为了防止颗粒在水中的团聚，影响分析的准确性，在进行水析时可以加入水玻璃、六偏磷酸钠、焦磷酸钠等分散剂。

2.2.1　沉降水析法

如图2-2所示，在玻璃杯内加入一定量的矿粒，保证 φ 小于0.03，搅拌矿浆使其充分悬浮，停止搅拌时记录时间，当达到计算的时间 t 时，立即抽吸出高度为 h 以上的矿浆，然后继续加水至矿浆初始高度，再搅拌悬浮，记时沉降，到 t 时又放出矿浆，如此反复进行，直至放出的矿浆为清水时为止。放出的矿浆中就是粒度小于 d 的颗粒。在已知 d、h 的情况下，沉降时间 $t(s)$ 为：

$$t=\frac{h}{v_0}=\frac{18h\mu}{\sqrt{\chi}d^2(\rho_1-\rho)g} \tag{2-2}$$

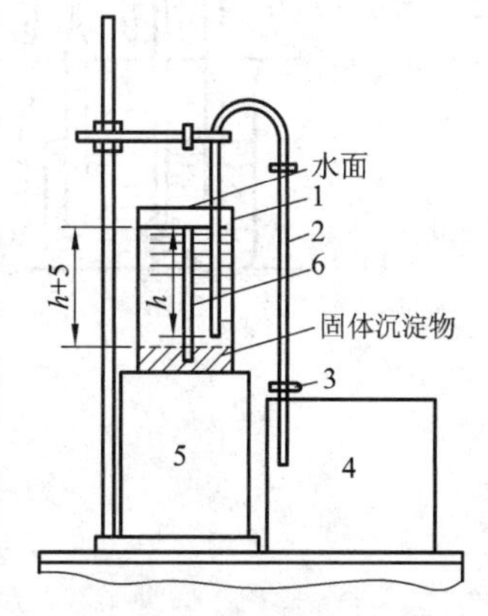

图2-2　沉降水析法的装置

1—玻璃杯；2—虹吸管；3—夹子；4—溢流接收槽；5—玻璃杯座；6—标尺

根据沉降时间的计算公式，不同的粒度 d，对应不同的沉降时间 t，所以改变不同的沉降时间，可得到不同粒级的产物。

对抽吸出来的矿浆进行过滤、烘干、计量，算出各个粒级的产率、金属分布率等，有时绘制成粒度分配曲线，反映粒度分布规律。

2.2.2 上升水流水析法

常用一组由4个管子组成的连续水析器(见图2-3)进行粒群的上升水流水析。水流依次通过直径由小到大的4个分级管，在直径小的分级管中具有大的上升水速，只有很粗的颗粒才能在此管中沉降下来，随着管子直径的增大，其中的上升水速减慢，在管子中沉降下来的颗粒粒度变细，最后还不能沉降下来的微细颗粒成为溢流。

当给水量为 q 时，分级管中上升水流速度 u_a 与管子直径 D 的关系为：

$$u_a = \frac{4q}{\pi D^2} \tag{2-3}$$

颗粒的沉降速度 v_0 大于 u_a 时，颗粒在管子中沉降下来，则留在管子中的颗粒的粒度范围为 $-d_i+d_{i+1}$，其中 d_i 和 d_{i+1} 是第 i 管和第 $i+1$ 管中，依据 $v_0=u_a$，按 v_0 计算出来的颗粒粒度。

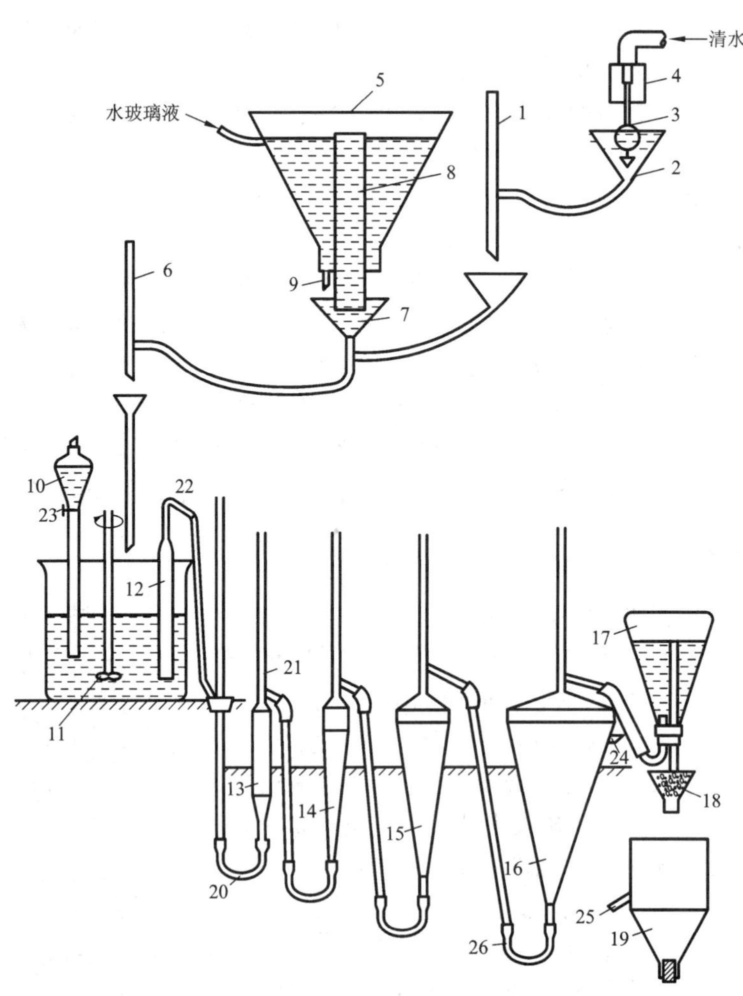

图2-3 连续水析器装置图

1—清水滴管；2、7—漏斗；3—浮标；4—水阀；5—水玻璃锥形瓶；6—水玻璃调节滴管；8—进气中心管；9—水玻璃液排放管；10—盛矿锥形漏斗；11—搅拌器；12—吸浆管；13~16—分级管；17—调节液面的锥形瓶；18—明矾漏斗；19—接收最细粒级的锥形瓶；20、26—乳胶管；22—虹吸管；23—矿浆排放阀；24、25—溢流管进行水析测定时，每次用待分级原料50 g左右，配成固体质量分数为10%的料浆装入漏斗中。打开矿浆排放阀门后，颗粒即借重力落在给料器内；搅拌器保持粒群呈悬浮状态。给料前各分级管和连接管内都充满水，借助于进水口和出水口的高度差使水流不断地流经各个分级管，颗粒根据各个分级管中的水流速度进行沉降分级。

一般给料时间为1.5 h，2 h后停止搅拌，当溢流变得清澈时停止给水。取出矿样的顺序为由粗到细，取出的矿浆经过澄清，除去清水或过滤后烘干计量，计算物料的粒级组成。

连续水析器一次测定可获得多个粒级，操作简单，得到了较为广泛的应用。

2.2.3 旋流水析法

在离心力场中进行水析的方法称为旋流水析法。旋流水析在5个串联的水力旋流器中进行，水力旋流器的沉砂口垂直朝上，溢流管朝下，前一个旋流器的溢流管是下一个旋流器的给矿管，旋流器的沉砂口与装有排矿阀门的容器连接。水析过程中，排矿阀门处于关闭状态。

待水析的矿料粒度小于0.074 mm，一次给矿量在100 g左右。给矿用水调成矿浆，使矿粒充分分散，矿浆量通常小于150 mL。将矿浆倒入给矿容器中，充满水，并装在管路上，然后关闭阀门，启动水泵，将流量阀门开到最大位置。当水流流过各旋流器后，从1号旋流器开始，通过底流阀逐个排出旋流器中的空气及杂物，再将底流阀关闭。打开给矿容器阀门，使给矿在5 min之内进入旋流器。调整水流流量，使转子流量计的读数由大变小，直至所要求的值。记录时间，在30 min之内完成水析过程。水析完毕时，将流量调至最大值。从5号旋流器开始，逐个卸下底流容器中的分级产物，然后关闭水泵。将所得各个产物烘干、计量，计算各粒级产率。

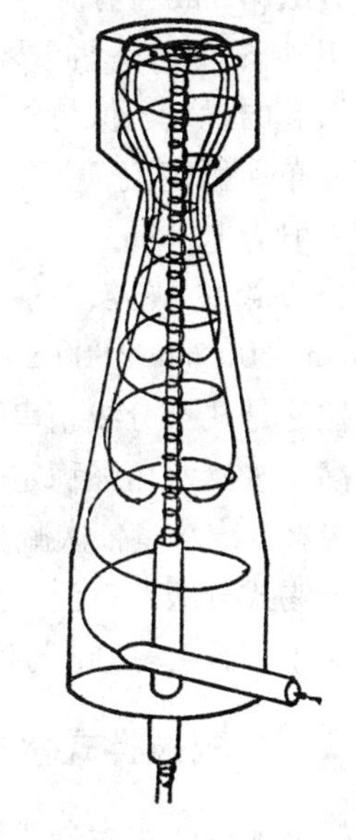

图2-4 单个水力旋流器内水流的流动形式示意图

矿浆和颗粒在水力旋流器中的运动状态如图2-4所示。矿浆沿切向给入旋流器后，以很高的速度旋转运动，在后续不断给入的矿浆的推动下，矿浆进入顶部容器，固体颗粒在该容器中受到强烈扰动并趋向于返回锥体部分。颗粒在返回过程中，同样处于高速旋转运动状态，所以受到离心惯性力的作用，对于大于分离粒度的颗粒，受到的离心惯性力大，又进入到旋转着向上流动的流层中，返回到顶部容器，小于分离粒度的颗粒受到的离心惯性力小，处于中部旋转着向下流动的流层，最后从下部的溢流管排出，进入下一个旋流器中。

旋流水析法的影响因素主要有颗粒粒度、水的流量、水析时间和水温。各级旋流器的有效分级粒度d_e为：

$$d_e = f_1 \cdot f_2 \cdot f_3 \cdot f_4 \cdot d_i \tag{2-4}$$

式中　d_i——极限分级粒度；

f_1、f_2、f_3、f_4——水温、颗粒密度、水流流量和水析时间校正系数。

2.3 多室及单槽水力分级机

2.3.1 云锡式分级箱

云锡式分级箱最早由云南锡业公司设计并成功使用，故以云锡命名。其结构如图 2－5 所示，外形为倒立角锥形，主要由倒立角锥分级箱体、矿浆溜槽、阻砂条、沉砂排出口、高压水管组成。

云锡式分级箱的工作过程为：矿浆从矿浆溜槽流入倒立角锥箱中，矿浆中的矿粒开始沉降，沉降速度大于阻砂条间隙中的上升水速的矿粒，向下沉降，最后从沉砂口排出成为粗粒沉砂；而沉降速度小于阻砂条间隙中的上升水速的矿粒，则不能沉降，只能随水平矿浆流流过分级箱，成为溢流产品。

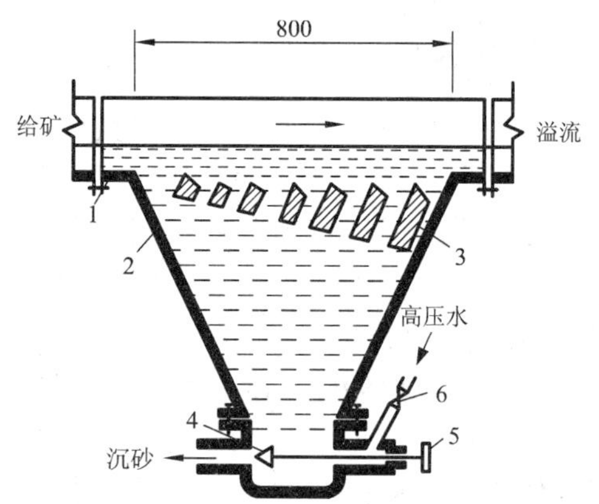

图 2－5 云锡式分级箱的结构简图

1—矿浆溜槽；2—倒立角锥分级箱体；3—阻砂条；4—砂塞；5—手轮；6—阀门

阻砂条的作用是减少矿浆进入分级箱时引起的扰动，保持箱内上升水流的均匀分布和稳定流动，阻砂条间的缝隙宽度一般为 10 mm。

分级箱的规格一般为 200 mm × 800 mm、300 mm × 800 mm、400 mm × 800 mm、600 mm × 800 mm、800 mm × 800 mm 等。生产中往往是几个分级箱串联使用，从矿浆进入到最后的溢流流出，分级箱的断面面积从小到大。高压水给水压强稳定在 300 kPa 左右，通过阀门控制给水量，从第一个分级箱到最后一个分级箱，给水量依次减少，上升水流速度也依次减小，从而得到从粗到细的各种粒级产品。

云锡式分级箱广泛应用于锡矿石、钨矿石的选矿厂中，一般与摇床配合使用，其优点是结构简单、不耗动力、与摇床配置方便；缺点是分级效率低、耗水量大。

2.3.2 机械搅拌式水力分级机

机械搅拌式水力分级机的结构如图 2－6 所示，它的主体部分是一组倒立的角锥箱，其次由分级管、搅拌器、传动机构、缓冲箱、沉砂口、压力水管组成。矿浆给入分级箱中，矿粒向下沉降，当到达分级管区域时，颗粒在搅拌叶片的搅拌作用和上升水流作用形成的干涉沉降区沉降。当颗粒的干涉沉降速度大于上升水速时，颗粒下沉经过该区，进入缓冲箱，最后从沉砂口排出成为沉砂。当颗粒的干涉沉降速度小于上升水速时，颗粒不能通过该区下沉，只能上升，从分级箱的上部排出成为细粒溢流产品。干涉沉降速度等于上升水速的颗粒，悬浮于干涉沉降区，随机地从上或从下排出，进入溢流或沉砂。

一般情况下，4 个角锥箱体串联使用，构成 4 室机械搅拌水力分级机。分级过程中，流经第 1、第 2、第 3、第 4 室的上升水流速度逐渐减小，分离粒度由粗到细，加上溢流，共可获得 5 个粒级的分级产物。

机械搅拌式水力分级机的优点是分级效率比云锡式分级箱的高、沉砂浓度高、节约用水，但结构复杂、安装高差大、沉砂口易堵塞。

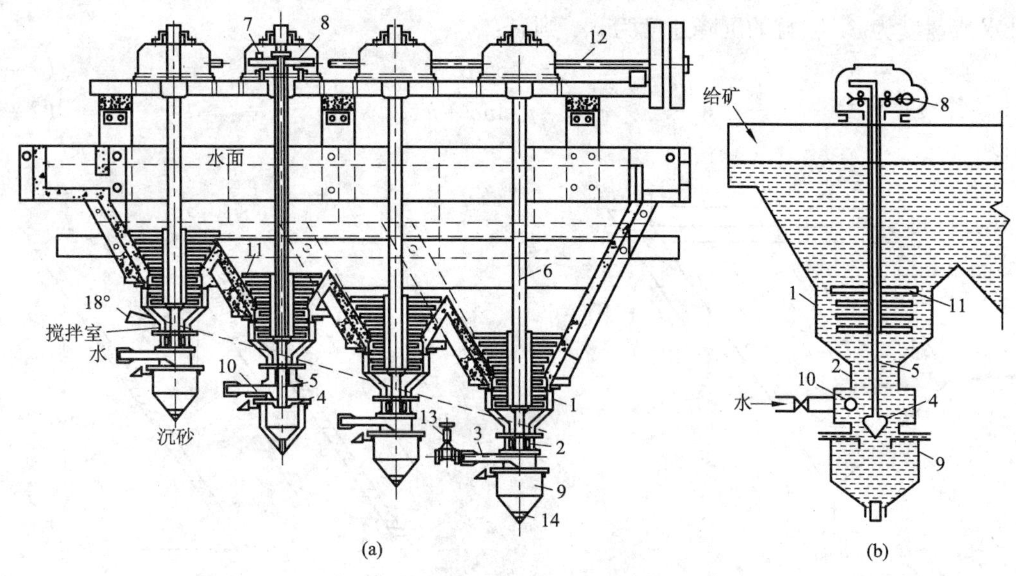

图2-6　机械搅拌式水力分级机的结构

(a)整机断面图；(b)角锥分级箱示意图；

1—圆筒；2—分级管；3—压力水管；4—锥形塞；5—连杆；6—空心轴；7—凸轮；8—蜗轮；9—缓冲箱；10—涡流箱；11—搅拌叶片；12—转动轴；13—活瓣；14—沉砂排出口

2.3.3　分泥斗

分泥斗是一种结构简单的分级、脱泥和浓缩设备，又称为圆锥分级机，其结构如图2-7所示，主要由倒立圆锥形分级斗、给矿分配圆筒、环形溢流槽、沉砂管、压力水管组成。给矿矿浆沿给矿分配圆筒切向给入，较均匀地分配进入分级斗上部，其中的粗颗粒向下沉降，最后从沉砂管排出成为沉砂；细颗粒在向下沉降过程中，由于锥体断面积不断减小，受到上升速度越来越大的水流的作用，最后使得其沉降速度小于上升水速，然后开始在上升水流的作用下，向上运动，最后从上部流出，进入溢流槽成为细粒产品。

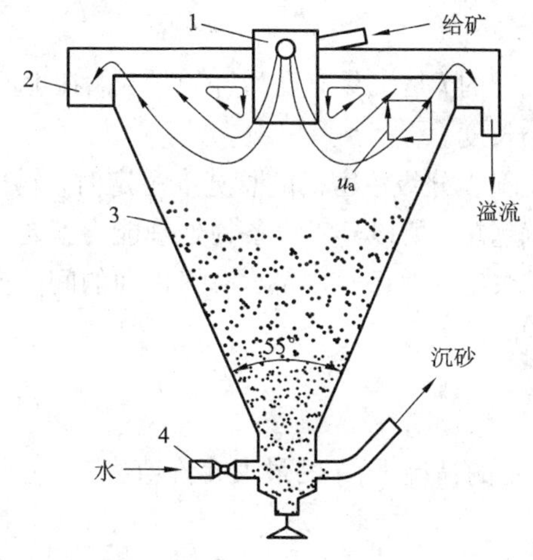

图2-7　分泥斗示意图

1—给矿管；2—环形溢流槽；3—锥体；4—高压水管

分泥斗的优点是结构简单、无运转部件、工作稳定；缺点是分级效率低，有时只能作为脱水稳压设备使用。

2.3.4　斜板分级浓密机

斜板分级浓密机又称为倾斜浓密箱，是一种高效率分级浓缩设备，其结构如图2-8所示，由上部斜角为α的矩形箱体、下部倒立角锥体、箱体内倾斜安装的斜板、沉砂排出口、溢流槽组成，上部斜板为浓缩分级板，下部斜板为稳流板。

对于一组斜板，如图2-9所示，其倾角为α，两板之间的距离为s，长度为l，沿斜板间

上升水流速度为 u，颗粒的沉降速度为 v_0，则有：

$$v_x = v_0\cos\alpha \tag{2-5}$$

$$v_y = -v_0\sin\alpha + u \tag{2-6}$$

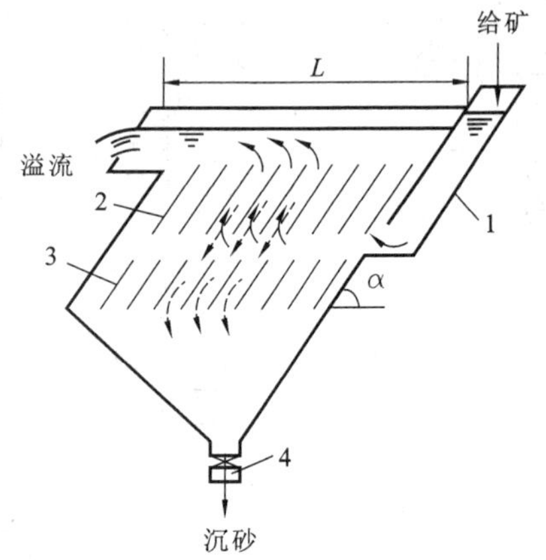

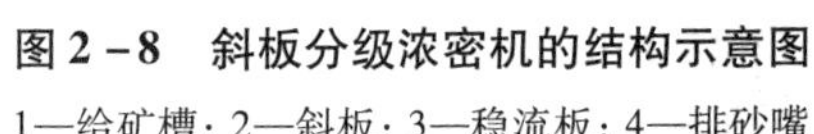
图 2-8　斜板分级浓密机的结构示意图

1—给矿槽；2—斜板；3—稳流板；4—排砂嘴

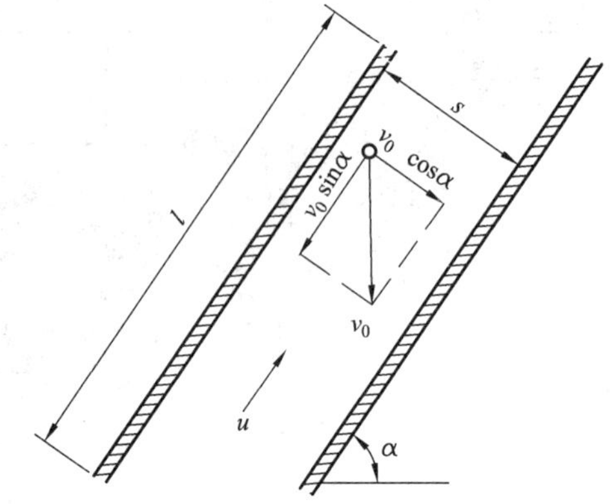

图 2-9　颗粒在浓缩板间的运动情况

对于运动在斜板间的临界颗粒，有关系式：$\frac{s}{v_0\cos\alpha}=\frac{l}{u-v_0\sin\alpha}$，由此得：

$$l=\frac{s(u-v_0\sin\alpha)}{v_0\cos\alpha} \tag{2-7}$$

式中的 l 是沉降速度为 v_0 的颗粒，在上升速度固定为 u 的水流中，进入沉砂所需的斜板的最小长度。

在斜板分级浓密机的总宽度一定时，斜板的数量 n 值越大，s 越小，颗粒沉降到斜面上的时间就越短，所以分级设备的处理能力就越大。

矿浆给入分级箱内部，沿斜板间的间隙向上流动，在流动的过程中，颗粒到达斜面表面所需的时间 t 为：

$$t=\frac{s}{v_0\cos\alpha} \tag{2-8}$$

在 l 一定的情况下，t 的最大允许值为：

$$t_{\max}=\frac{l}{u-v_0\sin\alpha} \tag{2-9}$$

当 $t>t_{\max}$ 时，颗粒不能沉降到斜面上，将从上部溢流排出；当 $t<t_{\max}$ 时，颗粒沉降到斜面上，沿斜面向下滑动，最后从沉砂口排出成为沉砂；当 $t=t_{\max}$ 时，为临界颗粒。

斜板分级浓密机因斜板的加入，增加了分级沉降面积，缩短了矿粒沉降时间，处理量大大提高。其缺点是斜板上矿粒向下滑动速度慢，板面易于积垢，而且水流的均匀性对分级效果的影响很大。

为了充分发挥斜板分级浓密机的优点，克服国外一些斜板浓密机板面结垢、堵塞等缺点，中国对其进行了大量的研究，组合式和大型化成为其发展方向。例如，对 Lamella 型斜板浓密箱进行了二次研制开发，不但拓宽了设备规格型号和应用领域，且完成了必要的理论研究，形成了 KMLZ、KMLY 型系列斜板浓密装备，在矿山、冶金、化工、轻工、煤炭等行业得到了推广使用，获得了良好的应用效果。另外，根据 SALA 型斜板设备的结构特点，研究开发的单元集成斜窄流水力分级设备，在选矿厂的分级与脱泥中也得到了应用，分级和脱泥的效率大于 70%，对 0.019 ~ 0.1 mm 粒级的分级、脱泥效果比较好。

图 2 – 10 所示的高频振动变形斜板浓密机，具有斜板浓缩通道的集成模式，由多个斜板浓缩通道集成后形成 1 个一定沉降面积的斜板组模块，采用耐磨损、抗静电能力强的高分子材料为基料加工斜板，斜板组模块整体悬挂，并借助间歇式高频微振，对斜板组模块进行定期自动清洗，保证斜板板面上不堆积物料，板间不堵塞。

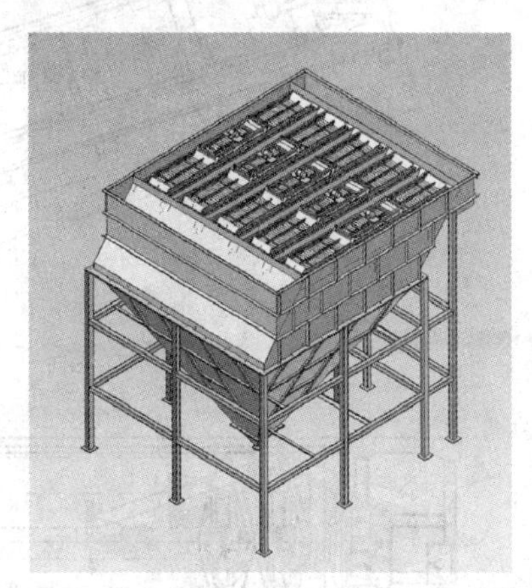

图 2 – 10 BXN – 250 变形斜板浓密机

2.4 机械分级机

机械分级机的特点是安装有提升、运输沉砂的装置，主要用来与磨矿设备构成闭路作业，有时用在洗矿、脱泥、脱水作业中。机械分级机又分成螺旋分级机、耙式分级机和浮槽分级机等，其中螺旋分级机得到了广泛使用，其他几种分级机用得较少。

螺旋分级机的结构如图 2 – 11 所示，主要由半圆形槽体、螺旋、溢流堰、返砂槽、螺旋提升机构、螺旋传动系统组成。给矿矿浆从半圆形槽体侧面的给矿口进入槽体中，矿浆装满槽体后形成矿浆液面，颗粒在矿浆中向下沉降，粗颗粒沉降到底部后受到旋转螺旋叶片的向上搬运（相当于螺旋输送机），逐渐向倾斜槽体的上部运动，最后从上部排出成为返砂。夹杂在粗粒中的细粒受到螺旋叶片搅动产生的脉动上升水流作用，悬浮起来并向溢流堰方向移动，最后从半圆形槽体下部的溢流堰排出成为溢流。螺旋分级机的半圆形槽体充满矿浆的下半部为分级区，上半部为返砂输送区。

螺旋分级机的沉降分级为干涉沉降分级，分级粒度由干涉沉降公式 $v_{hs} = v_0(1-\varphi)^n$ 决定，故分级粒度由 φ 决定，也决定于 v_0，生产上就是通过调节溢流浓度来控制分级粒度的。

螺旋分级机根据下部螺旋相对于矿浆液面的位置分为图 2 – 12 所示的高堰式、沉没式和低堰式 3 种。

高堰式螺旋分级机的溢流堰高于下端螺旋轴的中心，而低于螺旋叶片上缘，适用于中、粗粒分级；沉没式螺旋分级机的下端螺旋叶片完全浸没在矿浆面以下，适用于细粒分级；低堰式螺旋分级机的分级液面低于下端螺旋轴中心，适用于洗矿。常用螺旋分级机的技术规格和性能如表 2 – 1 所示。

螺旋分级机的生产能力计算式为：

$$Q_{0v} = mK_1K_2(94D^2 + 16D)\text{（高堰式）} \tag{2-10}$$

$$Q_{0v} = mK_1K_2(75D^2 + 10D)\text{（沉没式）} \tag{2-11}$$

式中 Q_{0v}——按溢流中固体计算的生产能力，t/d；

m——分级机的螺旋个数；

K_1——矿石密度修正系数，见表 2 – 2；

K_2——分级粒度修正系数，见表 2 – 3；

D——螺旋直径，m。

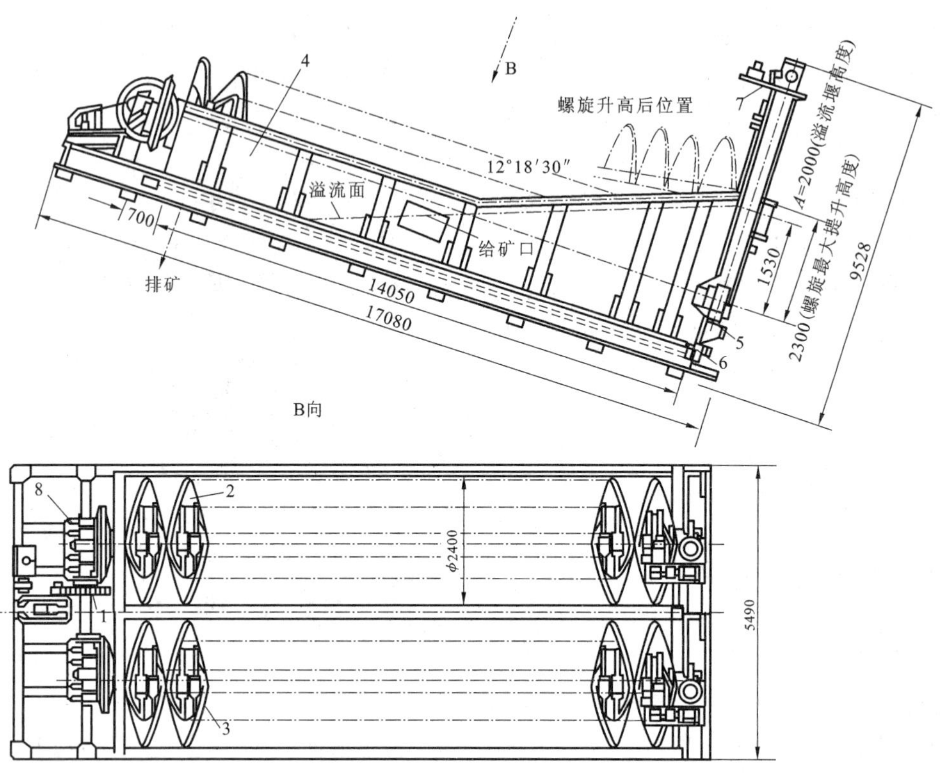

图 2-11　ϕ2400 沉没式双螺旋分级机的结构

1—传动装置；2、3—左、右螺旋；4—水槽；5—下部支撑；6—放水阀；7—升降机构；8—上部支撑

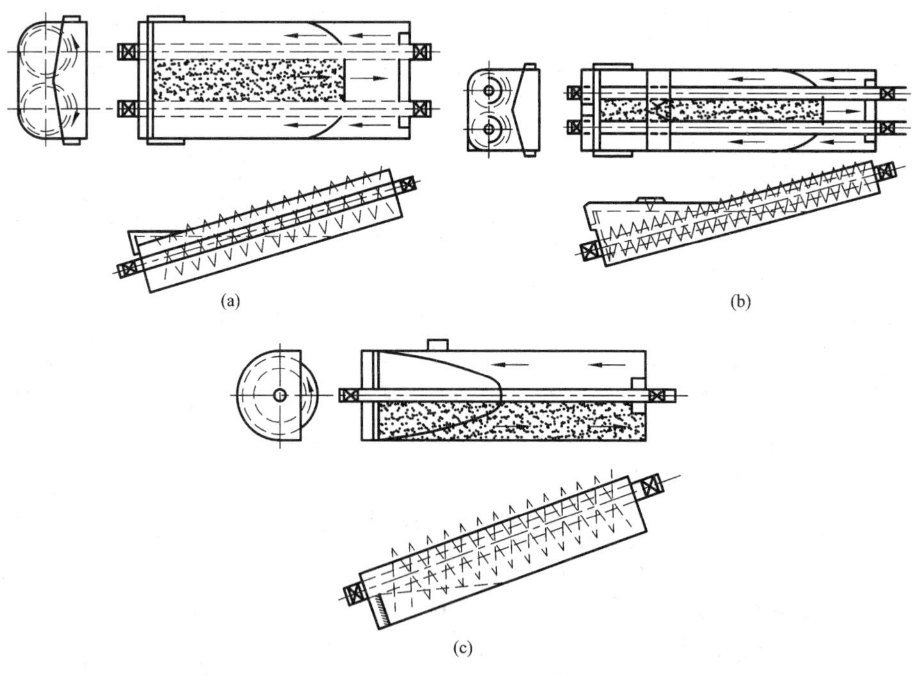

图 2-12　3 种类型的螺旋分级机示意图

(a)高堰式；(b)沉没式；(c)低堰式

表 2－1　常用螺旋分级机的技术规格

形式	规格型号	螺旋转速/$(r \cdot min^{-1})$	处理量/$(t \cdot d^{-1})$		螺旋规格/mm		分级槽坡度/(°)	溢流粒度/mm	电机功率/kW	
			按返砂计	按溢流计	直径	长度			主轴	升降
高堰式单螺旋	FG－5φ500	8.0～12.5	135～210	32	φ500	4400	14～18.5	0.15	1.1	手摇提升
	FG－10φ1000	5～8	675～1080	110	φ1000		14～18.5	0.15	5.5	手摇提升
	FG－15φ1500	2.5～6	1830～2740	235	φ1500	7940	14～18.5	0.15	7.5	2.2
	FG－20φ2000	3.6～5.5	3290～5940	400	φ2000	8105	14～18.5	0.15	11;15	3
高堰式双螺旋	2FG－15φ1500	2.5～6	2280～5480	470	φ1500	7940	14～18.5	0.15	7.5×2	2.2×2
	2FG－20φ2000	3.6～5.5	7780～11880	800	φ2000	8105	14～18.5	0.15	22;30	3×2
	2FG－24φ2400	3.67	13600	1160	φ2400	8900	14～18.5	0.075	30	3
	2FG－30φ3000	3.2	23300	1780	φ3000	12225	14～18.5	0.15	40	4
沉没式单螺旋	FC－10φ1000	5～8	675～1080	85	φ1000		14～18.5			
	FC－15φ1500	2.5～6	1830～2740	185	φ1500	10190	14～18.5	0.075	7.5	2.2
	FC－20φ2000	3.6～5.5	3210～5940	320	φ2000	12605	14～18.5	0.15	10;13	3
	FC－24φ2400	3.64	6800	490	φ2400	13940	14～18.5	0.075	17	4
沉没式双螺旋	2FC－15φ1500	2.5～6	2280～5480	370	φ1500	10190	14～18.5	0.075	7.5	2.2
	2FC－20φ2000	3.6～5.5	7780～11880	640	φ2000	12605	14～18.5	0.075	22;30	3
	2FC－24φ2400	3.67	13700	910	φ2400	10940	14～18.5	0.075	30	3
	2FC－30φ3000	3.2	23300	1410	φ3000	14025	14～18.5	0.075	40	4

注：F—单螺旋；G—高堰式；C—沉没式。

表 2－2　矿石密度修正系数 K_1 的值

矿石密度/$(kg \cdot m^{-3})$	2700	2850	3000	3200	3300	3500	3800	4000	4200	4500
K_1	1.00	1.08	1.15	1.15	1.30	1.40	1.55	1.65	1.75	1.90

表 2－3　分级粒度修正系数 K_2 的值

溢流粒度/mm		1.17	0.38	0.59	0.42	0.30	0.20	0.15	0.10	0.074	0.061	0.053	0.044
K_2	高堰式	2.5	2.37	2.19	1.96	1.70	1.41	1.00	0.67	0.46	—	—	—
	沉没式	—	—	—	—	—	3.00	2.30	1.61	1.00	0.72	0.55	0.36

如果已知溢流的固体矿量 Q_{ov}，则螺旋分级机的螺旋直径 D 可按下式计算

高堰式螺旋分级机

$$D = -0.08 + 0.103\sqrt{\frac{Q_{ov}}{mK_1K_2}} \tag{2-12}$$

沉没式螺旋分级机

$$D = -0.07 + 0.115\sqrt{\frac{Q_{ov}}{mK_1K_2}} \tag{2-13}$$

根据溢流处理量计算出来的分级机螺旋直径，还需要按返砂处理量进行验算。返砂量 Q_s(t/d)的计算公式为：

$$Q_s = 135mK_1nD^3 \tag{2-14}$$

式中　n——螺旋转速，r/min。

螺旋分级机的优点是处理能力大、工作稳定可靠、返砂自动提升、能与磨矿设备构成自动闭路作业；其缺点是分级效率低(20%～40%)，高密度细粒矿物进入返砂，造成过粉碎。

螺旋分级机的影响因素包括结构因素、矿石性质和操作条件。在结构因素中，分级面积的大小是影响分级机处理能力和分级粒度的决定性因素。分级面积与溢流体积处理量成正比，与分级粒度成反比。如图 2－13 所示，当分级槽内的液面长为 L、槽宽为 B、下端（溢流堰）高为 h、倾角为 α 时，分级面积 A 为：

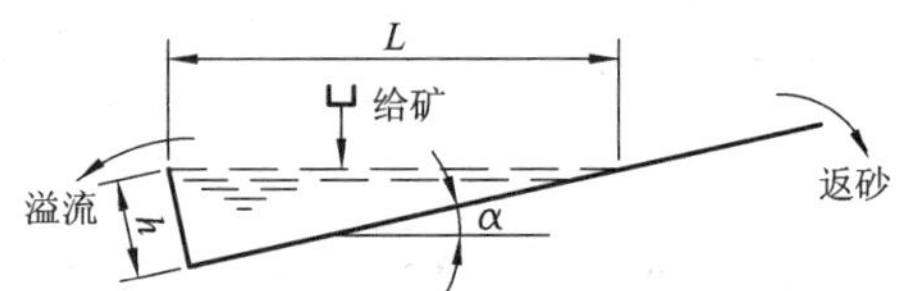

图 2－13　螺旋分级机的分级面积与斜槽尺寸和斜角的关系图

$$A = B \times L = \frac{Bh}{\sin\alpha} \tag{2-15}$$

由式（2－15）可知，分级面积可以调节的参数只有溢流堰的高度 h，对于高堰式螺旋分级机，溢流堰高度为 400～800 mm；对于沉没式螺旋分级机，溢流堰高度一般为 930～2000 mm。

矿石性质对分级的影响主要表现在矿石的密度、粒度组成和含泥量等方面。矿石密度大时，设备处理能力大，密度小时，处理能力小。矿石粒度细、含泥量大时，矿粒沉降速度慢，设备处理能力下降，同时分级粒度变粗，分级效率也下降。

给矿浓度是重要的操作条件，它既影响分级粒度，又制约着设备的处理能力。生产中控制分级机给矿浓度是保证分级粒度稳定的基本手段，对分级机必须恒压给水，通过改变给水量调节溢流产品粒度。

2.5　水力旋流器

水力旋流器是利用离心惯性力进行分级的装置，其结构如图 2－14 所示，主要由圆锥体、圆柱体、沉砂口、溢流管、给矿管组成。矿浆在一定的压强下沿给矿管给入旋流器，随后在圆筒壁的限制下做回转运动，外层矿浆在回转中向下运动，称为外旋流。随着矿浆向下流动，空间断面减小，内层矿浆被迫转而向上流动，称为内旋流。粗颗粒的径向沉降速度大，沉向筒壁进入外旋流，向下运动，最后从沉砂口排出，成为沉砂；细颗粒的径向沉降速度小，进入内旋流，向上运动，随着矿浆的不断给入，细粒最后从溢流管排出成为溢流。

2.5.1　矿浆在旋流器内的速度分布

矿浆在旋流器中的运动为三维立体运动，将三维立体运动分成 3 个分量，即切向速度 u_t、径向速度 u_r 和轴向速度 u_a（见图 2－15）。

（1）切向速度分布

旋流器内矿浆的运动为半自由涡运动，切向速度与半径的关系为：

$$u_t r^n = K（常数） \tag{2-16}$$

式中的 n 是指数，$n = 0.386 \sim 0.461$，平均为 0.432，若 $n = 1$，则为自由涡运动，若 $n = -1$，则为强制涡运动；K 是常数，对于 ϕ82 mm 的旋流器，$K = 7.18 \sim 9.32$，平均为 7.95。

旋流器的给矿压强一般为 30～300 kPa，到旋流器内某一半径 r_a 处，静压强因摩擦导致的能耗损失消耗掉，表面处压强为 0。自此向内不再有液体存在，而出现一个低压的空气柱。外部空气从沉砂口吸入，并随液面做高速旋转运动。空气的进入，会对液面产生扰动，严重时影响分级效果。

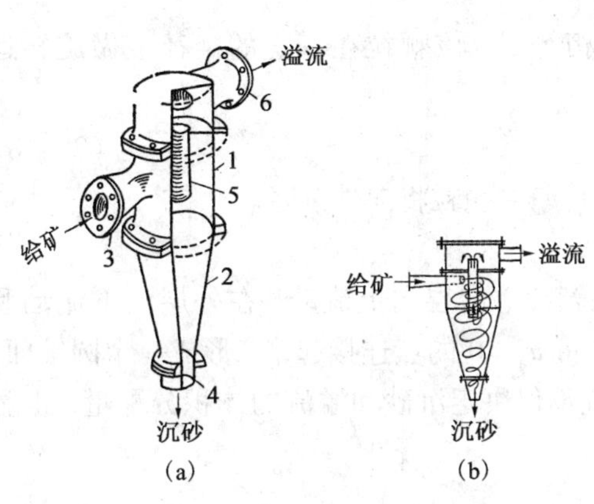

图 2－14　水力旋流器的结构示意图

(a) 水力旋流器的构造；(b) 力旋流器的工作原理示意图

1—圆柱体；2—圆锥体；3—给矿管；

4—沉砂口；5—溢流管；6—溢流管口

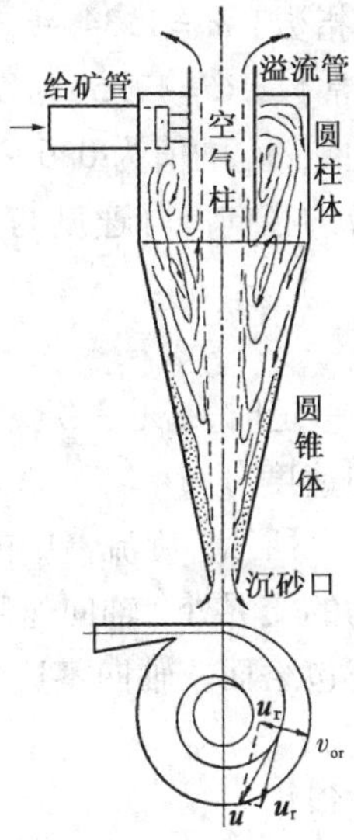

图 2－15　矿浆在水力旋流器内的流动示意图

液流在旋流器内的切向速度分布如图 2－16 所示。

(2) 径向速度分布

在旋流器中，径向速度随半径的减小而增大(见图 2－17)，该速度与半径的关系为：

$$u_r r^m = C \tag{2-17}$$

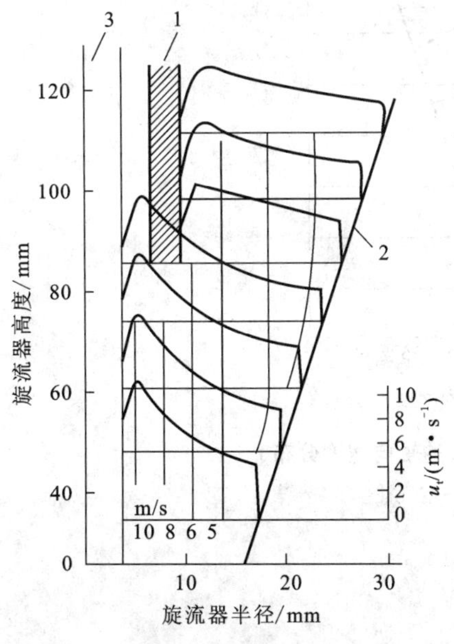

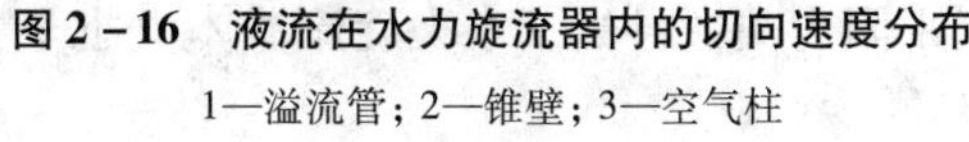

图 2－16　液流在水力旋流器内的切向速度分布

1—溢流管；2—锥壁；3—空气柱

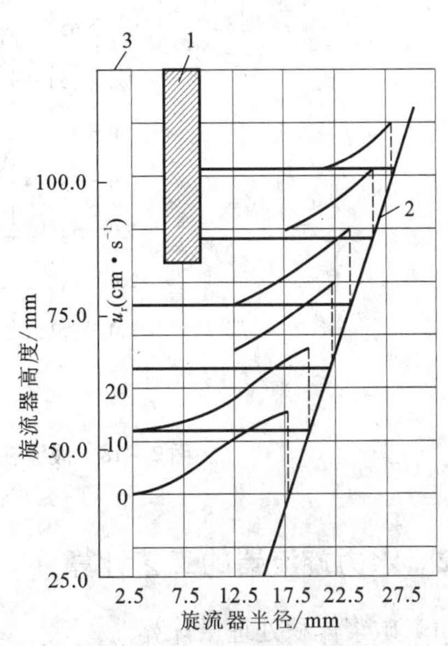

图 2－17　液流在水力旋流器内的径向速度分布

1—溢流管；2—锥壁；3—空气柱

式中　m——指数，$m=1.34\sim2.01$，随轴向高度不同而不同；

C——常数，$C=17.56\sim42.50$，随旋流器高度不同而变化。

旋流器的 u_r/u_t 的值为 $0.6\sim1.0$，即 $u_r<u_t$。

当某颗粒的径向沉降速度与矿浆的径向速度相等时，该颗粒在一定的半径上做旋转运动，此时有：

$$u_r=v_{or} \tag{2-18}$$

由于在 r 一定时，u_r也一定，所以沉降速度大于 v_{or}的颗粒将向外沉降。

(3) 轴向速度分布

如图 2-18 所示，旋流器中的矿浆，外层向下流动，内层向上流动，在外层向下流动和内层向上流动的交界处，轴向速度为0，即 $u_a=0$，将 $u_a=0$ 的点连接起来，形成一个圆锥面，称为轴向零速包络面。轴向零速包络面的空间位置不仅决定沉砂和溢流的体积分配量，也影响着分级粒度。

实验测定得出：

$$u_a=\ln\frac{r}{a+br} \tag{2-19}$$

式中　a、b——常数，据实测，a 介于 $-0.579\sim-3.782$，b 介于 $1.496\sim1.745$。

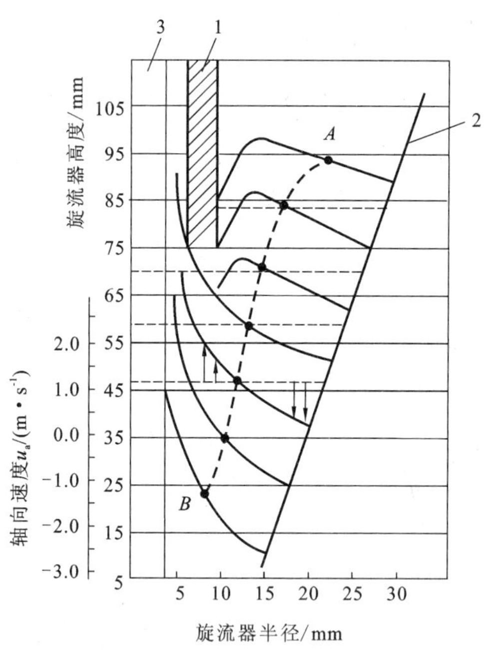

图 2-18　液流在水力旋流器内的轴向速度分布

1—溢流管；2—锥壁；3—空气柱

2.5.2　水力旋流器的工艺计算

(1) 矿浆体积处理量计算

1978 年波瓦洛夫将旋流器视为流体通道，按局部阻力关系导出了水力旋流器体积处理量 Q(m^3/h)的计算公式为：

$$Q=K_0d_fd_{ov}\sqrt{p} \tag{2-20}$$

或

$$Q = K_1 D d_{ov}\sqrt{p} \tag{2-21}$$

式中 D——旋流器筒体直径，m；

d_f——给矿管当量直径（对于矩形管，$d_f = \sqrt{\frac{4}{\pi}bl}$，其中的 b 和 l 为给矿口宽和高，单位为 m），m；

d_{ov}——溢流管直径，m；

p——给矿压强，kPa；

K_0、K_1——系数，随 d_f/D 而变（见表 2－4），其中 $K_0 = \frac{K_1}{d_f/D}$，$K_1 = 968\frac{d_f}{D}$。

表 2－4 系数 K_0 和 K_1 的数值

d_f/D	0.10	0.15	0.20	0.25	0.30
K_0	5.8	5.1	4.9	4.9	5.2
K_1	0.58	0.78	0.98	1.22	1.56

（2）分离粒度 d_{50} 的计算

分级溢流和沉砂中产率各占 50% 的那一极窄粒级的粒度称为旋流器的分离粒度，用 d_{50} 表示。由沉降速度与溢流管下方圆柱形面上的液流向心速度相等的条件（见图 2－19），可计算出分离的临界粒度，即分离粒度 d_{50}。

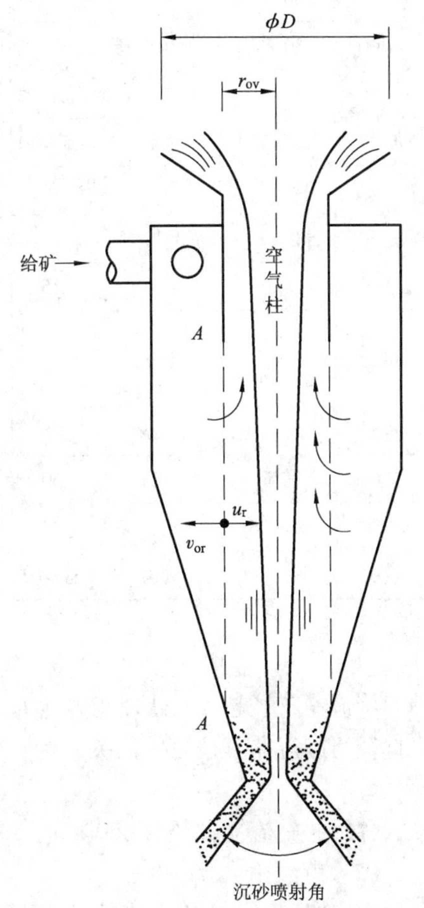

图 2－19 旋流器内的分级过程示意图

颗粒离心沉降速度：

$$v_0 = \frac{d_{50}^2(\rho_1 - \rho)}{18\mu}\frac{u_{t_{ov}}^2}{r_{ov}} \tag{2-22}$$

液流的向心速度：$u_r = \frac{Q}{2\pi r_{ov} h}$

则：

$$\frac{d_{50}^2(\rho_1 - \rho)}{18\mu}\frac{u_{t_{ov}}^2}{r_{ov}} = \frac{Q}{2\pi r_{ov} h} \tag{2-23}$$

将 Q 等代入得：

$$d_{50} = 149\sqrt{\frac{d_{ov} D \omega}{K_D d_s(\rho_1 - \rho)\sqrt{p}}} \tag{2-24}$$

式中 d_{50}——旋流器的分离粒度，μm；

d_{ov}——旋流器的溢流管直径，cm；

D——旋流器圆柱部分（圆筒）的内径，cm；

d_s——旋流器的沉砂口直径，cm；

ω——旋流器给料的固体质量分数，%；

ρ——水的密度，kg/m³；

ρ_1——固体物料的密度，kg/m³；

p——旋流器给矿压强，kPa；

K_D——旋流器的直径修正系数，与旋流器直径 D 的关系为 $K_D = 0.8 + \dfrac{1.2}{1 + 0.1D}$。

由于分离粒度计算与实际偏差很大，很多计算只能作为参考。据经验，溢流最大颗粒粒度为 d_{50} 的 1.5 ~2 倍。由 d_{50} 的计算公式可知，减小旋流器直径和溢流管直径、增大沉砂口直径和降低给矿浓度，均有助于降低分离粒度，增大给矿压强虽然可以降低分离粒度，但效果不显著。

2.5.3 影响旋流器工作的参数

生产中使用的水力旋流器的主要规格如表 2 –5 所示。影响旋流器分级过程的因素包括结构参数和操作参数。结构参数主要有旋流器直径、角锥比、给矿管直径、沉砂口直径、圆柱体高度和溢流管插入深度、溢流管直径等。操作参数包括给矿压强、给矿浓度等。

表 2 –5　生产中使用的水力旋流器的主要规格一览表

<table>
<tr><th>旋流器直径/mm</th><th>给矿口尺寸/mm</th><th>溢流管直径/mm</th><th>沉砂口直径/mm</th><th>锥角/(°)</th><th>锥体高度/mm</th><th>圆筒高度/mm</th><th>溢流管深度/mm</th><th>溢流粒度/mm</th><th>沉砂浓度/%</th><th>矿浆处理量/(m³·h⁻¹)</th><th>入口表压力/kPa</th></tr>
<tr><td rowspan="3">φ100</td><td>30×5</td><td rowspan="3">φ14,18,26</td><td></td><td rowspan="13">20</td><td rowspan="3">275</td><td rowspan="3">60</td><td rowspan="3"></td><td rowspan="13">0.025 ~0.25</td><td rowspan="13">50 ~60</td><td rowspan="3">1.5 ~9</td><td rowspan="13">50 ~300</td></tr>
<tr><td>30×7</td><td></td></tr>
<tr><td>30×10</td><td>φ11</td></tr>
<tr><td>φ125</td><td>25×10</td><td>φ50</td><td>φ15 ~30</td><td>255</td><td>110</td><td></td><td>2.4 ~15</td></tr>
<tr><td rowspan="3">φ150</td><td>40×8</td><td rowspan="3">φ20,30,40</td><td></td><td rowspan="3">326</td><td rowspan="3">100</td><td rowspan="3"></td><td rowspan="3">4.8 ~54</td></tr>
<tr><td>40×10</td><td></td></tr>
<tr><td>40×12</td><td>φ15</td></tr>
<tr><td rowspan="2">φ150</td><td>40×10</td><td rowspan="2">φ40</td><td></td><td rowspan="2">221</td><td rowspan="2">200</td><td rowspan="2">130</td><td rowspan="2">4.8 ~54</td></tr>
<tr><td>40×20</td><td>φ12,17</td></tr>
<tr><td>φ250</td><td>50×20</td><td>φ125</td><td>φ35</td><td>595</td><td>170</td><td></td><td>6.5 ~61.2</td></tr>
<tr><td>φ300</td><td>φ75</td><td>φ125</td><td>φ50</td><td>800</td><td>200</td><td>200</td><td>24 ~60</td></tr>
<tr><td>φ350</td><td>80×35</td><td>φ40,50,60</td><td>φ25</td><td>865</td><td>180</td><td>155</td><td>24 ~90</td></tr>
<tr><td>φ500</td><td>140×20</td><td>φ110</td><td>φ68 ~67</td><td>1090</td><td>380</td><td>300</td><td>24 ~108</td></tr>
</table>

(1) 旋流器直径

旋流器直径越大，处理能力愈大。分离粒度要求细时，采用小直径旋流器。旋流器给矿管直径与旋流器直径之间的关系为：

$$d_f = (0.08 \sim 0.4)D$$

常用的旋流器直径有 660 mm、500 mm、300 mm、125 mm、75 mm 等。

(2) 角锥比

旋流器的 d_{ov}/d_s 称为角锥比，是影响溢流和沉砂体积产率和分级效率的重要参数，常用旋流器的角锥比为 3 ~4。旋流器锥角的大小影响矿浆向下流动的阻力和分级面积的大小，进行细粒分级或脱泥时，采用较小的锥角，而粗粒分级或浓缩时采用较大的锥角。

（3）圆柱体高度和溢流管插入深度

圆柱体高度和溢流管插入深度在一定范围内对处理量和分级粒度影响不大，但过分增加或减小会影响分级效率。

（4）给矿压强和给矿浓度

给矿压强高时，旋流器处理量大，但磨损也大。一般情况下，采用较高的给矿压强(150 ~ 300 kPa)，可获得稳定的操作结果。

给矿浓度影响分级效率，处理细粒时，应采用低浓度给矿，当分级粒度为0.074 mm时，给矿浓度以10% ~20%为宜，而分级粒度为0.019 mm时，给矿浓度宜取5% ~10%。

水力旋流器广泛用于与磨矿机配合形成闭路磨矿，还可将给矿分成若干粒级，为分选作业提供适宜的给料。也有用来脱出矿浆悬浮液中的细泥和液体。

旋流器以其结构简单、处理能力大而获得广泛应用。目前旋流器一方面朝着大型化方向发展，直径1000 ~1400 mm的大型旋流器已经应用于生产中，另一方面，微型旋流器也得到很好的应用，直径10 mm的旋流器用于2 ~3 μm高岭土的超细分级效果良好。

2.6 分级效果的评价

理想的分级应该是将原料分成粗、细两个产品，如图2 –20(a)所示。但在实际的分级过程中，因为水流的不均匀和扰动，颗粒密度、形状的影响，使粗、细颗粒不可能完全按设定的粒度界限分离，粗粒产品中混杂有细粒，而细粒产品中混杂有粗粒，如图2 –20(b)所示。为了评价混杂的程度，用分级效率作为分级好坏的判据。

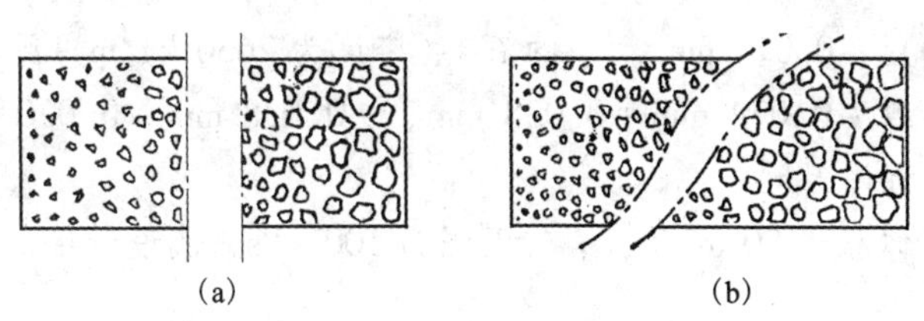

(a)　　　　(b)

图2 –20　分级产物对比

(a)理想的分级情况；(b)实际的分级情况

2.6.1 粒度分配曲线

表示各种粒级物料在分级溢流和沉砂中所占的比例(分配率)随粒度变化的曲线称为粒度分配曲线，其绘制步骤如下：

(1)对溢流和沉砂进行有代表性的取样，化验分析，计算出溢流和沉砂的产率，溢流产率γ_{ov}和沉砂产率γ_s的关系为：

$$\gamma_{ov} + \gamma_s = 100\% \tag{2-25}$$

(2)用筛分或水力分析(水析)方法对溢流样品和沉砂样品分别进行粒度分析，得出溢流和沉砂的粒度分布；

(3)将溢流和沉砂中各粒级的产率分别乘以溢流产率和沉砂产率，得出溢流和沉砂中各粒级相对于原料的产率；

(4)将各粒级在溢流和沉砂中相对于原料的产率除以原料中该粒级的产率，得出该粒级在溢流和沉砂中的分配率；

(5)取直角坐标系，横坐标表示粒度，左侧纵坐标表示溢流中各粒级的分配率 ε_{ov}，右侧纵坐标表示沉砂分配率 ε_s，作图得各粒级的分配率线段，将各粒级分配率线段的中点连接，得一光滑曲线，即为粒度分配曲线。

理想分级结果的分配曲线是垂直直线。分级效果越好，分配曲线越陡，越接近竖直。分配曲线上对应于分配率50%的粒度为分离粒度 d_{50}。

2.6.2 分级效率

粒度分配曲线从形状上定性反映了分级的好坏，而定量反映分级效果的技术指标是分级效率。分级效率是指实际被分级出的细颗粒量与理想条件下应被分级出的细颗粒量之比，用百分数表示。分级效率的计算公式已经提出了10多种，其中普通的综合效率公式为：

$$\eta = \frac{(\alpha-\theta)(\beta-\alpha)}{\alpha(\beta-\theta)(1-\alpha)} \times 10^4 = \frac{\gamma(\beta-\alpha)}{\alpha(1-\alpha)} \times 10^2 \tag{2-26}$$

式中 η——综合分级效率；

α——原料中小于规定粒度(或分离粒度)的细粒级质量分数；

β——细粒产物中小于规定粒度颗粒的质量分数；

γ——分级后细粒产物的产率；

θ——粗粒产物中小于规定粒度颗粒的质量分数。

习题

1. 用沉降水析法对 -0.074 mm 粒级的石英(密度为 2650 kg/m^3)原料进行水析，如沉降高度为 120 mm，试计算 -0.074 mm +0.038 mm、-0.038 mm +0.020 mm、-0.020 mm +0.010 mm粒级的最大沉降时间。

2. 已知给矿矿浆体积为 50 m^3/h，给矿压强为 100 kPa，试设计一台分级用水力旋流器，并确定各结构参数。

3. 表 2-6 列出了某原料的粒度组成和分级产物的分配率，试绘制粒度分配曲线并查明分离粒度 d_{50}，如沉砂和溢流产率分别为 70% 和 30%，按 d_{50} 粒度计算分级的综合效率。

表 2-6 某原料粒度组成和分级产物分配率

粒级/mm	原料粒度组成	分配率/%	
		溢流	沉砂
-0.3 +0.2	9.0	2.0	98.0
-0.2 +0.15	15.0	19.0	81.0
-0.15 +0.1	12.0	43.5	56.5
-0.1 +0.07	6.0	57.0	43.0
-0.07 +0	58.0	83.0	17.0
合 计	100.0		

第3章 重介质分选

内容提要 本章重点介绍重介质分选的概念、基本原理和分选设备。在概述一节中，主要讲述了重介质分选的概念和应用概况；在重介质分选原理一节中，讲述了重介质分选过程的基本原理；在重介质的性质和矿粒在其中的运动规律一节中，详细分析了重悬浮液的黏度、密度和稳定性以及矿物颗粒在重悬浮液中运动的规律；在重介质分选设备一节中，系统介绍了重介质振动溜槽、深槽式圆锥型重介质分选机、重介质旋流器等选矿用重介质分选设备和斜轮重介质分选机、三产品斜轮重介质分选机、立轮重介质分选机等选煤用重介质分选设备的结构和分选原理；在重悬浮液的制备和回收一节中，重点介绍了重悬浮液的制备、回收和净化；在重介质分选过程的影响因素一节中，系统分析了待分选物料性质、处理量、介质流动情况和设备结构参数等对重介质分选过程的影响。本章的拓展学习内容是液固两相流体的流变特性。

3.1 概述

重介质分选是指物料在密度大于水的介质中进行的分选，所使用的介质的密度介于待选矿石中的低密度矿物和高密度矿物的之间。密度比介质密度小的矿物上浮，比介质密度大的矿物下沉，从而实现分选。

重介质分选经过一百多年的发展，已经成为目前分选效率最高、应用范围广泛的分选方法之一。从原理上看，重介质分选是严格按密度进行的，物料的粒度和形状影响很小，利用它可以有效地分选密度差非常小的混合物料，因此，重介质分选技术广泛应用于各种金属矿物、非金属矿物和煤的分选，同时已经开始应用于处理废汽车碎屑、可再生的资源、工业和城市垃圾以及电子垃圾等。

在金属、非金属矿物分选方面，重介质分选一般作为预选作业，用于除去单体脉石或混入的围岩。重介质分选最适合处理有用矿物为集合体嵌布的有色金属矿石，因为这类矿石在中碎以后产生大量的单体脉石，若用重介质分选技术预先将这些脉石抛除，可以减少进入磨矿和分选作业的矿石量，降低生产成本。用重介质分选处理铁矿石和锰矿石时，主要是去除开采过程中混入的围岩，恢复地质品位。在煤炭洗选方面，重介质分选具有非常重要的地位，经过重介质分选可以产出精煤和抛弃矸石。

此外，重介质分选技术还被应用于回收宝石（如绿宝石、红宝石、黄玉、锆石和石榴子石等），也可用在将萤石和菱镁矿与石英和方解石分离的作业。重介质分选还可以实现钾盐与页岩、石灰岩和砂岩的分离。

在重介质分选过程中，粒度过小的矿粒，因沉降速度很小，会使分离过程进行得很慢，从而降低分离的精确性。因此，目前重介质分选金属矿石的入选粒度下限为2～3 mm，煤炭的入选粒度下限为3～6 mm；采用重介质旋流器分选时，入选矿石的粒度下限可降至

0.5 mm。用重介质分选处理的物料的粒度上限，由原矿的解离粒度和设备规格决定，金属矿石一般为50～150 mm，煤炭可达200～300 mm。

3.2 重介质分选原理

重介质分选依据的基本原理是阿基米德原理。任何物体在介质中都要受到介质浮力 P 的作用，共计算式为：

$$P = \rho V g \tag{3-1}$$

式中 P——介质对物体的浮力，N；

ρ——介质密度，kg/m^3；

V——物体的体积，m^3；

g——重力加速度，m/s^2。

很显然，物体所受浮力的大小，随所用介质密度 ρ 的增大而增大。因为物体在重介质中所受的有效重力 G_0 等于该物体在真空中所受重力 G 与所受浮力之差，即：

$$G_0 = G - P = (\rho_1 - \rho) V g \tag{3-2}$$

所以物体在介质中的重力加速度 g_0 为：

$$g_0 = \left(\frac{\rho_1 - \rho}{\rho_1}\right) g \tag{3-3}$$

式中的 ρ_1 为物体的密度，对重介质分选中的某一特定矿粒而言，其在介质中的重力 G_0 和重力加速度 g_0 将随介质密度的增大而减小。对于两个密度分别为 ρ_1 和 ρ_1' 的矿粒，有：

$$g_{02} - g_{01} = (1/\rho_1 - 1/\rho_1')\rho g \tag{3-4}$$

由式(3-4)可以看出，$g_{02} - g_{01}$ 与介质的密度 ρ 成正比，即随着分选介质密度的增加，$g_{02} - g_{01}$ 的值将相应增大，使两者在介质中的分选变得容易。

在重介质分选中，每个矿粒在介质中的运动行为，取决于 g_0 的方向。当 $\rho_1 > \rho$ 时，g_0 为正值，与 g 的方向一致，矿粒在介质中向下沉降；当 $\rho_1 < \rho$ 时，g_0 为负值，与 g 的方向相反，矿粒在介质中上浮；当 $\rho_1 = \rho$ 时，$g_0 = 0$，矿粒悬浮于介质之中。

3.3 重介质的性质和矿粒在其中的运动

3.3.1 重介质的种类

重介质包括重液和重悬浮液两种。

重液通常是一些密度较高的有机液体或无机盐类的水溶液，属于均质液体，可用有机溶剂或水调配成不同的密度。如三溴甲烷($CHBr_3$)或四溴乙烷($C_2H_2Br_4$)、碘化钾和碘化汞按1∶1.24的比例配成的水溶液(杜列液)、氯化锌的水溶液等。在矿物可选性研究和密度组成分析中常用的一些重液见表3-1。

表3-1　常用的重液一览表

名称	密度/(kg·m^{-3})	溶解性				
		水	酒精	汽油	苯	乙醚
四氯化碳	1600	不溶	—	可溶	可溶	—
氯化钙水溶液	1650(最高)	易溶	—	—	—	—
氯化锌水溶液	1962(最高)	易溶	—	—	—	—
氯化锡水溶液	2880(最高)	可溶	不溶	不溶	不溶	—
三溴甲烷	2877	可溶	易溶	可溶	易溶	易溶
四溴乙烷	2953	不溶	可溶	可溶	可溶	可溶
杜列液	3170~3190(最高)	可溶	不溶	不溶	不溶	不溶
二碘甲烷	3320	不溶	可溶	可溶	可溶	可溶
银-钡碘化物水溶液	3500(最高)	可溶	不溶	不溶	不溶	不溶
列里奇液	4200	易溶	不溶	不溶	不溶	不溶

重悬浮液是用高密度固体微粒与水配制成的非均质两相流体。固体微粒起到加大介质密度的作用，称为加重质。常用的加重质及其性质见表3-2。

表3-2　常用加重质的性质一览表

种类	密度/(kg·m^{-3})	硬度	配成悬浮液的最大物理密度/(kg·m^{-3})	磁性	在水中的氧化程度	回收方法
硅铁	6900	6	3800	强磁性	—	磁选
方铅矿	7500	2.5~2.7	3300	非磁性	—	浮选
磁铁矿	4400~5200	6	2100	强磁性	微	磁选
钛铁矿	4500~5000		2300	强磁性	微	沉淀或浮选
黄铁矿	4900~5000	6	2100	非磁性	微	沉淀或浮选
重晶石	4300~4700	3.0~3.5	1800~2000	弱磁性	不氧化	沉淀或浮选
高炉灰	3300	5~6	1700~1800	非磁性	—	沉淀或浮选
石英	2650	7	1500	非磁性	不氧化	沉淀或浮选
黄土	2500~2700	2.2~2.6	1500	非磁性	不氧化	一般不回收
毒砂	5900~6200	5.5~6	2800	非磁性	不氧化	浮选

从生产实践的角度看，配制的重悬浮液不仅应达到分选要求的密度，还应具有较低的黏度和较好的稳定性，因此加重质应具有较高的密度、易于回收和再生、在使用过程中不易泥化和氧化、不应同分选物料发生化学反应。此外，加重质还应来源广泛、价格低廉、无毒、无腐蚀性。

3.3.2　重悬浮液的黏度

悬浮液作为两相流体，在流动变形时会表现出内在的摩擦力。依据牛顿内摩擦定律，黏度被定义为层间的内切应力与法向速度梯度的比值。内切应力随速度梯度的变化关系称为流变特性。由于固体颗粒对悬浮液流动变形的干扰，悬浮液的流变特性与均质流体的不同。图3-1是4种流体的流变特性曲线。

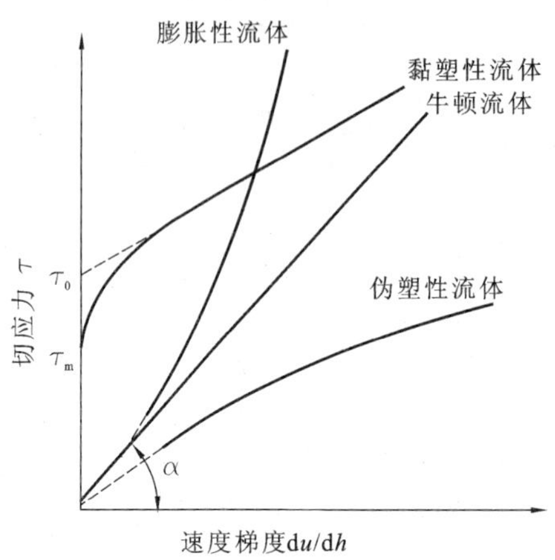

图 3-1　均质流体和非牛顿流体的流变特性曲线

均质流体的流动切应力 τ 与速度梯度 $\mathrm{d}u/\mathrm{d}h$ 间为一直线关系，直线与横坐标夹角 α 的正切值即是该流体的黏度。

$$\mu = \frac{\tau}{\frac{\mathrm{d}u}{\mathrm{d}h}} = \tan\alpha \tag{3-5}$$

黏塑性体流变曲线的特点是对流动有一定的初始切应力 τ_{in}，只有当外力克服了这一初始切应力后，才能发生流动。流动初期 τ 与 $\mathrm{d}u/\mathrm{d}h$ 间呈曲线变化关系，当 $\mathrm{d}u/\mathrm{d}h$ 达到适当值之后，两者间表现为线性关系，此时切应力 τ 可表示为：

$$\tau = \tau_0 + \mu_0 \frac{\mathrm{d}u}{\mathrm{d}h} \tag{3-6a}$$

式中　τ_0——黏塑性体的静切应力，Pa；

　　μ_0——黏塑性体的塑性黏度或称牛顿黏度，Pa·s。

静切应力 τ_0 与初始切应力 τ_{in} 不同，τ_0 表示达到线性流动前累计需要克服的静切应力。式(3-6)最初由宾汉(Bingham)提出，故符合上述流变特性的流体又称为宾汉体。高浓度的矿浆、泥浆、油漆等属这类流体。

伪塑性流体的流变特性曲线为上凸形状，膨胀性流体的流变特性曲线呈下凹状，可用统一的公式表达，即：

$$\tau = j\left(\frac{\mathrm{d}u}{\mathrm{d}h}\right)^n \tag{3-6b}$$

式中　j——与黏度有关的系数，称为稠度系数；

　　n——流性指数，伪塑性流体 $n>1$，膨胀性流体 $n<1$。

（1）悬浮液的结构化

低浓度悬浮液内加重质颗粒之间各自保持着独立性，整个悬浮液的流动性较好。但在固体体积分数增加到足够大时($\varphi \geqslant 15\% \sim 20\%$)，加重质颗粒之间接触机会增多，对于具有疏水性表面的固体颗粒，为了降低表面自由能，会自发聚合，通过边棱、尖角相互连接，形成一种空间网状结构物，称为悬浮液的结构化，如图 3-2 所示。位于结构物中间的水分子失去了活动性，在结构物的支撑下整个悬浮液显示出某种机械强度，流动性急剧降低，在外观上表现为黏度增大。

分选用的重悬浮液常常带有结构化特征，即使加重质的体积分数不是很高，但若含有较多的微细颗粒也会促成某种程度的结构化。

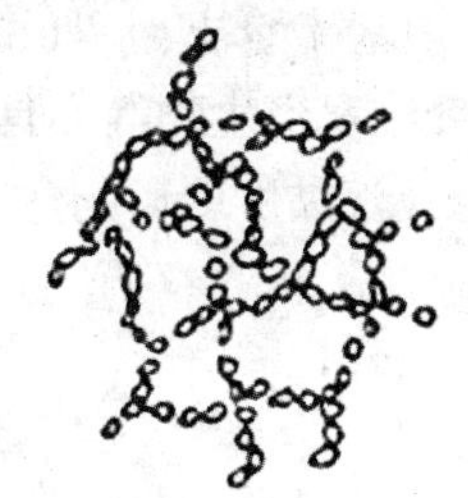

图3-2　悬浮液结构化示意图

(2) 影响悬浮液黏度的因素

加重质的体积分数、粒度、形状以及悬浮液中的含泥量对悬浮液黏度有重要的影响。图3-3是用不同粒度的方铅矿作加重质时，悬浮液的视黏度（用黏度计测得的黏度）与固体体积分数的变化关系。从图3-3中可以看到，视黏度随固体体积分数的增大而增加，当固体体积分数增加到一定值后(如曲线1，$\phi>25\%$)，视黏度急剧增大，表明此时悬浮液已经结构化。图3-3还表明，视黏度随加重质粒度的减小而增大。加重质粒度越细，开始形成结构化的固体体积分数亦越低。

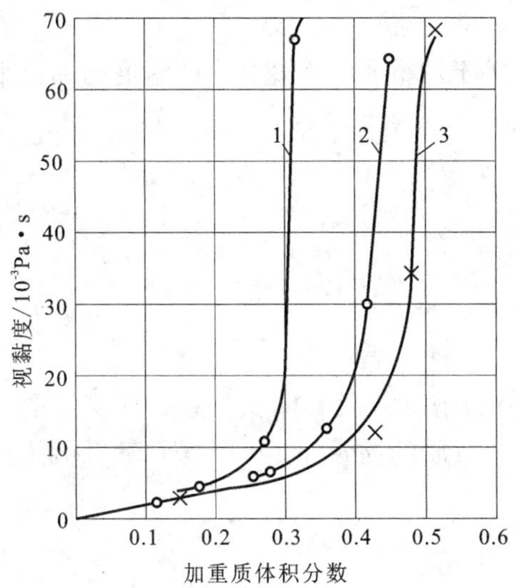

图3-3　不同粒度的方铅矿加重质的体积分数对视黏度的影响

1—粒度为-0.05 mm；
2—粒度为-0.074 mm；3—粒度为-0.147 mm

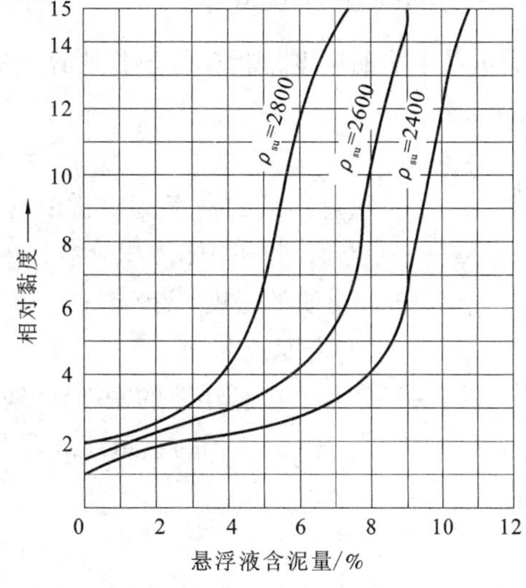

图3-4　矿泥含量对悬浮液相对视黏度的影响(图中ρ_{su}的单位为kg/m^3)

悬浮液的视黏度还与加重质颗粒形状有关，形状越不规则，比表面积越大，颗粒间的摩擦、碰撞引起的内切应力亦越大，因此视黏度亦随之增加。

图3-4是悬浮液中的矿泥含量对悬浮液视黏度(相对于净水)的影响。这里的矿泥是指粒度小于10~20 μm的颗粒，它们一部分是随原矿进入的，另一部分则是加重质在循环过程中生成的。由图3-4可见，矿泥对悬浮液相对视黏度的影响，特别是通过结构化的影响是很大的，在生产过程中须要加以控制。

除了加重质本身的因素外，药剂对悬浮液黏度也有较大影响。水玻璃、亚硫酸盐、铝酸盐、亚铁酸盐、三聚磷酸、六聚偏磷酸钠等胶溶性药剂吸附在颗粒表面，可使表面具有亲水性，从而增强颗粒的分散性，使之难以发生结构化，有助于降低悬浮液的黏度。此外，淀粉、水胶、烷基硫酸盐、脂肪酸盐、聚酯衍生物、聚合酸及其盐类的衍生物(如聚丙烯酸及其盐类)、纤维素衍生物等亦具有降低悬浮液黏度的作用。图3-5是水玻璃、六聚偏磷酸钠对磁铁矿悬浮液黏度的影响。

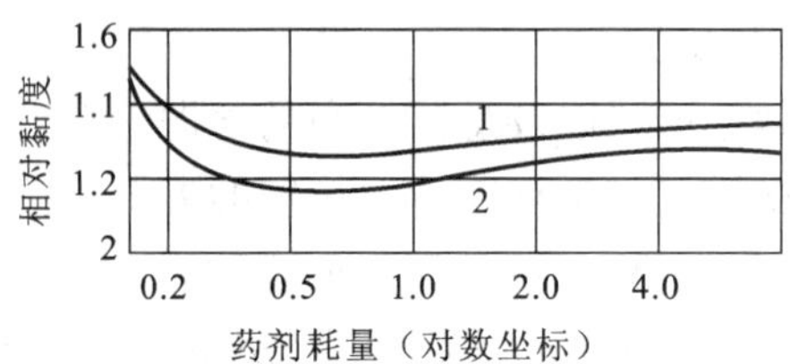

图3-5 胶溶剂加入量对悬浮液相对视黏度的影响

1—水玻璃; 2—六聚偏磷酸钠

3.3.3 重悬浮液的密度

重悬浮液的密度是指单位体积所具有的质量,等于加重质的密度和水的密度的加权平均值,即:

$$\rho_{su}=\varphi\rho_1+(1-\varphi)\rho \tag{3-7}$$

式中 ρ_{su}——重悬浮液的密度,kg/m^3;

φ——重悬浮液的固体体积分数;

ρ_1——加重质的密度,kg/m^3;

ρ——水的密度,kg/m^3。

式(3-7)表明,重悬浮液的密度ρ_{su}是由加重质的密度ρ_1及其体积分数φ所决定的。配制一定物理密度、一定体积的重悬浮液,所需要的加重质的质量m,可根据质量平衡关系式计算:

$$m+\left(V_{su}-\frac{m}{\rho_1}\right)\rho=V_{su}\rho_{su}$$

解之得:

$$m=\frac{V_{su}\rho_1(\rho_{su}-\rho)}{\rho_1-\rho} \tag{3-8}$$

式中 m——重悬浮液中加重质的质量,kg;

V_{su}——重悬浮液的体积,m^3;

ρ_{su}——重悬浮液的物理密度,kg/m^3;

ρ_1——加重质的密度,kg/m^3;

ρ——水的密度,kg/m^3。

理论上讲,矿石的分选密度应当等于重悬浮液的物理密度,但在实际的重悬浮液中,由于受结构化因素的影响,分选密度常常高于其物理密度。设某体积为V_k的矿粒,在结构化悬浮液内沉降,在沉降开始时受到的静力除浮力外还有由静切应力引起的向上摩擦力F[如图3-6(a)所示],则矿粒沉降的条件是:

$$V_k\rho_1'g>V_k\rho_{su}g+F \tag{3-9}$$

式中 V_k——矿粒的体积,m^3;

ρ_1'——矿粒的密度,kg/m^3;

F——由静切应力引起，与矿粒沉降方向相反的摩擦力的合力，N。

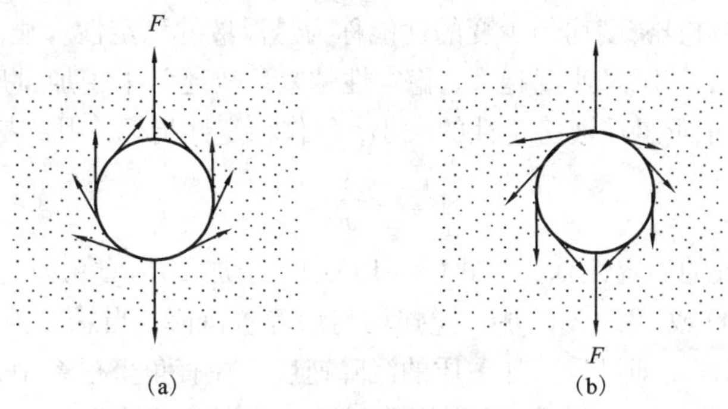

图3-6 结构化悬浮液中矿粒的浮沉运动

(a)矿粒下沉；(b)矿粒上浮

F 的大小与矿粒的表面积 A 和静切应力 τ_0 成正比，即：

$$F=\frac{1}{K}A\tau_0 \tag{3-10}$$

式中的$\frac{1}{K}$为比例系数，根据测定，K 值与矿粒粒度有关，如图3-7所示，当矿粒粒度大于10 mm时，K 的数值接近一个常数，近似等于0.6。

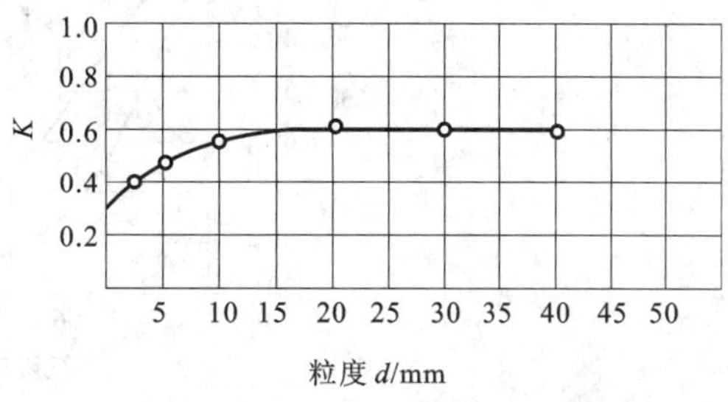

图3-7 K值与矿粒粒度的关系

将式(3-10)代入式(3-9)中，两边都除以 $V_k g$ 得：

$$\rho_1'>\rho_{su}+\frac{1}{K}\frac{\tau_0}{g}\frac{A}{V_k} \tag{3-11}$$

由于 $V_k=\frac{\pi d_V^3}{6}$，而 $A=\pi d_A^2=\frac{\pi d_V^2}{\chi}$，则：

$$\frac{A}{V_k}=\frac{6}{\chi d_V} \tag{3-12}$$

将式(3-12)代入式(3-11)得：

$$\rho_1'>\rho_{su}+\frac{6\tau_0}{Kg\chi d_V} \tag{3-13}$$

式(3-13)右侧第二项，是由于结构化悬浮液的静切应力存在，所导致重悬浮液密度的增大值。该不等式右侧两项之和，称为重悬浮液的有效密度，以 ρ_{yx} 表示，即：

$$\rho_{yx}=\rho_{su}+\frac{6\tau_0}{Kg\chi d_V} \tag{3-14}$$

ρ_{yx}相当于实际作用在矿粒上的悬浮液密度值。在结构化的悬浮液中，只有当矿粒的密度大于悬浮液的有效密度时，矿粒才能沉降。重悬浮液的有效密度除了与自身的物理密度有关外，还与静切应力和矿粒的粒度、形状有关。矿粒的粒度越小、形状越不规则以及重悬浮液的结构化程度越高，则有效密度越大，矿粒越不易沉降。因此矿石在入选前应筛除细粒级，并尽可能降低重悬浮液的结构化程度。

3.3.4 重悬浮液的稳定性

重悬浮液对维持自身密度均匀少变的性能称为悬浮液的稳定性。显然，这种稳定性与加重质的沉降速度有关，其沉降速度越大，稳定性越差。故通常采用加重质在重悬浮液中的沉降速度 v 的倒数来表示重悬浮液稳定性的大小，称作稳定性指标，用 z 表示，即：

$$z=\frac{1}{v} \tag{3-15}$$

z 值越大，悬浮液的稳定性越高。式(3－15)中关于加重质沉降速度的测定，是将待测的悬浮液置于量筒(1000 或 2000 mL)中，搅拌均匀后静置沉降，当悬浮液上部出现清水层时，清水层下界面的下降速度即可看作加重质的沉降速度。在直角坐标系中，以纵坐标自上而下表示清水层的高度，横坐标自左而右表示沉降时间。将沉降开始后各时间段内的沉降距离累加标注在坐标系中，连接起来得到一条平滑曲线，称作沉降曲线，如图 3－8 所示。曲线上任一点的切线与横轴夹角(反向角)的正切即为该点的瞬时沉降速度。

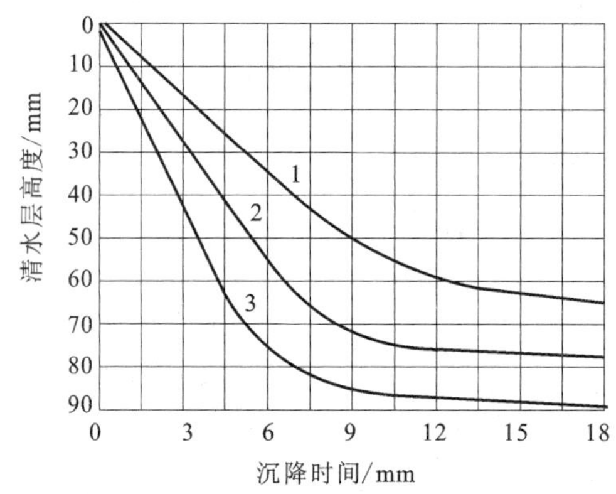

图 3－8 测定磁铁矿悬浮液稳定性的沉降曲线

1— －0.074 mm 占 85.83%；2— －0.074 mm 占 61.42%；3— －0.074 mm 占 48.73%

由图 3－8 可见，在沉降开始后相当长一段时间内曲线的斜率基本不变，确定悬浮液稳定性的沉降速度通常以这一段为准。以后随着底层固体浓度的增大，沉降速度减小，曲线的倾斜开始逐渐变缓。

提高重悬浮液的稳定性有助于保持分选的精确性，但增加重悬浮液稳定性的同时亦将增大其黏度。加重质的颗粒越细、形状越不规则以及含泥量越多，重悬浮液的稳定性亦越高。

3.3.5 矿物颗粒在重悬浮液中的运动

矿粒在重悬浮液中，只有当其粒度为加重质颗粒粒度的 5.5 倍以上时，重介质悬浮液才能以其整体密度作用于矿粒。否则，即使重悬浮液的物理密度 ρ_{su} 大于矿粒密度 ρ_1'，矿粒依然向下沉降，这种沉降属于一般干涉沉降。

在重介质分选设备中，多数都是同时引入了水平介质流和垂直介质流，因此，矿粒在其中既有水平方向的运动，又有垂直方向的运动。分选槽中的悬浮液，在水平方向是向低密度产物排出方向运动，分选层内俘获的矿粒将随其以相等速度或较小速度一起向前运动。

矿粒在重悬浮液中分选须完成两个过程，一是分层过程，二是分离过程。只有分层完善，才有好的分离效果。但分层和分离是同时发生、相伴而行的。无论是分层过程还是分离过程，归根结底，主要取决于矿粒在重悬浮液中垂直方向的运动，即矿粒的浮沉运动。

球形物体在不同容积浓度的重悬浮液中运动时，雷诺数 Re 与阻力系数 ψ 间的关系曲线如图3－9所示。从图3－9中可以看出，当 $Re>2000$，或 $Re^2\psi>7\times10^7$ 时，各条曲线均趋向一条平行横坐标轴的直线。此时物体所受阻力主要是压差阻力，阻力系数与均质介质相同，球体在悬浮液中的运动符合牛顿定律。只要将牛顿－雷廷智公式中均质介质密度 ρ 用重悬浮液的物理密度 ρ_{su} 取代，便可求出球形颗粒在重介质中的沉降速度。

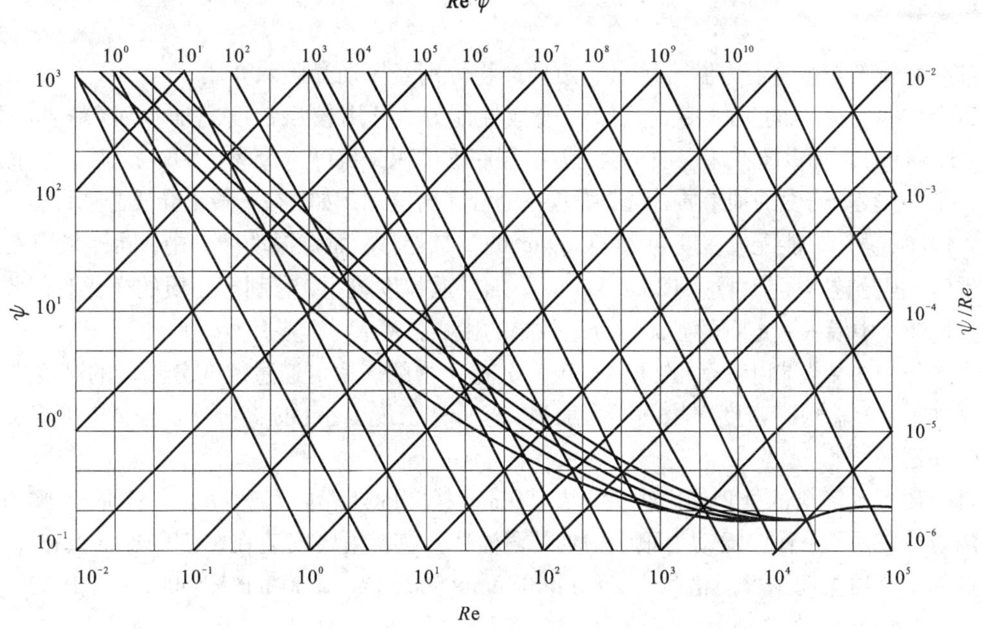

图3－9 球形颗粒在重悬浮液中运动时的 $\psi-Re$ 关系曲线

1—$\varphi=25\%$；2—$\varphi=20\%$；3—$\varphi=15\%$；4—$\varphi=10\%$；5—$\varphi=0\%$

3.4 重介质分选设备

3.4.1 选矿用重介质分选机

3.4.1.1 重介质振动溜槽

重介质振动溜槽的基本构造如图3－10所示。设备的机体为一长方形浅槽体，支撑在多组倾斜安装的弹簧板上，在给矿端的曲柄连杆机构带动下槽体做往复运动。槽体向排料方向倾斜2°～3°，在槽体末端设有分离隔板，用以使低密度产物与高密度产物分开。在槽体底部安装有两层冲孔筛板，筛板以下被分隔成5～6个独立的槽底水室，分别与压力水管相通。

重悬浮液由介质锥斗自槽体首端上方给入，在槽内形成250～350 mm厚的分选空间。入选矿石(给料粒度一般为6～75 mm)在靠近槽体头部给入，随即在介质中按自身密度的差别分层，密度大的矿物分布在底部，运动到槽体尾端后自分离隔板下方排出。低密度矿物分布

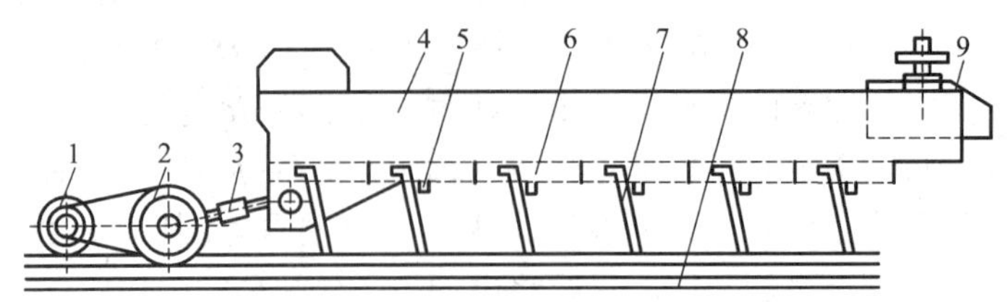

图 3-10 重介质振动溜槽的结构示意图

1—电动机；2—传动装置；3—连杆；4—槽体；
5—给水管；6—槽底水室；7—支撑用的弹簧板；8—机架；9—分离隔板

在上部，由分离隔板的上方溢流排出。两种产物分别经振动筛脱除介质。

重介质振动溜槽的工作特点是床层松散性能好，可用较粗粒度的加重质（粒度一般为 0.15～1.5 mm）。加重质在床层内也会分层，层底的体积分数可达 55%～60%，但黏度仍较小。因此，可采用较低密度的加重质，以获得较高的分离密度。例如，在一般重介质分选设备中，用磁铁矿作加重质，只能配成密度为 2500 kg/m^3 的重悬浮液，而在振动溜槽中，同样采用磁铁矿作加重质，但分选密度却可达到 3300 kg/m^3。加重质粒度较粗，有利于介质的净化和回收，而且在分选介质中混入一定量的矿泥对分选效果的影响也不大。

在操作中主要控制上升水的压强恒定。分选产物的产率可通过改变分隔板的高度进行调节。增加振幅，输送高密度产物的能力加强，但分选密度变小；提高振次，分选密度提高，但分选时间延长。

重介质振动溜槽的处理能力很大，每 100 mm 槽宽的处理量为 7 t/h，适于预选粗粒矿石。设备的机体笨重，工作时振动力很大，尤以宽槽体为甚，须要安装在坚固的地面基础上。我国制造的重介质振动溜槽规格（$B \times L$）有 400 mm×5000 mm、800 mm×5500 mm、1000 mm×5500 mm 3 种。

3.4.1.2 深槽式圆锥重介质分选机

深槽式圆锥重介质分选机的结构如图 3-11 所示，设备的槽体较深、分选面积大、工作稳定，适用于处理低密度产物的产率比较大的物料，分选精确度高。

深槽式圆锥重介质分选机为一个倒置圆锥形槽体，装在空心回转轴上，由电动机带动旋转。空心轴同时又是排放重产物的空气提升管。在空心轴外面有一个带孔的套筒。在套筒上安装两扇三角形刮板，刮板以 4～5 r/min 速度旋转，以保持上下层重悬浮液密度的均匀，并防止矿石沉积。

设备工作时，被选物料自上方给入，低密度产物浮在重悬浮液上面，经四周溢流堰排出，高密度产物沉入底部。压缩空气由空心轴的底部给入，在中空轴内高密度产物、重悬浮液和空气组成气固液 3 相流体，当其综合密度低于外部重悬浮液的密度时，在静压强作用下即沿管向上流动，从而将高密度产物提升到高处排出。重悬浮液经套筒给入，穿过筒壁孔眼流入分选圆锥槽内。

图 3-11(b) 是将提升管设在圆锥槽的外部。无论采用何种配置方式，高密度产物的排出位置均应高出分选液面 2 m 左右，经脱介后的重悬浮液能自流返回到分选圆锥槽内。

深槽式圆锥重介质分选机的缺点是要求加重质的粒度较细，介质循环量大，因此，增加了重介质制备与净化回收的工作，并且还需要配置专门的压气装置。

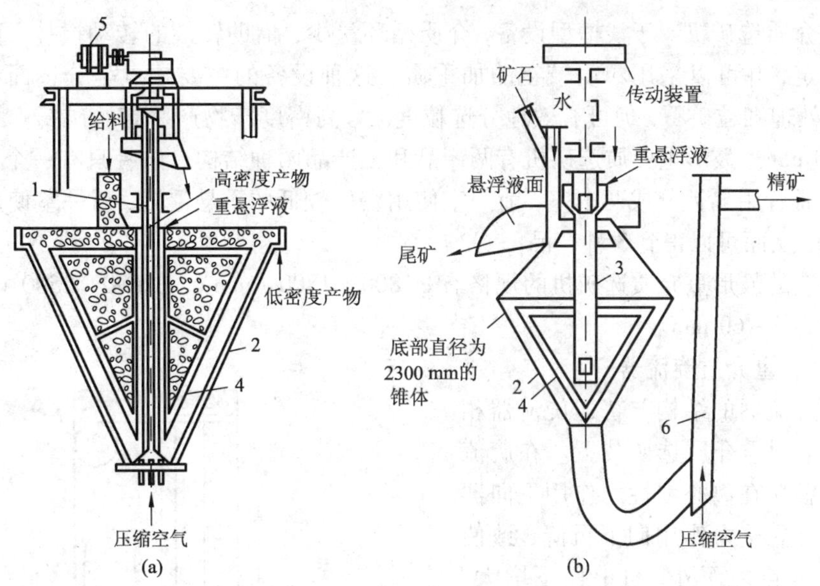

图 3－11　深槽式圆锥重介质分选机的结构图

(a)内部提升式单锥分选机；(b)外部提升式双锥分选机

1—回转中空轴；2—圆锥槽；3—套筒；4—刮板；5—电动机；6—外部空气提升管

3.4.1.3　鼓形重介质选矿机

鼓形重介质选矿机的外形为一鼓形圆筒，由 4 个辊轮支撑，通过腰间大齿轮由传动装置带动旋转，其结构如图 3－12 所示。在圆筒的内壁沿纵向设有带孔的扬板，矿石和重悬浮液由筒的一端给入。高密度产物沉到底部，由扬板提起投入到排矿溜槽中，低密度产物从筒的另一端排出。

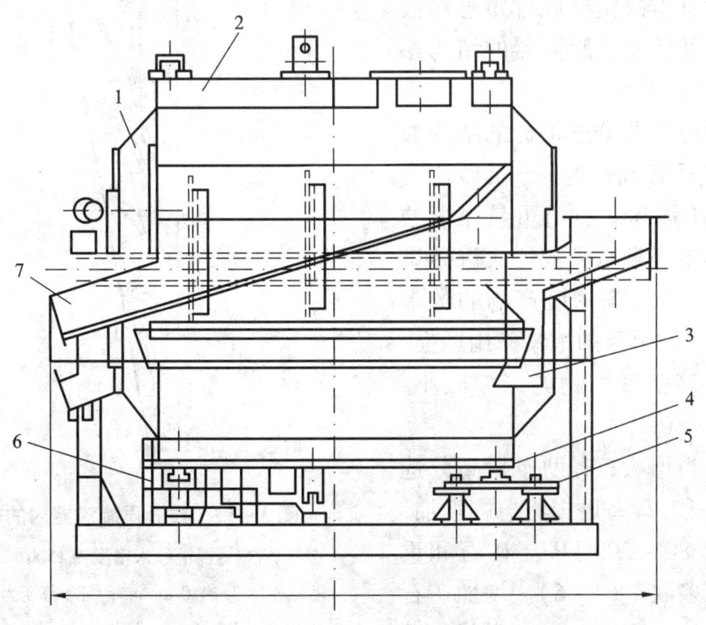

图 3－12　鼓形重介质选矿机的结构

1—转鼓；2—扬板；3—给矿漏斗；4—托辊；5—挡辊；6—传动系统；7—高密度产物漏斗

鼓形重介质选矿机属于浅槽型设备，介质循环量少，借助转鼓的转动搅拌，重悬浮液易保持密度稳定，并可以采用粒度较粗的加重质。这种设备的主要缺点是分选面积小、搅动大、不适于处理细粒矿石，但可有效地分选粒度大、高密度产物产率高的矿石。给矿粒度范围是 6 ~ 150 mm。鼓形重介质选矿机有两产品和三产品两种结构。前者只有一个室，按一种密度分选。后者用隔板分成两个室，前一室使用密度较低的重悬浮液，后一室使用密度较高的重悬浮液，从而可以得到 3 种产品。

中国制造的鼓形重介质选矿机的规格有 $\phi1800 \times 1800$（mm）、$\phi2600 \times 2500$（mm）两种。给矿粒度均为 5 ~ 60 mm。

3.4.1.4　**重介质旋流器**

重介质旋流器的结构与普通旋流器相同，属于动态型重介质选矿装置。在旋流器内加重质颗粒在离心惯性力作用下向器壁浓集，同时受重力作用向下沉降，致使悬浮液的密度自内而外、自上而下增大，如图 3 – 13 所示。

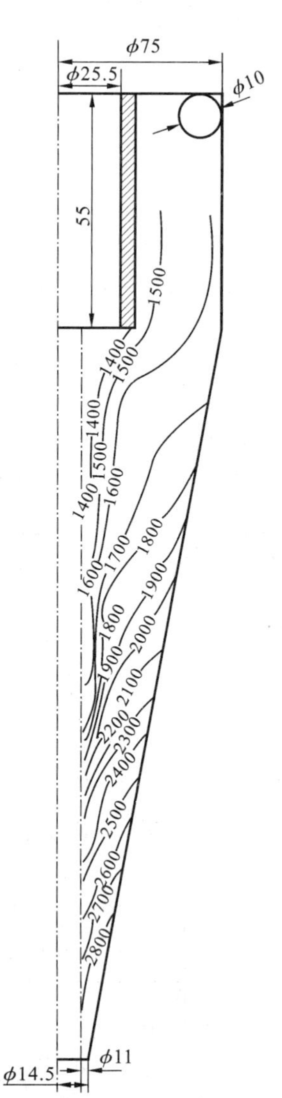

图 3 – 13　重介质旋流器内的等密度面

重悬浮液给入密度为 1500 kg/m³；
溢流密度为 1410 kg/m³；沉砂密度为 2780 kg/m³；
图中尺寸单位为 mm；曲线中标注的密度单位为 kg/m³

矿石连同重悬浮液在压力作用下给入旋流器内，在回转运动中矿物颗粒依自身密度不同分布到了重悬浮液的相应密度层内。位于外层回转流内的高密度矿物颗粒，向下运动由沉砂口排出，成为高密度产物。位于内层回转流内的低密度矿物颗粒向上运动，由溢流管排出，成为低密度产物。分离密度基本决定于底部重悬浮液的密度，其大小可借改变旋流器的结构参数和操作条件予以调整。

影响重介质旋流器分选指标的结构参数和操作条件包括溢流管直径、沉砂口直径、锥角、给矿压强和矿石与重悬浮液的体积比等。减小溢流管直径或增大沉砂口尺寸，分离密度降低，高密度产物的产率增大。加大锥角，加重质的浓集作用增强，分离密度提高，高密度产物的产率减小。锥角一般取 15° ~ 30°。

给矿压强适当增大，有助于提高分选效率，但动力消耗和设备磨损将急剧增加，一船给矿压强为 80 ~ 200 kPa。矿石和重悬浮液的体积比多取 1∶(4 ~ 6)。增加矿石比例，处理量增加，但分选效率降低。重介质旋流器工作时一般作倾斜安装，但亦可作垂直或反向竖直安装。

重介质旋流器的主要优点是处理能力大、分选粒度下限低(可到0.5 mm)，并可用密度较低的加重质。给矿粒度范围可达0.5～35 mm，但为了避免沉砂口堵塞和便于脱出介质，一般的给矿粒度范围是2～20 mm。

3.4.2 选煤用重介质分选机

3.4.2.1 斜轮重介质分选机

斜轮重介质分选机也称德留包依(Drewboy)重介质分选机。该机兼用水平和上升介质流。其特点是生产能力大，给料粒度范围宽。斜轮重介质分选机的结构如图3－14所示，由分选槽、排放高密度产物的斜提升轮以及排煤轮等主要部件组成。

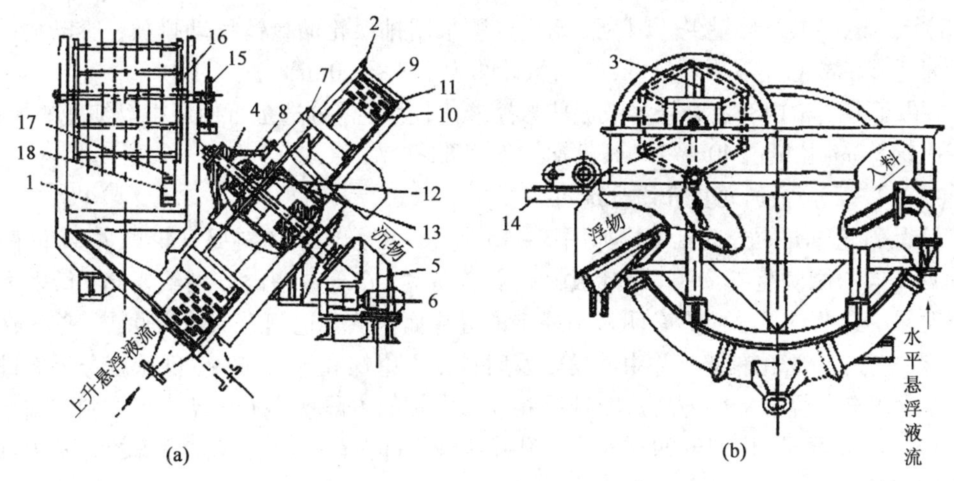

图3－14 斜轮重介质分选机的结构

1—分选槽；2—斜提升轮；3—排煤轮；4—提升轮轴；5—减速装置；6—电动机；7—提升轮骨架；8—齿轮盖；9—立筛板；10—筛底；11—叶板；12—支座；13—轴承；14—电动机；15—链轮；16—骨架；17—橡胶带；18—重锤

分选槽是由数块钢板焊接而成的多边形箱体，上部呈矩形，底部顺煤流方向的两块钢板其倾角为40°或45°。斜提升轮装在分选槽旁侧的机壳内，提升轮轴经减速器(摆线齿轮减速器或歪脖子减速器)由电动机带动旋转。斜提升轮下部与分槽底部相通，提升轮骨架用螺栓与齿轮盖固定在一起，齿轮盖用键固定在轴上。

斜提升轮轮盘的边帮和盘底分别由数块立筛板和筛底组成。在轮盘的整个圆面上，沿径向装有冲孔筛板制造的若干块叶板，高密度产物主要是经它刮取提升的。斜提升轮的轴由支座支撑，支座用螺栓固定在机壳支架上，轴的上部装有单列推力球面轴承和双列向心球面滚子轴承各1个，两轴承用定位套定位，轴承座用螺栓与支座相连，轴的下部仅装一个双列向心球面滚子轴承，轴端通过浮动联轴节与减速器的出轴连接。

排煤轮呈六角形，其轴是焊接件，轴两端装有轴头，电动机通过链轮带动其转动，轴两端还装有骨架，在对应角处分别有6根卸料轴相连，在每根卸料轴上装有若干个用橡胶带吊挂的重锤。低密度产物靠排煤轮转动时由重锤逐次拨出。

两产品斜轮重介质分选机在给料端下部位于分选带的高度引入水平介质流，在分选槽底部引入上升介质流。水平介质流不断给分选带补充合格重悬浮液，防止分选带密度降低。上升介质流造成微弱的上升介质速度，防止重悬浮液沉淀。水平介质流和上升介质流使分选槽中重悬浮液的密度保持稳定均匀，并造成水平流运输浮煤。

原煤进入两产品斜轮重介质分选机后，按密度分为浮煤和高密度产物两部分，浮煤由水平流运至溢流堰被排煤轮刮出，经固定筛一次脱介后进入下一脱水、脱介作业。高密度颗粒下沉至分选槽底部，由斜提升轮的叶板提升至排料口排出。

斜轮重介质分选机的优点有：

(1)分选精确度高。由于高密度产物的斜提升轮在分选槽底部旁侧运动，在悬浮液中处于分选过程的物料不被干扰，可能偏差 E 可达0.02～0.03。

(2)分选粒度范围宽，处理能力大。该机槽面由于制造得较为开阔，斜提升轮直径可达8 m或更大。因此，分选粒度上限可达1000 mm，下限为6 mm。

(3)该机悬浮液循环量少。因为低密度产物采用排煤轮的重锤拨动排放，所以被煤带走的悬浮液量少，故悬浮液循环量低(按入料计约为0.7～1.0 m^3/t)。

(4)由于分选槽内有上升悬浮液流使悬浮液比较稳定，分选机可使用中等细度的加重质，通常 -0.045 mm粒级占40%～50%已达到细度要求。

3.4.2.2　三产品斜轮重介质分选机

三产品斜轮重介质分选机结构如图3-15所示，由分选槽和斜提升轮等主要部件组成。斜轮由两个同心圆圈组成，中间由叶板隔成扇形隔室，在分选槽内分别给入高、低密度的两种重悬浮液，这两种悬浮液具有明显和稳定的分界面。从分选槽上部给入原煤，首先在上部低密度悬浮液中分选出精煤，并由六角轮及时排出。中煤和矸石在高、低密度分界面进行再分选后，中煤被分界面下部的高密度悬浮液带到斜轮的内隔室提升，经中煤排料口排出；矸石沉入分选槽最下部，由斜轮的外隔室提升并从矸石排料口排出。这种设备的主要优点是简化了工艺流程、节约基建投资。

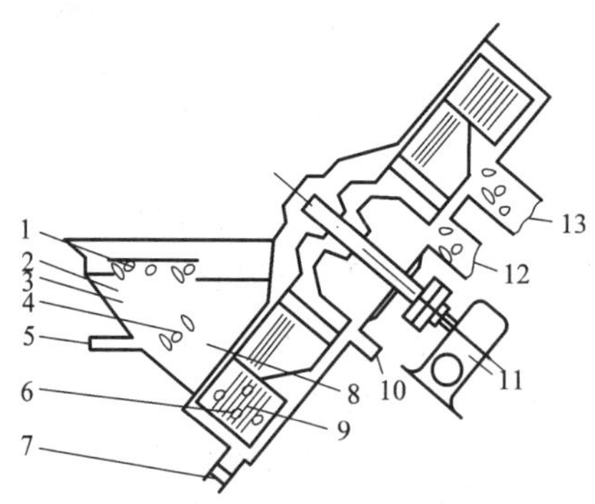

图3-15　三产品重介质斜轮分选机的结构示意图

1—低密度悬浮液入口；2—低密度悬浮液；3—悬浮液液面；4—高、低密度悬浮液分界面；
5—高密度悬浮液入口；6—高密度悬浮液；7—排悬浮液旋塞；8—中煤；9—矸石；
10—悬浮液出口；11—蜗轮蜗杆传动装置；12—排中煤口；13—排矸石口

三产品重介质斜轮分选机入料粒度为6.3～254 mm，其处理量不受中煤和矸石的含量影响。三产品分选机，应根据需要，在密度为1300～1900 kg/m^3，选配两种密度不同的悬浮液，并且能使得界面分明，密度稳定。这样才能精确地分选出三种产品，从而获得较好的分选效果。

3.4.2.3 **立轮重介质分选机**

立轮重介质分选机与斜轮重介质分选机工作原理基本相同，其差别仅在于分选槽槽体形式和排矸轮安放位置等机械结构上有所不同。在相同处理量时，立轮重介质分选机具有体积小、功耗少、分选效率高及传动装置简单等优点。

生产中使用的立轮重介质分选机主要有JL型立轮重介质分选机、滴萨(DISA)型立轮重介质分选机、太司卡(TESKA)重介质分选机等。

(1)JL型立轮重介质分选机

JL型立轮重介质分选机有3种规格，其结构如图3-16所示。

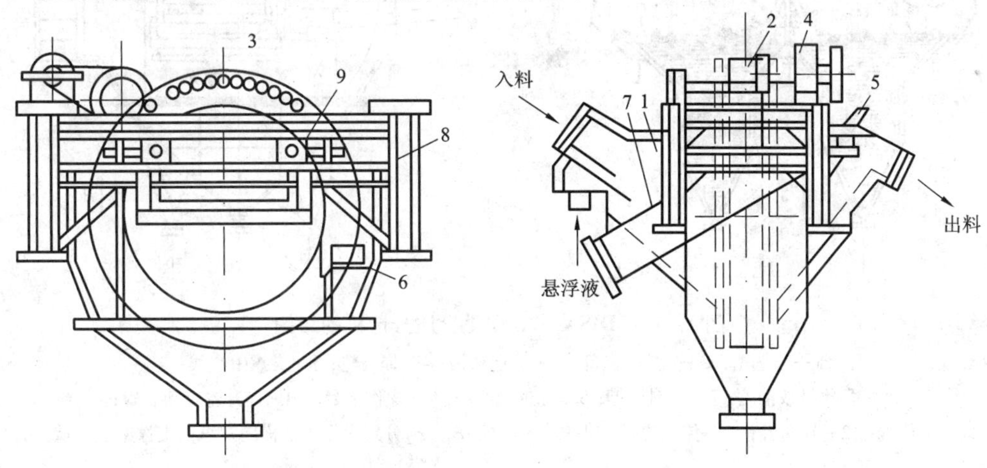

图3-16 JL型立轮重介质分选机的结构示意图

1—分选槽；2—排矸轮；3—棒齿；4—排矸轮传动系统；5—排煤轮；6—排煤轮传动系统；7—矸石溜槽；8—机架；9—托轮装置

分选槽是用钢板制作的焊接件，几何形状规则，相对排矸轮分选槽基本是独立的，故重悬浮液受排矸轮的干扰较小。分选槽入料端的斜角为50°，出料端的斜角为44°，分选槽底部与排矸轮相通。

排矸轮由两套托轮装置支撑，传动是靠安装在两侧的棒齿带动。重悬浮液经管道水平给入分选槽内。原煤从给料端进入，浮煤经排煤轮的刮板从溢流口刮出。沉物由槽底经排矸轮提起，并从矸石溜槽排出。

立轮重介质分选机规格是以分选槽的槽宽表示的，我国自行设计制造的有$JL_{1.8}$、$JL_{2.0}$及$JL_{2.5}$等。$JL_{2.5}$型立轮重介质分选机是1983年1月在开滦矿务局通过鉴定，经范各庄选煤厂实践证明，该机机械性能和工艺指标均较理想。如分选+50 mm粒级块煤，其分选密度为1900 kg/cm^3时，可能偏差$E=0.05$，数量效率$\eta=99.91\%$。

(2)滴萨型立轮重介质分选机

滴萨型立轮重介质分选机的特点是，提升轮采用环形皮带传动，重悬浮液从入料口的下面和分选槽底部以水平流和上升流两种方式给入，其类型有DISA-1S、DISA-2S、DISA-2SD 3种两产品和DISA-3S三产品滴萨型重介质分选机。

如图3-17所示，DISA-3S型为三产品重介质分选机，由两台两产品重介质分选机串联而成。第一段用低密度重悬浮液分选出精煤和中间产物。中间产物作为第二段的入料，第二段用高密度重悬浮液分选出中煤和矸石。

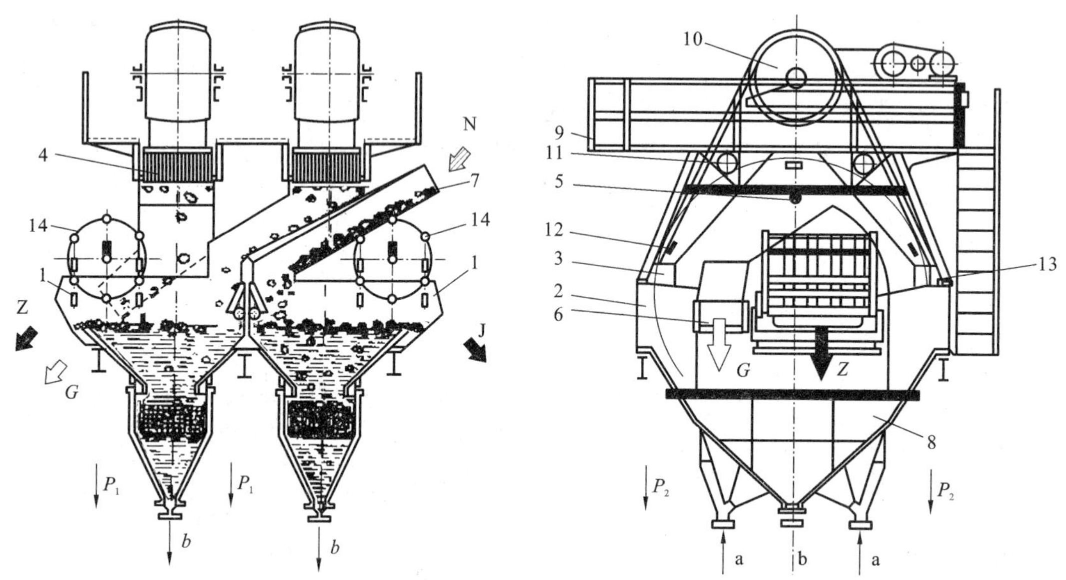

图 3－17　DISA－3S 型重介质分选机的结构

1—分选槽；2—分选槽侧部；3—承重结构；4—提升轮；5—支撑中心线；
6—沉物排放溜槽；7—入料口槽；8—分选槽底部；9—操作平台；10—提升轮传动装置；
11—定位辊；12—导向辊；13—传动皮带；14—浮物刮板（P_1、P_2分别为作用在横向及纵向支撑梁上的重力）

滴萨型立轮重介质分选机的主要优点是占地面积小，布置紧凑。但由于采用环形皮带传动，运转时因排矸轮摆动，易使块状物料泄漏到槽体下面而发生堵、压等故障。此外，皮带磨损严重，一般 3 ~6 个月需更换一次。

（3）太司卡重介质分选机

太司卡重介质分选机是由德国洪堡尔特－维达克公司于 1958 年创造的，许多国家用其分选块煤。构造如图 3－18 所示。

原煤从分选机给料端给入，重悬浮液从给料溜槽下方导入，形成水平流和下降流进行分选。浮煤随水平流至溢流堰处由刮板刮出，矸石下沉至分选槽底部由叶板提升至顶部经溜槽排出。

太司卡重介质分选机采用链轮链条传动，传动机构设在机体底部，提升轮由 4 个托轮支撑，经链轮和链条（固定在提升轮外壳上）带动提升轮回转（一般为 1 r/min）。提升轮的外壳分两层，内层为筛板，分成许多间隔，用于脱介和分隔提升沉物；外层则设有若干个重悬浮液排放嘴，以排放沉物带走的重悬浮液。位于分选槽底部的重悬浮液也经过排放嘴至循环（合格）介质桶中，排放过程的重悬浮液在分选机中形成了下降介质流。

太司卡重介质分选机的主要优点是，采用下降介质流的方式保持分选机中重悬浮液的稳定，避免了因粗颗粒物料在分选槽中沉淀而影响提升轮旋转，而且排放嘴的直径可根据煤的可选性不同进行调节；其缺点是介质循环量大，提升轮的高度大。

三产品太司卡重介质分选机是在两产品太司卡重介质分选机的基础上研制出来的，应用在工业生产中，使工艺流程得到简化。

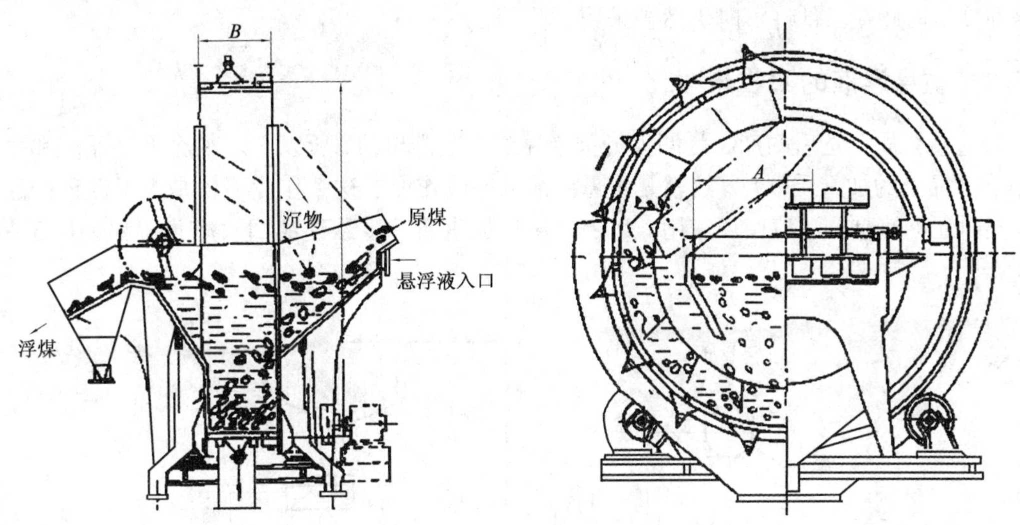

图 3－18　太司卡重介质分选机的结构图

3.5　重悬浮液的制备和回收

3.5.1　重悬浮液的制备

重悬浮液的制备就是将具有适宜密度的加重质加入水中，在适当的固体体积分数下(一般为 25% 左右)配制成密度符合要求的重悬浮液，主要包括加重质的选择和制备。

加重质的选择对配制重悬浮液具有重要意义，选择加重质时应考虑的主要因素有密度、粒度组成、机械强度、化学活性、净化回收方法及来源、成本等。

为了使重悬浮液具有较小的黏度和较好的稳定性，需要合理地选择加重质的密度。

加重质的粒度直接影响重悬浮液的黏度和稳定性。加重质粒度越粗，沉降速度越快，重悬浮液的黏度越低、稳定性越差；加重质粒度越细，沉降速度越慢，重悬浮液的稳定性越好，但黏度增加，流动性变差。

加重质的机械强度决定着它的耐磨性。加重质耐磨，颗粒不易磨碎，将减轻使用过程中发生的泥化和损失，使悬浮液黏度稳定，同时也容易实现加重质的净化回收。

此外，在选择加重质时，还应注意其回收方法简单、便于循环再利用，而且来源广泛、价格低廉、无毒、无腐蚀性。

硅铁是最常用的加重质，它是一种硅—铁合金，具有密度高、硬度大、耐氧化、呈强磁性等特点，使用后经筛分和磁选即可净化、回收。故用作加重质的硅铁以含 Si 量在 13% ~18% 为宜，这样的硅铁密度为 6800 kg/m^3，所配置的重悬浮液的密度为 3200 ~ 3500 kg/m^3。采用喷雾法制成的球形硅铁，便于应用且配成的重悬浮液黏度较低，工艺效果好，但价格较高。

方铅矿、磁铁矿、黄铁矿或毒砂作加重质时，一般取经过选别得到的这些矿物的精矿直接使用。方铅矿可用浮选法回收再用，但由于其硬度低、易泥化、配制的重悬浮液黏度高、且容易损失，目前已经很少使用。磁铁矿和黄铁矿密度偏低，难以配制成高密度的重悬浮液。毒砂虽然密度高，但有毒性。不过，由于其中多数加重质可就地取材，无须经过特殊的制备加工，因此在条件许可时仍然被采用。

3.5.2 重悬浮液的回收与净化

经过重介质分选后的产品是同大量重悬浮液一起排出的，所以必须脱除重悬浮液和去除黏附在产品上的加重质颗粒，这就是重悬浮液的回收作业。这一作业不仅是为了保证产品质量，同时还可使重悬浮液循环使用。以磁铁矿作加重质的重悬浮液回收净化流程如图 3－19 所示。

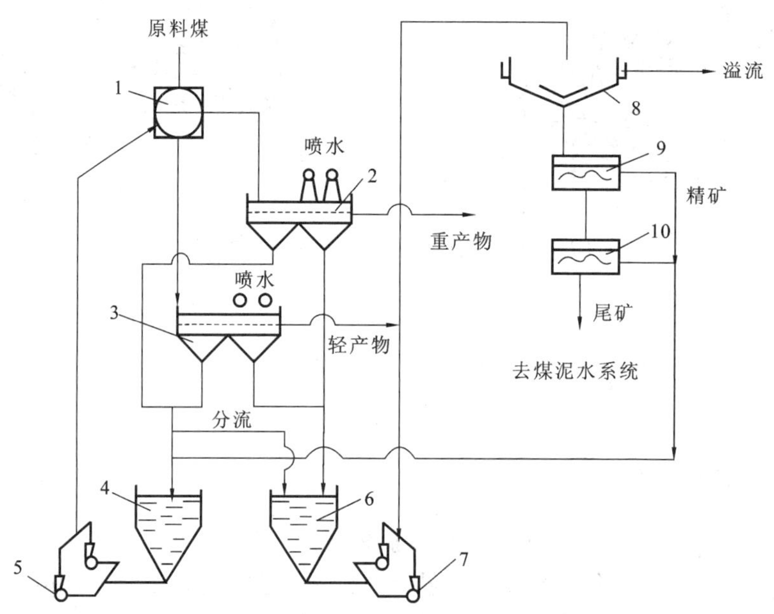

图 3－19　以磁铁矿作加重质的重悬浮液回收净化流程图

1—重介质分选机；2—高密度产品脱介筛；3—低密度产品脱介筛；4—合格介质桶；5—合格介质泵；
6—稀介质桶；7—稀介质泵；8—浓缩机；9—一段磁选机；10—二段磁选机

分选产品分别进入两种产品脱介筛。脱介筛第一段能脱除 70% ～90% 的重悬浮液，作为合格介质循环使用；脱介筛第二段筛面上的物料仍含有一部分加重质颗粒和细泥，必须加喷水清洗。

脱介筛第二段筛下脱出的重悬浮液，加入喷水后浓度降低，称为稀介质，必须浓缩净化才能再利用。一般采用浓密机浓缩，也可用磁力脱水槽或低压旋流器，然后用弱磁场磁选机回收加重质。磁选后的精矿进入合格介质桶与脱介筛第一段筛下重悬浮液混合后循环使用。

3.6 重介质分选过程的影响因素

物料在重介质分选机中的分选，除受重悬浮液性质的影响外，还受待分选物料性质、处理量、介质流动情况和设备结构参数等的影响。

物料粒度对分选效果有直接的影响。因小颗粒物料在重悬浮液中的运动速度小，从入料到排料的时间内运动距离有限，导致部分高密度的小颗粒物料混入低密度产品中，或是部分低密度的小颗粒物料混入高密度产品中。

物料中矿泥含量多时容易结团，在分选机中不易分散，从而降低产品质量。另外，这些矿泥进入重悬浮液系统，会使黏度增加。因此，选别前必须预先脱泥。

重介质分选机的处理量受设备规格和入选物料性质的影响。过分增加设备的处理量，颗粒分层不充分，对分选效果产生不良影响。所以，当物料中细粒级含量多或给料中欲分离组分的密度差较小时，必须降低分选机的处理量。

采用不同方向的介质流可提高重介质分选机内重悬浮液稳定性，但介质流的速度必须控制在不影响分选精度的范围内。水平液流的速度影响着物料在分选机中的停留时间，水平液流速度过快，物料的分选时间缩短，分选不完善；上升液流速度过大，容易使高密度小颗粒混入低密度产品中；上升液流速度过小，加重质容易发生沉淀，造成分选密度不均匀。

重介质分选机的设备参数对分选效果的影响也很大。如重介质旋流器的锥角越大，分选效果越差，这是因为锥角增大后，重悬浮液的浓缩现象增强，设备内重悬浮液的密度分布更加不均匀。另外，旋流器的角锥比、入料口尺寸、溢流管插入深度以及安装角度等，都会对分选过程产生不同程度的影响。

习题

1. 简述重介质分选的概念及其分选原理。常用的重介质有哪些？

2. 今欲配制 50 L 密度为 2750 kg/m^3 硅铁悬浮液，若硅铁密度为 6900 kg/m^3，试计算需用的硅铁和水量以及配成的悬浮液的浓度是多少。

3. 简述重悬浮液的性质。

4. 重介质分选设备都有哪些？请简述。

5. 重介质分选过程的影响因素有哪些？

第4章 跳汰分选

内容提要 本章重点介绍跳汰分选的概念、原理、设备、分选过程的影响因素和应用情况。在概述一节中，简要讲述了跳汰分选的基本概念、分选过程和适用场合；在跳汰分选原理一节中，从分层的静力学体系学说、分层的动力学体系学说和跳汰分层学说的统一性等方面详细讨论了跳汰分选原理，同时还详细分析了跳汰过程中垂直交变流的运动特性及作用；在跳汰机一节中，详细讨论了隔膜跳汰机、空气脉动跳汰机和动筛跳汰机等几种常用跳汰机的机构特点、设备性能和应用情况；在跳汰分选过程的影响因素一节中，系统分析了工艺参数和矿石性质对跳汰分选过程的影响。本章的扩展学习内容是固体与流体发生相对运动时，固体颗粒所受到的流体阻力的性质及其计算。

4.1 概述

跳汰分选主要是指物料在垂直升降的变速介质流中按密度差异进行的分选过程。在这个分选过程中，除了物料密度外，物料粒度和形状上存在的差异，也会在一定程度上影响分选结果。跳汰分选时所用的介质可以是水，也可以是空气。以水作为分选介质时，称为水力跳汰；以空气作为分选介质时，称为风力跳汰。目前，在生产实践中应用最多的是水力跳汰，风力跳汰只在干旱缺水的地区使用。

实现跳汰分选的设备称为跳汰机，其分选过程如图4－1所示。待分选物料给到跳汰机筛板上，形成密集的物料层，或称作床层。首先，在上升水流的作用下，床层逐渐松散、悬浮，这时床层中的物料颗粒主要按密度发生分层。当水流上升结束转而下降时，床层逐渐紧密，并继续分层。待全部物料颗粒沉降到筛面上以后，床层恢复紧密状态，这时大部分颗粒彼此间已失去相对运动的可能性，分层作用基本停止，只有少部分极细的颗粒，还可以继续穿过床层的缝隙向下运动，并继续分层。下降水流结束后，完成了一个跳汰周期的分层过程。物料在每一个周期中，都只能受到一定的分选作用，经过多次重复后，分层逐渐完善。最后，密度小的颗粒集中在上层，密度大的颗粒集中在下层。将上层和下层的物料分别排出，即实现了跳汰分选的过程。

跳汰机中水流运动的速度及方向是周期性变化的，这样的水流称作脉动水流。脉动水流每完成一次周期性变化所用的时间称为跳汰周期。在一个周期内表示水速随时间变化的关系曲线称为跳汰周期曲线。水流在跳汰室中上下运动的最大位移称为水流冲程；而跳汰机的隔膜或筛板本身上下运动的最大位移则称为机械冲程；前者和后者之比称为冲程系数。水流或隔膜每分钟完成的周期次数称为冲次。跳汰室内物料的床层厚度、水流的跳汰周期曲线形式、冲程和冲次是影响跳汰分选过程的重要因素。

在跳汰机入料端给入物料的同时，伴随物料也给入了一定量的水借以润湿和运输物料。润湿是为了防止干物料进入水中后结团；运输是在分层结束之后，将位于上层的低密度颗粒带走。

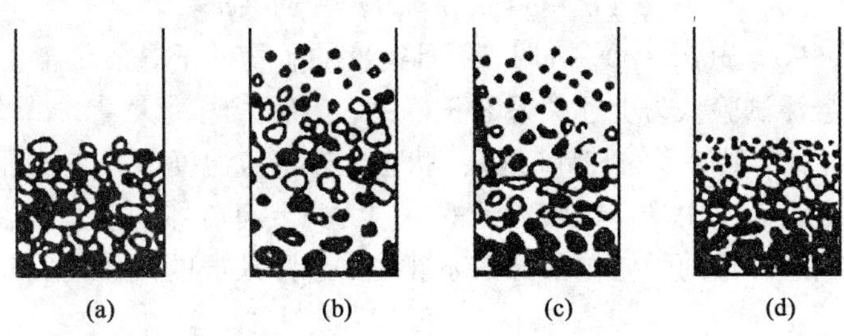

图 4－1　跳汰分层过程示意图

(a)分层前颗粒混杂堆积；(b)上升水流将床层托起松散；
(c)颗粒在水流中沉降分层；(d)水流下降，床层紧密，密度大的颗粒进入下层

跳汰分选是处理粗、中粒矿石的有效方法，主要用于分选不均匀嵌布的钨矿石、锡矿石、硫化物矿石、铁矿石、锰矿石、铬矿石以及金和某些稀有金属矿石，也用于处理金刚石等非金属矿石。另外，全世界每年入选的煤炭中，有 50% 左右是采用跳汰机处理的；在中国，跳汰选煤占全部入选原煤量的 70%。

4.2　跳汰分选原理

跳汰分选的应用最早可以追溯到 14 世纪，但跳汰分选的理论体系形成则相对滞后和欠缺。主要原因在于跳汰过程涉及因素复杂，测试手段不完善，因此难以建立完整严密的理论体系。对于跳汰分选过程中实现物料松散分层的机理，很多学者提出了他们的认识和研究成果，形成众说纷纭的局面，目前受到广泛认可并具有代表性的思想体系主要有两类。一类是以床层整体的内在不平衡因素(位能差、悬浮体密度差等)作为分层根据，称为静力学体系学说；另一类是在介质动力作用下，依据颗粒自身的运动差异(速度、加速度)发生分层，称为动力学体系学说。这两类学说虽然在数理关系上尚未取得统一，但各存合理的成分，可以在物理概念上将它们联系起来，取得分层过程的连贯性认识。

4.2.1　分层的静力学体系学说

这类学说不考虑流体的动力作用，也无视个别颗粒的行为，而是将床层看作一个整体，从某种内在的静力因素中探讨分层的机理。

4.2.1.1　按悬浮体密度差分层的学说

按悬浮体密度差分层的学说最早由 A. A. 赫尔斯特和 R. T. 汗库克提出，其实质就是将混杂的床层看作由局部高密度矿物悬浮体和局部低密度矿物悬浮体构成。在重力作用下，床层内部存在着静力不平衡，最终导致按密度分层。

局部低密度矿物和高密度矿物悬浮体的密度分别为：

$$\rho_{su1}=\varphi(\rho_1-\rho)+\rho$$

$$\rho_{su2}=\varphi'(\rho_1'-\rho)+\rho$$

按此学说实现正分层(高密度矿物在下层)的条件是：

$$\varphi'(\rho_1'-\rho)+\rho>\varphi(\rho_1-\rho)+\rho$$

以某种方式改变 φ 和 φ' 的相对值，使发生反分层(低密度矿物在下层)的条件是：

$$\varphi'(\rho_1'-\rho)+\rho<\varphi(\rho_1-\rho)+\rho$$

而当 $\varphi'(\rho_1'-\rho)+\rho=\varphi(\rho_1-\rho)+\rho$ 时，两种密度的矿物处于混杂状态。

利亚申柯通过悬浮试验认为上述关系是正确的，但后人经过大量的试验检验，除了看到正、反分层的变化外，发现计算的临界(混杂)状态上升水流速度值总是比理论值要小。

这一学说实际上是无法用悬浮试验验证的。因为只要有流体的动力存在，便破坏了静态分层的条件。只有当悬浮体的固体体积分数 φ 很高、悬浮粒群的流体动力很小时，才接近静态分层条件。

4.2.1.2 **按重介质作用原理分层的学说**

按重介质作用原理分层是由中国的张荣曾和姚书典等人根据他们各自的实验于 1964 年提出来的。他们利用和利亚申柯相同的实验方法，得出结论：当高密度矿物悬浮体的密度超过低密度矿物本身密度即有 $\rho_1<\varphi(\rho_1'-\rho)+\rho$ 时，发生正分层。

随着上升水流速度的增大，高密度矿物扩散开来，它的悬浮体密度减小，至低于低密度矿物的密度时，发生反分层。出现分层转变(混杂)时的临界上升水流速度为：

$$u_{cr}=v_{02}\left(1-\frac{\rho_1-\rho}{\rho_1'-\rho}\right)^{n_2} \tag{4-1}$$

式中 n_2——高密度矿物干涉沉降速度公式中的指数。

4.2.1.3 **位能分层学说**

由热力学第二定律可知，任何封闭体系都趋向于自由能的降低，即一种过程如果变化前后伴随着能量的降低，则该过程将自发地进行。德国人 F. M. 麦依尔应用这一原理分析了跳汰过程，认为床层的分层过程是一个位能降低的过程。因此当床层适当松散时，高密度矿物颗粒下降，低密度矿物颗粒上升，应该是一种必然的趋势。

图 4-2 表示了床层分层前与分层后的理想变化情况。若取床层的底面为基准面，床层的断面面积为 A，床层分层之前的位能 E_1 为：

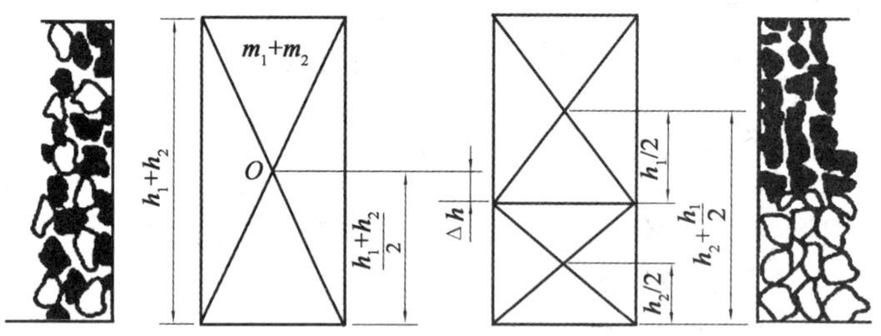

图 4-2 物料分层前后床层位能的变化

m_1、m_2—床层内低密度矿物和高密度矿物的质量；

h_1、h_2—床层内低密度矿物和高密度矿物的堆积高度

$$E_1=\frac{h_1+h_2}{2}(m_1+m_2)g \tag{4-2}$$

床层分层之后的位能 E_2 为：

$$E_2=\frac{h_2}{2}m_2g+\left(h_2+\frac{h_1}{2}\right)m_1g \tag{4-3}$$

分层前后位能的降低值 ΔE 为：

$$\Delta E = E_1 - E_2 = (m_2h_1 - m_1h_2)g/2 \tag{4-4}$$

床层是自然堆积而成的。设自然堆积时低密度矿物与高密度矿物的固体体积分数分别为 φ 和 φ'，两者的密度分别为 ρ_1 和 ρ_1'，介质密度为 ρ，则有：

$$m_1 = Ah_1\varphi\rho_1$$

$$m_2 = Ah_2\varphi'\rho_1'$$

代入式(4-4)得：

$$\Delta E = \frac{h_1h_2}{2}A(\varphi'\rho_1' - \varphi\rho_1)g \tag{4-5}$$

由于在分层过程中，床层内低密度、高密度矿物各自的数量不发生变化，式(4-5)中的 $\frac{h_1h_2}{2}A$ 为定值，而且当分层过程可以发生时，ΔE 必定为正值，因此，也就存在着 $\varphi'\rho_1' > \varphi\rho_1$。

粒度相同而密度不同的两种矿粒，在自然堆积时，其 φ 是相同的，因此，分层结果必然是高密度矿粒位于下层，低密度矿粒位于上层；若密度相同而粒度不同的两种矿粒，在自然堆积时，粒度大者 φ 较高，故分层结果必然是粒度大的位于下层，粒度小的位于上层。

4.2.2 分层的动力学体系学说

从个别颗粒的运动差异中探讨分层原因的学说提出最早，先后有按颗粒的自由沉降速度差分层学说、按颗粒的干涉沉降速度差分层学说、按颗粒的初加速度差分层学说及按干涉沉降加吸入作用分层学说等。这些学说以流体对颗粒作用的某方面结果作为分层根据，虽然各有一定道理，但均不够全面。苏联的维诺格拉道夫于1952年以数学形式，将各项因素加以概括，列出的力学微分方程式，成为了动力学分层理论研究的代表性表述。

4.2.2.1 床层中的矿粒在垂直交变流中的受力分析

在垂直交变流中，床层中的颗粒所受到的作用力有有效重力、介质阻力、介质被带动做加速运动的附加惯性阻力、介质本身做加速运动的附加推力及机械阻力等。

若作用在颗粒上的力的作用方向以向下为正、向上为负，则各项作用力可表述为：

矿粒在介质中的有效重力：　$G_0 = \frac{\pi d_V^3}{6}(\rho_1 - \rho)g$

矿粒受到的介质阻力：　$R = -\psi d_V^2 v_c^2 \rho$

介质流对矿粒的附加推力：　$F_1 = \pm \frac{\pi d_V^3}{6}\rho a$

附加惯性阻力：　$R_{ac} = -\zeta \frac{\pi d_V^3}{6}\rho \frac{\mathrm{d}v_t}{\mathrm{d}t}$

矿粒在床层中运动时受到的机械阻力 R_j 的大小不仅与床层的松散度有关，而且还受矿粒自身粒度及形状的影响。当床层处于悬浮松散状态时，R_j 只表现在局部颗粒间的摩擦与碰撞上，运动颗粒的动能被消耗。当床层紧密时，通过颗粒间的直接传递，阻力便来自床层整体，因而达到极大。由于 R_j 的产生原因十分复杂，当前尚无法用数学表达式予以表达。

4.2.2.2 矿粒在垂直交变介质流中的运动微分方程

在机械阻力不予考虑的条件下，将其他各项力加以合并，便可得到矿粒在跳汰过程的运动微分方程，即：

$$m\frac{\mathrm{d}v}{\mathrm{d}t}=G_0+R+F_1+R_{ac}$$

或：

$$\frac{\pi d_V^3}{6}\rho_1\frac{\mathrm{d}v}{\mathrm{d}t}=\frac{\pi d_V^3}{6}(\rho_1-\rho)g-\psi d_V^2v_c^2\rho\pm\frac{\pi d_V^3}{6}\rho a-\zeta\frac{\pi d_V^3}{6}\rho\frac{\mathrm{d}v_t}{\mathrm{d}t} \tag{4-6}$$

式(4－6)可用以分析跳汰过程中物料的分层机理。若以 $m=\frac{\pi d_V^3}{6}\rho_1$ 除式(4－6)两侧得：

$$\frac{\mathrm{d}v}{\mathrm{d}t}=\frac{\rho_1-\rho}{\rho_1}g+\frac{6\psi v_c^2\rho}{\pi d_V\rho_1}\pm\frac{\rho}{\rho_1}a-\zeta\frac{\rho}{\rho_1}\frac{\mathrm{d}v_t}{\mathrm{d}t} \tag{4-7}$$

从式(4－7)可以看出，在垂直交变介质流中，矿粒运动的加速度，在不考虑机械阻力的条件下，主要是由4部分构成。式(4－7)右边第1项，是矿粒在水介质中的重力加速度，即初加速度；第2项是由介质阻力引起的介质阻力加速度；第3项是由介质加速度所引起的惯性阻力加速度；第4项是因矿粒加速运动，引起其周围部分介质也做加速运动而导致的附加惯性阻力加速度。该式最初是维诺格拉道夫在高登初加速度假说的基础上，加以扩展而得，并得到了赫旺及拉法列斯－拉马尔卡等人的支持。

与矿粒及介质密度有关的重力加速度项，不但与矿粒的粒度及形状无关，而且与介质的运动参数也无关，因而属于静力学因素项。入选矿粒之间密度差越大，这项值也越大，物料也就越容易分选。

介质阻力加速度不仅与矿粒及介质的密度有关，而且还与矿粒的粒度和形状有关；并且与颗粒和介质间相对运动速度的平方成正比。所以颗粒和介质间相对运动速度越大，阻力加速度也越大，致使矿粒的粒度和形状的影响愈显突出，必然恶化按密度分选的效果。可见，在跳汰分选过程中，应尽量减小颗粒和介质间的相对运动速度，以削弱粒度和形状差异产生的不利影响。

惯性阻力加速度仅与矿粒的密度有关，当水流加速上升(上升初期)时，介质加速度的作用方向向上，故该项为负值，即介质的加速度将促使低密度矿粒比高密度矿粒更快地上升，这对按密度分层有利；当水流做负加速度上升(即上升末期)时，加速度的作用方向向下，该项取正值，即介质的加速度反而促使低密度矿粒比高密度矿粒的上升速度更快地减小，这显然对按密度分层不利，所以在跳汰分选过程中应尽量减小上升水流的负加速度。

附加惯性阻力加速度仅与颗粒的密度有关，与粒度及形状无关，所以对低密度矿粒的影响要大于对高密度矿粒的影响。在水流上升初期和水流下降末期，附加惯性阻力所产生的加速度使低密度矿粒比高密度矿粒上升得快，而下降又比高密度矿粒慢，这对分层有利。而在水流上升末期和下降初期，附加惯性阻力所产生的加速度，使低密度矿粒比高密度矿粒提前开始由上升转为下降或具有更大的下降趋势，这对分层不利。基于这种情况，要求水流在上升初期要迅速加速，上升末期及下降初期应从缓而行，下降末期从快减速。

必须指出，式(4－7)忽视了床层悬浮体内压力变大这个重要因素，也没有考虑由于床层悬浮体密度增大，使运动颗粒所受浮力增加这一事实，而且以水流速度和加速度表征介质阻力或附加推力的作用，这当然是不够确切的。

4.2.3 跳汰分层学说的统一性问题

跳汰分层的静力学学说和动力学学说，虽然立论的出发点有所不同，但从结果来看，仍然具有统一性，可以互为补充加以运用，而不必强求某一学说的完整性。综合上述两类理论，可以得到如下一些认识。

(1)跳汰分层的最有利条件是床层与水流间具有最小的相对速度。此时的分层在更大程度上将依据矿粒之间或矿粒与悬浮体间或悬浮体与悬浮体间的密度差而发生，矿粒粒度对分层的不利影响将降低到最低限度。因此在一个跳汰周期内应尽可能延长水流与床层相对速度小的时间。

(2)床层的松散必须有流体动力参与，彻底排除它的不利影响是不可能的。因此除了在周期曲线上尽量减少矿粒与水流的相对速度外，对入选物料的粒度范围应予以适当的限制。

(3)跳汰分层只有在床层松散度不大、颗粒相互接近的条件下，才能表现出静力分层作用。因此跳汰过程中床层不能过度松散，以免失去整体性质。

(4)静力学研究得出的是在最佳条件下的理想分层结果，可作为争取的目标，但实际上难以达到。矿粒的密度和粒度越大，在水中的沉降速度也越大，因而偏离理想分层条件也越远。此时分层过程将更接近于按干涉沉降规律发生。

由此可见，分层的静力学学说和动力学学说实际上是统一的。从自由沉降到干涉沉降，再到静力分层，是动力因素削弱，静力因素增强的过程。各种分层学说则是在这一链条中就悬浮体不同浓度条件提出的认识，应当根据实际情况加以灵活应用。

4.2.4　跳汰过程中垂直交变流的运动特性及作用

4.2.4.1　跳汰机内垂直交变流的运动特性

在跳汰机中水流运动包括垂直升降的变速脉动运动和水平流动。前者是推动矿粒在跳汰机内松散和实现按密度分层的主要动力；后者的主要作用是运输物料。

为便于分析，现以简单的隔膜跳汰机为例，讨论其水流的运动特性。隔膜跳汰机的工作原理如图 4－3 所示。

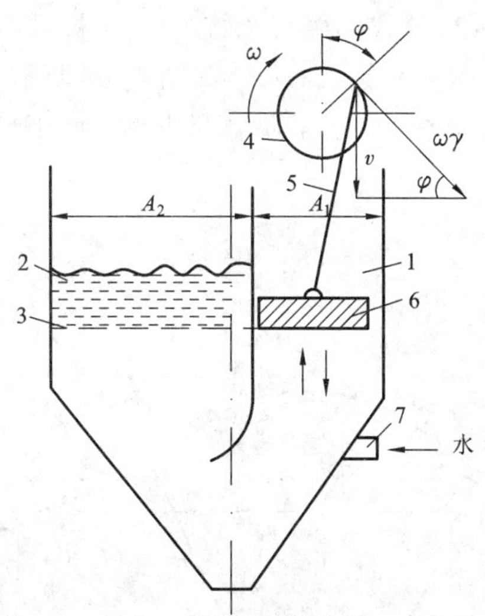

图 4－3　隔膜跳汰机的工作原理图

1—活塞室；2—跳汰室；3—筛板；4—偏心轮；5—连杆；6—隔膜；7—进水管

隔膜跳汰机工作时，由于偏心轮转动，经连杆驱动隔膜做上下运动。进水管给入筛下水，在隔膜往复运动的作用下，使跳汰室中筛板上的床层，经受着垂直升降变速水流的作用。

由图 4－3 可知，若偏心轮的偏心距为 r，连杆长度为 l，并且连杆长度比偏心距大许多，此时，隔膜上下运动的速度 v 可以看作是偏心轮的圆周速度在垂直方向的投影，即：

$$v = \omega r \sin\theta$$

或者：

$$v = \omega r \sin\omega t \tag{4-8}$$

式中 ω——偏心轮旋转角速度，$\omega = \frac{2\pi n}{60}$（其中 n 为偏心轮转速，单位为 r/min），rad/s；

t——偏心轮转过 ϕ 角所需的时间，s。

当 $\phi = 0$ 或 $\phi = \pi$ 时，隔膜的瞬时速度为最小，$v_{min} = 0$；

当 $\phi = \pi/2$ 时，隔膜的瞬时速度达到最大值，即：

$$v_{max} = \omega r = \frac{\pi n r}{30}$$

隔膜运动的加速度 a_1，可由式(4－8)对 t 求导得出，即：

$$a_1 = \frac{dv}{dt} = \omega^2 r\cos\omega t \tag{4-9}$$

经时间 t，隔膜的行程 h 可由式(4－8)对时间积分求出，即：

$$h = \int_0^t v dt = \int_0^t \omega r \sin\omega t dt = r(1 - \cos\omega t) \tag{4-10}$$

跳汰室内水流运动速度 u 比隔膜的运动速度 v 小，这是由于隔膜的面积一般比跳汰室的横断面积小，若隔膜面积与跳汰室横断面积的比值为 β（称为跳汰机的冲程系数），则跳汰室内水流的速度 u、加速度 a 及行程 s 分别为：

$$u = \beta\omega r \sin\omega t \tag{4-11}$$

$$a = \beta\omega^2 r\cos\omega t \tag{4-12}$$

$$s = \beta r(1 - \cos\omega t) \tag{4-13}$$

根据式(4－11)、式(4－12)及式(4－13)，在直角坐标系中可绘制隔膜跳汰机垂直交变水流的速度、加速度及行程与时间的关系曲线，如图 4－4 所示。从图 4－4 中可看出，隔膜跳汰机中跳汰周期曲线即速度曲线为一条正弦函数曲线；而水流运动的加速度曲线，是一条余弦函数曲线。

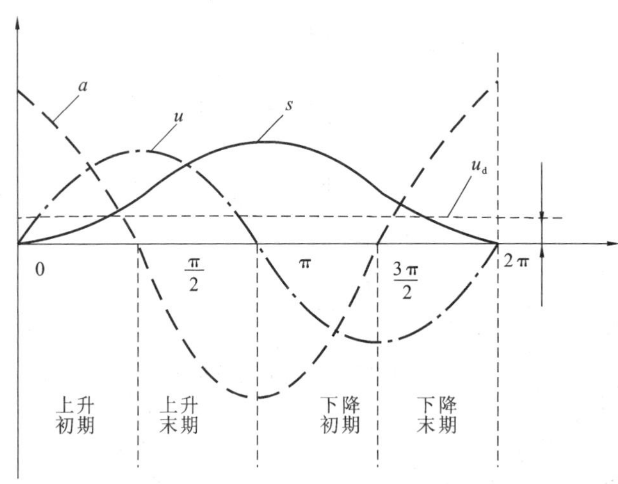

图 4－4　隔膜跳汰机水流速度和加速度及行程与时间的关系曲线

在实际生产中，为了调节床层的松散状况和水流下降时的吸入作用，要从筛下给入补充水，其上升流速即为图 4 -4 中所标注的 u_d。结果是增加了跳汰过程中上升水流的速度，减弱了下降水流的作用，致使上升水流的作用时间稍长于下降水流的作用时间。

4.2.4.2　**水流运动特性对床层松散与分层的作用**

为了便于分析问题，现以正弦跳汰周期为例，并将该跳汰周期分为 t_1、t_2、t_3、t_4 4 个阶段（见图 4 -5），分别讨论跳汰周期的各阶段中水流和床层运动及变化的特点。

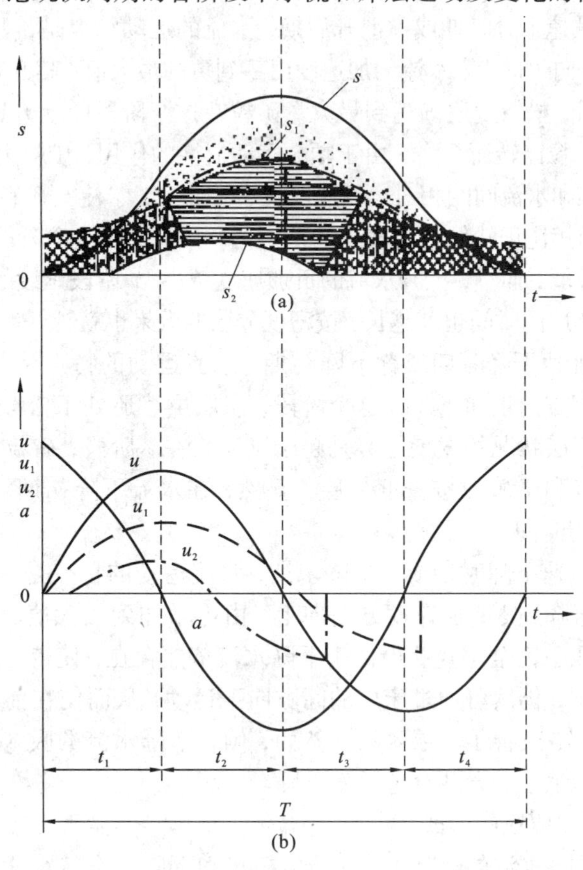

图 4 -5　正弦跳汰周期 4 个阶段床层松散与分层过程

s、s_1、s_2—水、低密度矿物颗粒和高密度矿物颗粒的行程；

u、u_1、u_2—水、低密度矿物颗粒及高密度矿物颗粒的运动速度；

a—水流运动的加速度

图 4 -5 是在一个跳汰周期 T 内，介质、床层及矿粒的运动状态，其中(a)反映在一个跳汰周期内，水流和床层的行程与时间的关系以及床层的松散过程；(b)则表示了水流运动的速度、加速度及矿粒运动行程随时间的变化情况。

第 1 阶段是水流加速上升时期或称上升初期，水流的运动特点是，上升速度越来越大，速度方向向上，其加速度方向也向上。速度由零增加到最大值，加速度则由最大值减小到零。由图 4 -5(a)可看出，在 t_1 阶段初期，床层呈紧密状态，随着上升水流的产生，最上层的细小颗粒开始浮动，由于上升水流速度的逐渐加大，水流动力也逐渐增大，当水的动力大于床层在介质中所受的重力时，床层便脱离筛面而抬起，并进而渐次松散。床层一经松散，便给矿粒提供了相互转移的条件。密度小的颗粒向上启动时间早，且运动速度快，密度大的颗粒则滞后上升，相比之下速度也慢，这种情况对按密度分层是有利的。但总的看来，在 t_1 阶段，床层主要仍处于紧密状态，矿粒的运动和分层受到较大的限制。尤其在这个阶段中，矿粒与介质间的相对速度较大，这就加剧了矿粒粒度和形状对分层过程的不良影响，而且这段时间延续得越长，对按密度分层越不利。由此可见，在水流加速上升时期，水流运动的主要任务是较快地将床层抬起，使其占据一定高度，为床层进一步的充分松散、分层创造有利的空间条件。

第 2 阶段是水流减速上升时期或称上升后期，水流的运动特点是，上升速度越来越小，由最大值降到零，速度方向仍向上；水流的加速度由零到负的最大值，其方向向下，这时在水流动力作用下床层不断上升，松散度逐渐达到最大。矿粒在这个阶段的上升速度已开始逐渐减慢，甚至部分密度大的粗矿粒已转而下降。由于颗粒运动惯性的作用，矿粒上升速度比水流上升速度减小得慢，因此矿粒和水流间的相对运动速度变小。此后，水流与矿粒间的相对速度再次逐渐增大，但与上升初期相比仍然保持在较小的范围内。因此，在这个阶段，矿粒的粒度和形状对按密度分层的影响较弱，而且，上升水流的负加速度越小，t_2 阶段延续的时间就越长，密度对矿粒运动状态起主导作用的时间也就越长，按密度分层的效果也就越好。

第 3 阶段是水流加速下降时期或称下降初期，水流运动的特点是，下降速度越来越快，速度方向向下，加速度方向也向下。在这个阶段，床层虽然还处于松散状态，但因水流运动方向已转而向下，故床层状况的发展趋势是趋于紧密。在 t_3 阶段，矿粒与介质之间的相对运动速度是较低的，这有利于矿粒按密度分层。显然，在水流下降初期，应使加速度小一些，以延长这一时期的作用时间。

第 4 阶段是水流减速下降时期或称下降末期，水流运动的特点是，继续下降，但速度越来越小，由最大绝对值降到零；加速度方向向上，由零增加到最大值。t_4 阶段的特点是床层比较紧密，分层过程几乎完全停止。但由于下降水流依然存在，使得一些密度大的细颗粒在下降水流的吸入作用下，仍然可通过床层的间隙向下运动，从而使在前期被冲到上层的高密度细颗粒到达床层底部，改善了分层效果。然而，倘若下降水流的吸入作用过强，也会使一部分低密度细颗粒进入底层，导致分选效率下降。

4.2.4.3 跳汰周期曲线的形式

在一个跳汰周期内，水流的运动可有上升、静止和下降 3 个特征段，它们可按不同的大小和时间比例组成多种周期曲线形式，其中多数曲线特别是选矿用周期曲线不含有静止段。除了一些特殊结构的跳汰机，如动筛、水力鼓动等，交变水流跳汰机大致有 4 种典型的周期曲线形式，如图 4－6 所示。

在正弦周期中，水流的上升和下降的作用时间和大小均相等。考虑到床层滞后于水流上升并超前下降，因此床层的有效松散时间更短，吸入作用过强，故在生产中需要在筛下补加上升水，筛下补加水的水流速度实际上并不大，因此对周期曲线的纵坐标位置影响较小，但却可以使床层不致过分紧密，并使下一周期易于抬起松散。

带有静止期的周期曲线是麦依尔提出的处理粗粒煤的周期曲线，周期内存在着水流急速上升、静止、缓速下降 3 个阶段。在水流急速上升时，床层被整体抬起，然后水流静止（实际上仍有缓慢的上升及下降运动），床层松散开来，颗粒以较小的相对速度在水流中沉降，松散期较长，可以有效地按密度发生分层。及至床层落到筛面上，水流的低速吸入作用，又可将细粒高密度矿物补充回收到底层。这种周期也适合处理平均密度较小或粒度较细的物料。

快速上升的周期曲线是由贝尔德提出的跳汰周期曲线演化而来的，即水流在迅速上升

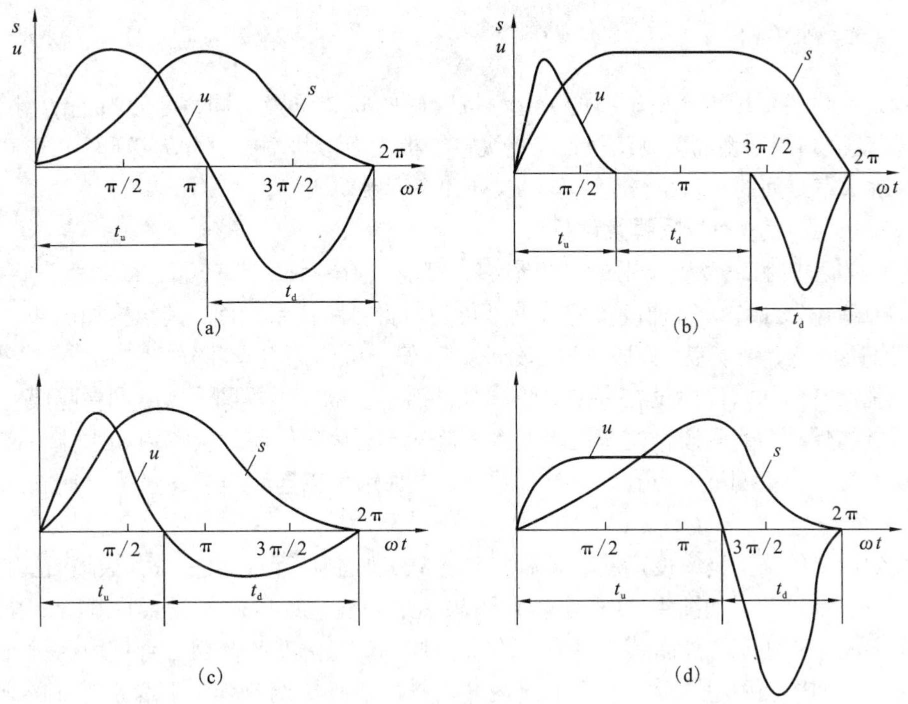

图 4－6 典型的跳汰周期曲线

(a)正弦周期曲线，$t_u=t_d$；(b)带静止期的周期曲线，$t_u+t_d<2\pi$；(c)快速上升周期曲线，$t_u<t_d$；(d)慢速上升周期曲线，$t_u>t_d$；s、u—水流上升高度和速度；t_u、t_s、t_d—水流上升期、静止期和下降期的时间

后，接着即转为下降运动。下降水流速度较为缓慢，但作用时间长，可以减小床层与水流间的相对速度，有助于物料按密度分层，适合处理平均密度较高的物料。

慢速上升的周期曲线又称为托马斯跳汰周期曲线，即水流以较低速度上升，并保持一段较长的时间，然后迅速转为下降。水流下降速度较大，作用时间短。床层在较长的时间内处于松散状态，有利于提高设备的处理能力，但流体的速度阻力影响较大，不适合处理宽级别物料。

4.3 跳汰机

有多种结构形式的跳汰机在物料分选中得到应用，根据设备结构和水流运动方式不同，可以将这些跳汰机分为活塞跳汰机、隔膜跳汰机、空气脉动跳汰机和动筛跳汰机。

活塞跳汰机是出现最早的交变水流跳汰机，由于最开始在德国哈兹矿区使用，又称为哈兹跳汰机。这种跳汰机通过活塞往复运动，产生一个垂直交变运动的脉动水流。现在这种跳汰机已经基本被隔膜跳汰机和空气脉动跳汰机所取代。

隔膜跳汰机是用隔膜取代活塞，其传动装置多为偏心连杆机构，也有采用凸轮杠杆或液压装置传动的。

空气脉动跳汰机(亦称无活塞跳汰机)中的水流垂直交变运动，是借助压缩空气推动的，主要用于选煤。按跳汰机空气室的位置不同，分为筛侧空气室跳汰机和筛下空气室跳汰机。

动筛跳汰机槽体中的水流不运动，而是直接用液压或机械驱动筛板在水中做上、下往复运动，使筛板上的物料产生周期性地松散。

4.3.1 隔膜跳汰机

隔膜跳汰机主要用于金属矿石的分选，按隔膜的安装位置不同，可分为上动型（又称旁动型）、下动型和侧动型隔膜跳汰机；按跳汰室筛板表面形状不同可分为梯形、矩形和圆形跳汰机；按跳汰室并列的数目可分为单列、双列和三列跳汰机。

4.3.1.1 上（旁）动型隔膜跳汰机

上（旁）动型隔膜跳汰机应用最早也最多，目前只有一种定型产品，每室宽 300 mm、长 450 mm，双室串联工作。这种设备的特点是传动装置在跳汰室侧面，其结构如图 4－7 所示，包括机架、跳汰室、隔膜室、橡胶隔膜、分水阀和偏心机构等组成部分。

每个跳汰室内的水流由设在旁侧的隔膜鼓动运动。隔膜呈椭圆形，由设在隔膜室上面的偏心连杆机构带动两室隔膜做交替的上升和下降运动，从而促使跳汰室内的水流也产生上下交变运动。在隔膜室的下方设有筛下补加水管，补加水可以连续地或通过分水阀在水流下降期给入。

跳汰分选出的筛上高密度产物有多种排出方式，如中心管排料法、透筛排料法和一端排料法等。中心排矿装置如图 4－8 所示。在跳汰室中心线靠近尾矿端设置排料管。排料管的上口高出筛面一定距离，外面装有套管。在套管周围，高密度产物靠自身重力通过外套筒的底缘与筛板之间的间隙进入管内，再通过内套筒排出机外。调节套管下缘距筛面的高度，即可改变高密度产物的产率和质量。跳汰分选出的筛下高密度产物则由水箱底部的排矿口排出，而低密度产物随上部水流越过末端堰板排出。

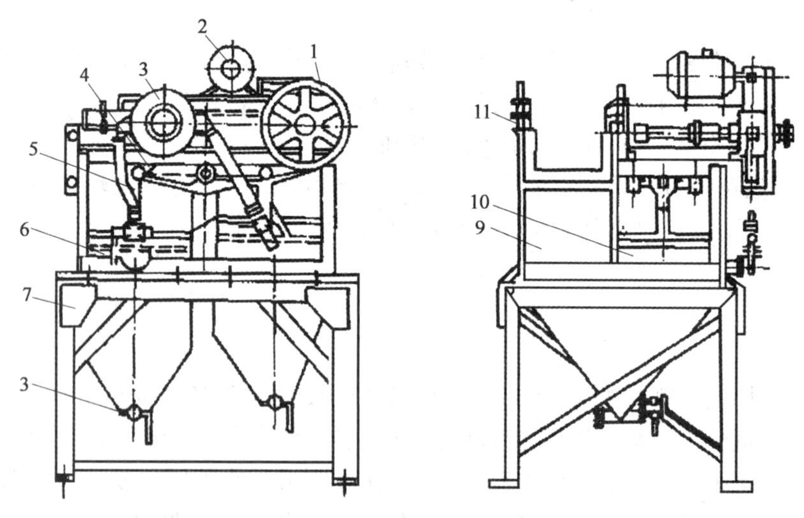

图 4－7　上（旁）动隔膜跳汰机的结构

1—传动部分；2—电动机；3—分水阀；4—摇臂；5—连杆；6—橡胶隔膜；
7—机架；8—排矿阀门；9—跳汰室；10—隔膜室；11—筛网压板

透筛排料法是使高密度矿物透过筛孔排入底箱，如图 4－9 所示，在排料粒度较细而筛孔尺寸又不能过分小的情况下使用。为了控制排料速度，需要在筛面上铺置另一物料层。它们的密度接近或略大于高密度矿物的密度，有时也采用金属球，粒度为筛孔尺寸的1.5~2.0倍，称为人工床层。人工床层也随水流的升降而做起伏运动，高密度矿物穿过人工床石之间的曲折通道下落，如同通过排矿闸门一样。改变人工床石的粒度、密度和铺置厚度，即可以调节高密度产物的产率和质量。

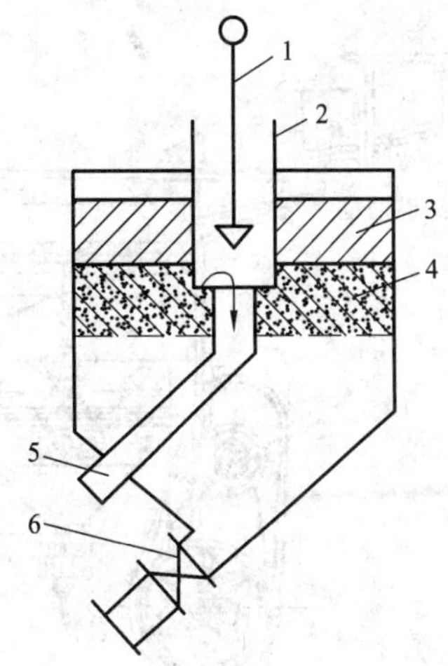

图4-8 筛上精矿中心排矿装置

1—锥形阀；2—外套筒；
3—尾矿层；4—精矿层；
5—筛上精矿导管（内套筒）；
6—筛下精矿阀门

一端排料法是在跳汰室末端筛面上或端壁上沿横向开口以排出高密度产物的方法，如图4-10所示。为了控制排出速度，常在开口处设置各种排料装置。一般跳汰机设置简单的垂直闸门，外闸门起防止低密度矿物进入高密度产物的作用，内闸门起控制排料速度的作用，两者高度均可调节。闸门上方的盖板开孔，以使内部与大气相同，便于物料流动。

上（旁）动型隔膜跳汰机的冲程和冲次均可根据要求调节。通过转动偏心环，机械冲程可在0~25 mm范围内进行调整，冲次的调节则需更换皮带轮。

上（旁）动型隔膜跳汰机广泛用于分选钨矿石、锡矿石和金矿石，分选粒度上限可达12~18 mm，下限为0.2 mm。这种跳汰机具有冲程调节范围大、适应较宽的给矿粒度、水的鼓动均匀、床层稳定、分选指标好、精矿排放容易、可一次获得粗精矿或合格精矿、单位筛面面积生产能力大、操作维修方便等优点，其主要缺点是设备规格小、单台设备的生产能力低、耗水量较大，而且由于隔膜室占用机体的一半，因此占地面积较大。

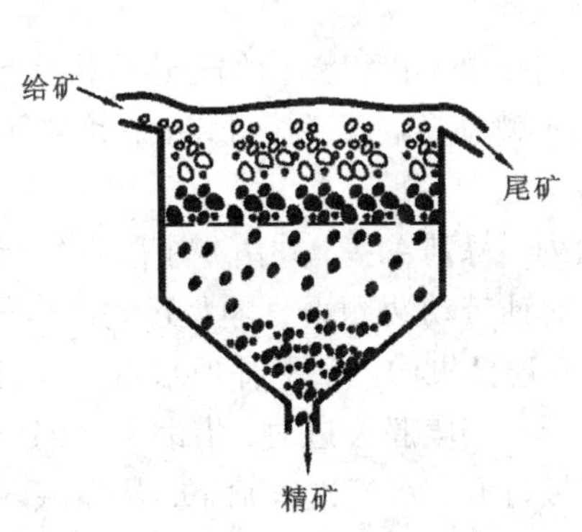

图4-9 透筛排料法示意图

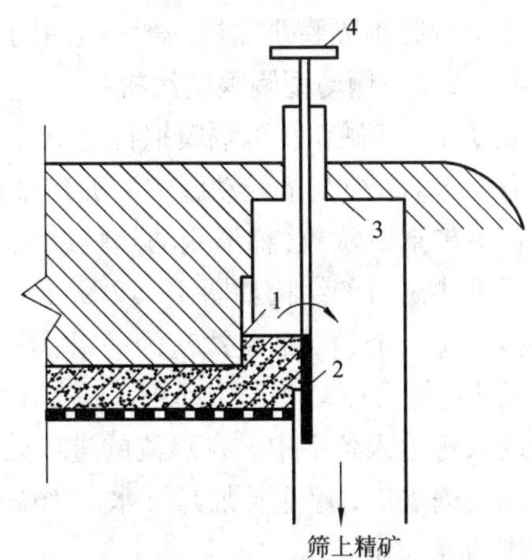

图4-10 一端排料法示意图

1—内闸门；2—外闸门；3—盖板；4—手轮

4.3.1.2 下动型隔膜跳汰机

下动型隔膜跳汰机主要指下动型圆锥隔膜跳汰机，它也是常用隔膜跳汰机的一种，同样设有两个跳汰室，主要特点是传动装置安设在跳汰室的下方。下动型隔膜跳汰机的隔膜是一个可动的倒圆锥体，用环形橡胶隔膜与跳汰室相连。电动机和皮带轮安置在设备的一端，通过杠杆推动隔膜做上下运动（见图4-11），分选出的高密度产物经可动锥底部的阀门间断排出。

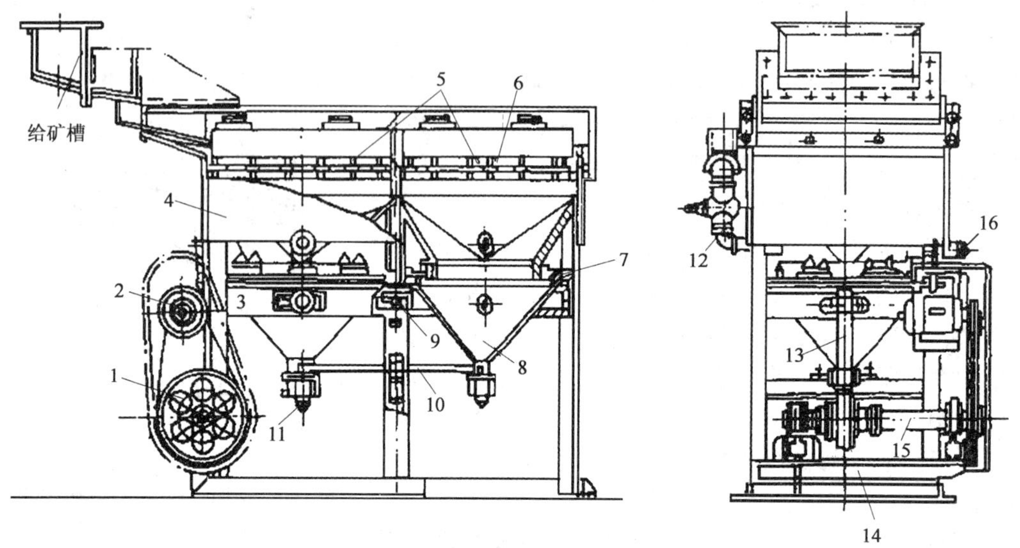

图 4－11　双室下动型圆锥隔膜跳汰机的结构

1—大皮带轮；2—电动机；3—活动机架；4—机体；5—筛格；6—筛板；
7—隔膜；8—可动锥底；9—支承轴；10—弹簧板；11—排矿阀门；12—进水阀门；
13—弹簧板；14—偏心头部分；15—偏心轴；16—木塞

下动型圆锥隔膜跳汰机的优点是设备规格大、单台设备的生产能力大、占地面积小、结构紧凑、上升水流分布均匀，其缺点是安装在下部的鼓动隔膜承受力较大、橡胶隔膜容易破裂、支架容易折断、维护检修困难，而且受隔膜形状限制，冲程不能过大，处理粗粒物料的效果不好；此外，因传动机构设置在设备的下部，容易受水砂侵蚀造成损坏。

下动型圆锥隔膜跳汰机一般只适用于处理小于 6 mm 的矿石。

4.3.1.3　**侧动型隔膜跳汰机**

侧动型隔膜跳汰机的隔膜垂直地安装在跳汰室筛板下面的侧壁上，由偏心连杆机构带动在水平方向运动。常见的侧动型跳汰机有梯形跳汰机、矩形侧动型隔膜跳汰机和大粒度跳汰机。

(1) 梯形跳汰机(梯形侧动隔膜跳汰机)

梯形跳汰机的结构如图 4－12 所示。全机分为两列，每列 4 室，共由 8 个跳汰室组成一个整体。每 2 个相对的跳汰室为一组，由传动箱伸出的轴带动两侧垂直隔膜运动。全机有 2 台电动机，每台驱动 2 个传动箱。在传动箱内装有偏心连杆机构。筛下补加水由两列跳汰室中间的水管给入各室中。在水流的进口处设有弹簧盖板。当隔膜推进时，借助于水的压力使盖板遮住进水口，停止补加筛下水。当隔膜后退时盖板打开，水流进入筛下，从而减弱了下降水流的吸入作用。

梯形跳汰机的结构特点是，跳汰室的筛面形状为梯形，沿进料方向由窄到宽，随之床层变薄，矿浆流速也逐渐变缓，从而有利于细粒级高密度矿物的回收；各跳汰室的冲程、冲次可以实现单独调节，根据需要组成不同的跳汰制度；而且结构简单、维修方便、运转可靠。

梯形跳汰机的处理能力大，可达 15～30 t/(台·h)，选别技术指标好。另外，梯形跳汰机对物料性质的适应性强，适用于中、细粒级和不同品位的给矿，尤其对细粒级有较好的分选效果。给矿粒度范围一般为 0.2～10 mm。

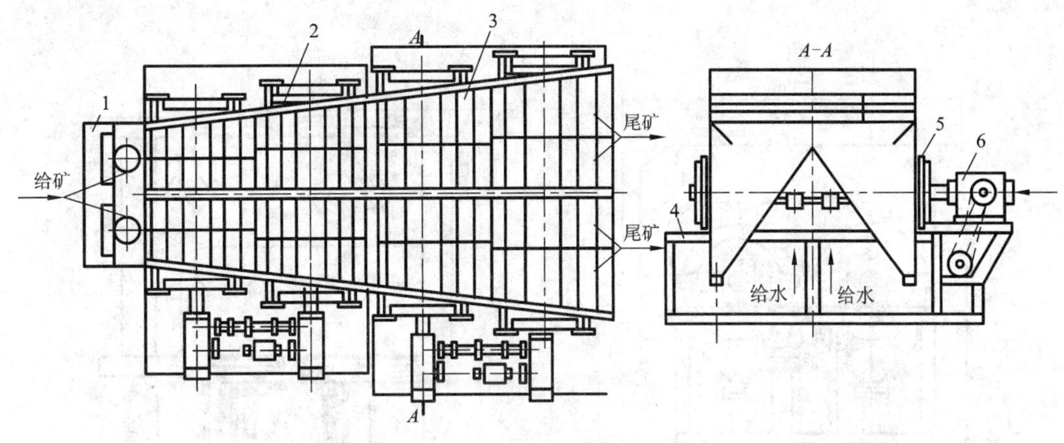

图 4 – 12　梯形跳汰机

1—给矿槽；2—中间轴；3—筛框；4—机架；5—鼓动隔膜；6—传动装置

（2）矩形侧动型隔膜跳汰机

矩形侧动型隔膜跳汰机有单列双室和双列四室的成型设备，图 4 – 13 所示为单列双室矩形跳汰机的外形。这种跳汰机最初由大吉山选矿厂制成，因此又称作吉山 – Ⅱ型跳汰机。

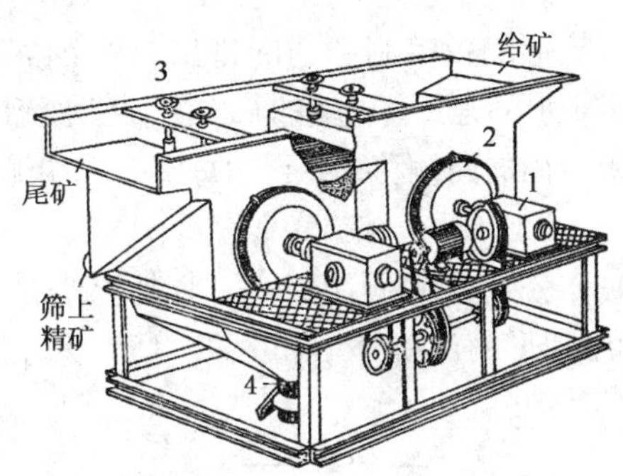

图 4 – 13　单列双室矩形跳汰机的结构示意图

1—传动箱；2—隔膜；3—手轮（调节筛上高密度产物排料闸门用）；4—筛下高密度产物排料管

矩形侧动型隔膜跳汰机由一台电动机带动两个传动机构运转。传动机构密封在传动箱内，并直接安装在隔膜的旁侧。这种跳汰机的冲程可调范围较大，最大为 50 mm，因此可以处理的物料粒度也大，冲次可通过更换皮带轮调节。

双列四室的矩形跳汰机有处理粗粒级（3 ~ 12 mm）和细粒级（0 ~ 3 mm）两种类型。前者除了冲程较大、冲次有所减小以外，在排出高密度产物的方式上也有所不同。处理粗粒级的跳汰机是将 4 个室的排料管最终合并集中排出，以减小水量损失；而处理细粒级的跳汰机则是分别排出各室高密度产物。

（3）大粒度跳汰机

将侧动型隔膜跳汰机的冲程放大，并适当减小冲次，可以有效提高给矿粒度的上限，因而称作大粒度跳汰机。目前已经制成 AM – 30 和 LTC – 75 两种型号，型号中的数字代表最大给矿粒度。

两种设备的结构形式相同，均为双列四室，由偏心连杆机构带动隔膜运动。图 4 – 14 为 AM – 30 大粒度跳汰机的结构。

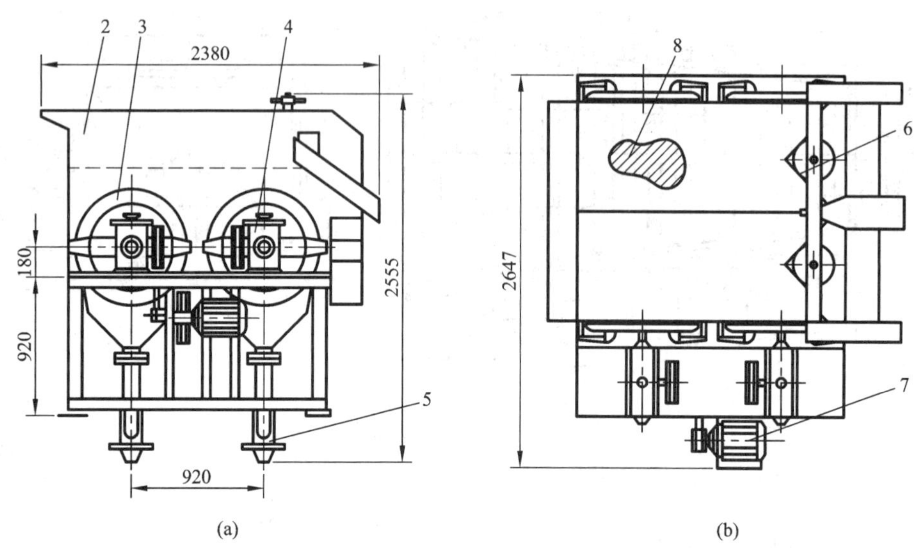

图4-14　AM-30型大粒度跳汰机的结构

1—机架；2—箱体；3—鼓动隔膜；4—传动箱；5—筛下排矿装置；6—V形分离隔板；7—电动机；8—筛板

矿石在筛面上分层后，由V形隔板控制产物的排出。V形隔板的底缘距离筛面有一定距离，底层高密度产物通过该间隙进入跳汰室末端的筛面上，在水流的鼓动下越过精矿堰板排出。上层低密度产物则沿V形隔板板面向两侧移动，到达每室的末端侧壁越过尾矿堰板排出。

4.3.1.4　圆形跳汰机

圆形跳汰机由荷兰的MTE公司首先研制成功，其特点是采用液压装置推动隔膜运动。1970年推出的带旋转耙的液压圆形跳汰机外形如图4-15所示。

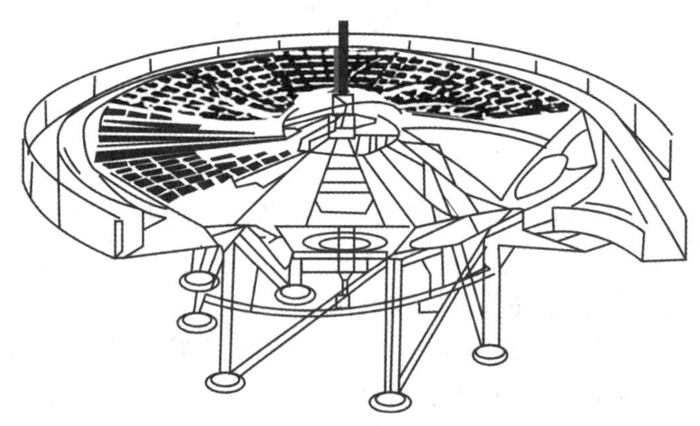

图4-15　液压圆形跳汰机的外形

中国于20世纪80年代初研制成功的YT-7750型圆形跳汰机，共有12个梯形跳汰室，直径为7750 mm，每室筛板面积为3.3 m^2。矿浆由中心给入，然后向四周作辐射状流动，高密度产物采用透筛排料法排出。这种跳汰机也可由3室、6室或9室组成机组工作。

圆形跳汰机工作时，电动机通过减速装置带动主轴转动，主轴上的凸轮具有与周期位移曲线相当的外轮廓线。凸轮转动时推动圆锥隔膜做上下交变运动，其位移曲线呈锯齿波形，相应的速度周期曲线则是矩形波形，如图 4 – 16 所示。这样的运动曲线可以将床层迅速抬起，然后缓慢下降，床层的松散时间长，水流与矿粒间的相对运动速度小，因此能保证有效地按密度发生分层。

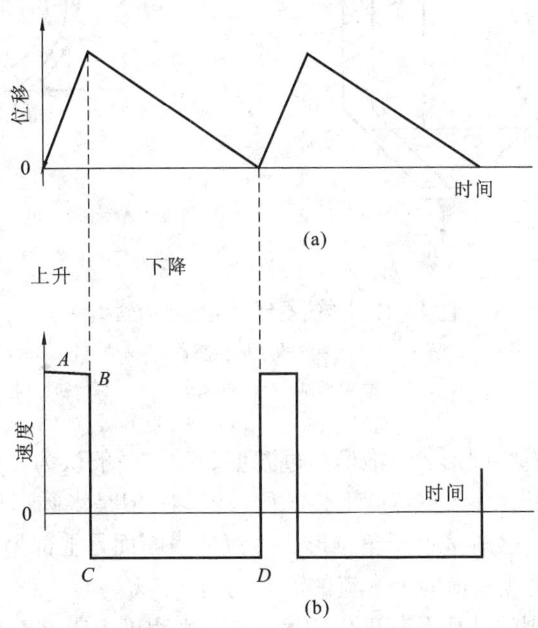

图 4 – 16　圆形跳汰机的隔膜运动曲线

(a)位移曲线；(b)速度曲线

圆形跳汰机的优点是单位筛面的处理能力大，回收粒度下限低，而且能以宽级别入选，筛下补加水量也比其他类型跳汰机的少。一台 9 室的 ϕ7750 mm 圆形跳汰机，处理量按原矿计可达 220 t/h，给矿粒度在 25 mm 以下时可以不分级入选，回收粒度下限达 0.05 mm(按石英计)，处理每吨矿石的筛下补加水量为 1.2 m^3，比普通隔膜跳汰机节水 60% ~70%。

4.3.2　空气脉动跳汰机

空气脉动跳汰机主要包括筛侧空气室跳汰机和筛下空气室跳汰机两种。

4.3.2.1　筛侧空气室跳汰机

筛侧空气室跳汰机又称为鲍姆跳汰机，根据其结构与用途的不同，可分为不分级煤用跳汰机、块煤跳汰机(给料粒度 13 ~125 mm)和末煤跳汰机(给料粒度 0 ~13 mm)3 种。

筛侧空气室跳汰机的基本结构如图 4 – 17 所示，主要由机体、风阀、筛板、排料装置、排矸通道和排中煤通道等部分组成。

机体由纵向被分隔板分为空气室和跳汰室，两室下部相通。空气室上部密闭，设有特制风阀，将压缩空气交替给入空气室中，并按一定的规律将空气室中的压缩空气排出室外。当给入压缩空气时，跳汰室中的水被强制上升；当空气室的压缩空气排出时，跳汰室中的水位又自动下降。改变给入的压缩空气量可以调节跳汰机中的水流冲程，改变风阀的运动速度可调节水流脉动的频率。筛下补加水从空气室下部的进水管进入以改变跳汰机水流运动特性，并在跳汰室中形成水平流，运输物料，同时使物料在跳汰室中进行松散和分层。

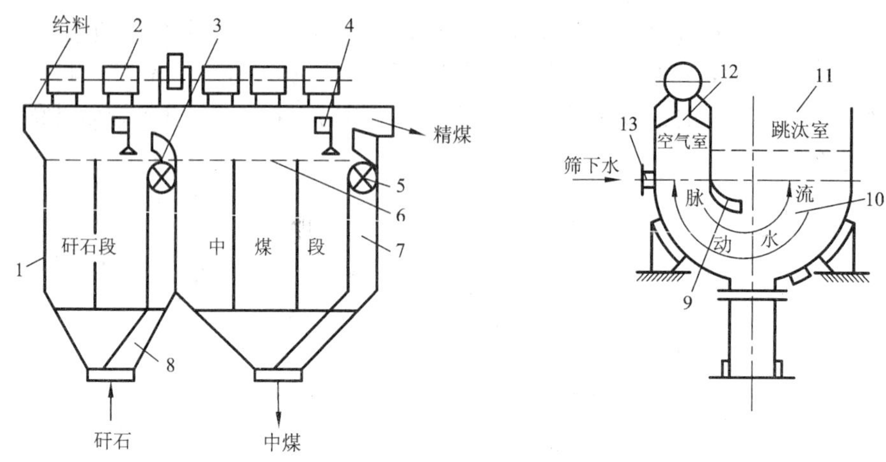

图 4-17 筛侧空气室跳汰机的结构

1—机体；2—风阀；3—溢流堰；4—自动排料装置的浮标传感器；5—排料轮；6—筛板；7—排中煤通道；8—排矸通道；9—分隔板；10—脉动水流；11—跳汰室；12 —空气室；13—顶水进水管

机体横断面的形状有半圆形、角锥形和过渡型 3 种。一般认为，半圆形和过渡型的横断面比较好，能使脉动水流沿跳汰室宽度上分布比较均匀；但是半圆形机体的底部容易积存物料，随着时间的延长也会逐渐接近于角锥形。过渡型横断面是上部呈圆形，下部逐渐变成角锥形，其优点是可以使跳汰室横向上水流的波高均匀。

空气脉动跳汰机风阀的结构及其工作制度，在很大程度上影响着跳汰室内水流的运动特性，是跳汰机最关键的部件，主要有做住复运动的滑动风阀（即立式风阀）、做回转运动的旋转风阀（即卧式风阀）和电磁风阀 3 种。

滑动风阀的构造如图 4-18 所示，由顶端封闭的圆筒形壳体和圆筒形的空心滑阀组成。壳体固定在跳汰机的空气室之上，其上端有进气管，并与压缩空气储罐连接，下端则与空气室相通。外壳四周开有三排气孔，滑阀上也对应地开有同样排数的排气孔。滑阀用拉杆与偏心轮相连，当偏心轮转动时，滑阀做上下往复运动。滑阀下降时[图 4-18(a)]，外壳体上部的进气管打开，排气孔封闭，压缩空气经空心滑阀进入跳汰机的空气室。滑阀上升时[图 4-18(b)]，关闭进气孔而打开排气孔，空气室的空气被排放至大气中。

旋转风阀的结构和参数与滑动风阀虽有不同，但其工作原理基本相似，其特点是结构轻巧、转动平稳、跳汰周期调整范围广、适应性强。LTX-14 型跳汰机旋转风阀的结构如图 4-19所示。

生产中使用的筛侧空气室跳汰机有 WT、LTW 和 LTG 3 个系列。WT 系列有块煤跳汰机（WT-8K、WT-10K）和末煤跳汰机（WT-10M、WT-16M）两种。LTW 系列中有 LTW-12.6和 LTW-15 两种型号，都是末煤跳汰机。LTG 系列目前只有 LTG-15 型一种。

4.3.2.2 **筛下空气室跳汰机**

筛下空气室跳汰机的空气室在跳汰机筛板下面，其构造示意图如图 4-20 所示。

每个跳汰室装有一个卧式风阀，为其中两个空气室提供压缩空气。压缩空气从空气室的一端给入，空气室的端部有上、下两个孔，上面的孔与风阀的进气口相连接，用以进入压缩空气；下面的孔用以送入筛下补加水。

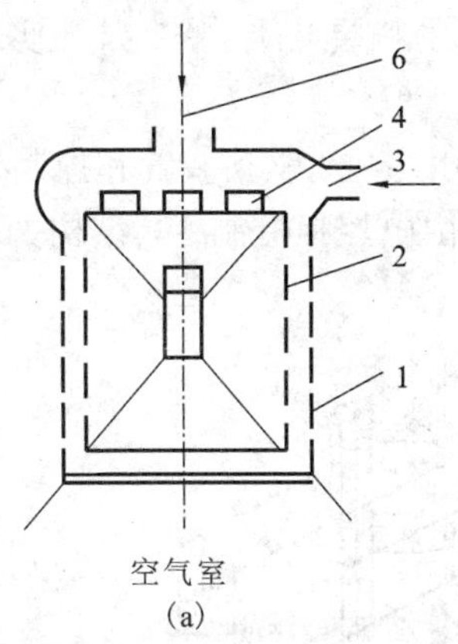

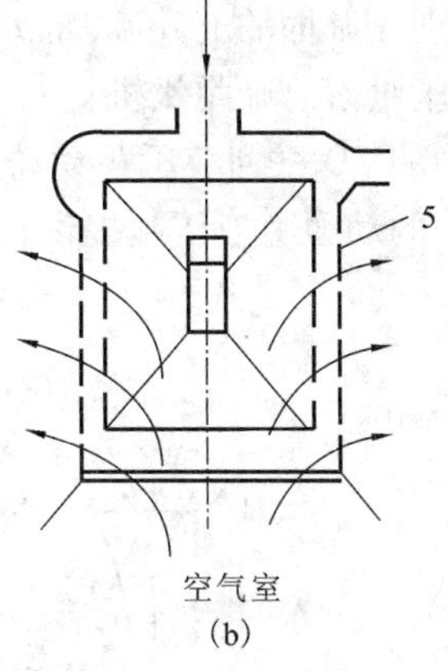

图 4-18　滑动风阀工作原理

1—外壳；2—空心滑阀；3—进气管，4—进气孔；5—排气孔；6—拉杆

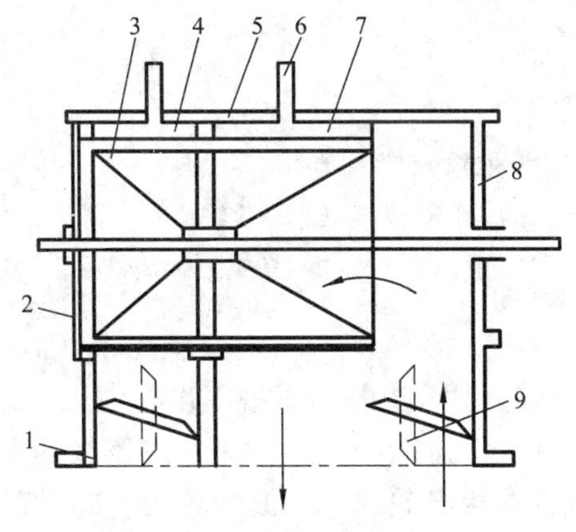

图 4-19　旋转风阀的结构

1—阀座；2—排气端；3—转子；4—排气调整套；5—阀盖；6—手柄；7—进气调整套；8—进气端盖；9—蝶阀

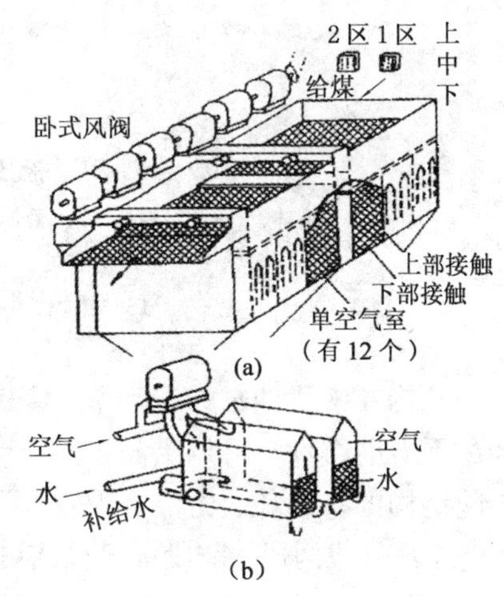

图 4-20　筛下空气室跳汰机结构示意图

(a)整机结构；(b)空气室结构

筛下空气室跳汰机，除了把空气室移到筛板下面外，其结构和工作原理与筛侧空气室跳汰机的基本相同。

生产中使用的筛下空气室跳汰机主要有 LTX 和 SKT 系列跳汰机、高桑跳汰机、巴达克跳汰机、波兰跳汰机、荷兰跳汰机等。

筛下空气室跳汰机可以克服筛侧空气室跳汰机中水流难以沿筛面宽度均匀分布的问题，因此有利于设备的大型化。如 LTX 系列的筛下空气室跳汰机最大筛面面积为 35 m^2，可用于分选 0 ~ 100 mm 的不分级原煤，处理量达到 350 ~ 490 t/h。

4.3.3　动筛跳汰机

动筛跳汰机工作时槽体中的水流不运动，用液压装置或机械装置驱动筛板在水介质中做上、下往复运动，使筛板上的物料形成周期性的松散。筛板机构上升时，颗粒相对于筛板，总体上看是没有相对运动的，而水介质相对于颗粒是向下运动的。筛板下降时，由于介质阻力的作用，水介质形成相对于筛面的上升流，推动筛面上的物料层悬浮、松散从而实现按密度分选。

4.3.3.1　液压驱动动筛跳汰机

中国研制成功的 TD 系列液压驱动动筛跳汰机由主机、驱动装置和控制装置 3 部分组成。动筛机构及排矸轮的动力由液压站提供，运动特性由电控柜控制，其结构如图 4－21 所示。

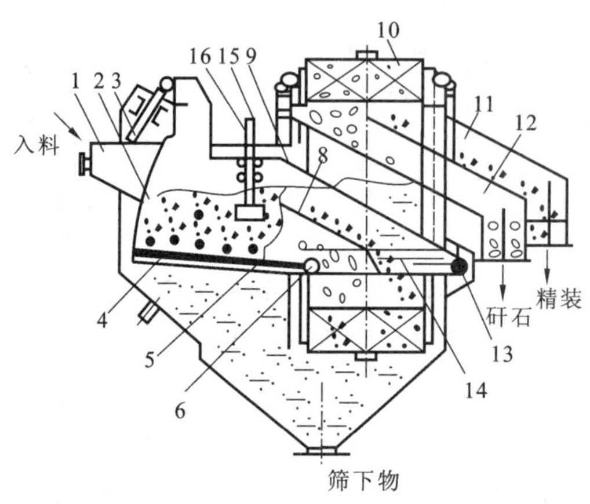

图 4－21　液压驱动动筛跳汰机的结构简图

1—槽体；2—动筛机构；3—液压油缸；4—筛板；5—闸门；6—排料轮；7—手轮；8—溢流堰；9—提升轮前段；10—提升轮后段；11—精煤溜槽；12—矸石溜槽；13—销轴；14—链；15—传感器；16—浮标

动筛机构在液压油缸的驱动下，绕销轴做上、下往复摆动，并在其中部设有溢流堰，在溢流堰的下方前端设有可调闸门，以调整溢流堰与筛板之间的距离。溢流堰下方筛板的末端设有星轮结构的排料轮，由液压马达驱动。分选产物由提升轮排出，提升轮的中部设有隔板，将提升轮分成两段，前段提升高密度产物，后段提升低密度产物。

TD 系列液压驱动动筛跳汰机的主要技术参数见表 4－1。

表 4－1　TD 系列液压驱动动筛跳汰机的主要技术参数

设备型号	入料粒度/mm	处理能力 /($t·h^{-1}$)	筛板面积 /m^2	筛板宽度 /mm	循环水用量 /($m^3·t^{-1}$)
TD10/2.0	-400	80～120	2.0	1000	0.1～0.3
TD12/2.4		105～150	2.4	1200	0.1～0.3
TD14/2.8		130～185	2.8	1400	0.1～0.3
TD16/3.2		160～225	3.2	1600	0.1～0.3
TD18/3.6		200～275	3.6	1800	0.1～0.3
TD20/4.0		250～330	4.0	2000	0.1～0.3
TD24/4.4		310～400	4.4	2400	0.1～0.3

4.3.3.2　机械驱动动筛跳汰机

中国研制成功的 GDT14/2.5 型机械驱动动筛跳汰机也同样是由主机、驱动装置和控制装置 3 部分组成，其主机结构见图 4－22，其主要技术参数列于表 4－2 中。

机械驱动动筛跳汰机的驱动系统采用便于调节的曲柄摆杆机构。通过曲柄的连续转动，使摆杆绕固定轴做往复摆动，带动筛板运动。L 形摆杆可以在较宽的范围内靠丝杆调节长度，以实现振幅的无极调节。跳汰周期和冲次的调节，需要通过更换皮带轮实现。排料装置采用自动浮标闸门，能随排出矸石量的变化自动地改变排料口的大小，从而实现自动排矸。分选产物也同样是由提升轮排出。

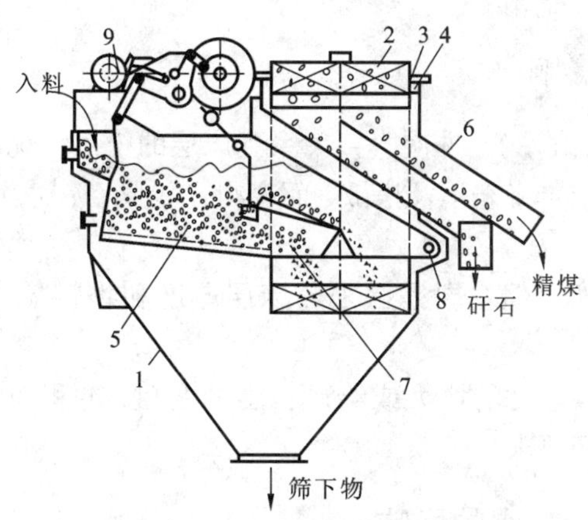

图 4－22 机械驱动动筛跳汰机的结构简图

1—槽体；2—提升轮；3—挡板；4—托轮；
5—动筛；6—溜槽；7—排料轮；8—销轴；9—拉杆（驱动机构）

表 4－2 GDT14/2.5 型机械驱动动筛跳汰机的主要技术特征表

项目	数值	项目	数值
入料粒度/mm	150～25	排料轮内径/mm	2400
处理能力/$(t \cdot h^{-1})$	100～90	排料轮外径/mm	3540
筛面宽度/mm	1400	提料轮转速/$(r \cdot min^{-1})$	1.56
筛面长度/mm	1800	提料轮电动机功率/kW	11
筛面面积/m^2	2.5	排料轮转速/$(r \cdot min^{-1})$	4～60（可调）
入料端振幅/mm	200～400（可调）	驱动电动机功率/kW	37
跳汰频率/$(r \cdot min^{-1})$	20～60（可调）	整机质量/t	23.136
提料轮深度/mm	450	整机外形尺寸/mm	5607×4605×5493

动筛跳汰机具有设备结构紧凑、用水量少、基建投资省、运行费用低等优点。

机械驱动动筛跳汰机适于大型选煤厂的准备车间预排矸，也可在简易动力选煤厂中分选块煤，另外也适合于从废矸石中回收煤炭、在井下巷道中排矸和露天坑下分选次杂煤。

4.4 跳汰分选过程的影响因素

影响跳汰选别指标的因素包括冲程、冲次、筛下补加水量、人工床层组成及给矿量等。此外，物料的粒度组成、床层厚度、跳汰周期曲线形式等亦有重要影响，只是在实际操作中它们的可调范围较小。

4.4.1 冲程和冲次的影响

冲程(一般用机械冲程表示)、冲次直接关系到床层的松散情况和松散方式，对分层有重要影响。如果冲次太大，床层将来不及松散，而变得比较紧密；冲次太小又会造成松散迟缓，导致分层速度降低。

冲程的影响与冲次相似，但主要是必须与床层厚度和物料粒度相适应，并与冲次配合调整。

通常情况下，随着床层厚度的增大或给矿粒度的变粗，冲程应加大，与此同时，冲次则要减小，以适应分层的时间要求。

4.4.2 筛下补加水和给矿水的影响

筛下水和给矿水构成跳汰分选的总水耗，依据分选物料的性质和设备不同总水耗波动在3至8 m^3/t之间。给矿水用来预先润湿矿石并便于均匀地给矿。给矿浓度(固体质量分数)一般不超过25%～30%。筛下补加水量也是生产中调节床层松散度的主要参数之一，要求有稳定的供水压强，一般为100～200 kPa。

4.4.3 床层厚度和人工床石的影响

床层厚度(包括人工床层)以筛面至尾矿堰板顶端的高度计。用隔膜跳汰机处理中等粒度以及细粒矿石时，床层总厚度不应小于给矿最大颗粒的5～10倍，一般在120～300 mm之间。处理粗粒矿石时床层厚度可达到500 mm。

人工床层是控制筛下排料的主要手段。所用床石要能保证经常在床层的底层。生产中常使用原矿中的高密度矿物粗颗粒，有时也采用铸铁球、磁(赤)铁矿或高密度的卵石等材料作床石。床石的粒度应达到入选矿石最大粒度的3～6倍以上，并比筛孔大1.5～2.0倍。床石的铺置厚度直接影响筛下精矿的产率和质量。在钨、锡矿石选矿厂中，处理细粒级矿石的跳汰机人工床层厚度为10～50 mm。

4.4.4 矿石性质和给矿量的影响

给矿粒度范围是影响分选精确性的重要因素，但同时也与周期曲线特性和待分选的矿物密度差有关。以正弦跳汰周期处理钨、锡、铁及有色金属矿石时，常须以窄级别入选，而在分选金矿石和煤炭时则可以宽级别或不分级入选。

跳汰机的处理能力随给矿粒度、待分离矿物的密度差、作业要求和设备规格而有很大变化。为了便于对比，常用单位筛面的处理能力表示。表4－3列出了常用跳汰机在处理不同矿石的生产能力。

表4-3 常用跳汰机的生产能力

设备类型	钨矿石		锡矿石		铁矿石	
	给矿粒度/mm	处理能力/(t·m^{-2}·h^{-1})	给矿粒度/mm	处理能力/(t·m^{-2}·h^{-1})	给矿粒度/mm	处理能力/(t·m^{-2}·h^{-1})
旁动型	18~8	10~12	20~6	11~15		
	8~2	8~10	6~2	5.5~7.4		
	2~0	18~25①	2~0	3.7		
下动型	8~5	3~5				
	5~2	2.5~3.5				
吉山-Ⅱ型	8~4	10~15				
梯形	1.5~0.25	2.6~3.5	5~0	2.8	10~2	2.8~3.5
					2~0	2.6

①旁动型隔膜跳汰机选别2~0 mm的矿石时处理量很大，原因是该跳汰机仅用来回收矿石中所含粗粒高密度矿物，尾矿中尚有较多细粒高密度矿物，经水力分级后送摇床选别。

习题

1. 什么叫跳汰选矿？简述跳汰选矿的优缺点及应用范围。
2. 简述跳汰选矿的原理。
3. 简述跳汰过程中垂直交变流的运动特性及作用。
4. 跳汰机主要有哪几类，各有什么特点？
5. 跳汰分选过程的影响因素有哪些？简述各因素的影响情况。

第5章 溜槽分选

内容提要 本章主要讲述溜槽分选法的基本原理及各种溜槽类分选设备的结构特点、工作原理及其影响因素，同时还简要介绍了不同设备的适用性。在斜面水流的运动特性一节中，主要介绍了层流和湍流两种斜面水流的水力学特性；在粗粒溜槽的分选原理一节中，主要通过分析粗颗粒在溜槽水流中的受力和运动方程阐述颗粒按密度分选的原理；在细粒溜槽的分选原理一节中，主要介绍了层流流态下粒群的松散机理和不同密度颗粒在细粒溜槽中的分层情况；粗粒溜槽一节中，简要介绍了粗粒溜槽的结构形式、材质及操作过程；在扇形溜槽和圆锥选矿机一节中，主要介绍了扇形溜槽和圆锥选矿机的分选原理、结构特点及其影响因素；在螺旋选矿机和螺旋溜槽一节中，主要介绍了螺旋选矿机和螺旋溜槽的结构特点、分选原理及其影响因素；在沉积排料型溜槽一节中，主要介绍了各种沉积层溜槽类分选设备的基本构造、工作过程、设备性能及适宜的参数范围；在离心溜槽一节中，主要介绍了各种离心溜槽的结构特点、分选原理及影响因素。本章的拓展学习内容主要为理论力学、工程流体力学、机械设计等课程的相关内容。

借助于在斜槽中流动的水流进行物料分选的方法统称为溜槽分选。这是一种随着海滨砂矿或湖滨砂矿的开采而发展起来的古老的分选方法，但古老的设备绝大部分已被新型设备所代替。

根据处理物料的粒度，可把溜槽分为粗粒溜槽和细粒溜槽两种，粗粒溜槽用于处理2~3 mm以上的物料，选煤时给料最大粒度可达100 mm以上；细粒溜槽常用来处理2 mm以下的物料，其中用于处理2~0.074 mm物料的又称为矿砂溜槽，用于处理-0.074 mm物料的又称为矿泥溜槽。

粗粒溜槽主要用于选别含金、铂、锡及其他稀有金属的砂矿。粗粒溜槽工作时，槽内的水层厚度达10~100 mm以上，水流速度较快，给料最大粒度可达数十毫米，槽底装有挡板或设置粗糙的铺物。

细粒溜槽的槽底一般不设挡板，仅有少数情况下铺设粗糙的纺织物或带格的橡胶板。细粒溜槽工作时，槽内水层厚度大者为数毫米，小者仅有1 mm左右。矿浆以比较小的速度呈薄层流过设备表面，是处理细粒和微细粒级物料的有效手段，因而目前在生产中得到了非常广泛的应用。

溜槽类分选设备的突出优点是结构简单，生产费用低，操作简便，所以特别适合于处理高密度组分含量较低的物料。

5.1 斜面水流的运动特性

5.1.1 层流斜面水流的水力学特性

当水流沿斜面呈层流流动时，流速沿深度的分布规律可由黏性摩擦力与重力的平衡关系导出。如图5－1所示，在距槽底 h 高处取一底面积为 A 的流体单元，作用在该单元上的黏性摩擦力 F 为：

$$F=\mu A\mathrm{d}u/\mathrm{d}h \tag{5-1}$$

作用在该单元上的重力沿流动方向的分量 W 为：

$$W=(H-h)A\rho g\sin\alpha \tag{5-2}$$

当水流做恒定流动时，根据力的平衡关系，有：

$$\mu A\mathrm{d}u/\mathrm{d}h=(H-h)A\rho g\sin\alpha \tag{5-3}$$

由此得：

$$\mathrm{d}u=[(H-h)\rho g\sin\alpha/\mu]\mathrm{d}h \tag{5-4}$$

对式(5－4)积分得：

$$u=(2H-h)h\rho g\sin\alpha/(2\mu) \tag{5-5}$$

式中 α——槽底倾角。

式(5－5)表明，层流状态下，流速沿深度的分布规律呈一条抛物线。

取 $h=H$，代入式(5－5)得表层最大水流速度 u_{max} 为：

$$u_{max}=H^2\rho g\sin\alpha/(2\mu) \tag{5-6}$$

采用积分求平均值的方法，依据式(5－5)，可求得 h 高度以下水层的平均流速 $u_{h,av}$ 和全流层的平均流速 u_{av} 分别为：

$$u_{h,av}=\rho g\sin\alpha[1-h/(3H)]Hh/(2\mu) \tag{5-7}$$

$$u_{av}=H^2\rho g\sin\alpha/(3\mu) \tag{5-8}$$

对比式(5－6)和(5－8)得：

$$u_{av}=2u_{max}/3 \tag{5-9}$$

即层流斜面水流的平均流速为其最大流速的2/3倍。

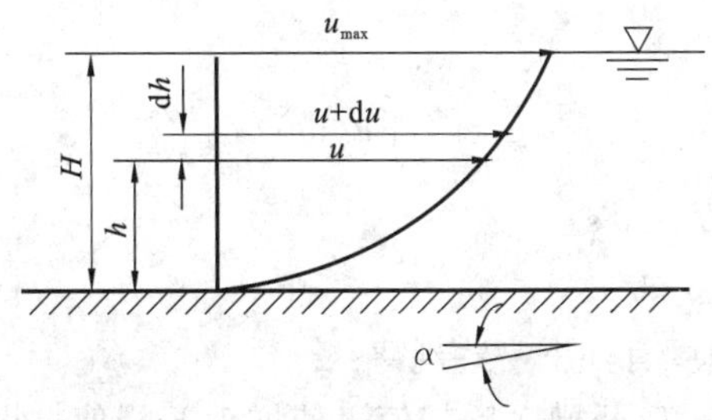

图5－1 层流水速沿深度的分布情况

5.1.2 湍流斜面水流的水力学特性

湍流流态发生在流速较大的情况下，其特点是流层内出现了无数的漩涡（见图5－2）。经过深入的研究发现，湍流的产生和发展存在着有次序的结构，称作拟序结构。这种结构显示，湍流的初始漩涡是以流条形式在固体壁附近形成的。在速度梯度的作用下，流条不断地滚动、扩大，发展到一定大小后即迅速离开壁面上升，并对液流产生扰动。最初生成的漩涡范围很小，但转动强度很大，且在流场内是不连续的，属于小尺度漩涡。在底部流条中间还无规则地交替出现非湍流区。随着小尺度漩涡上升扩展、相互兼并，结果又出现了转动速度较低但范围较大的大尺度漩涡。在相邻的两大尺度漩涡间发生着运动方向的转变。在转变中，大的漩涡被搅动分散开来，形成许多小的波动运动。最后在黏滞力作用下，速度降低，动能转化为热能损耗掉。与此同时，新的漩涡又在底部形成和向上扩展，如此循环不已，构成如图 5－2 所示的湍流运动图像。

图 5－2 湍流中漩涡运动示意图

5.1.2.1 **湍流中水速沿深度的分布规律**

在湍流中，由于漩涡的存在，使流场内任何一点的速度时刻都在变化，所以湍流流态的速度均系时均流速，其速度沿水深的分布曲线可近似地表示为：

$$u = u_{max}(h/H)^{1/n} \tag{5-10}$$

式中 n——常数，随雷诺数 Re 的增大而增加，并与槽底的粗糙度有关，在粗粒溜槽中其值为 4～5，在矿砂溜槽中其值为 2～4。

根据式(5－10)，可求得 h 高度以下流层的平均流速 $u_{h,av}$ 和整个流层的平均流速 u_{av}，分别为：

$$u_{h,av} = nu_{max}(h/H)^{1/n}/(n+1) \tag{5-11}$$

$$u_{av} = nu_{max}/(n+1) \tag{5-12}$$

5.1.2.2 **湍流中的脉动速度**

在湍流流场内，任何一点的流速都在随时间发生变化，如图 5－3 所示，流体质点在某点的瞬时速度围绕着该点的时均流速上下波动，流体质点的瞬时速度偏离时均流速的数值($u'-u$)称作脉动速度。显然，脉动速度在 3 个互相垂直的方向上均存在，但对重选过程影响较大的是法向脉动速度，因为它是湍流斜面流中推动颗粒松散悬浮的主要作用因素。由于其平均值为零，所以法向脉动速度 u_{im} 的大小以瞬时脉动速度的时间均方根表示，即：

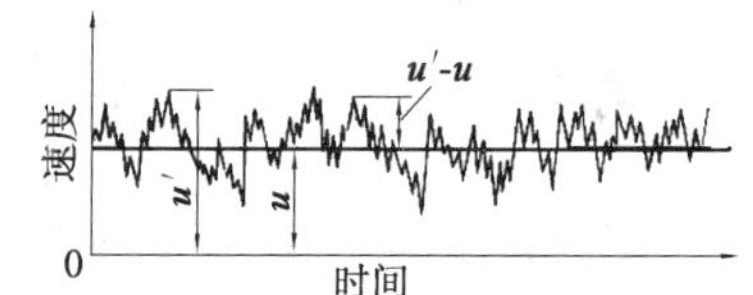

图 5－3 湍流中的瞬时速度变化情况

$$u_{im} = [(\int u_y'^2 dt)/T]^{1/2} \tag{5-13}$$

式中 u_{im}——法向脉动速度，m/s；

u_y'——法向瞬时速度，m/s。

研究表明，法向脉动速度有如下一些规律：

(1)在槽底处其值为零，离开槽底后其值迅速增大至峰值，此后略有减小。明斯基用快速摄影法，在光滑槽底的溜槽中，当 $Re=2\times10^4$ 时，测得的脉动速度沿水深的分布如图 5－4 所示。

(2)法向脉动速度与水流的最大速度或平均速度成正比，即：

$$u_{im} = Ku_{max} \tag{5-14}$$

式中的比例系数 K 可由表 5－1 查得。

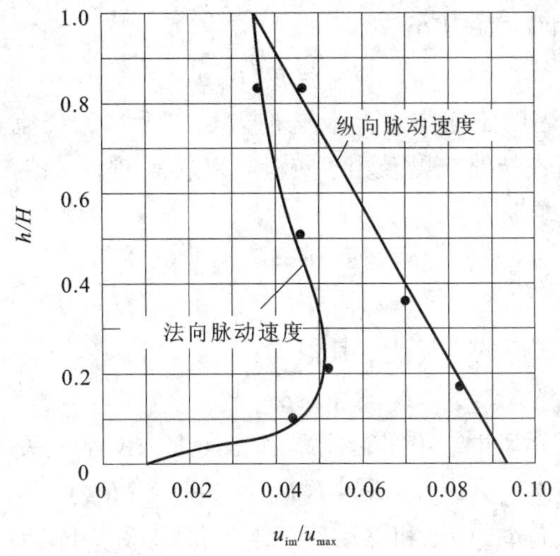

图 5 – 4　脉动速度与槽深的关系曲线

(3)法向脉动速度的大小除了与水流的最大速度或平均速度有关外，还与槽底的粗糙度有关，因为槽底越粗糙，小尺度漩涡越发达，因而法向脉动速度也就越大。

表 5 – 1　明渠水流法向脉动速度实测结果

h/H	0.05	0.18	0.42	0.54	0.65	0.68	0.80	0.91
K	0.046	0.048	0.046	0.042	0.041	0.040	0.040	0.038

5.2　粗粒溜槽的分选原理

物料在粗粒溜槽中的分选过程包括在垂直方向上的沉降和沿槽底运动两个阶段。前者主要受颗粒性质和水流法向脉动速度的影响，使得粒度粗或密度大的颗粒首先沉降到槽底，而细小的低密度颗粒则可能因沉降速度低于水流的法向脉动速度而始终呈悬浮状态。颗粒沉到槽底以后，基本上呈单层分布，不同性质的颗粒将按照沿槽底运动的速度不同发生分离。

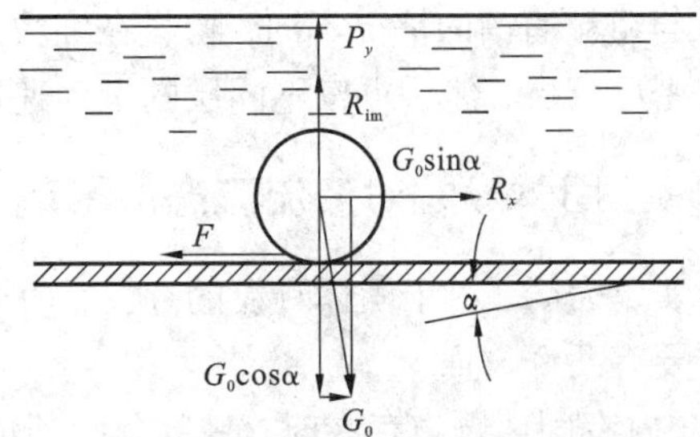

图 5 – 5　湍流斜面流中颗粒在槽底的受力情况

图 5 – 5 是颗粒沿槽底运动时的受力情况，此时作用在颗粒上的力有：

(1)颗粒在水中的有效重力 G_0：

$$G_0 = -\pi d^3(\rho_1 - \rho)g/6 \qquad (5-15)$$

(2)水流的纵向推力 R_x：

$$R_x = \psi d^2(u_{d,av} - v)^2\rho \qquad (5-16)$$

式中　$u_{d,av}$——作用于颗粒上的平均水速，m/s；

v——颗粒沿槽底的运动速度，m/s。

(3)法向脉动速度的向上推力 R_{im}：

$$R_{im}=\psi d^2 u_{im}^2 \rho \tag{5-17}$$

(4)水流绕流颗粒产生的法向举力 P_y，这种力是由于水流绕流颗粒上部表面时，流速加快，压强降低所引起。当颗粒的粒度较粗、质量相对较大时，这种力可以忽略不计。

(5)颗粒与槽底间的摩擦力 F：

$$F=fN \tag{5-18}$$

式中 f——摩擦系数；

N——颗粒作用于槽底的正压力，其值为：

$$N=G_0\cos\alpha-P_y-R_{im} \tag{5-19}$$

当颗粒以等速沿槽底运动时，沿平行于槽底方向上力的平衡关系为：

$$G_0\sin\alpha+R_x=f(G_0\cos\alpha-P_y-R_{im}) \tag{5-20}$$

对于粗颗粒来说，法向举力 P_y 和脉动速度上升推力 R_{im} 均较小，可以略去不计。将其余各项的表达式代入式(5-20)得：

$$(u_{d,av}-v)^2=\pi d(\rho_1-\rho)g(f\cos\alpha-\sin\alpha)/(6\psi\rho) \tag{5-21}$$

设水流推力 R_x 的阻力系数 ψ 与颗粒自由沉降的阻力系数值相等，则将颗粒的自由沉降末速 v_0 代入后，开方移项即得：

$$v=u_{d,av}-v_0(f\cos\alpha-\sin\alpha)^{1/2} \tag{5-22}$$

式(5-22)即是颗粒沿槽底运动的速度公式，它表明颗粒的运动速度随水流平均速度的增加而增大，随颗粒的自由沉降末速及摩擦系数的增大而减小。因而改变槽底的粗糙度可改善溜槽的分选指标。

式(5-22)还表明，颗粒的密度愈大，自由沉降末速也愈大，沿槽底运动的速度也就愈慢。自由沉降末速较大的高密度颗粒，在向槽底沉降阶段，随水流一起沿槽底运动的距离本来就比较短，加之沿槽底运动的速度又比较慢，从而得以同低密度颗粒实现分离。

5.3 细粒溜槽的分选原理

与粗粒溜槽的情况不同，物料在细粒溜槽中呈多层分布，其分选过程首先是物料在水流中按密度分层，然后再按不同层的运动速度差分离。

5.3.1 固体颗粒对液流流态的影响

实验表明，由于固体颗粒的存在，使得液固两相流的紊动程度明显比清水流的低。其原因主要有两个方面：

(1)有固体颗粒存在时，一部分脉动速度的动能转化为压力能，用以平衡物料的重力。

(2)固体颗粒的存在使液固两相流的黏度增大，尤其是在液流的底部，固体浓度较高，有效地抑制了漩涡的形成，使整个流场的紊动程度大大降低。

拜格诺(R. A. Bagnold)通过实验发现，在斜槽水流的 Re 值为2000的条件下加入固体颗粒，当固体的体积分数达到30%时，液流的紊动程度显著减弱；当体积分数增至35%时，紊动现象全部消失。固体颗粒对水流紊动强度的抑制作用称作粒群的消紊作用。在溜槽类分选设备中，矿浆的固体质量分数一般为10%～30%，在扇形溜槽和圆锥选矿机中可达50%～60%，相应的固体体积分数为4%～10%或28%～36%，因此，在溜槽类分选设备中，矿浆的流态几乎均属于弱湍流。

5.3.2　固体浓度及流速沿槽深的分布

固体浓度沿槽深的分布主要取决于矿浆浓度及矿浆中固体物料的粒度组成。

在湍流斜面矿体流中，固体颗粒一方面受紊动扩散作用而不断地被向上推起，另一方面又在自身的重力作用下沉向槽底，固体颗粒在矿浆流深度方向上的分布即受这两种因素支配。一般来说，是上稀下浓，但随着矿浆浓度的增大和颗粒粒度的减小，浓度沿槽深的分布将渐趋均匀。

由于固体颗粒的消紊作用，使得斜面矿浆流中的脉动速度减弱，各流层间的动能交换也随之减弱，因此，流速沿深度的分布曲线向层流的形式靠近。拜格诺以密度与水相差仅有 4 kg/m^3、直径为 1.36 mm 的蜡球与水构成悬浮液，在液流深度为 70 mm 的水槽中进行了流速测定，其结果如图 5－6 所示。从图 5－6 中可以看出，悬浮液的流速除了在槽底附近的一个薄层内比清水的流速均匀外，其他深度悬浮液的速度梯度均比清水的增大了。

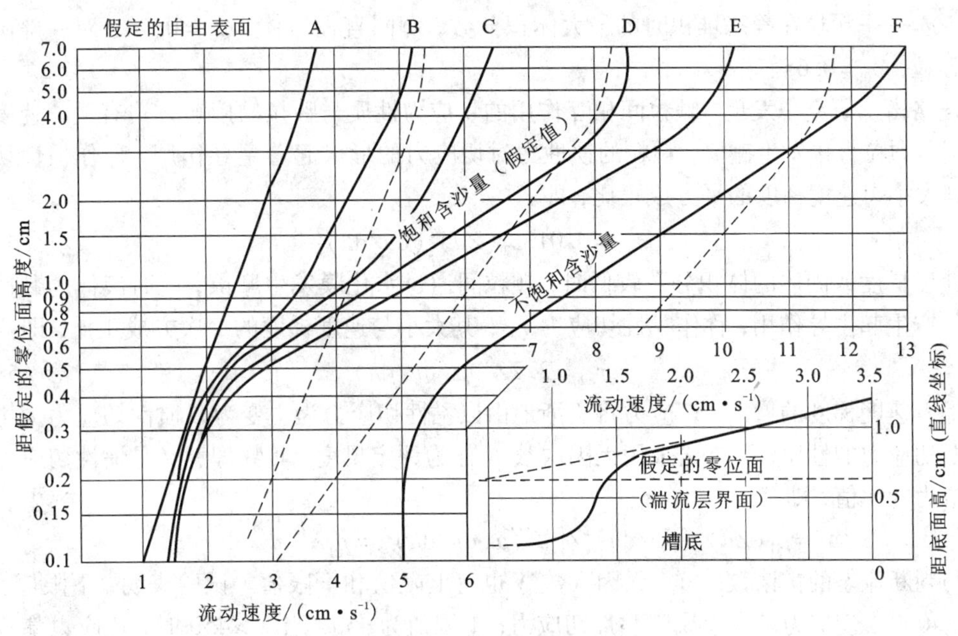

图 5－6　拜格诺在水槽中测得的流速沿水深的分布

5.3.3　层流流态下粒群松散机理

拜格诺经研究发现，当悬浮液中的固体颗粒连续受到剪切作用时，垂直于剪切方向将产生一种斥力(或称作分散压)，使物料具有向两侧膨胀的倾向，斥力的大小随速度梯度的增大而增大。当剪切的速度梯度足够大，以致使斥力达到与物料在介质中的有效重力平衡时，颗粒即呈悬浮状态，如图 5－7 所示。这一学说被称为层间斥力学说或拜格诺层间斥力学说，它恰当地解释了在层流条件下物料的松散机理。

悬浮液做层流切变运动时，总切应力 τ 可分解为颗粒间相互作用的切应力 T 和液体本身的切应力 τ' 两个方面，即：

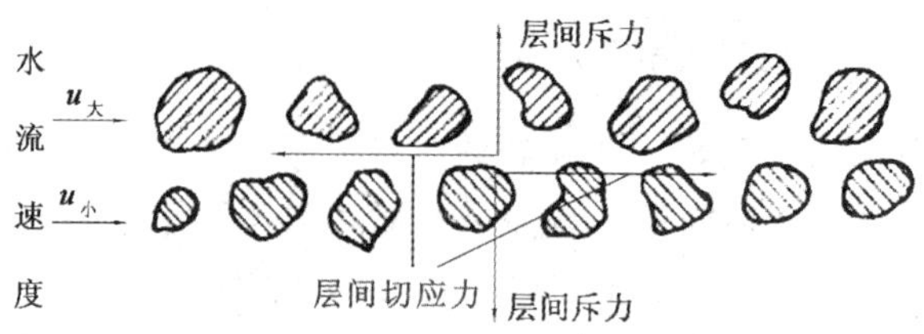

图 5－7 拜格诺的层间剪切力和层间斥力示意图

$$\tau = T + \tau' \tag{5-23}$$

两者究竟哪一个占主导地位，要视悬浮液中的固体浓度而定。为了便于表达浓度的影响，拜格诺采用线性浓度 Z 代替常用的固体体积分数 φ，它们之间的关系为：

$$Z = \varphi^{1/3}/(\varphi_0^{1/3} - \varphi^{1/3}) = 1/[(\varphi_0/\varphi)^{1/3} - 1] \tag{5-24}$$

或

$$\varphi = \varphi_0/[1/Z + 1]^3 \tag{5-25}$$

式中 φ_0——颗粒在静态堆积时的最大体积分数，对同直径球体，$\varphi_0 = 0.74$；对一般圆滑均匀的颗粒，$\varphi_0 = 0.65$。

拜格诺从研究中发现，颗粒间相互作用的切应力性质与颗粒的接触方式有关。速度梯度较高时，颗粒直接发生碰撞，颗粒的惯性力对切应力的形成起着主导作用，称作惯性切应力 τ_{in}，其大小与速度梯度的平方成正比，即：

$$\tau_{in} = 0.013\rho_1(Zd)^2(du/dh)^2 \tag{5-26}$$

速度梯度或固体的体积分数较低时，颗粒间通过水化膜发生摩擦，此时液体的黏性对切应力的产生起主导作用，称作黏性切应力 τ_{ad}，其大小与速度梯度的一次方成正比，即：

$$\tau_{ad} = 2.2Z^{3/2}\mu(du/dh) \tag{5-27}$$

随着速度梯度的增加，切应力将逐渐地由以黏性切应力为主变为以惯性切应力为主。为了判断切应力的性质，拜格诺采用无因次数 N 作为评定尺度，其物理意义是惯性切应力与黏性切应力的比值，即：

$$N = \rho_1(Zd)^2(du/dh)^2/[Z^{3/2}\mu(du/dh)] = \rho_1 Z^{1/2}d^2(du/dh)/\mu \tag{5-28}$$

与判断流态的雷诺数一样，无因次数 N 也有上限值和下限值。试验表明，下限值为 40，当 $N < 40$ 时，切应力基本上属于黏性切应力；上限值为 450，当 $N > 450$ 时，切应力基本上为惯性切应力。N 值在 40 至 450 之间时为过渡段，两种性质的切应力均起作用，只是随着 N 值的增加，惯性切应力越来越占优势。

拜格诺的研究表明，切应力与层间斥力之间有着一定的比例关系，若斥力压强为 p，则完全属于惯性剪切时，$\tau/p = 0.32$；基本属于黏性剪切时，$\tau/p = 0.75$。

在层流条件下，若使物料发生松散悬浮，则任一层间的斥力压强 p 应等于单位面积上物料在介质中的法向有效重力 G_h，在临界条件下为：

$$p = G_h = (\rho_1 - \rho)g\cos\alpha\int_h^H \varphi dh \tag{5-29}$$

式中 α——斜槽倾角；

h——某层距槽底的高度；

H——斜面矿浆流的深度。

若已知高度 h 以上至顶面的固体平均体积分数 φ_{av}，则 G_h 可近似地按下式计算：

$$G_h = (\rho_1 - \rho) g\cos\alpha (H - h)\varphi_{av} \tag{5-30}$$

5.3.4　不同密度颗粒在细粒溜槽中的分层

在绝大部分矿砂溜槽中没有沉积层，高密度产物连续排出，矿浆流的流态一般是弱湍流，而矿泥溜槽则多数有沉积层，选别过程大都在近似层流的矿浆流中进行。

在弱湍流矿浆流中，由于粒群的消紊作用，底部的层流边层(黏性底层)将增厚，根据流态的差异及上下层中固体浓度的不同，一般可将整个矿浆流分为 3 层(如图 5-8 所示)。最上一层紊动度不高，固体浓度很低，称为表流层；中间较厚的层内，小尺度漩涡发育，在湍流扩散作用下，携带着大量低密度颗粒向前流动，可称为悬移层；下部液流的流态发生了变化，若在清水中即属于层流边层，在这里颗粒大体表现为沿层运动，所以可称为流变层。

在固定矿泥溜槽、皮带溜槽、摇动翻床、横流皮带溜槽等设备上，矿浆流近似呈层流流态，但表面仍有鱼鳞波形式的扰动，只是它的影响深度不大。因此，也同样可以把整个矿浆层分为 3 层(如图 5-9 所示)，即厚度极薄的表流层；中间层浓度分布较均匀，厚度相对较大，且近似呈层流流态运动，但仍有微弱的大尺度漩涡的扰动痕迹，属于流变层；下部颗粒失去了活动性，形成了沉积层。

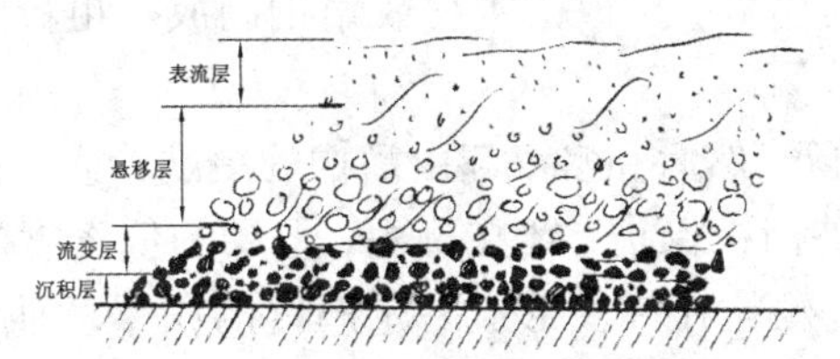

图 5-8　弱湍流矿浆流的结构

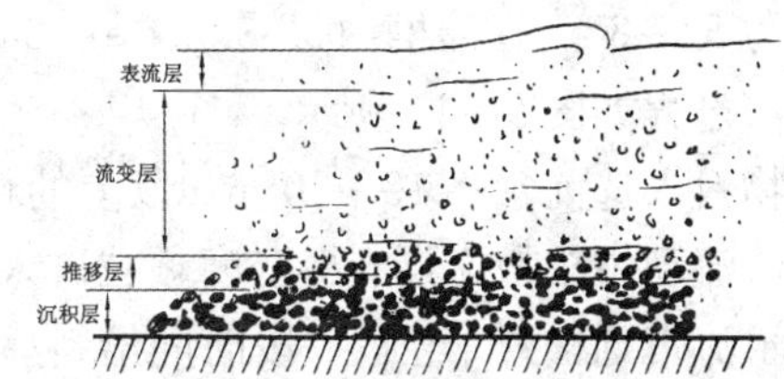

图 5-9　层流矿浆流的结构

在表流层中，存在着不大的法向脉动速度，沉降末速小于这里的脉动速度的颗粒，即难以进入底层，始终悬浮在表流层中，随液流一起进入低密度产物中。所以表流层中的脉动速度基本上决定了设备的粒度回收下限。

弱湍流矿浆流中的悬移层借较大的法向脉动速度悬浮着大量的固体颗粒，并形成上稀下浓、颗粒粒度上细下粗的悬浮体。这与不均匀粒群在垂直上升介质流中的悬浮情况类似，密度大、粒度粗的颗粒较多地分布在下部，同时大尺度漩涡又不断地使上下层中的颗粒相互交换，高密度颗粒被送到下面的流变层中，而从流变层中被排挤出的低密度颗粒则上升到悬移层中。经过一段运行距离后，悬移层中将主要剩下低密度颗粒，随矿浆流一起排出，所以悬移层中既发生初步分选，又起着运输低密度颗粒的作用。

弱湍流矿浆流中的流变层和层流矿浆流中的流变层一样，在这一层中，基本不存在漩涡扰动，固体浓度很高，速度梯度也较大，靠层间斥力维持物料松散。在这种情况下，颗粒之间的密度差成了分层的主要依据。与此同时，由于细颗粒在下降过程中受到的机械阻力较小，所以分层后处在同密度粗颗粒的下面，其结果如图 5-10 所示。这样的分层结果称作析离分层。

层流矿浆流中的高密度微细颗粒，进入底层后与槽底相黏结，很难再运动，于是聚集起来形成沉积层。沉积层是一种高浓度的类似塑性体的流层，其厚度少许增大即会引起滚团和

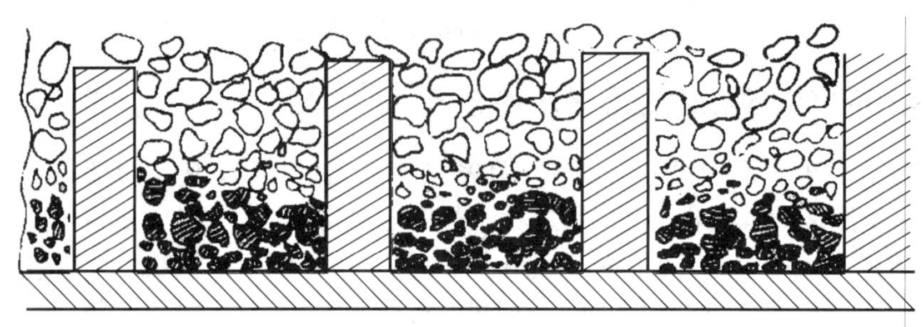

图5-10　析离分层后床层中颗粒的分布情况

局部堆积，使分层过程无法正常进行，所以沉积层达到一定厚度后，即应停止给料，将其冲洗下来，然后再给料进行分选。

5.4　粗粒溜槽

设在陆地上的粗粒溜槽通常用木材或钢板制成，长约15 m，大多数宽0.7~0.9 m，槽底倾角为5°~8°。在溜槽内每隔0.4~0.5 m设横向挡板，挡板由木材或角钢制成。粗粒溜槽的工作过程如图5-11所示。

物料入选前常将10~20 mm以上的粗粒级筛除，然后和水一起由溜槽的一端给入，在强烈湍流流动中松散床层，高密度颗粒进入底层后被挡板保护，留在槽内，上层的低密度颗粒则被水流带到槽外，经过一段时间给料后，高密度颗粒在槽底形成一定厚度的积累，即停止给料，并加清水清洗。再去掉挡板进行人工耙动冲洗，得到的高密度产物，再用摇床或跳汰机进行精选。

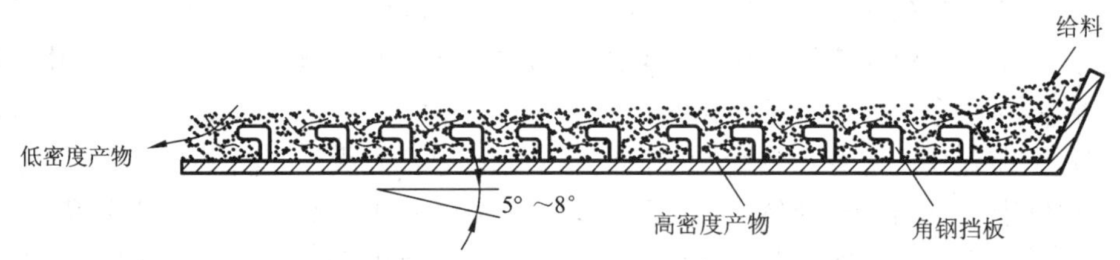

图5-11　固定粗粒溜槽的工作过程

槽内设置的挡板的形式有许多种，按排列方式可分为图5-12所示的直条挡板、横条挡板和网格状挡板等几种典型的形式。直条挡板的水流阻力小，适合于捕集较粗的高密度颗粒。横条挡板能激起较强的漩涡，有助于床层松散并对高密度颗粒有较大的阻留能力，生产中得到了广泛应用。

粗粒溜槽的结构简单，生产成本低廉，处理高密度组分含量较低的物料时，能有效地分选出大量的低密度产物，因此一直是应用广泛的粗选设备。

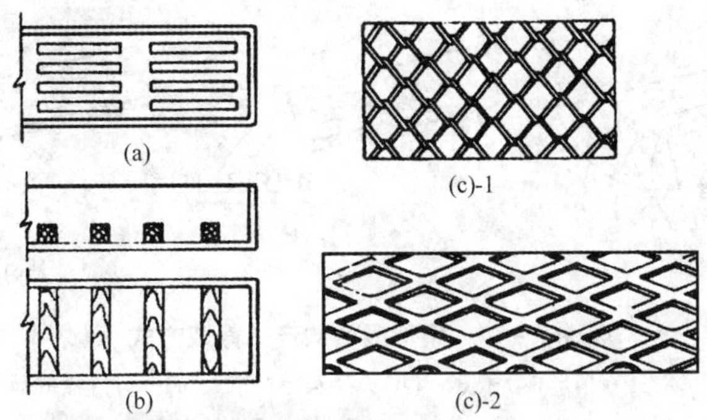

图5-12 选金用粗粒溜槽的挡板形式

(a)—直条挡板；(b)—横条挡板；(c)—网格状挡板

5.5 扇形溜槽和圆锥选矿机

扇形溜槽是20世纪40年代出现的连续工作型溜槽，主要用于处理细粒(3～0.038 mm)海滨砂矿。20世纪60年代则发展成圆锥选矿机。

5.5.1 扇形溜槽

扇形溜槽的结构如图5-13所示，槽底为一光滑平面，由给料端向排料端作直线收缩。扇形溜槽的槽底倾角较大，通常可达16°～20°，物料和水一起由宽端给入，浓度很高，固体质量分数最高可达65%，在沿槽流动过程中发生分层。由于坡度较大，高密度颗粒不发生沉积，以较低的速度沿槽底运动，上层矿浆流则以较高速度带着低密度颗粒流动。由于槽壁收缩，矿浆流的厚度不断增大，在由窄端向外排出时，上层矿浆流冲出较远，下层则接近垂直落下，矿浆流呈扇形展开，用截取器将扇形面分割，即得到高密度产物、低密度产物及中间产物。扇形溜槽即是由此扇形分带而得名。

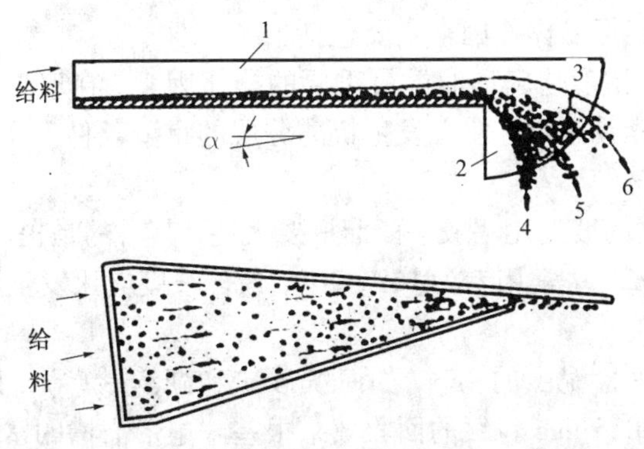

图5-13 扇形溜槽的分选过程示意图

1—槽体；2—扇形板；3—分料楔形块；4—高密度产物；5—中间产物；6—低密度产物

扇形溜槽的接料方式，主要有图5-14所示的3种。

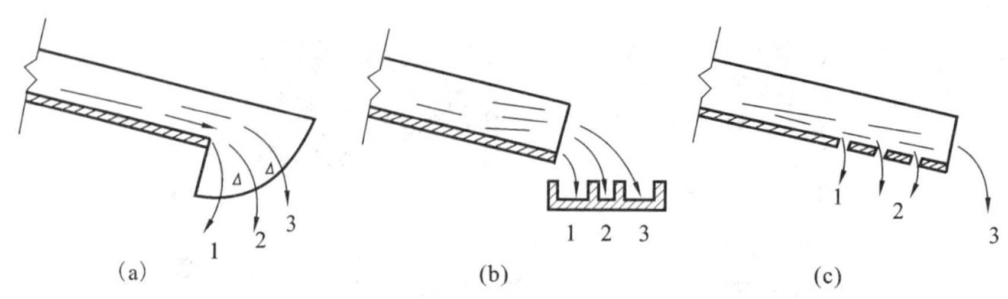

图 5-14　扇形溜槽的产品截取方式

(a)—在扇形板上截取；(b)—接料槽截取；(c)—开缝截取；
1—高密度产物；2—中间产物；3—低密度产物

5.5.1.1　扇形溜槽的分选原理

苏联的保嘎托夫等人对扇形溜槽的分选原理进行的研究结果表明，在溜槽前部约 3/4 区域内，矿浆流基本呈层流流动，在接近排料端约 1/4 区域内转变成湍流流动。在层流区段，物料借剪切运动产生的分散压松散，高密度颗粒在离析作用下转入下层，低密度粗颗粒则转移至上层，相当于前边所描述的流变层中的分层情况。到了湍流区段，在法向脉动速度作用下，颗粒按干涉沉降速度差重新调整，结果是高密度粗颗粒下降至最底层，而原先混杂在高密度粗颗粒中间的低密度细颗粒则转移至最上层，使高密度产物的质量进一步提高。生产实践表明，待分选物料中高密度组分的含量对分层过程有重要影响，当高密度组分的含量低于 1.5% ~2.0%时，分选指标明显变坏，其原因就是未能形成足够厚度的高密度物料层。

5.5.1.2　扇形溜槽的影响因素

影响扇形溜槽分选指标的因素包括结构因素和操作因素两个方面，前者主要包括：

(1)尖缩比。即排料端宽度与给料端宽度之比。一般给料端宽 125 ~400 mm，排料端宽 10 ~25 mm，故尖缩比介于 1/10 和 1/20 之间。

(2)溜槽长度。溜槽长度主要影响物料在槽中的分选时间，其值介于 600 ~1500 mm 之间，以 1000 ~1200 mm 为宜。

(3)槽底材料。槽底表面应有适当的粗糙度，以满足分选过程的需要。常用的槽底材料有木材、玻璃钢、铝合金、聚乙烯塑料等。

影响扇形溜槽分选指标的操作因素主要包括：

(1)给矿浓度。给矿浓度是扇形溜槽最重要的操作因素，在扇形溜槽中，保持较高的给矿浓度是消除矿浆流的紊动运动，使之发生析离分层的重要条件。实践表明，适宜的给矿固体质量分数为 50% ~65%。

(2)坡度。扇形溜槽的坡度比一般平面溜槽要大些，其目的是提高矿浆的运动速度梯度。坡度的变化范围为 13° ~25°，常用者为 16° ~20°，最佳坡度应比发生沉积的临界坡度大 1° ~2°。

扇形溜槽适合于处理含泥少的物料(如海滨砂矿和湖滨砂矿)，其有效处理粒度范围为 0.038 ~2.5 mm，对 -0.025 mm 粒级的回收效果很差。扇形溜槽的富集比很低，所以主要用作粗选设备，其主要优点是结构简单，本身不需要动力，且处理能力大。

5.5.2　圆锥选矿机

圆锥选矿机的工作表面可认为是由多个扇形溜槽去掉侧壁拼成圆形而成，分选即在这倒置的圆锥面上进行(如图5－15所示)，由于消除了扇形溜槽侧壁的影响，因而改善了分选效果。

最初由澳大利亚昆士兰索思波特矿产公司的赖克特(E. Reichart)研制成功的是单段单层圆锥选矿机，后来又制成了多段圆锥选矿机和图5－16所示的双层圆锥选矿机，以简化生产流程和提高设备的生产能力。

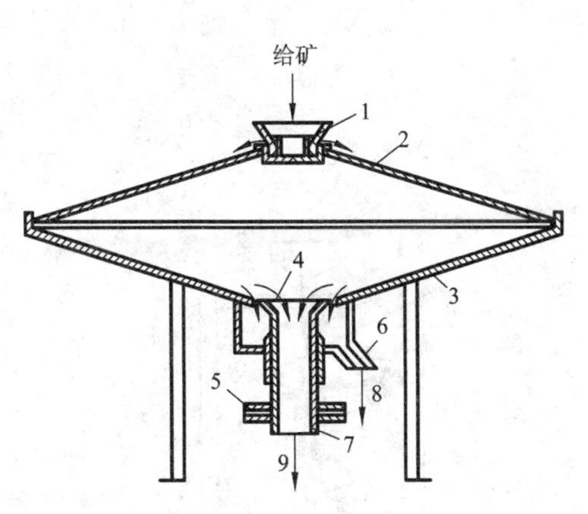

图5－15　单层圆锥选矿机

1—给料斗；2—分配锥；3—分选锥；
4—截料喇叭口；5—转动手柄；6—高密度产物管；
7—低密度产物管；8—高密度产物；9—低密度产物

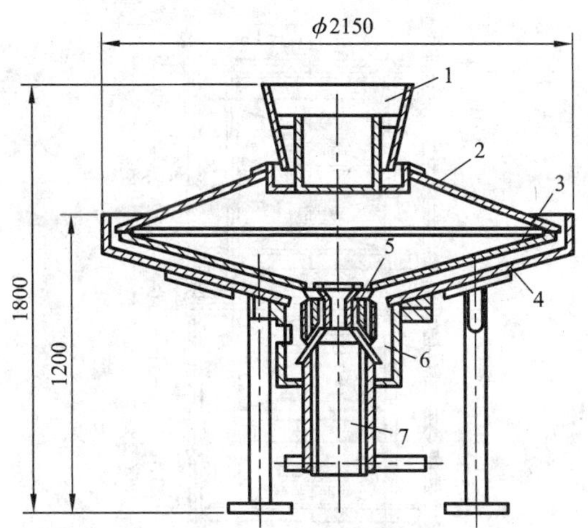

图5－16　双层圆锥选矿机

1—给料斗；2—分配锥；3—上层分选锥；
4—下层分选锥；5—截料喇叭口；
6—高密度产物管；7—低密度产物管

目前国内外制造的圆锥选矿机均是采用多段配置，在一台设备上连续完成粗、精、扫选作业。为了平衡各锥面处理的物料量，给料量大的粗选和扫选圆锥制成双层的，而精选圆锥则是单层的。单层精选圆锥产出的高密度产物再在扇形溜槽上精选。这样由1个双层锥、1～2个单层锥和1组扇形溜槽构成的组合体，称作1个分选段。三段七锥圆锥选矿机的结构如图5－17所示。

圆锥分选机的影响因素与扇形溜槽的相同，但回收率比扇形溜槽的高，而富集比比扇形溜槽的低。它的主要优点是处理能力大，生产成本低，适合处理低品位物料(砂矿)。其缺点是设备高度大，在工作中不易观察分选情况。

5.6　螺旋选矿机和螺旋溜槽

将底部为曲面的窄长溜槽绕垂直轴线弯曲成螺旋状，即构成螺旋选矿机或螺旋溜槽，两者的区别在于螺旋选矿机的螺旋槽内表面呈椭圆形，在螺旋槽的内缘开有精矿排出孔，沿垂直轴设置精矿排出管；而螺旋溜槽的螺旋槽内表面呈抛物线形，分选产物都从螺旋槽的底端排出。这种设备于1941年首先在美国问世，由汉弗雷(I. B. Humphreys)制成，所以国外又称作汉弗雷螺旋分选机(Humphreys Spiral)。20世纪60年代，苏联又对螺旋槽的槽底形状进行了一些改进，使之更适合于处理细粒级物料。在螺旋选矿机或螺旋溜槽内，物料在离心惯性力和重力的联合作用下按密度分选。根据螺旋槽嵌套的个数，通常细分为不同头数的螺旋选矿机或螺旋溜槽。

螺旋选矿机的结构如图5－18所示。这种设备的主体由3～5圈螺旋槽组成，螺旋槽在纵向(沿矿浆流动方向)和横向(径向)上均有一定的倾斜度。这种设备的优点是结构简单，处理能力大，本身不消耗动力，操作维护方便。其缺点是机身高度大，给料和中间产物需用砂泵输送。

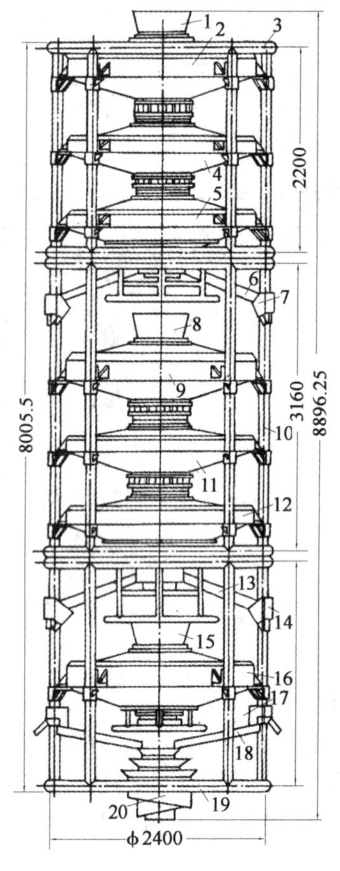

图5－17　三段七锥圆锥选矿机的结构

1、8、15—给料槽；2、9、16—双层圆锥；
3—上支架；4、5、11、12—单层圆锥；
6、13、18—扇形溜槽；7—上接料器；
10—中支架；14—中接料器；
17—下接料器；19—下支架；20—总接料器

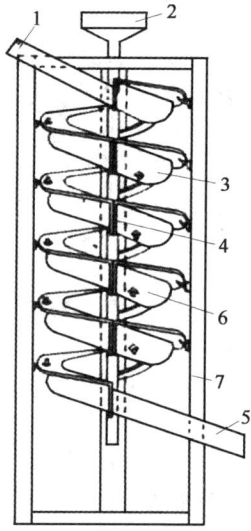

图5－18　螺旋选矿机的结构示意图

1—给料槽；2—冲洗水导管；3—螺旋槽；
4—连接用法兰盘；5—低密度产物槽；
6—高密度产物排出管；7—机架

5.6.1　螺旋选矿机和螺旋溜槽的分选原理

5.6.1.1　液流流动特性

在螺旋槽内，矿浆一方面在重力的作用下，沿螺旋槽向下做回转运动，称为主流或纵向流；另一方面在离心惯性力的作用下，在螺旋槽的横向上做环流运动，称为副流或横向二次环流。这就形成一螺旋流，即上层液流既向下又向外流动，而下层液流则既向下又向内流动。

纵向流的流速分布如图5－19(a)所示，与其他斜面流没什么差异。横向二次环流的流速分布如图5－19(b)所示，以相对水深 $h/H=0.57$ 处为分界点(此处的流速为零)，上部液流向外流动，速度在表面达最大值；下部液流向内流动，速度在 $h/H=0.25$ 处达最大值。

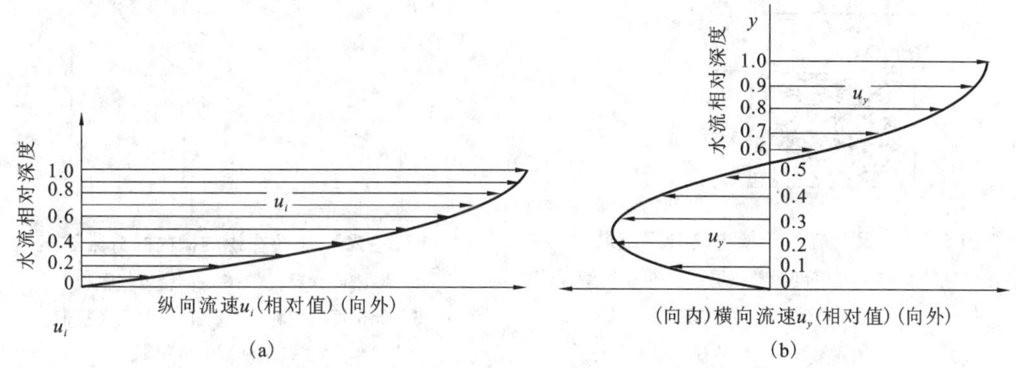

图5－19　螺旋槽内水流的速度分布

(a)水流在纵向上沿深度的速度分布；(b)水流在横向上沿深度的速度分布

从槽的内侧至外侧，矿浆流层厚度逐渐增大，纵向流速也随之增加(如图5－20所示)，矿浆流的流态也由层流逐渐过渡为湍流。试验表明，增大给入的矿浆量时，矿浆流的外缘流层增厚，纵向流速也相应增大，而对矿浆流的内缘附近却影响不大。

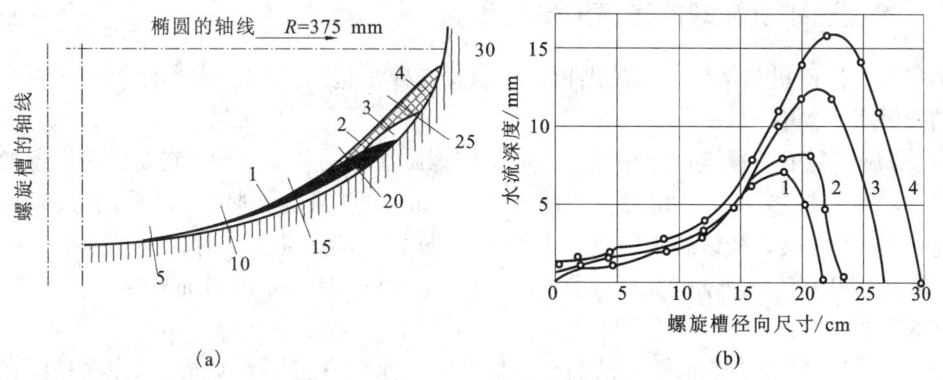

图5－20　不同流量下水流厚度沿螺旋槽径向的变化

(a)水层厚度分布；(b)水层厚度分布测定点流量；

1—0.61 L/s；2—0.84 L/s；3—1.56 L/s；4—2.42 L/s

5.6.1.2　不同密度颗粒在螺旋槽中的分选

物料在螺旋选矿机或螺旋溜槽内的分选过程经历了分层和分带两个阶段。

矿浆给入螺旋槽后，其中的固体物料在沿槽运动中首先发生分层，作用原理与一般弱湍流薄层斜面流中的分选过程相同，其结果如图5－21所示。分层过程约经过一圈即完成。

分层后位于上层的低密度颗粒与底层的高密度颗粒所受流体动压力和摩擦力是不同的。在纵向上，位于上层的低密度颗粒受到的水流推力比底层高密度颗粒的大许多；同时低密度颗粒由于不与槽底直接接触，因此受到的阻碍运动的摩擦力也比较小；而下层的高密度颗粒由于与槽底直接接触，且颗粒又比较密集，因此，受到的阻碍运动的摩擦力明显比上层低密度颗粒的大。其结果是位于上层的低密度颗粒的纵向运动速度远远比位于下层的高密度颗粒的大，因而低密度颗粒受到的离心惯性力也大大超过高密度颗粒所受到的。

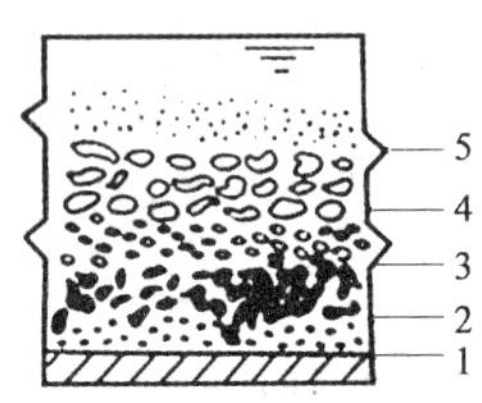

图 5－21　颗粒在螺旋槽内的分层结果

1—高密度细颗粒层；2—高密度粗颗粒层；3—低密度细颗粒层；4—低密度粗颗粒层；5—特别微细的颗粒层

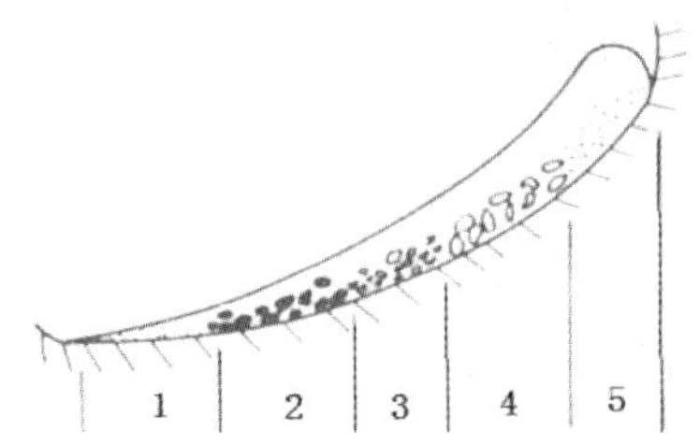

图 5－22　颗粒在螺旋槽内的分带结果

1—高密度细颗粒带；2—高密度粗颗粒带；3—低密度细颗粒带；4—低密度粗颗粒带；5—特别微细的颗粒带

在横向上，位于上层的低密度颗粒受到较大的离心惯性力作用，加上横向二次环流的作用方向也是指向外缘，所以低密度颗粒即逐渐移向外缘。位于底层的高密度颗粒，受到的离心惯性力较小，二次环流的作用方向又指向内缘，所以逐渐移向内缘，从而使不同密度的颗粒在螺旋槽的横断面上展开成带。分带大约需 3 ~ 4 圈完成，其结果如图 5－22 所示。

分带完成后，不同密度的颗粒沿自己的回转半径运动。高密度颗粒集中在螺旋槽的内缘，低密度颗粒集中在螺旋槽的外缘，特别微细的矿泥则悬浮在最外圈。

5.6.2　螺旋选矿机和螺旋溜槽的影响因素

影响螺旋选矿机和螺旋溜槽选别指标的因素同样是包括结构因素和操作因素两个方面，其中结构因素主要有：

(1)螺旋直径 D。螺旋直径是螺旋选矿机和螺旋溜槽的基本参数，它既代表设备的规格，也决定了其他结构参数。研究表明，处理 1 ~ 2 mm 的粗粒物料时，以采用 ϕ1000 mm 或 ϕ1200 mm 以上的大直径螺旋为有效；处理 0.5 mm 以下的细粒物料时，则应采用较小直径的螺旋。在选别 0.074 ~ 1 mm 的物料时，采用直径为 500、750 和 1000 mm 的螺旋溜槽均可收到较好的效果。

(2)螺距 h。螺距决定了螺旋槽的纵向倾角，因此它直接影响矿浆在槽内的纵向流动速度和流层厚度。一般来说，处理细粒物料的螺距要比处理粗粒物料的大些。工业生产中使用的设备的螺距与直径之比(h/D)为 0.4 ~ 0.8。

(3)螺旋槽横断面形状。用于处理 2 ~ 0.2 mm 物料的螺旋选矿机，螺旋槽的内表面常采用长轴与短轴之比为 2∶1 ~ 4∶1 的椭圆形，给料粒度粗时用小比值，给料粒度细时用大比值。用于处理 0.2 mm 以下物料的螺旋溜槽的螺旋槽内表面常呈立方抛物线形，由于槽底的形状比较平缓，分选带比较宽，因此，有利于细粒级物料的分选。

(4)螺旋槽圈数。处理易选物料时螺旋槽仅需要 4 圈，而处理难选物料或微细粒级物料(矿泥)时可增加到 5 ~ 6 圈。

影响螺旋选矿机和螺旋溜槽选别指标的操作因素主要有：

(1)给矿浓度和给矿量。采用螺旋溜槽处理 0.2 ~ 2 mm 的物料时，适宜的给矿浓度范围为 10% ~35%(固体质量分数)；采用螺旋溜槽处理 －0.2 mm 粒级的物料时，粗选作业的适宜给矿浓度为30%～40%(固体质量分数)，精选作业的适宜给矿浓度为40%～60%(固体质量分数)。当给矿浓度适宜时，给料量在较宽的范围内波动对选别指标均无显著影响。

(2)冲洗水量。采用螺旋选矿机处理2～0.2 mm的物料时，常在螺旋槽的内缘喷冲洗水以提高高密度产物的质量，而对回收率又没有明显的影响。1台四头螺旋选矿机的耗水量约为0.2～0.8 L/s。在螺旋溜槽中一般不加冲洗水。

(3)产物排出方式。螺旋选矿机通过螺旋槽内侧的开孔排出高密度产物，在螺旋槽的末端排出中间产物和低密度产物；螺旋溜槽的分选产物均在螺旋槽的末端排出。

(4)给料性质。主要包括给料粒度、给料中低密度组分和高密度组分的密度差、颗粒形状及给料中高密度组分的含量等。工业型螺旋选矿机的给矿料粒度一般为－2 mm，回收粒度下限约为0.04 mm；螺旋溜槽的适宜分选粒度范围通常为0.3～0.02 mm。

在生产实践中，常用下式计算螺旋选矿机和螺旋溜槽的生产能力G(kg/h)：

$$G = mK_k\rho_{1,av}D^2\{d_{max}[\rho_1 - 1000/(\rho_1' - 1000)]\}^{0.5} \tag{5-31}$$

式中　m——螺旋槽个数；

$\rho_{1,av}$——给料的平均密度，kg/m³；

ρ_1——给料中高密度组分的密度，kg/m³；

ρ_1'——给料中低密度组分的密度，kg/m³；

D——螺旋槽外径，m；

d_{max}——给料最大粒度，mm；

K_k——物料可选性系数，介于0.4至0.7之间，易选物料取大值。

生产中使用的部分螺旋溜槽的设备型号和主要技术参数如表5－2所示。

表5－2　几种螺旋溜槽的型号和主要技术参数一览表

设备型号	BL1500－A,A2	BL1500－C	BL1500－B	BL1500－F	5LL－1200	5LL－900	5LL－600	5LL－400
螺旋槽外径/mm	1500				1200	900	600	400
给矿粒度/mm	—				0.3～0.03		0.2～0.02	
给矿浓度/%	20～40	20～50	20～60	20～50	25～55			
生产能力/(t·h⁻¹)	6～10	7～11	8～12	8～12	4～6	2～3	0.8～1.2	0.15～0.2

5.7　沉积排料型溜槽

有沉积层的溜槽类分选设备主要包括皮带溜槽、横流皮带溜槽、振摆皮带溜槽等。

5.7.1　皮带溜槽

皮带溜槽是沉积排料型连续工作的微细粒级物料精选设备，其基本构造如图5－23所示，主要分选部件是低速运动的皮带，皮带上表面长约3 m，宽1 m，倾斜13°～17°，距首轮中心0.4～0.6 m处经均分板给料。矿浆基本呈层流流态沿皮带向下流动。在流动的过程中，不同密度的颗粒基于前述的分选原理发生分层，位于上层的低密度颗粒随矿浆流一起由下端排出，成为低密度产物。从给料点到皮带末端为设备的粗选带，其长度为2.5 m左右。分层后沉积到皮带面上的高密度颗粒随带面向上移动。在皮带上端给入冲洗水，进一步清洗出低密度颗粒，从给料点到皮带首端这一段长约0.4 m，为精选带。高密度颗粒随带面绕过首轮后，加水冲洗并用转动的毛刷将高密度产物卸下，从而实现连续作业。

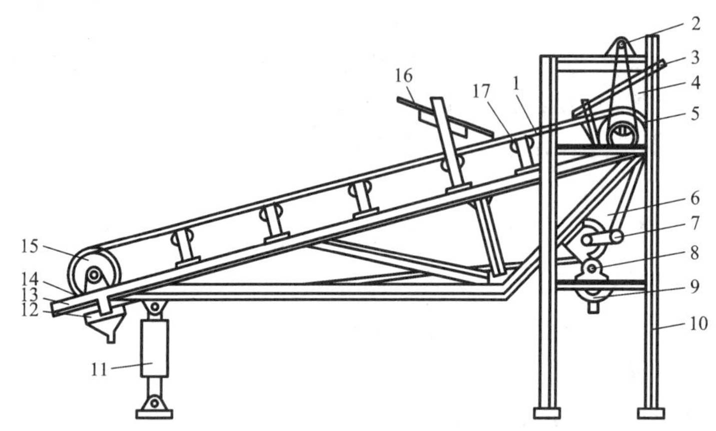

图5－23　皮带溜槽的结构

1—带面；2—天轴；3—给水均分板；4—传动链条；5—首轮；6—下张紧轮；7—冲洗高密度产物水管；8—毛刷；9—高密度产物槽；10—机架；11—调坡螺杆；12—低密度产物槽；13—滑动支座；14—螺杆；15—尾轮；16—给料均分板；17—托辊

皮带溜槽的富集比和回收率都比较高，但设备的生产能力很低，所以主要用作一些微细粒级物料的精选设备。影响其分选指标的因素主要是带面的运行速度、带面坡度、粗选和精选段的皮带面长度等。

带面的速度越大，粗选时间越长，精选时间越短，适宜的带面速度约为0.03 m/s；适宜的带面坡度为13°～17°。操作中的调节因素是冲洗水量和给矿浓度等。给矿的适宜固体质量分数为25%～45%，在此范围内波动对选别指标影响不大；最终的精选作业冲洗水量以5～7 L/min为宜，初次精选以2～4 L/min为宜。皮带溜槽的给料粒度一般为－0.074 mm，有效回收粒度下限可达0.01 mm，但多数为0.02 mm。

5.7.2　横流皮带溜槽

横流皮带溜槽的结构类似于皮带溜槽与摇床的联合体。它的分选工作面是一用4根钢丝绳悬挂在机架上的无极皮带，带面沿横向倾斜，纵向则呈水平。在带面下安置不平衡重锤，皮带在沿纵向缓慢移动的同时，做回转剪切运动。图5－24是单侧试验型横流皮带溜槽的结构示意图。矿浆由带面上方一角给入，在沿横向流动中发生分层，高密度颗粒沉积在带面上随皮带运动，通过中间产物区进入精选区，借横向水流冲走混杂在其中的低密度颗粒，最后利用冲洗水将其冲入高密度产物槽中，低密度产物及中间产物则由侧边排出。

工业生产中使用的横流皮带溜槽相当于将2台单侧试验型溜槽合并在一起，给料从中间的脊背向两侧流下。带面上分选区的分布情况如图5－25所示。

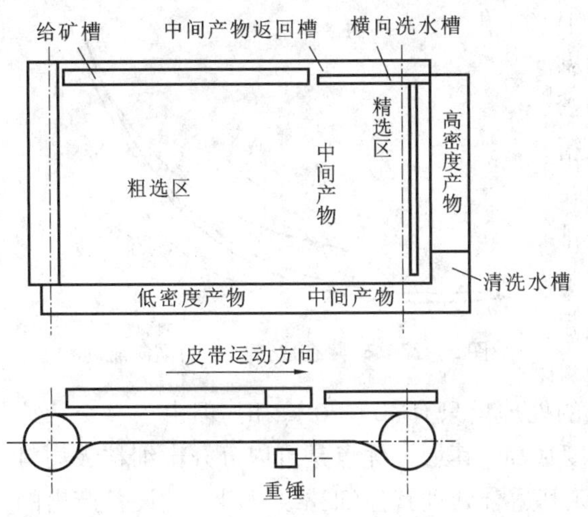

图 5-24　单侧横流皮带溜槽结构示意图

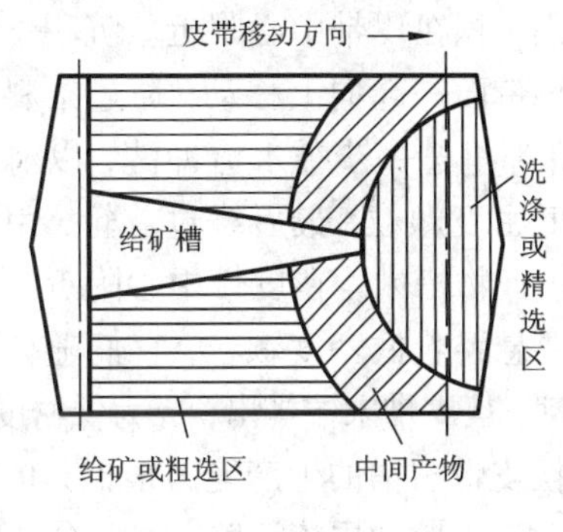

图 5-25　双侧横流皮带溜槽带面上分选区分布

5.7.3　振摆皮带溜槽

振摆皮带溜槽也是微细粒级物料的精选设备，其结构如图 5-26 所示。设备的主体工作件为一弧形无极皮带，带面绕皮带轮运行，同时在摇床头带动下做差动振动，并在摆动机构带动下做左右摆动，摆角在 8.5°至 25°之间。带面纵向坡度为 1°~4°，在首轮带动下以大约 0.05 m/s 的速度向倾斜上方运行。给料点设在距首轮大约 800 mm 处，给料均分板设在皮带两侧，每当皮带摆至最高位置时，矿浆即轮番给入。矿浆流在凹下的皮带表面上，也做左右摆动，形成浪头、浪尾交替运动(见图 5-27)，同时又沿皮带的倾斜方向向下流动。带面的差动运动有助于物料的松散分层，带面的差动运动推动颗粒运动的方向指向带面倾斜的上方。

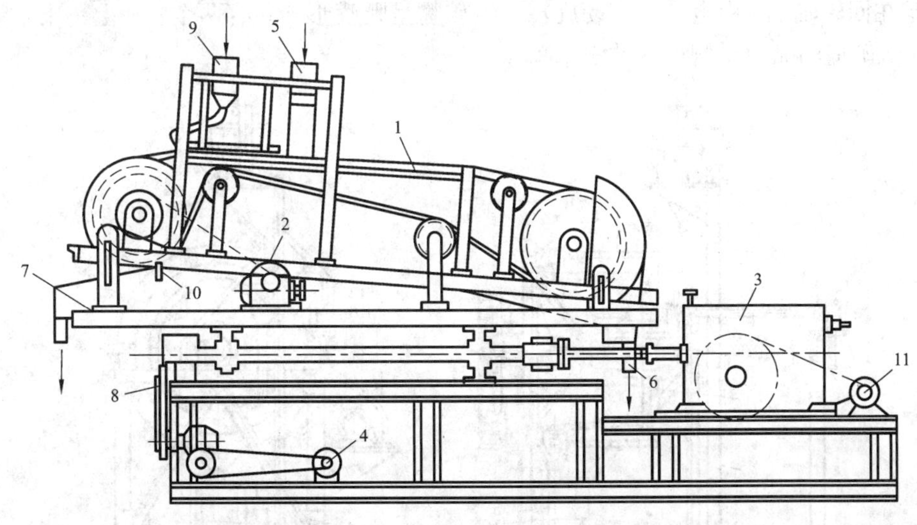

图 5-26　800 mm × 2500 mm 振摆皮带溜槽的结构

1—选别皮带；2—皮带传动电动机；3—摇床头；4—摆动驱动电动机；5—给料装置；6—低密度产物排出管；7—高密度产物槽；8—摆动机构；9—给水斗；10—喷水管；11—振动驱动电动机

矿浆流在带面上做非恒定流动，其运动轨迹呈 S 形，矿浆的剪切流动及带面的振动促使物料很快按密度发生分层。微细的高密度颗粒被浪头携带到皮带两侧，并在那里沉积下来；高密度粗颗粒则沉积在皮带中心附近。沉积下来的高密度颗粒随带面一起向上移动，通过给料点进入精选区，在那里进一步被水流冲洗，以清除夹杂在其中的低密度颗粒，最后绕过首轮，用水冲洗排入高密度产物槽内。在皮带中心附近的上层矿浆流中主要悬浮着低密度颗粒，它们随矿浆流一起向下流动，从皮带末端排出，成为低密度产物。

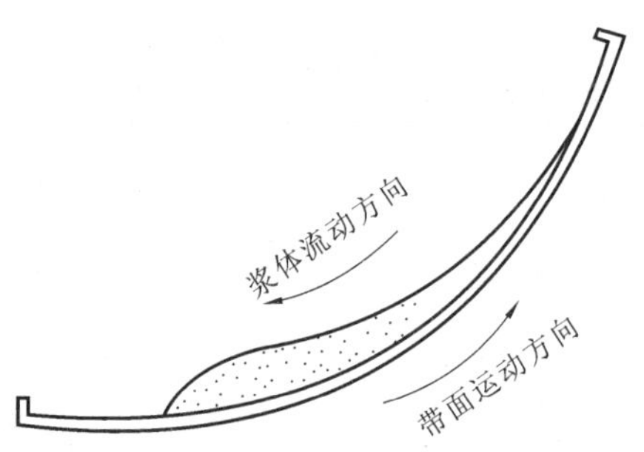

图 5－27　矿浆在皮带面上的横向流动

振摆皮带溜槽的生产能力很低，单台设备的处理量只有 40～70 kg/h。但由于它交替地利用了湍流松散和层流沉降，因此分选的精确度很高，其最大优点是可以分开微细粒级物料中密度差较小的组分，因此适合做精选设备，尤其适合处理其他细粒级物料分选设备产出的中间产物。其回收粒度下限可达 0.02 mm。

5.8　离心溜槽

离心溜槽是借助于离心惯性力在薄层水流中分选细粒物料的设备，矿浆在截锥形转筒内流动。在这类溜槽中，除离心惯性力作用外，物料的松散、分层原理与在其他溜槽中一样。

5.8.1　离心选矿机

图 5－28 是 ϕ800 mm×600 mm 离心选矿机的结构图，其主要工作部件为一截锥形转鼓，小直径端的直径为 800 mm，向大直径端直线扩大，转鼓的垂直长度为 600 mm。转鼓借锥形底盘固定在回转轴上，由电动机带动旋转。给矿嘴呈鸭嘴形，共有两个，一上一下插入不同深度，在给矿嘴的弧面对侧设有冲洗水嘴。

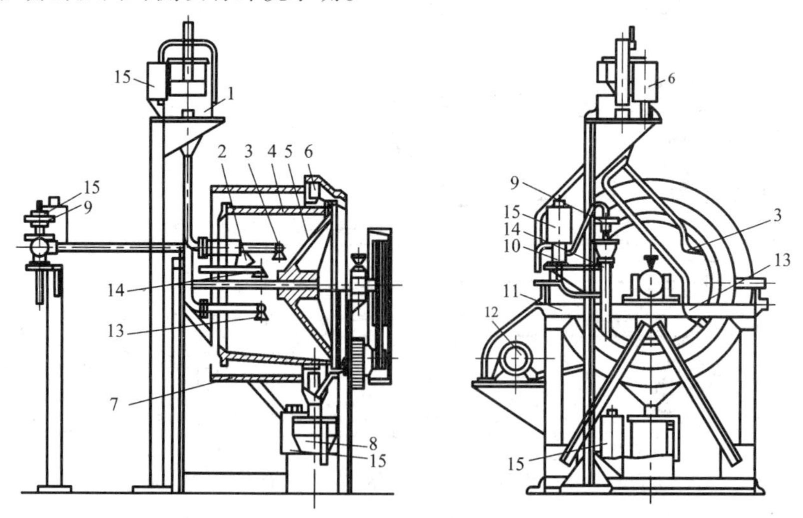

图 5－28　ϕ800 mm×600 mm 卧式离心选矿机的结构

1—给料斗；2—冲水嘴；3—上给矿嘴；4—转鼓；5—底盘；6—接料槽；7—防护罩；8—分料器；9—皮膜阀；10—三通阀；11—机架；12—电动机；13—下给矿嘴；14—洗涤水嘴；15—电磁铁

矿浆沿切线方向给到转鼓内后，随即附着在转动的鼓壁上，随之一起转动。因液流在转鼓面上有滞后流动，同时在离心惯性力及鼓壁坡面作用下，还向排料的大直径端流动，于是在空间构成一种不等螺距的螺旋线运动。

矿浆在沿鼓壁运动的过程中，发生分层，高密度颗粒在鼓壁上形成沉积层，低密度颗粒则随矿浆流一起通过底盘的间隙排出。当高密度颗粒沉积到一定厚度时，停止给矿，给入高压冲洗水，冲洗下沉积的高密度产物。

卧式离心选矿机的分选过程是间断进行的，但给矿、冲水以及产物的间断排出都自动地进行。在给料斗上方和排料口下方均设有分料斗，在冲洗水管上有控制阀门，它们由时间继电器控制，电磁铁操纵，在将给料拨送到回流管的同时，给入冲洗水，下面排料口处的分料漏斗同时将矿浆流引到高密度产物排送管道中，大约30 s后，停止冲水，两分料斗恢复原位，继续给矿分选。

5.8.1.1　**卧式离心选矿机的分选原理**

离心选矿机内矿浆流沿鼓壁的运动情况如图5－29和图5－30所示。矿浆自给矿嘴喷出的速度大约为1～2 m/s，而在给矿嘴处转鼓壁的线速度一般为14～15 m/s。由于两者之间存在着很大的差异，因此矿浆将逆向流动，出现了滞后流速。此后受黏性牵制，滞后流速逐渐减小。在转鼓壁沿轴向的斜面上，由于离心惯性力及重力的作用，矿浆流的运动速度由零逐渐增大。

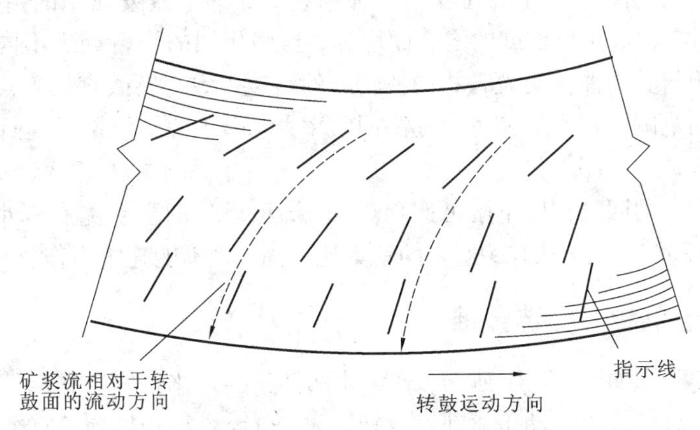

图5－29　矿浆流在转鼓壁上流动方向测定图示

在卧式离心选矿机内，矿浆流运动的合速度是上述切向速度与沿鼓壁斜面运动速度的矢量和，因此矿浆流层内的剪切作用既有沿斜面流速产生的，也有切向流速产生的，只是随着矿浆流向排料端推进，剪切作用逐渐过渡到以沿斜面流速产生的为主。

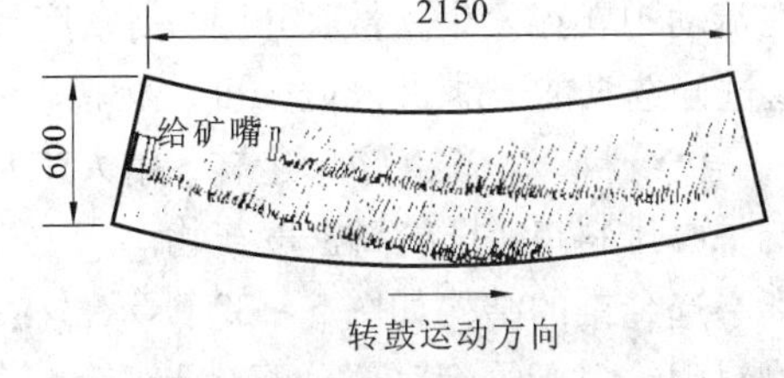

图5－30　液流在转鼓壁上的流动形式

当矿浆从给矿嘴喷注到鼓壁上时，形成瞬时的堆积。随着转鼓的转动，堆积物呈带状展开，并在向下流动的过程中形成螺旋线向前推进。在正常给矿量下，离心选矿机内矿浆流层厚度的平均值仅有0.3 mm，但在给矿嘴附近的波峰处，流层的厚度达2.0 mm，在波峰过后，波谷处的厚度只有0.1 mm，波峰在设备内大约流动一周即排出。

波峰在向前推进的过程中，与波谷之间有很大的速度差，因而形成分界面结构，在分界面处有很强的剪切应力，并随之产生新的漩涡扰动，这对强化物料的松散有着重要作用。

物料在离心选矿机内的分选过程与其他细粒溜槽的基本相同，只是在这里一方面由于存在着明显呈湍流流态的波峰区和剪切应力很强并能产生漩涡扰动的流层分界面，从而使得物料的松散得到了强化；另一方面由于颗粒受到了比重力大数十倍乃至上百倍的离心惯性力作用，大大加速了颗粒的沉降，从而使离心选矿机不仅具有比一般处理微细粒级物料溜槽更低的粒度回收下限，而且转鼓的长度也比一般重力溜槽的长度短很多。

5.8.1.2 离心选矿机的影响因素

影响离心选矿机分选指标的因素同样可分为结构因素和操作因素两个方面。但不同的是操作因素的影响情况与设备的结构参数相关。

在这里，结构因素主要包括转鼓的直径、长度及半锥角。增大转鼓直径可以使设备的生产能力成正比增加；而增大转鼓长度则可以使设备的生产能力有更大幅度的提高，但遗憾的是回收粒度下限也将随之上升。增大转鼓的半锥角可以提高高密度产物的质量，但回收率将相应降低。为了解决这一矛盾，又先后研制出了双锥度、三锥度乃至四锥度的离心选矿机。其中 ϕ1600 mm×900 mm 双锥度离心选矿机已在生产中得到了广泛应用。

卧式离心选矿机的操作因素主要包括：给矿浓度、给矿体积、转鼓转速、给矿时间及分选周期。当不同规格的离心选矿机处理同一种物料时，单位鼓壁面积的给矿体积应大致相等，而给矿浓度则应随着转鼓长度的增大而增加；当用相同的设备处理不同的物料时，给矿浓度和体积的影响与其他溜槽类设备相同。转鼓的转速大致与转鼓直径和长度乘积的平方根成反比。在一定的范围内增大转速可以提高回收率，但由于分层效果不佳而得到的高密度产物的质量相应降低。

卧式离心选矿机的回收粒度下限可达 0.01 mm，该设备的主要优点是处理能力大、回收粒度下限低、工作稳定、便于操作；但它的富集比不高，且不能连续工作。

5.8.2 离心盘选机和离心选金锥

离心盘选机的结构如图 5－31 所示，其主体部件是一个半球冠形转盘，转盘内表面铺有带环状槽沟的橡胶衬里。由电动机驱动水平轴旋转，再由伞齿轮带动垂直轴使转盘旋转。给料由中心管给入，在转盘的带动下，借助于离心惯性力附着在衬胶壁上，呈薄流层沿螺旋线向上流动。

在流动中颗粒发生松散、分层，高密度颗粒滞留在沟槽内，低密度颗粒随矿浆流向上运动，越过分选盘的上缘进入低密度产物槽。经过一段时间，高密度颗粒在沟槽内积聚一定数量后，停止给料，设备也停止运转，用人工加水冲洗沟槽内沉积的高密度颗粒，并打开设备底部的中心排料口，排出高密度产物。

离心选金锥的结构如图 5－32 所示，在截锥形的分选锥内表面上镶有同心环状橡胶格条。物料由给料管给到底部分配盘上，分配盘在转动中将其甩到锥体内壁上。在离心惯性力的作用下，矿浆流越过沟槽向上流动，物料在流动中发生松散、分层，进入底层的高密度颗粒被沟槽阻留下来，而低密度颗粒则随矿浆流一起向上运动，越过锥体上缘进入低密度产物槽。经过一段时间，高密度颗粒在沟槽内积聚一定数量后，停止给料和设备运转，用水管引水人工清洗沟槽内沉积的高密度颗粒，使之由下部的高密度产物排出管排出。

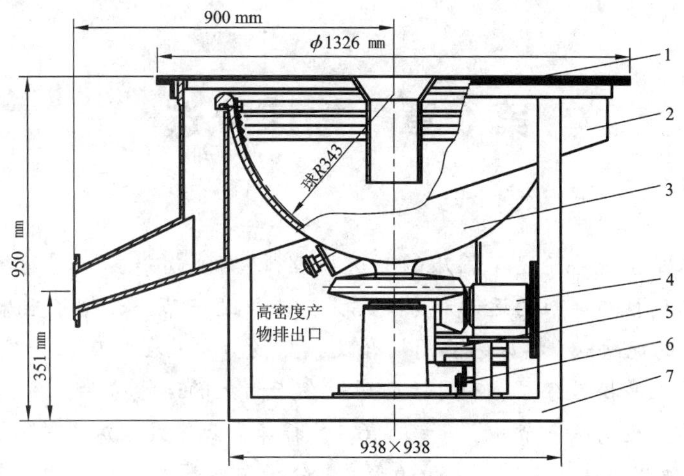

图5-31 离心盘选机的结构

1—防砂盖；2—低密度产物槽；3—半球冠形分选盘；4—电动机；5—水平轴；6—电动机架；7—机架

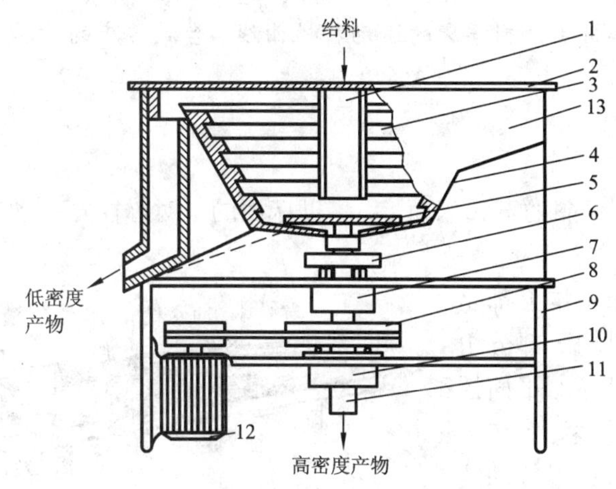

图5-32 离心选金锥

1—给料管；2—上盖；3—橡胶格条；4—锥盘；5—矿浆分配盘；6—甩水盘；7—上轴承座；8—皮带轮；9—机架；10—下轴承座；11—空心轴；12—电动机；13—机械外壳

习题

1. 试用公式表达层流和湍流状态下流速沿深度的分布规律。
2. 湍流法向脉动速度如何表征？其大小与哪些因素有关？
3. 试推导粗粒溜槽中颗粒沿槽底运动的速度公式。
4. 在层流流态下粒群发生松散悬浮的临界条件是什么？
5. 不同密度颗粒在细粒溜槽中的分层结构如何？每一层中物料的运动特点是什么？
6. 扇形溜槽分选的影响因素有哪些？它和圆锥选矿机的优缺点各是什么？
7. 影响螺旋选矿机和螺旋溜槽分选的结构因素和操作因素有哪些？
8. 简述皮带溜槽连续工作的过程。
9. 离心溜槽主要包括哪些设备？与其他细粒溜槽分选相比，离心溜槽具有哪些优势？

第6章　摇床分选

内容提要　本章系统地论述了摇床的分选原理，从“松散分层”和“运搬分带”两个层面分析了摇床面上不同性质矿粒的运动和分带结果。在概述一节中介绍了摇床的分选过程与分选结果、摇床选别的优缺点、摇床的应用场合及摇床的分类；在摇床的分选原理一节中介绍了粒群在摇床床面上的松散分层、不同性质矿粒在床面上的运搬分带、矿粒的临界加速度和偏离角；在摇床类型及构造一节中，介绍了6－S摇床、云锡式摇床、弹簧摇床的结构构造、支承、调坡机构、冲程和冲次调节、床面的形式，分析了各类摇床的结构差异和分选特点；在摇床的运动特性一节中，介绍了摇床的特性曲线、床面的差动性判据；在影响摇床分选过程的工艺因素一节中，介绍了摇床结构参数和工艺参数对分选过程的影响。本章的扩展学习内容主要是用图解法或解析法绘制摇床的运动特性曲线、台浮摇床的结构构造及分选特点。

6.1　概述

摇床分选是在一个倾斜的宽阔床面上，借助床面的不对称往复差动运动和薄层斜面水流的作用，进行物料分选的过程。

生产中使用的摇床基本上都是由床面、机架和传动机构3部分组成，其结构如图6－1所示。平面摇床的床面近似呈矩形或菱形，在床面纵长的一端（传动端）设置传动装置，与之相对的一端称为精矿端。床面在横向上有0.5°～5°的倾斜，在较高的一侧（给矿侧）布置给矿槽和给水槽，与之相对的一侧称为尾矿侧。沿床面纵向布置有床条（俗称来复条），床条的高度自传动端向精矿端逐渐降低，并沿一条或两条斜线尖灭。整个床面由机架支撑或吊起，机架上装有调坡装置。

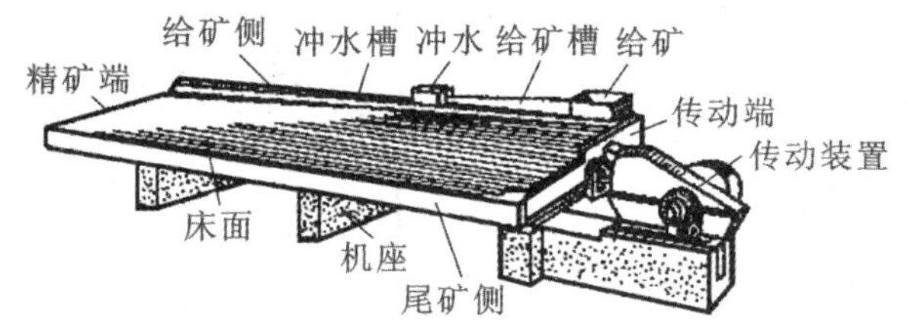

图6－1　摇床的外形图

原料（矿浆或干料）给到给矿槽内，同时加水调配成浓度（固体质量分数）为20%～25%的矿浆，自流到床面上。矿粒群在床条沟内因受水流冲洗和床面差动运动而发生松散、分层。分层后处在不同位置矿粒受到不同的水流动压力和床面摩擦力作用而沿不同方向运动。位于上层的低密度矿物颗粒受到更大程度的水力推动，较多地沿床面的横向倾斜向

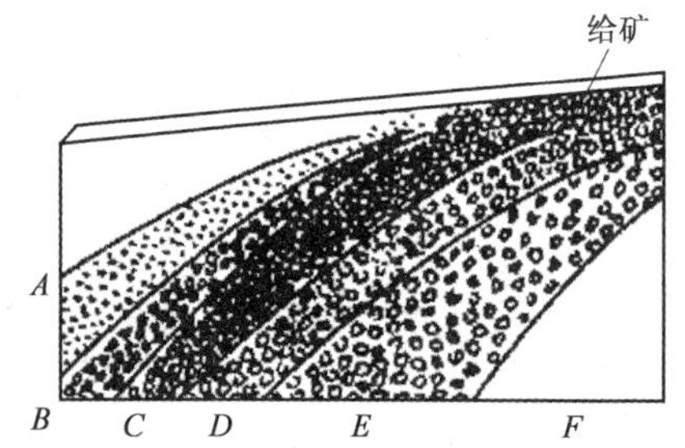

图6－2　矿粒在床面上的扇形分布

A—精矿；B—中矿Ⅰ（次精矿）；
C—中矿Ⅱ；D—贫中矿；
E—尾矿；F—溢流及矿泥

下运动，从尾矿侧排出；位于床层底部的高密度矿物颗粒直接受床面的差动运动推动移向精矿端。矿粒的密度和粒度不同，运动方向亦不同，于是颗粒群从给矿槽开始沿对角线呈扇形展开，如图6-2所示。产物沿床面的边缘排出，由于物料在床面上的分带比较宽，因此摇床能精确地产出多种质量不同的产物。

分选精确性高是摇床的突出优点。原矿经过一次选别即可得到部分最终精矿、最终尾矿和1~2种中矿。精矿的富集比很高，在处理低品位钨、锡矿石时，富集比可达300左右。

平面摇床便于看管和操作方便，其主要缺点是占地面积大、处理能力低。为了解决这一问题，已研制出多种形式的多层摇床和离心摇床。

摇床主要用于处理钨、锡等有色和稀有金属矿石。多层摇床和离心摇床还用于选别黑色金属矿石和煤炭。处理金属矿石的有效选别粒度范围是3~0.02 mm，选煤时给矿粒度上限可达10 mm。摇床常作为精选设备与螺旋溜槽、圆锥选矿机等配合使用。

通常将处理3~0.5 mm矿石的摇床称为粗砂摇床；处理0.5~0.074 mm矿石的摇床称为细砂摇床；处理0.074~0.037 mm矿石的摇床称为矿泥摇床。

按摇床的布置层数，还有单层摇床与多层摇床之分；按支撑方式有落地式与悬挂式之分；按分选的主导作用力又可分为重力摇床与离心摇床。目前摇床最通用的分类，是按它的摇动机构和支撑方式区分，它们决定了床面的运动特性，因而也决定了其适宜的应用场合。目前中国常用摇床如表6-1所示。

表6-1 中国常用摇床分类

力 场	往复运动特性	床面运动轨迹	摇动机构	支撑方式	摇床名称
重力	不对称直线	直线	凸轮杠杆式	滑动	贵阳摇床
			惯性弹簧式	滚动	弹簧摇床
		弧线	偏心连杆式	摇动	衡阳摇床
	对称直线	向上前方倾斜弧线	惯性式	弹簧片	快速摇床
离心惯性力	不对称直线	直线、圆周	惯性弹簧式	中心轴	离心摇床

6.2 摇床的分选原理

从混合物料的给入到在摇床面上的扇形分带，摇床分选包括松散分层和运搬分带两个基本过程。它们共同在水流冲洗和床面的差动运动作用下完成。床条的形式、床面的摩擦系数和床面倾角对完成分选过程有重要影响。

6.2.1 粒群在床面上的松散分层

摇床面上物料的松散，就是靠横向水流越过床条的水流作用和床面的不对称往复差动运动共同完成的，其中差动运动对物料的松散起主要作用。

摇床面上的横向水流由给矿水和冲洗水两部分组成。水流沿床面的横向流动，不断地跨越床条，流动断面的大小是交替变化的，每越过一个床条即发生一次小的水跃，如图6-3所示。漩涡在靠近下游的床条的边缘形成上升流，而在槽沟的中间形成下降流。水流的上升和下降推动床层上部的颗粒松散悬浮，并使高密度矿物颗粒转入底层。水跃对底层影响很小，在那里物料层比较密集，可形成稳定的高密度矿物层。低密度矿物颗粒因局部静压强较小，不能再进入底层，于是就在横向水流推动下越过床条向尾矿侧运动。沉降速度很小的极微细颗粒始终保持悬浮状态，随横向水流一起排出。

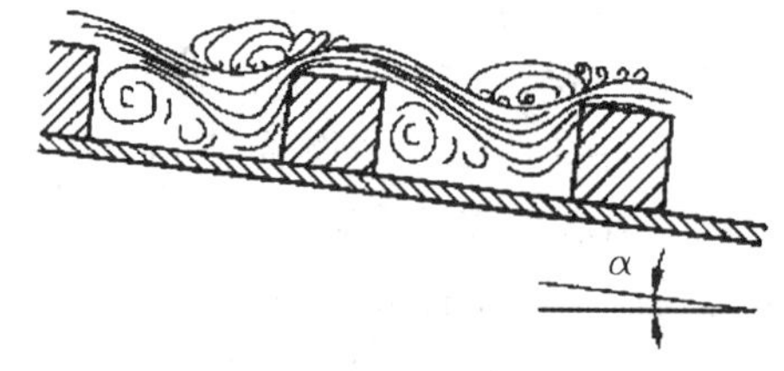

图6－3　在床条间发生的水跃和形成的漩涡

位于床层下部的颗粒，由于接近摇床床面的上表面，受横向水流的作用比较弱，其松散主要靠床面差动运动产生的机械力实现。

借助于床面差动运动实现的松散，主要是借增大层间速度差达到。当摇床面不运动时，床层的底部颗粒处于静力平衡状态。当床面摇动时，床层底层贴近床面表面的矿粒受摩擦力作用，与床面间的相对运动较小，而位于床层上部的矿粒则由于自身的惯性而滞后于下层矿粒的运动，于是在各层间出现速度差。颗粒因上下表面的速度不同而做翻滚运动，并互相挤压，推动床层扩展，增大了床层的松散度。这种由剪切运动增大床层松散度是借拜格诺的层间斥力实现的。在摇床上，由于速度梯度是变化的，除在瞬间有极大的层间斥力外，就整个过程来说，粒群并未被充分悬浮，而只是增大了床层的空隙，使颗粒有了相对转移的可能性。

分层即是在这样的条件下，借矿物颗粒自身的密度不同来完成，密度大的颗粒局部的重力压强亦大，因而力图向下转移；而密度小的颗粒则被排挤进入上层。其分层规律与一般平面溜槽基本相同。但是，更重要的是床面的摇动，导致细小的高密度矿粒通过粗颗粒的间隙，沉于最底层，这种作用称为析离分层。析离分层是摇床分层过程的重要特点，它使按密度分层更加完善。分层结果是：粗而密度小的矿粒在最上层，其次是细而密度小的矿粒，再次是粗而密度大的矿粒，最底层为细而密度大的矿粒。

6.2.2　矿粒在床面上的移动与分离

位于床层中不同位置的矿物颗粒，因纵向和横向的运动速度不同，而有着不同的运动方向。物料在床面上的运搬移动和扇形分带也是在横向水流冲洗和床面纵向差动运动的联合作用下发生的。

6.2.2.1　横向水流的冲洗作用

横向水流在沿斜面流动过程中对矿粒施以动压力(阻力)，水流速度愈大，这种动压力愈大，因而使矿粒运动速度加大。增加给水量或增大床面横向坡度均可增加水流速度，但增大坡度同时也增加了颗粒沿斜面的重力分力，可使矿粒的横向运动速度更大程度地增加，但不同粒度和密度颗粒间的横向运动速度差却要减小。

在横向水流推动下，位于同一层面高度的颗粒，粒度大的要比粒度小的运动得快，密度小的又比密度大的运动得快。矿粒的这种运动差异又由于分层后不同密度和粒度颗粒占据了不同的床层高度而愈明显。水流对那些接近床条高度的颗粒冲洗力最强，因而低密度矿物的粗颗粒首先被冲下，横向运动速度最大。随着床层向精矿端移动，床条的高度降低，原来占据中间层的矿物颗粒不断地暴露在表面。于是低密度矿物的细颗粒和高密度矿物的粗颗粒相继被冲走，形成不同的横向运动速度。床条的高度变化对沿尾矿侧排出不同质量产物有重要作用。

位于底层的高密度矿物细颗粒的横向运动速度最小，它们一直被推送到床面末端的光滑区域。在那里水层减薄，呈近似层流流态。颗粒在这样的水流冲洗下，运动速度 v 可按式

(5－22)计算，即：

$$v = u_{d,av} - v_0(f\cos\alpha - \sin\alpha)^{1/2}$$

具有较小沉降末速的低密度矿物颗粒，获得了较大的横向运动速度，因而与高密度颗粒发生分离。靠近精矿端的区域称作精选区，而靠近传动端的床面区域是粗选区。在这两者中间床条尖灭前的床面区域为复选区。颗粒沿纵向由粗选区向精选区运动可视为精选过程，而沿横向的运动则属于扫选过程。

6.2.2.2 **床面差动运动所具有的纵向运搬作用**

所谓差动运动就是指床面从传动端以较低的正向加速度向前运动，到了冲程的中点附近，速度达到最大，而加速度降为零。接着负向加速度急剧增大，使床面产生急回运动，再返回到中点。接着改变加速度的方向，以较低的正向加速度使床面折回，如此进行差动往复运动。差动运动的结果，使得不同性质的矿粒相对于床面的纵向运动速度不同。

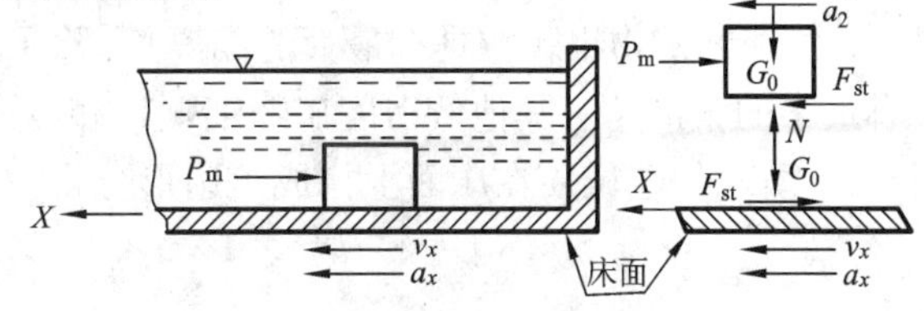

图6－4 个别矿粒在床面上运动的受力分析

设位于摇床面上的某一颗粒，在介质中的有效重力为 G_0，床面支持它的应力为 N。由静平衡关系可知 $G_0 = N$。如图6－4所示，如床面以加速度 a_x 向前运动（a_x 可与速度 v_x 同方向，亦可是反方向，图中给出的是同方向）。在床面与颗粒之间的静摩擦力 F_{st} 的带动下，颗粒亦作加速度运动。与此同时，体积为 V、密度为 ρ_1、质量为 m 的颗粒受到一惯性力 P_m 的作用，方向与 a_x 相反，大小为：

$$P_m = ma_x \quad (6-1)$$

摩擦力的大小等于正压力和摩擦系数的乘积，其最大值 F_{st} 为：

$$F_{st} = G_0 f_{st} = V(\rho_1 - \rho)gf_{st} \quad (6-2)$$

式中 f_{st}——床面与颗粒间的静摩擦系数。

当颗粒的惯性力小于摩擦力时，颗粒即在摩擦力带动下随床面一起做加速运动，就好像矿粒黏附在床面上一样。及至床面的加速度增加到一定值 a_{cr} 时，颗粒的惯性力达到与摩擦力相等。超过这一限度后摩擦力则不足以克服颗粒的惯性力，于是颗粒即沿惯性力方向（与床面加速度方向相反）相对于床面运动。恰好能发生运动的临界条件是：

$$P_m = F_{st} \quad (6-3)$$

即：

$$V\rho_1 a_{cr} = V(\rho_1 - \rho)gf_{st}$$

故：

$$a_{cr} = \frac{\rho_1 - \rho}{\rho_1}gf_{st} \quad (6-4)$$

式中的 a_{cr} 是颗粒的临界加速度，其意义为颗粒开始在床面上做相对运动时床面所具有的加速度。由式(6－4)可知，a_{cr} 只与矿粒和介质的密度、摇床床面的表面性质有关。在其他条件一定时，颗粒的密度愈大，临界加速度亦愈大。显而易见，要使矿粒在床面上运动，摇床运动的加速度必须超过临界加速度。

物料经过松散分层后，密度大的颗粒占据了下层，密度小的颗粒占据了上层。这样的分层，正好可以增大它们在纵向运搬时的速度差异。位于底层贴近床面的高密度矿物颗粒具有最大的摩擦系数，在床面的带动下，向前滑动的距离亦最大，由此向上，颗粒层间的摩擦系数愈小，受床面推动的作用力愈弱，因而在更大程度上表现为摆动运动，实际向前运动的距离依次减小，这样便进一步扩大了低密度矿粒和高密度矿粒沿纵向移动的速度差。

6.2.2.3　**不同性质矿粒在床面上的移动与扇形分带**

矿粒在床面上的扇形分带是不同性质矿粒横向运动和纵向运动的综合结果。矿粒在床面上既做纵向运动又做横向运动，其最终运动速度应该是这两者的矢量和。密度大的颗粒平均纵向速度大于密度小的颗粒，而其平均的横向速度却小于后者；密度小的颗粒的运行情况正好与之相反。这样便出现了密度小的颗粒运动方向偏于横向；密度大的颗粒偏于纵向。矿粒实际运动方向与床面纵轴的夹角称为偏离角，记为β。由前述不同密度和粒度颗粒的运动差异可知，低密度矿物粗颗粒具有最大的偏离角(除了悬浮的矿泥以外)，而高密度矿物细颗粒则具有最小的偏离角。其他低密度矿物细颗粒和高密度矿物粗颗粒的偏离角介乎两者之间，如图6－5所示。这样便在床面上构成了扇形分带(见图6－2)。

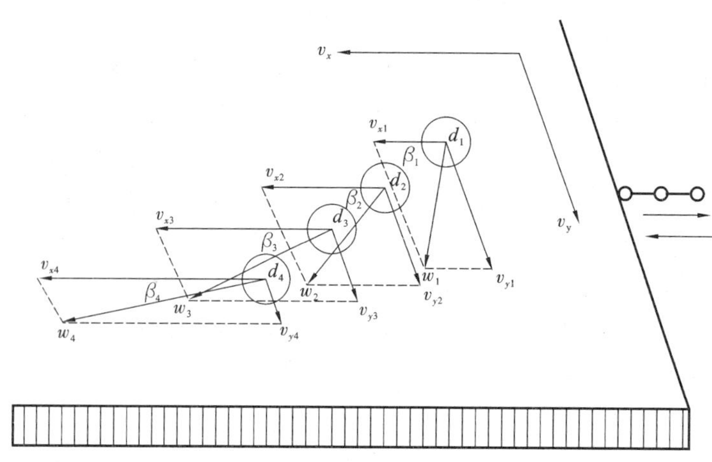

图6－5　不同密度和粒度颗粒在床面上的偏离角

d_1、d_2—低密度矿物的粗颗粒和细颗粒；d_3、d_4—高密度矿物的粗颗粒和细颗粒

6.3　摇床的类型及构造

生产中应用的摇床类型很多，依据床头结构、床面形式和支撑方式不同而分为6－S摇床、云锡式摇床和弹簧摇床。

6.3.1　6－S摇床

6－S摇床基本上是沿袭了早期威尔弗利摇床的结构形式。在中国最早由衡阳矿山机械厂制造，故又称为衡阳式摇床，其结构如图6－6所示。

6－S摇床采用偏心连杆式床头(见图6－7)，电动机经大皮带轮带动偏心轴旋转，摇动杆随之上下运动。由于肘板座(即调节滑块)是固定的，当摇动杆向下运动时，肘板的端点向后推移，后轴和往复杆随之向后移动，弹簧被压缩，通过联动座和往复杆带动整个床面向后移动；当摇动杆向上移动时，受弹簧的伸张力推动，床面随之向前运动。

床面向前运动期间，肘板间的夹角是由大向小变化，肘板端点的水平移动速度则由小向大变化。所以床面的前进运动即由慢而快；反之在床面后退时，则由快而慢，从而造成了差动运动。

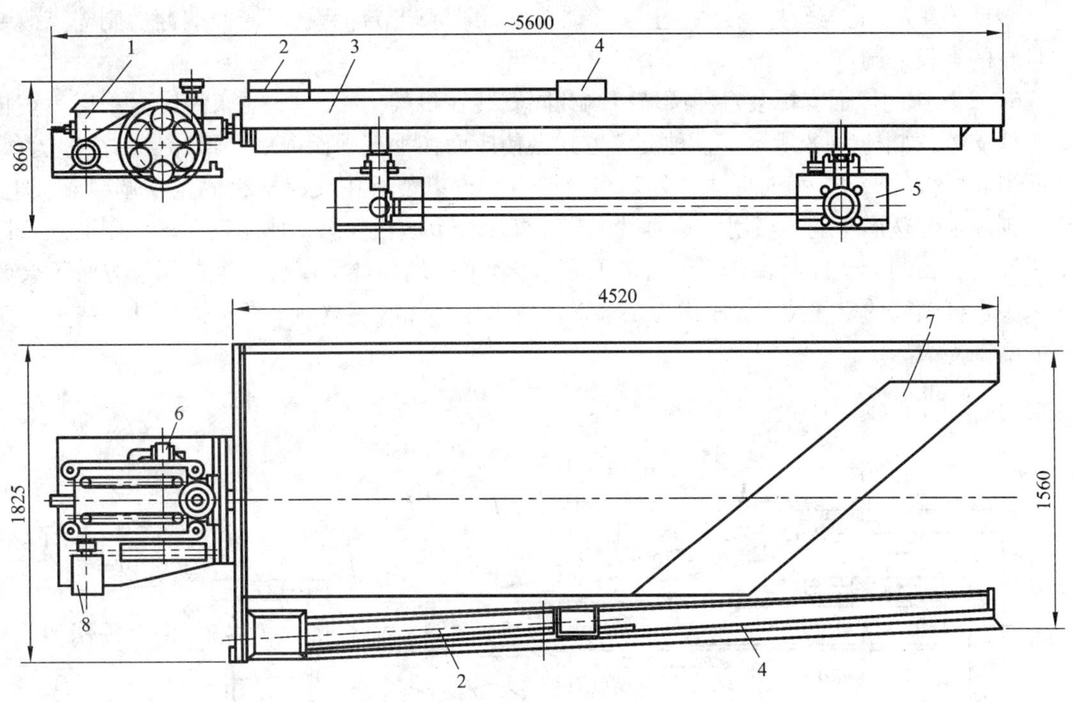

图 6－6　6－S 摇床的结构

1—床头；2—给矿槽；3—床面；4—给水槽；5—调坡机构；6—润滑系统；7—床条；8—电动机

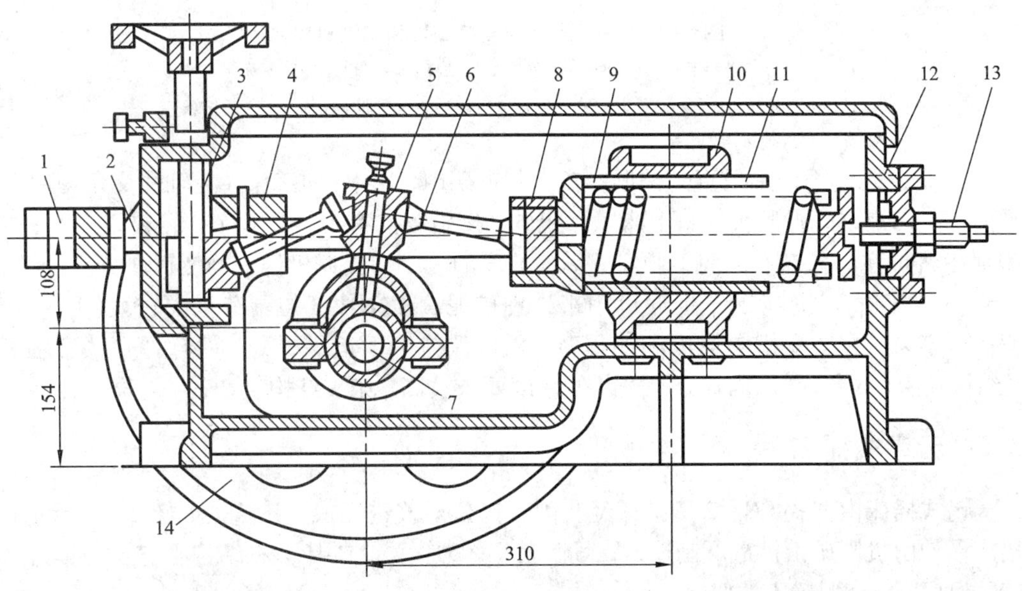

图 6－7　偏心连杆式床头

1—联动座；2—往复杆；3—调节丝杆；4—调节滑块；
5—摇动杆；6—肘板；7—偏心轴；8—肘板座；
9—弹簧；10—轴承座；11—后轴；12—箱体；13—调节螺栓；14—大皮带轮

转动手轮(手轮与丝杆相连)，上下移动滑块，即可调节冲程，而床面的冲次则需借改变皮带轮的直径来调节。

6－S 摇床的床面支撑装置和调坡机构共同安装在机架上。6－S 摇床的床面采用 4 块板形摇杆支撑，如图 6－8 所示。这种支撑方式会使床面在垂直平面内做弧形起伏的往复运动，从而引起轻微的振动，因而更适合处理粗粒矿石。支撑装置用夹持槽钢固定在调节座板上，后者则固定在鞍形座上。当用手轮通过调节丝杆使调节座板在鞍形座上回转时，床面倾角即随之改变。在调节丝杆上装有伞齿轮，可同时转动另一端的调节座板。这种调坡方法不会改变床头拉杆轴线的空间位置，故称为定轴式调坡机构。鞍形座被固定在水泥基础上或由两条长的槽钢支撑。

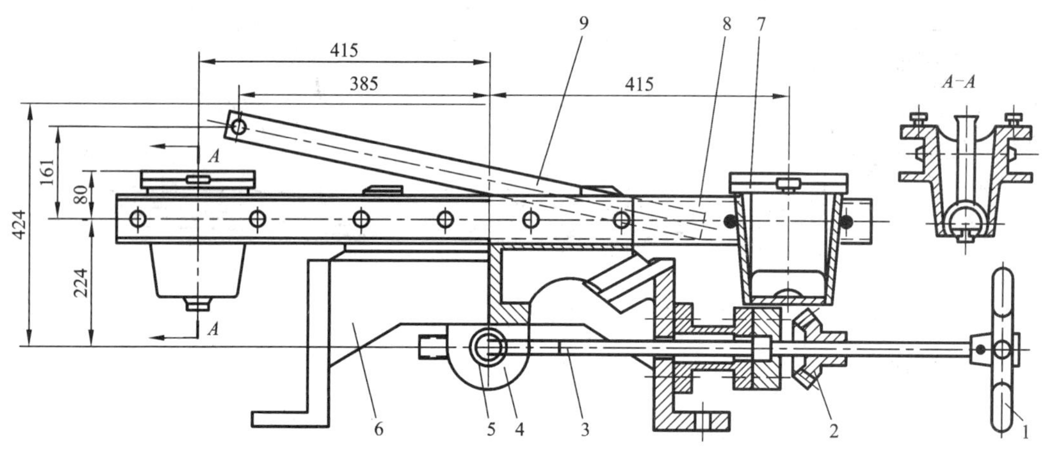

图 6－8　6－S 摇床的支撑装置和调坡机构

1—手轮；2—伞齿轮；3—调节丝杆；4—调节座板；
5—调节螺母；6—鞍形座；7—摇动支撑机构；8—支撑槽钢；9—床面拉条

6－S 摇床的床面外形呈直角梯形。在木制框架内，用木板沿斜向(与轴线交角为 45°)拼成平面。上面铺以薄橡胶板并钉上床条。粗砂摇床沿纵向有 1°～2°倾斜，精矿端抬高；矿泥摇床则在纵向有 0.5°左右的向下倾斜。纵向坡度的大小借支撑机构上的螺钉调节。

6－S 摇床适合处理矿砂，但亦可用来处理矿泥。横向坡度的调节范围较大(0°～10°)，冲程调节容易。在改变横向坡度和冲程时，仍可保持床面运行平稳，而且弹簧放置在机箱内，结构紧凑。6－S 摇床的缺点是安装的精度要求较高，床头结构复杂，易磨损部件多。

6.3.2　云锡式摇床

云锡式摇床由苏式 CC－2 型摇床经我国云锡公司改进而成，其结构如图 6－9 所示。这种摇床最初由贵阳矿山机械厂制造，故习惯上又称为贵阳式摇床。在结构上它又与国外的普拉特－奥(Plat-O)型摇床类似。

云锡式摇床采用凸轮杠杆式床头传动，如图 6－10 所示。滚轮被活套套在偏心轴上。当偏心轴在图中逆时针方向转动时，滚轮便压迫摇动支臂(台板)向下运动，其摆动量通过连接杆(卡子)传给曲拐杠杆(摇臂)。通过滑动头和拉杆拖动床面做后退运动并压缩位于床面下面的弹簧。当床面转向前进时，弹簧伸张，推动床面运动。

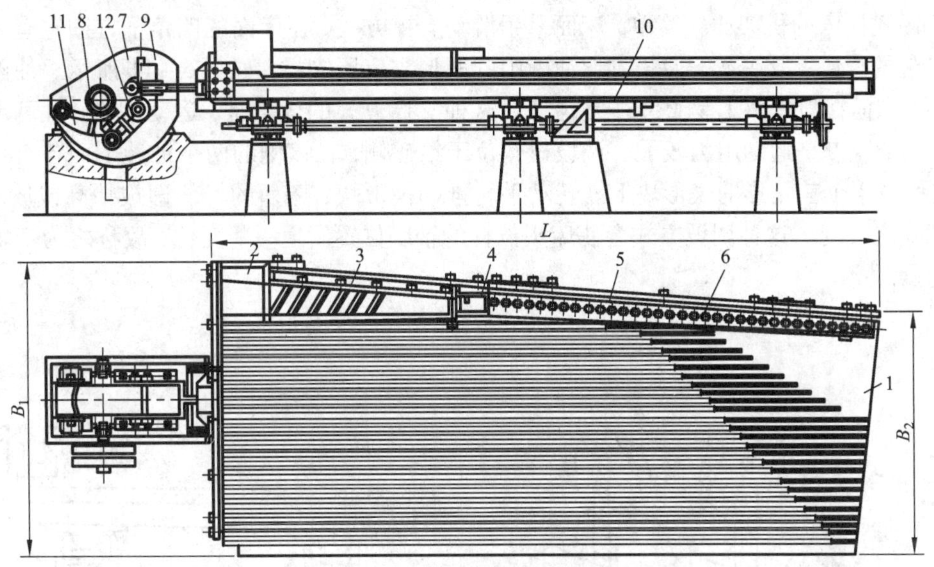

图6-9 云锡式摇床的结构

1—床面；2—给矿斗；3—给矿槽；4—给水斗；5—给水槽；6—菱形活瓣；7—机罩
8—滚轮；9—机罩；10—弹簧；11—摇动支臂；12—曲拐杠杆

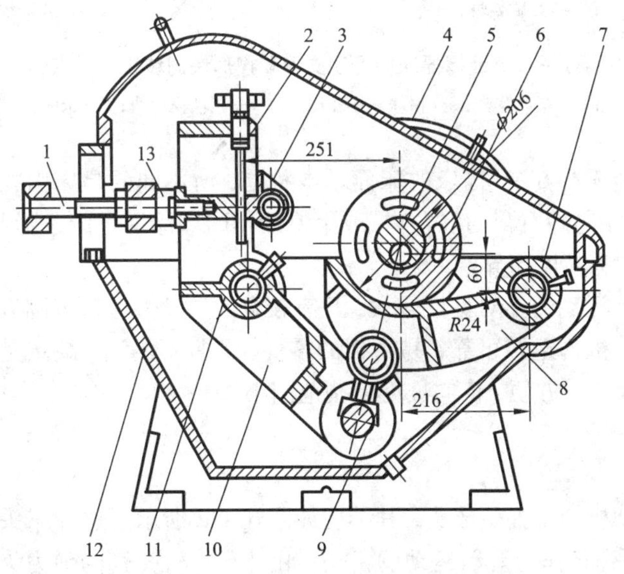

图6-10 凸轮杠杆机构的床头

1—拉杆；2—调节丝杆；3—滑动头；4—大皮带轮；5—偏心轮；6—滚轮；7—台板偏心轴；
8—摇动支臂（台板）；9—连接杆（卡子）；10—曲拐杠杆（摇臂）；11—摇臂轴；12—机罩；13—连接叉

整个传动机构被置于一个密闭的铸铁箱内。冲程是借旋动手轮改变滑动头在摇臂上的位置调节。滑动头上移时，冲程增大，下降时冲程则减小。台板偏心轴具有2 mm的偏心距，可用来调整滚轮与台板的接触点位置，从而改变床面运动的不对称性。床面的冲次同样是借改变皮带轮的直径调节。

云锡式摇床的机架比较简单，床面采用滑动支撑方式，在床面的四角下方固定有4个半圆形突起的滑块，滑块被下面长方形油碗中的凹形支座所支撑，如图6－11所示。油碗中盛有机油，床面在滑块座上呈直线往复运动。这种支撑方式的优点是，运动平稳，且可承受较大的压力；缺点是运动阻力较大。调坡机构位于给矿侧，在该侧的两个油碗下面各有3个支脚，支撑在3个三角形的楔形块上。转动手轮推动楔形块，床面的一侧即被抬高或放下，横向坡度随之改变。这种调坡方式会使床头拉杆的轴线位置发生一些变化，故称之为变轴式调坡机构。

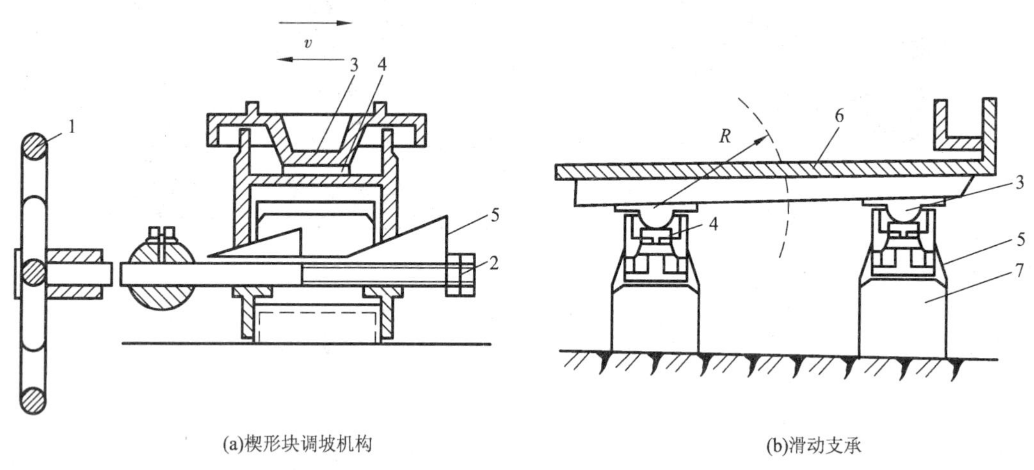

图6－11　云锡摇床的滑动支承和楔形块调坡机构示意图

1—调坡手轮；2—调坡拉杆；3—滑块；4—滑块座；5—调坡楔形块；6—床面；7—水泥基础

云锡式摇床的床面与6－S摇床的床面基本相同，所不同的是床面在纵向连续有几个坡度，并采用漆灰(生漆与煅石膏的混合物)或聚氨酯作耐磨涂层。床条形状与6－S摇床有很大不同，并随处理物料粒度而异。

云锡式摇床床头运动的不对称性较大，且有较宽的差动性调节范围以适应不同给料粒度和选别的要求，床头机构运转可靠，易磨损的零件少，且不漏油；缺点是弹簧安装在床面下方，检修和调节冲程均不方便，横向坡度可调范围小(0°～5°)。

6.3.3　弹簧摇床

弹簧摇床的传动机构是弹簧床头，其结构如图6－12所示。这种床头由差动机构和传动机构组成，以软、硬弹簧作为差动运动的机构。由于硬、软弹簧的弹力大小不同，使床面产生差动运动。传动部分主要由偏心轮、电动机和摇杆组成，供给床面运动所需的能量，带动床面做不对称往复运动。

偏心轮用三角皮带直接挂在电动机的皮带轮上。当电动机通过三角皮带带动偏心轮转动时，和偏心轮相连的摇杆则带动床面做往复运动，此时软弹簧则随床面一起运动，或受压缩，或者伸长。当床面后退时，橡胶硬弹簧与弹簧箱壁间产生了一个距离(即冲程长度)，同时，软弹簧被压缩。在床面前进行程的末尾，硬弹簧与弹簧箱壁剧烈撞击，使床面上的矿粒受到很大的惯性力，于是矿粒向前运动。硬弹簧与弹簧箱壁撞击之后，床面立即反弹回来，使床面在后退行程的初期得到一个很大的加速度，因而矿粒继续向前运动。如此往复进行，高密度矿粒就会不断地向着精矿端运动。

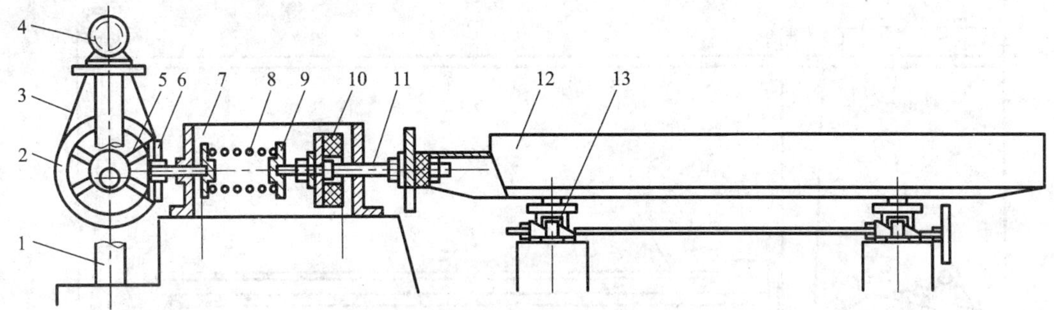

图6-12 弹簧摇床的结构示意图

1—电动机支架；2—偏心轮；3—三角皮带；4—电动机；5—摇杆；6—手轮；7—弹簧箱；8—软弹簧；9—软弹簧帽；10—橡胶硬弹簧；11—拉杆；12—床面；13—支承调坡机构

由于弹簧摇床床头的不对称性比其他床头的都大，因此特别适用于处理微细粒级物料。弹簧摇床的突出优点是结构简单、容易制造、维修方便、冲程容易调节、动力和润滑油消耗小。床面冲程调节范围为8~17 mm，冲次调节范围在300~360 r/min。

6.3.4 台浮摇床

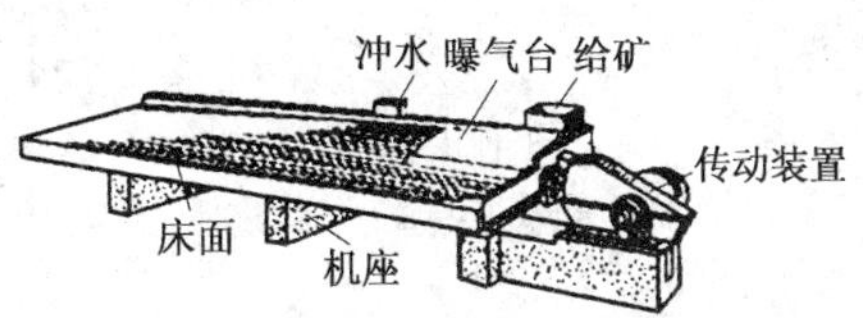

图6-13 台浮摇床的外形图

台浮摇床是一种在钨、锡矿石选别系统中应用十分广泛的特殊摇床，其结构构造和操作条件与常规摇床的相同，所不同的是摇床的给矿槽附近，紧靠摇床传动端特别设置了一个曝气台(见图6-13)。曝气台高出整个床面5~10 cm，台面光滑平整，台边倾斜。给矿装置悬置于曝气台上，集中给矿。

台浮摇床的作用实际上是将浮选与重选两种作业结合于一台设备上完成。当将重选得到的粗精矿(包括跳汰精矿、摇床精矿)，通过分级(有的要再磨)控制粒级范围和单体解离度，再采用浮选调浆(加入pH调整剂、活化剂、捕收剂、起泡剂等)的办法，按不同的粒级分别给入不同的台浮摇床时，矿浆冲向曝气台并沿台阶跌落，在此过程中疏水的矿物颗粒充分与气体接触，形成疏水漂浮的矿物层，随横向冲洗水流进尾矿接收槽，而其他亲水的高密度矿物仍按照常规方式在摇床面上进一步分选。

台浮摇床作业简单，操作方便，因此在钨、锡矿石的选矿厂中得到了广泛应用。

6.3.5 悬挂式多层摇床

8YC型悬挂式4层玻璃钢摇床的结构如图6-14所示，这种摇床的传动装置和床面分别用钢丝绳悬吊在金属支架或建筑物的预置钩上。床头的惯性力通过球窝连接器传给摇床架，使床面与床头联动。床面用具有蜂窝夹层结构的玻璃钢制造，床面中心距为400 mm。在钢架上设置能自锁的蜗轮蜗杆调坡装置，后者与精矿端的一对钢丝绳连接。拉动调坡链轮，钢丝绳即在滑轮上移动，从而改变床面的横向坡度。矿浆和冲洗水由给矿槽、给水槽分别给到各层床面上，产物由连接在床面的精矿槽及位于地面上的中矿槽及尾矿槽排出。

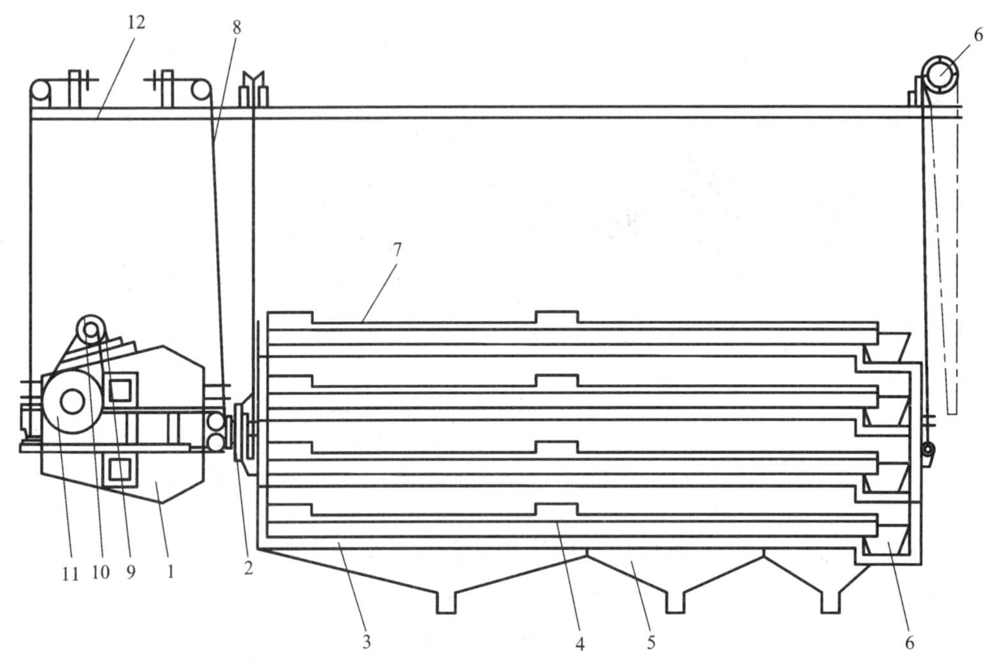

图6－14　悬挂式四层摇床简图

1—惯性床头；2—床头床架连接器；3—床架；4—床面；5—接矿槽；6—调坡装置；
7—给矿及给水槽；8—悬挂钢绳；9—电动机；10—小皮带轮；11—大皮带轮；12—机架

悬挂式多层摇床显著地提高了单位占地面积的处理能力，减少了厂房面积和基建投资，而且便于操作，维护简单，省去了承重基础，不再对建筑物产生振动冲击，运转噪声小，节省动力。

6.3.6　摇床床面的构造形式

6.3.6.1　床面形状与铺面

摇床的床面有左式和右式两种(见图6－15)。站在传动端给矿侧位于右边的，称为右式摇床；位于左边的称为左式摇床。在重选厂内，这种摇床安装时，可以对称排列，使厂房配置紧凑，节省摇床占地面积。

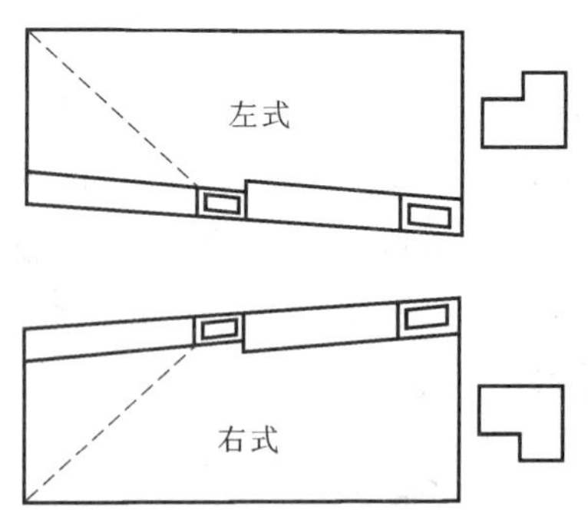

图6－15　左式和右式摇床示意图

常用的摇床床面形状有矩形、梯形和菱形，使用最普遍的是梯形床面。摇床的床面多用木材制成，为了使床面不受水的侵蚀而很快腐烂，床面采用生漆、漆灰(生漆与煅石膏的混合物)、玻璃钢或聚氨酯做耐磨层。

梯形床面的标准尺寸为长×传动端宽×精矿端宽＝4500 mm×1800 mm×1500 mm，面积约为7.5 m^2。

6.3.6.2 床条及床面纵坡

床条的作用为:

(1)物料在床条之间的槽沟内进行松散分层以后，床条对位于底层的高密度矿物颗粒起保护作用，有利于高密度矿物颗粒获得较大的纵向移动速度。

(2)在横向水流的作用下，激起适当强度的水跃，产生涡流，强化矿粒的松散和分层。

(3)促使已分层好的矿粒从不同的区域排出，产生分带作用。

(4)提高摇床的处理能力。

常见的床条形状如图6-16所示。

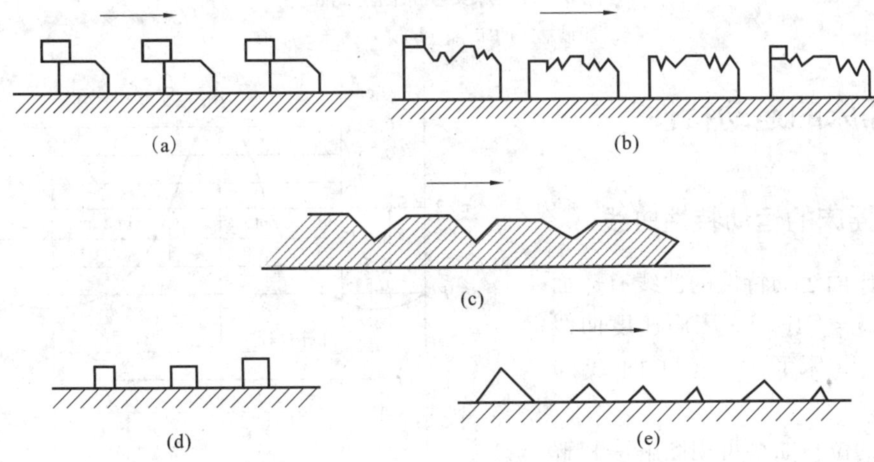

图6-16 常用的床条断面形状

(a)云锡式粗砂摇床的床条;(b)云锡式细砂摇床的床条;
(c)刻槽床条;(d)矩形床条;(e)三角形床条

矩形床条适用于粗砂摇床，三角形床条适用于细砂和矿泥摇床，这两种床条均钉在或粘贴在床面上，称为凸起式床条。另一类是刻槽床条，它是在平面上往下刻槽，槽的断面呈三角形，适用于矿泥摇床。再一类是介于两者之间，为楔形刻槽和梯形凸条结合，因是云南锡业公司研制出来的故称为云锡式床条，为用于分选细粒矿石的摇床。

6-S摇床、弹簧摇床以及悬挂式多层摇床的床面为一平整表面，只是在安装时将床面的精矿端略加升高，形成0~1.5°的纵坡。贵阳摇床将床面制成两个或多个平面，中间以斜坡相连构成阶梯床面。

所有的床条都是由传动端向精矿端逐渐降低，在靠近精矿端，床面上所有的床条与摇床尾矿侧成一定角度的斜线尖灭，床条的尖灭线与尾矿侧的夹角称为摇床的尖灭角，如图6-17所示。粗砂摇床的尖灭角一般为40°，矿泥摇床的尖灭角一般为30°。此外，个别云锡粗砂摇床的床面还有两个大小不同的尖灭角，以利于中矿带的展开。

平整床面的矿砂摇床床面上一般设置44~50根床条，刻槽的细泥摇床床面上有45~65个槽沟。

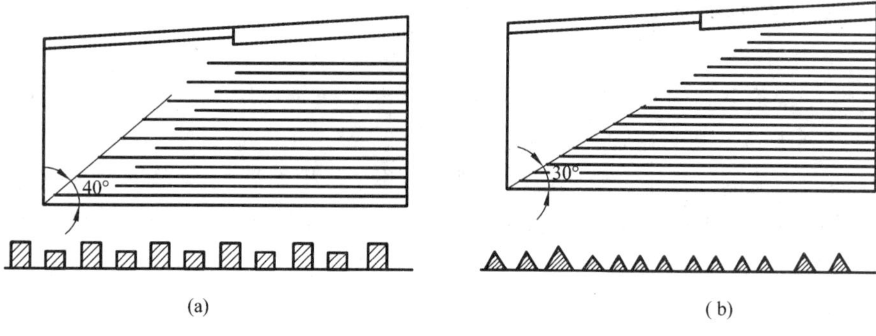

图 6-17　床条在床面上的布置

(a)粗砂摇床的床条；(b)矿泥摇床的床条

6.4　摇床的运动特性

6.4.1　摇床的运动特性曲线

表示床面运动特性的曲线有床面位移曲线 $s=f_1(\omega t)$、床面速度曲线 $v=f_2(\omega t)$ 和床面加速度曲线 $a=f_3(\omega t)$。

床面的位移曲线可用图解法和解析法求得，也可通过对床面在静态或动态状态下，用仪表实测得出。根据位移曲线可绘制出速度曲线和加速度曲线。

目前生产中使用的床头有不同的运动特性，其中凸轮杠杆式床头的运动特性如图 6-18 所示。

为了便于讨论问题，将曲线向前延伸 1/4 周期(即到 $-\frac{\pi}{2}$处)，并以虚线表示，则 A 与 A'、E 与 E'、F 与 F' 分别为位移曲线上的对应点。显然从 A 至 A'、F 至 F' 为一个运动周期。因此，$F'ABC$ 为床面的前进行程，$CDEF$ 为床面的后退行程，$E'F'AB$ 为床面从后退变为前进的转折阶段，BCD 则为床面从前进变为后退的转折阶段。

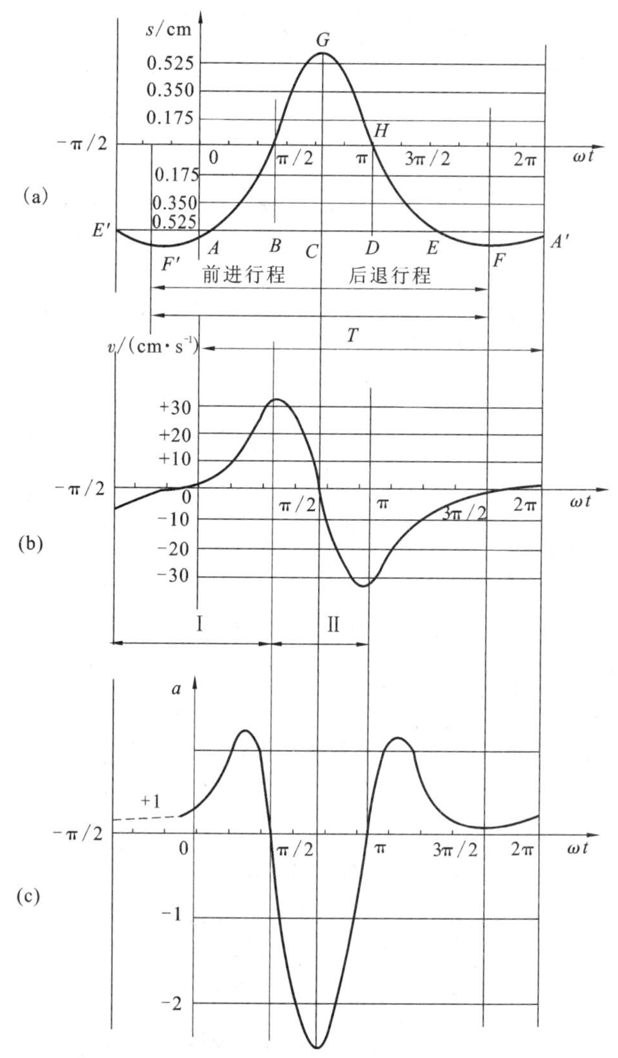

图 6-18　凸轮杠杆式床头的运动特性曲线

(a)位移曲线；(b)速度曲线；(c)加速度曲线

由图 6-18 中的床面的位移曲线 $s=f_1(\omega t)$ 可以看出，随着偏心轮转角的增大($0\to2\pi$)，床面做前进与后退等距离的运动，不过前进行程的时间大于后退行程时间，反映出床面在前进和后退行程中速度和加速度的差异。

图 6－18 中的床面速度曲线 $v=f_2(\omega t)$ 表明，床面在前进行程中，开始速度逐渐增大，到接近末端时速度迅速减小；床面在后退行程中，开始迅速返回（速度的绝对值迅速增大），然后床面逐渐返回（速度绝对值逐渐减小），后退到行程末端时速度为零。

图 6－18 中的床面加速度曲线 $a=f_3(\omega t)$ 表明，床面从前进行程到后退行程的转折阶段，具有较大的负加速度值；而床面从后退行程转为前进行程的转折阶段，具有较小的正加速度。这种加速度特性，对矿粒在床面的上纵向运动，具有重要意义。人们常把摇床的加速度曲线叫作摇床曲线或摇床特性曲线。

6.4.2　床面运动的不对称性判断

摇床头运动特性的不对称程度可用不对称系数 E_1 和 E_2 表示，其定义（见图 6－19）为：

$$E_1=\frac{\text{床面前进的前半段}+\text{后退后半段所需时间}}{\text{床面前进的后半段}+\text{后退前半段所需时间}}=\frac{t_1}{t_2}$$

$$E_2=\frac{\text{床面前进所需时间}}{\text{床面后退所需时间}}=\frac{t_3}{t_4}$$

显然，由于床面做差动运动，始终有 $t_1>t_2$，故总有 $E_1>1$。对于 E_2 来说，则既可大于 1 亦可小于 1。当 $E_2>1$ 时，意味着床面前进的时间 t_3 增长，后退的时间 t_4 缩短，颗粒向后滑动的可能性减小，因而有利于颗粒相对于床面向前运动。但 E_1 与 E_2 比较，E_1 表明了床面做急回运动的强弱，因而比 E_2 更为重要。在选别细粒级矿石时，不仅需要 $E_1>1$，亦要求 $E_2<1$。

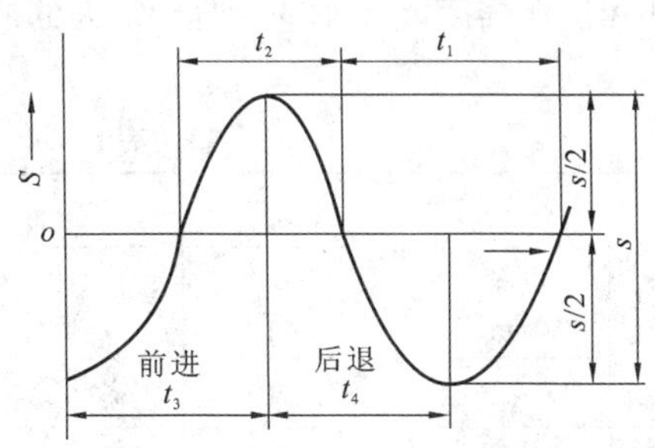

图 6－19　床面运动差动性示意图

6.5　影响摇床分选过程的工艺因素

6.5.1　床头的差动运动特性

床面运动的不对称程度将影响物料在摇床上的松散分层和运搬分带。一般来说，床面的不对称运动程度愈大，愈有利于颗粒的纵向移动。在分选矿泥时，微细的颗粒与床面间常表现有较大的黏结力，而不易相对移动，此时应选用不对称运动程度较大的摇床，如贵阳摇床、弹簧摇床等，这些摇床的床面为滑动支撑或滚动支撑，可保证流膜内液层作水平剪切，对松散微细矿粒有利。在选别粗粒矿石时，允许采用不对称性稍小一些的摇床（如衡阳摇床），此时因矿物的粒度粗，分层速度快，可借助床面的弧线往复运动迅速将高密度产物排出。

6.5.2　床条及其布置形式

床条是床面的重要组成部分，必须适应入选原料的性质。床条的高度、间距及形状影响着水流沿床面横向的流动情况，特别是对床条沟内的脉动速度影响更大。矩形床条与云锡床条引起的脉动速度大，可在选别粗砂及细砂时采用；三角形床条，尤其是刻槽形床条形成的脉动速度很小，适于在处理细砂或矿泥的摇床上使用。表 6－2 是各种形式的床条较为适宜的回收粒度下限值。

表 6－2　不同形式床条较适宜的回收粒度下限值

床条形式	矿砂摇床		矿泥摇床	
	矩形	云锡形	三角形	刻槽形
回收粒度下限/μm	74～43	74～55	43～37	37～20

6.5.3　冲程和冲次

摇床的冲程和冲次对矿粒在床面上的松散分层及运搬分带同样有十分重要的影响。在一定范围内增大冲程和冲次，矿粒的纵向运动速度将随之增大。然而，若冲程和冲次过大，低密度和高密度矿粒又会发生混杂，造成分带不清。过小的冲程和冲次，会大大降低矿粒的纵向移动速度，对分选也不利。因此，摇床冲程一般为 5～25 mm 间调节，冲次则在 250 至 400 r/min 之间调节。

冲程和冲次的适宜值主要与入选的物料粒度有关，粗砂摇床取较大的冲程、较小冲次；细砂和矿泥摇床取较小的冲程、较大的冲次。常用的摇床冲程和冲次如表 6－3 所示。

表 6－3　常用的摇床冲程和冲次

6－S 摇床			云锡式摇床			弹簧摇床		
给料	冲程/mm	冲次/(r·min^{-1})	给料	冲程/mm	冲次/(r·min^{-1})	给料粒级/mm	冲程/mm	冲次/(r·min^{-1})
矿砂	18～24	250～300	粗砂	16～20	270～290	0.5～0.2	13～17	300
矿泥	8～16	300～340	细砂	11～16	290～320	0.2～0.074	11～15	315
—	—	—	矿泥	8～11	320～360	0.074～0.037	10～14	330
—	—	—		—	—	－0.037	8～13	360

6.5.4　冲洗水和床面横向坡度

冲洗水的大小和床面坡度共同决定着横向水流的流速。横向水速大小一方面要满足床层松散的需要，并保证最上层的低密度矿物颗粒能被水流带走；另一方面又不宜过大，否则不利于高密度矿物细颗粒的沉降。增大坡度或增大水量均可增大横向水速。处理同一种物料时，“大坡小水”和“小坡大水”均可使矿粒获得同样的横向速度，但“大坡小水”的操作方法有助于省水，不过此时精矿带将变窄，而不利于提高精矿质量。因此进行粗选和扫选时，采用“大坡小水”；进行精选时采用“小坡大水”。

粗砂摇床的床条较高，床面的横向坡度亦较大；细砂及矿泥摇床的床面横坡相对较小。生产中常用的床面横坡大致为：粗砂摇床 2.5°～4.5°；细砂摇床 1.5°～3.5°；矿泥摇床 1°～2°。

从给水量来看，粗砂摇床单位时间的给水量较多，但处理每吨矿石的耗水量则相对较少。通常处理每吨矿石的洗涤水量为 1～3 m^3，加上给矿水总耗水量为 3～10 m^3。

6.5.5　给矿浓度和给矿量

给矿浓度和给矿量既与按干矿计的处理能力有关，同时也影响分选指标。随着给矿体积的增加，处理量增大，精矿品位提高，而金属回收率则要下降。增大给矿浓度的情况与此类似。生产中控制给矿体积和给矿浓度是主要的操作参数。

按干矿计的摇床处理能力随给矿粒度的减小而急剧减小。表 6－4 列出了单层摇床的生产能力。

表6－4　摇床的生产能力　　t/台·d

给矿粒度/mm	处理含泥脉锡矿或砂锡矿，产出最终锡精矿	处理含泥脉锡矿或砂锡矿，产出粗锡精矿	处理石英脉型钨矿石，产出最终钨精矿
1.4～0.8	30	35	55
0.8～0.5	25	30	50
0.5～0.2	20	25	35
0.2～0.074	15	20	30
0.074～0.04	8	12	20
0.04～0.02	5	8	12

6.5.6　矿石在入选前的制备

为了便于选择摇床的适宜操作条件，矿石在入选前应进行分级。生产中常采用不同类型的水力分级机对原料进行分级。

摇床处理矿石的粒度上限为 2～3 mm（粗砂床）。矿泥摇床的回收粒度下限一般为 0.020 mm。给矿中若含有大量微细粒级矿泥，不仅它们难于回收，而且因矿浆黏度增大，分层速度降低，还会导致较多高密度矿物损失。所以在原料中含泥（指小于 10～20 μm 粒级）量多时，即需进行预先脱泥。

习题

1. 在重选生产中，摇床为什么能起到“把关”作用？
2. 摇床上物料的松散靠什么？哪种作用是主要的？
3. 什么叫矿粒的临界加速度？请用公式表示出来。
4. 什么叫床条的尖灭线、尖灭角？矿泥和矿砂摇床哪个的尖灭角大？为什么？
5. 什么叫矿粒运动的偏离角？床面上的低密度粗颗粒和高密度细颗粒，哪个的偏离角大？
6. 6－S、云锡式和弹簧摇床的床头类型及支承、调坡机构各有什么特点？
7. 床面的运动特性的判据有哪些？哪个是主要的？
8. 床条（来复条）的作用是什么？钨矿分选中粗砂、细砂、矿泥摇床上的床条断面形状各是什么样的？
9. 摇床选矿的基本原理是什么？矿粒是怎样在床面上形成扇形分带的？
10. 影响摇床分选的因素有哪些？
11. 为什么摇床选矿前原料最好要预先进行水力分级？

第7章 洗矿

内容提要 本章重点介绍了洗矿的作用、黏土性质对矿石可洗性的影响和洗矿效率的评价，介绍了常见洗矿设备(如水力洗矿筛、圆筒洗矿筛和槽式洗矿机)的结构、工作原理和工业应用情况。本章的扩展学习内容是其他洗矿设备。

7.1 洗矿的作用及黏土性质的影响

7.1.1 洗矿的作用

洗矿是处理与黏土胶结在一起或含泥量大的矿石的一种工艺方法，包括碎散和分离两项作业，大都在同一洗矿设备(如洗矿筛)中完成，也可在不同设备上分别完成。

洗矿多是设在选别前作为预处理作业使用。在处理砂锡矿时，利用洗矿方法分离出粗粒的不含矿废石，所得细粒级再经脱泥入选，可以减少处理的矿量。手选或光电分选为便于识别，亦常常需要洗矿。某些含泥多的矿石经洗矿后可避免在操作中堵塞破碎机、筛分机及矿仓等，保证流程畅通。有些矿石的原生矿泥和矿块在可选性上(如可浮性等)有很大差别，用洗矿方法将泥和砂分开，分别进行处理，可以获得更好的选别指标。这种情况下，洗矿虽然仍是一项辅助作业，但对整个生产过程却有重大影响。

对于某些坡积或残坡积的氧化锰矿石、褐铁矿石、铝土矿矿石，胶结物(黏土)中所含的有用矿物很少，在洗矿之后作为最终尾矿丢弃，所得块状矿石品位高，即可作为最终产品应用。这时的洗矿便成为独立的选别作业。

某些风化硅质胶磷矿采用分级擦洗脱泥流程进行处理，也同样可以获得最终产品，高岭土矿也常采用洗选除砂和分级等作业获得最终产品。

7.1.2 黏土性质的影响

矿石中的胶结物(黏土)的性质，对矿石的可洗性有重大影响。黏土的成分是含有云母、褐铁矿、绿泥石、石英、方解石和角闪石混合物的天然水成矾土(Al_2O_3)硅酸盐，其粒度微细，主要由小于2 μm的颗粒组成。在微细颗粒中间牢固地保持着水分，因而实际上黏土是由固相和液相(水)组成的两相体系。

含黏土的矿石经过水的浸泡，是否易于分散与黏土本身的塑性和膨胀性有关。

塑性是表示黏土在一定的含水范围内，受压发生变形而不断裂，压强除去后继续保持原形而不流动的性质。黏土保持有塑性的最低含水量称为塑性下限(或称塑限)。随着含水量增加到一定限度，黏土开始具有流动性，此时的含水量称为塑性上限(或称液限)。

黏土的塑性大小即以塑性上限的含水率 B_a 和塑性下限的含水率 B_b 之差表示，称为塑性指数，记为 K，即：

$$K = B_a - B_b \tag{7-1}$$

黏土的塑性指数愈高，在水中愈难分散，因而洗矿也愈难进行。

黏土的膨胀性是指黏土被水湿润后，体积增大的性质。在湿润前黏土被少量水固着，各颗粒间处在黏结力作用之下。遇水后水分子渗入颗粒的空隙内，黏结力解除而体积增大。这一过程进行得愈快，矿石就愈容易碎散。

黏土的膨胀性与其致密程度有关。黏土微粒间的空隙愈小，则水分愈不容易渗入，膨胀过程进展愈慢。同时膨胀性也与黏土的润湿性有关。固体颗粒的润湿性愈强，水分子愈容易渗入。黏土的膨胀性 L 可用膨胀后的体积 V_2 与膨胀前的体积 V_1 之差表示：

$$L = V_2 - V_1 \tag{7-2}$$

但是这种表示方法未能反映膨胀的速度，对评定矿石可洗性的意义是不够充分的。

7.1.3 矿石的可洗性

矿石的可洗性与黏土塑性、含水量、膨胀性、渗透性以及矿石的粒度组成有关。黏土塑性愈小，膨胀和渗透性愈强，则矿石愈易洗，矿石中块状物料含量愈多，在洗矿中产生冲击搅拌作用将愈大，亦能加速过程的进行。表7－1列出了矿石按可洗性的分类，可供评定时参考。

表7－1 矿石可洗性分类

矿石类别	黏土的性质	黏土的塑性指数	必要的洗矿时间/min	单位电耗/($kW \cdot h \cdot t^{-1}$)	一般可用的洗矿方法
易洗矿石	砂质黏土	1～7	<5	<0.25	振动筛冲水
中等可洗性矿石	黏土在手上能擦碎	7～15	5～10	0.25～0.5	圆筒或槽式洗矿机
难洗矿石	黏土黏结成团，在手上很难擦碎	>15	>10	0.5～1.0	槽式洗矿机洗两次或水力洗矿与擦洗机联合

7.1.4 洗矿效率

洗矿的完善程度用洗矿效率衡量。洗矿效率习惯上按指定粒度的细粒级回收率计算。洗矿效率与矿石可洗性、洗矿时间、水流冲洗力、机械作用强度等因素有关。在其他条件相同时，洗矿效率随时间的增长而增加。图7－1是洗矿效率随洗矿时间的变化关系。

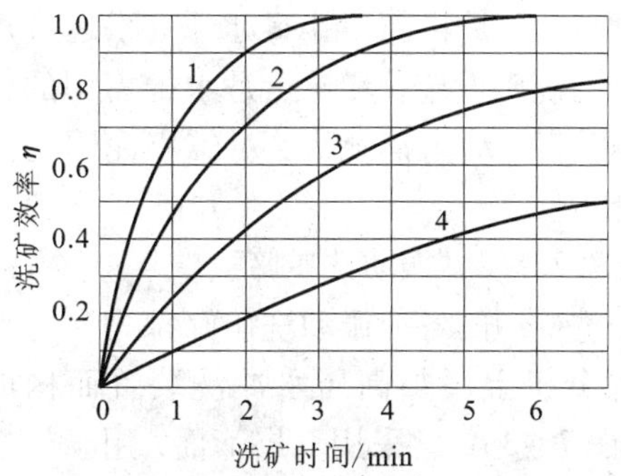

图7－1 洗矿效率与洗矿时间的关系曲线

1—易洗矿石；2—较易洗的矿石；3—中等可洗性矿石；4—难洗矿石

由图7－1可见，洗矿时间增加到一定程度后，洗矿效率提高缓慢，但设备处理能力却要随时间的增长直线下降。

图7－1中的曲线弯曲愈大，表明洗矿速度愈快。对于同一种矿石，曲线的弯曲形状亦非一成不变。增加水压和耗水量，洗矿速度随之增加。在以机械搅拌作用为主的洗矿机中，搅拌器、桨叶的运动速度，对洗矿的进程和产物质量也有很大影响。

7.2 洗矿设备

7.2.1 筛分机类型洗矿设备

固定格筛、辊轴筛和振动筛等筛分机械，装上高压喷水管即可作为洗矿设备使用，借助于矿粒在筛上翻滚和水力冲洗，可以将黏附在大块矿石上的微细颗粒清洗掉。固定格筛可用来对粗碎前的原矿进行筛洗，辊轴筛可用于筛洗中碎前的矿石，而振动筛则可用来对中碎或细碎前的矿石进行筛洗。

经筛分机类型洗矿设备分出筛上洗净的粗粒矿石和筛下泥砂产品，一般而言筛下泥砂产品还需经槽式选矿机或螺旋分级机进行进一步的泥砂分离。

7.2.1.1 洗矿棒条筛

如图 7－2 所示，洗矿棒条筛由水枪、平筛、溢流筛、斜筛及废石筛等部分组成。

平筛及斜筛宽约 3 m，平筛长 2～3 m，倾角为 3°～3.5°；斜筛长 5～6 m，倾角为 20°～22°；废石筛倾角为 40°～45°。两侧溢流筛与平面筛相垂直。筛条多采用 ϕ25～30 mm 的圆钢制成，间距一般为 25～30 mm。

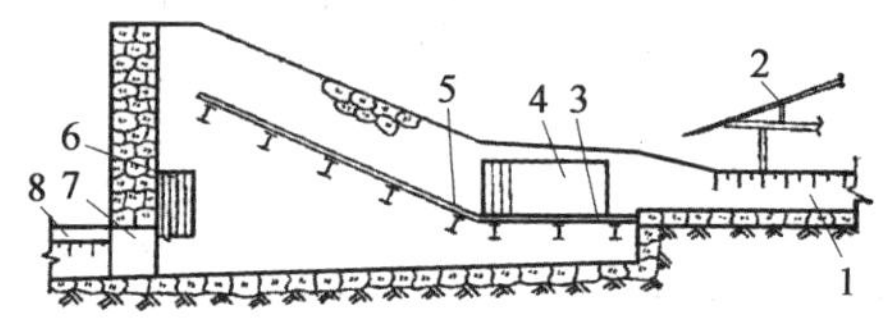

图 7－2 洗矿棒条筛的结构

1—运矿沟；2—小水枪；
3—平筛；4—溢流筛；5—斜筛；6—废石筛；
7—筛下产物排出口；8—废石运矿沟

设备工作时，原矿由运矿沟直接给到水平筛段上，小于筛孔尺寸的矿粒及泥浆通过筛孔漏下，继续沿运矿沟流送到选矿厂内；大于筛孔尺寸的矿块则堆存在平筛与斜筛交界处。在高压水枪射出的水柱冲洗下，泥团与斜面筛筛条相冲撞而被碎散。碎散后的泥团及小块矿石漏到筛下流走。被冲洗干净的大块废石则被高压水柱推动落到废石筛上，然后经溜槽排送到矿车或皮带运输机上送往废石场堆存。

洗矿棒条筛的结构简单，操作容易，处理量大，是目前砂锡矿水采、水运应用最多的洗矿设施，其缺点是水枪需用的供水压强高，动力消耗大，对细小泥团的碎散能力低。

7.2.1.2 振动洗矿筛

洗矿用的各种振动洗矿筛都是在定型的筛分机上增加高压水冲洗装置而构成（见图 7－3），常采用双层筛面，用于处理中碎或细碎前后的矿石。

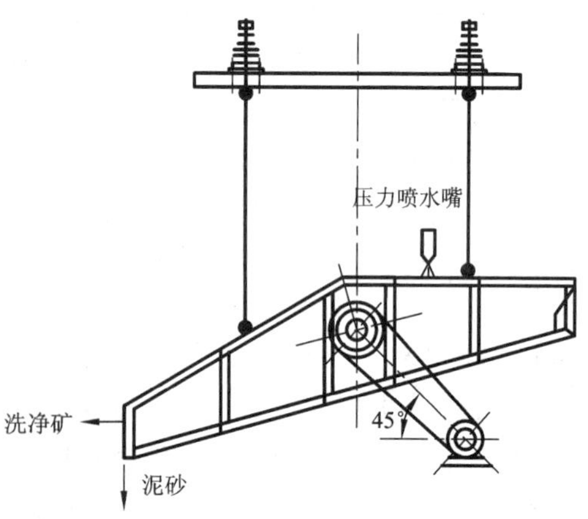

图 7－3 皮带轮偏心式自定中心振动洗矿筛

冲洗水压强一般为 0.2～0.3 MPa，处理每吨矿石的水耗为 1～2 m^3。当原矿含泥量不很大、黏结性不强时，利用这类设备即可满足洗矿的要求。

为均匀地沿筛子的宽度喷射水流，可使用图 7－4 所示的特殊形状喷嘴。喷嘴中心线与筛上物料表面间的倾角一般为 100°～110°，从喷嘴到物料表面的距离以 300 mm 为宜。

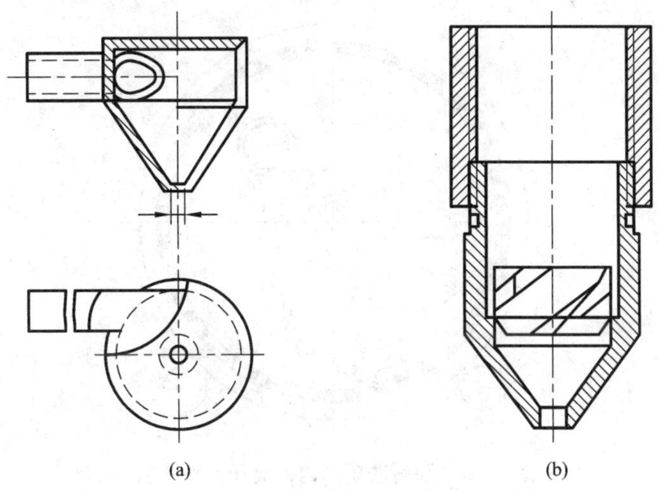

图7-4 喷嘴

(a)—旋流器式(水从切线方向进入); (b)—漩涡式(水从中心进入)

喷嘴可以做成旋流器的形式(水从切线方向进入), 也可以做成漩涡式轴套(水从中心进入)。漩涡式轴套呈圆锥形, 内壁为螺旋沟槽。水进入螺旋沟槽后产生漩涡, 形成相当均匀的喷射。使用这两种喷嘴可以在降低水耗的同时提高洗矿效率。

7.2.1.3 圆筒洗矿筛

当矿石需要借不太强的擦洗以进行碎散时, 可以使用如图7-5所示的圆筒洗矿筛。这种设备的筛分圆筒是由冲孔的钢板或编织筛网制成, 也可以用钢棒做成条筛圆筒。筒内沿纵向设有高压冲洗水管。借助筒筛的旋转, 促使矿块翻转、相互撞击, 再加上水力冲刷而将矿石碎散, 冲洗过程见图7-6。洗出的泥砂透筛排出。

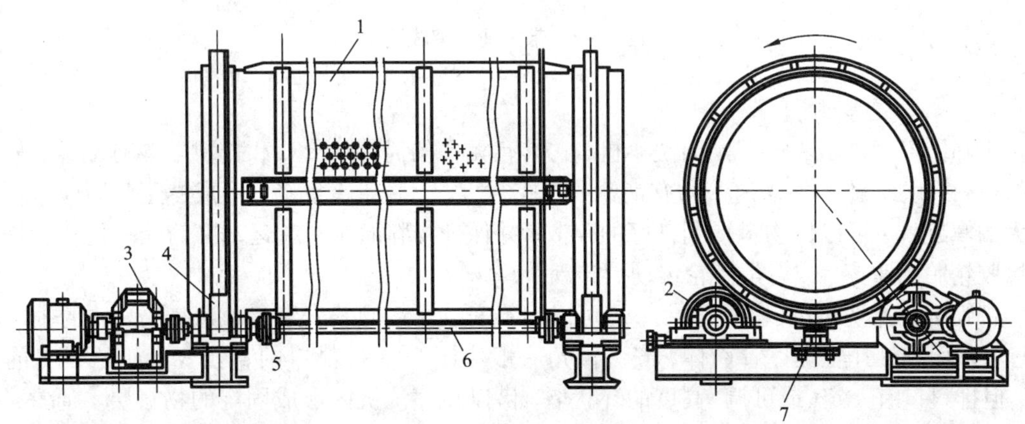

图7-5 圆筒洗矿筛的结构

1—筛筒; 2—托辊; 3—传动装置; 4—主传动轮; 5—离合器; 6—传动轴; 7—支承轮

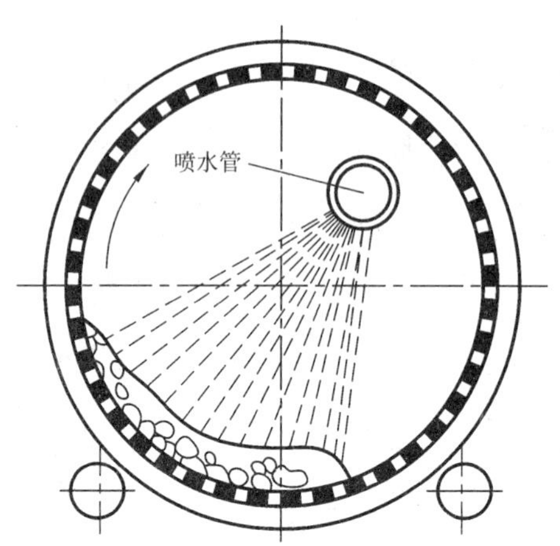

图 7－6　圆筒洗矿筛内的高压冲洗水管

7.2.2　带筛圆筒擦洗机

带筛圆筒擦洗机的结构如图 7－7 所示，适用于处理粒度达 300 mm 的中等可洗和难洗的矿石。

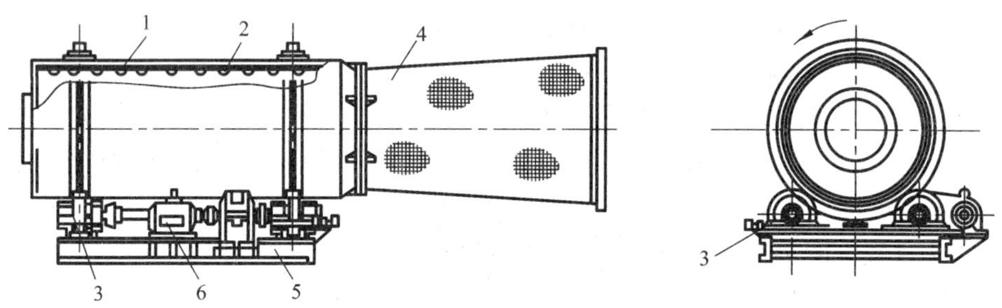

图 7－7　带筛圆筒擦洗机

1—筒体；2—带筋衬板，3—传动辊，4—圆筒筛；5—减速机；6—电动机

带筛圆筒擦洗机不同于圆筒洗矿机，它具有无孔的筒体，给料和排料端均有端盖，如同球磨机一样。筒体和端盖内壁均有锰钢或橡胶衬板，衬板上有筋条，形成螺距逐渐向排料端增大的螺旋线，可以使物料得到良好的碎散，并保证物料向排料端运动。筒体是借金属托轮或橡胶轮胎的摩擦，或者是齿轮传动而转动。

带筛圆筒擦洗机可以水平安装，也可以倾斜安装。在倾斜安装时，为避免筒体的轴向移动，可以用止推托辊支撑着筒体，安装倾角一般小于 6°。排料口的直径要大于给料口的直径，但排料口有一定(或可调)高度的环状堰，借以在擦洗机内形成固定的物料层。通常，擦洗机的充填率可达 25%。矿石与水同时由给料口进入筒体，要有一定的浓度(固体质量分数为 40% ~50%)，使其有足够的流动性。同时，在擦洗机筒体内可设置固定的喷嘴水管，水压一般为 0.1 ~0.2 kPa。

对可能发生明显磨剥现象的矿石，擦洗机应采用较低的转数(30% ~40% 的临界转速)。在处理难洗的高塑性黏土质矿石时，应采用高转数(70% ~80% 的临界转速)。筒体旋转时，物料在擦洗机内形成抛落式运动，使矿块抛落并产生强烈的摩擦，迫使高塑性黏土质物料的碎散。经高压水冲洗过的块状物料随矿浆流从排料口排出，流入安装在擦洗机上的悬臂锥形圆筒筛内，实现泥砂与块状物料的充分分离。

7.2.3 槽式洗矿机

如图7－8所示，槽式洗矿机的结构与螺旋分级机的类似，在一个半圆形的斜槽中装置两根长轴，上面有不连续的搅拌叶片。

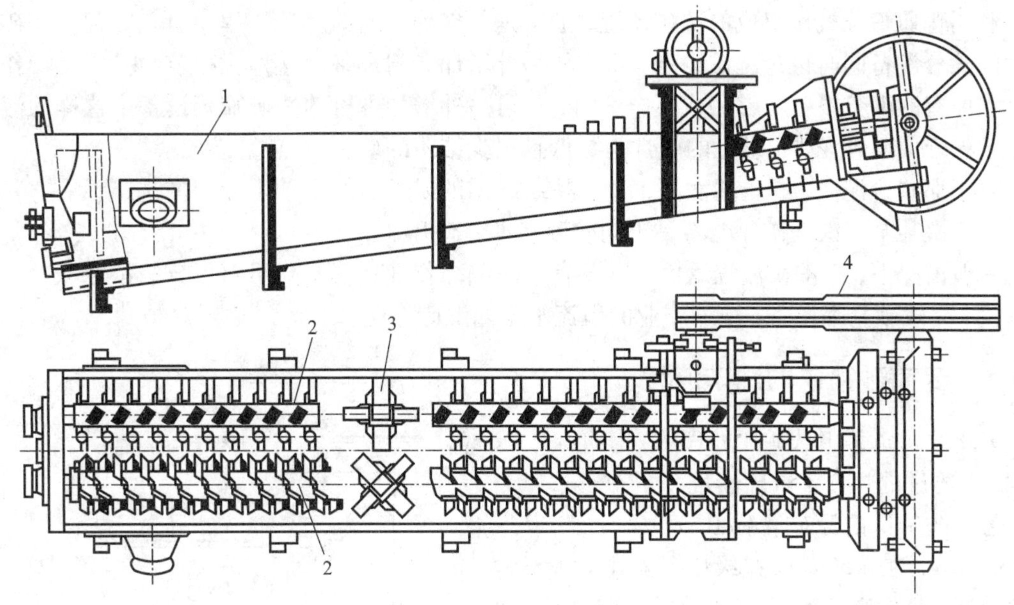

图7－8 槽式洗矿机

1—水槽；2—工作轴；3—工作轴上的叶片；4—传动装置

桨叶的顶点连线为一螺旋线，螺旋线的直径为800 mm，螺距为300 mm。两螺旋的旋转方向相反，上部叶片均向外侧旋动。矿浆由槽的下端给入，矿石的胶结体被叶片切割、擦洗，并受到上端给入的高压水冲洗，黏土和矿块被解离开来。黏土形成矿浆从下部溢流槽排出，粗粒物料则借叶片推动，从槽上端的排矿口排出。

这种洗矿机具有较强的切割、擦洗能力，对小泥团的碎散能力也较强，适合于处理矿石不太致密，矿块粒度中等且含泥较多的难洗矿石，其优点是处理能力大、洗矿效率较高；缺点是入洗矿石粒度受限制，一般不能大于50 mm，否则螺旋叶片易被卡断，甚至出现断轴事故。

规格为6660 mm × 1500 mm的槽式洗矿机，槽容积为6 m^3，处理云南坡积砂锡矿的能力为800～1100 t/d，处理1 t矿石的耗水量约为4～6 m^3。

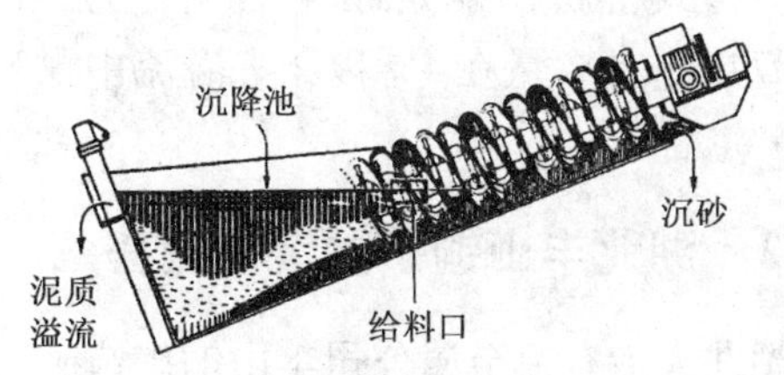

图7－9 用于洗矿作业泥砂分离的螺旋分级机

7.2.4 分级机类型洗矿设备

图7－9所示的低堰式螺旋分级机亦可用

作洗矿设备，但因其碎散能力不太强，故主要用于处理其他洗矿设备排出的泥砂产品，从中进一步脱出泥质部分。

7.3 洗矿流程

常用的洗矿流程基本有两类：其一是由普通的筛分机械(格筛、振动筛、圆筒筛等)和螺旋分级机组成的洗矿－泥砂分离流程；其二是由专门的洗矿设备组成的流程。

利用普通筛分机械组成的洗矿流程，通常是与破碎车间的碎矿流程结合在一起。碎矿流程中的筛分设备同时也是洗矿设备，不需要另外增加专门设备。这种流程节约投资且操作方便。当原有的筛分设备不够用或不合适时，亦可另外增加少量的洗矿筛等设备。这样的流程适合于处理原矿含泥少、黏土的塑性指数低且很少结团的矿石。

对于那些含泥多，黏土塑性高，又多黏结成团的矿石，需要采用专门的洗矿设备，并且要进行2次甚至3次洗矿才能将黏土同矿砂基本分离开来。

一般情况下，在洗矿流程后面，应设有矿泥浓缩作业，主要采用斜板分级浓密机、深锥浓密机、立式砂仓等设备，浓缩作业的溢流水返回洗矿作业。

7.3.1 云南砂锡矿的洗矿流程

云锡公司黄茅山选矿厂处理的人工堆积(早年选过的尾矿)和自然堆积的砂锡矿，送往选矿厂的原矿含锡0.329%、含铁26.68%，在+50 mm粒级中基本不含有价金属，可作废石丢弃，-2 mm粒级占原矿的88.42%，-0.074 mm粒级占原矿的59.96%，其中不少属于胶体微粒，黏结性强，粗砂被它们黏结在一起，属于难洗矿石。

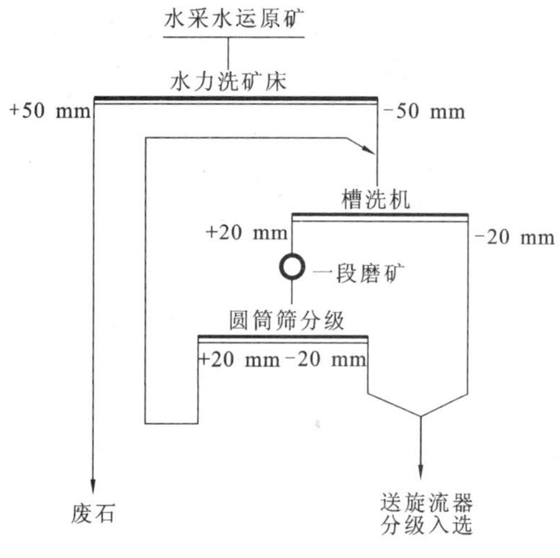

图7－10　黄茅山选矿厂的洗矿流程

黄茅山选矿厂采用如图7－10所示的洗矿流程。矿石先经水力洗矿筛进行第一次洗矿，隔除+50 mm废石并分散部分泥团(泥团有些是原生的，有些是在水运过程中黏结成的)，入厂后矿石再用槽式洗矿机进行第二次洗矿。槽洗机的沉砂(+2 mm)给入一段磨矿机，溢流(-2 mm)给入旋流器分级、脱泥，然后送选别作业。

对槽式洗机的测定结果表明，沉砂产率为14.86%，溢流产率为85.14%。沉砂中-0.074 mm的含量在4%以下；溢流中+2 mm粒级的含量仅有0.23%。洗矿效率达到了95.76%。

7.3.2 湖北丰山铜矿的洗矿流程

湖北大冶有色金属公司丰山铜矿选矿厂设计原矿处理能力为3500 t/d，处理的矿石为矽卡岩型铜矿石，其中的主要金属矿物为黄铜矿和黄铁矿。由于丰山铜矿采出的矿石原生矿泥含量高，而且水分达5%以上，为了改善破碎筛分条件和提高设备生产效率，在中碎作业前设置了洗矿作业。选矿厂原设计和改进后的洗矿流程如图7-11和图7-12所示。

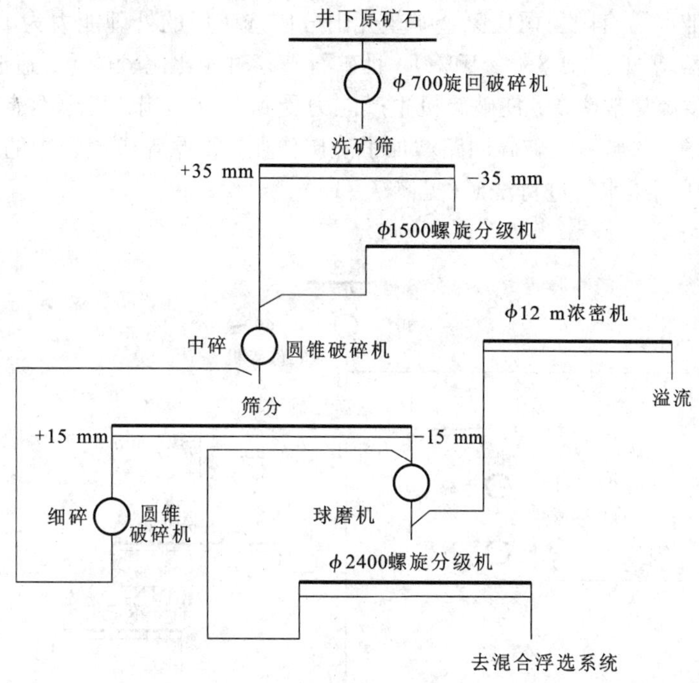

图7-11 丰山铜矿选矿厂原设计的洗矿流程

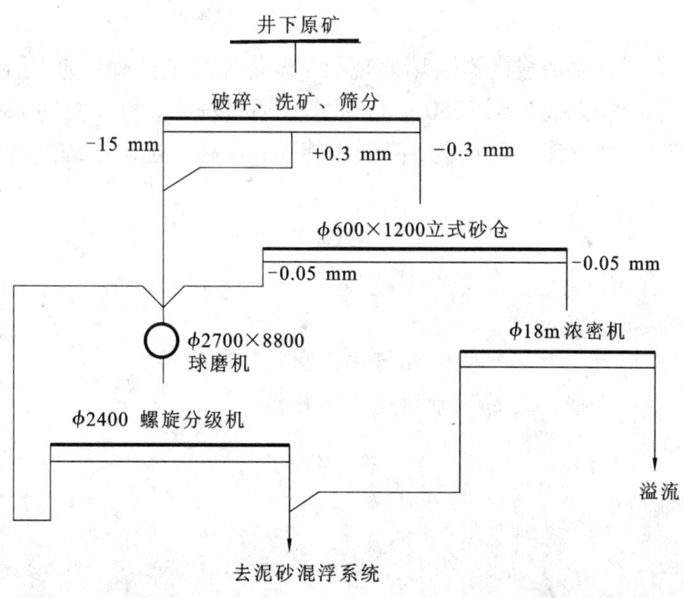

图7-12 丰山铜矿选矿厂改进后的洗矿流程

生产实践表明，采用立式砂仓的洗矿流程更适用，使各项技术指标得到了明显改善，经济效益非常显著。

7.3.3 山东脉金矿的洗矿流程

山东黄金矿业股份有限公司焦家金矿望儿山分矿选矿厂的处理能力为1000 t/d，由于井下矿石含泥量日益增加(达到8% ~10%)，且矿石破碎时泥化比较严重，造成破碎筛分设备、矿仓、溜槽及漏斗等常常堵塞，使破碎机生产能力受到严重影响，甚至不能正常生产。为了解决这一实际问题，选矿厂在破碎回路增加了洗矿作业，将原碎矿流程中的双层振动筛改换筛网并增设了洗矿高压水管进行洗矿(见图7－13)。

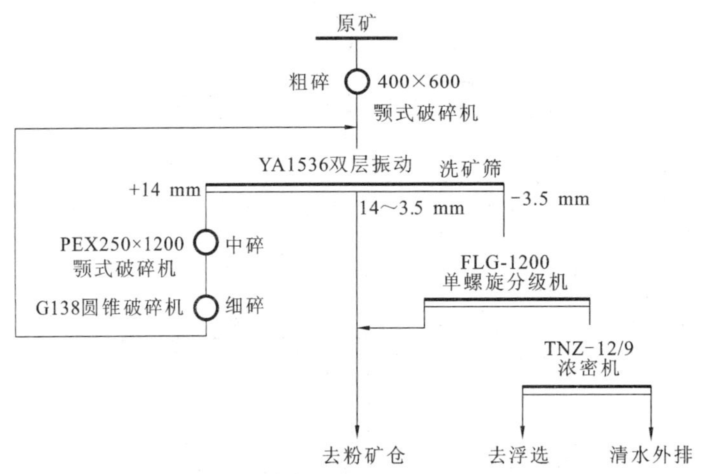

图7－13 望儿山金矿选矿厂破碎洗矿流程

通过洗矿，消除了矿泥造成的设备堵塞现象，显著提高了破碎作业的工作效率和生产能力，使破碎回路的生产能力提高到1250 t/d。此外，通过洗矿，每天使约130 t矿泥直接进入浮选系统，从而减轻了磨矿作业的负荷，降低了能耗，提高了选矿厂的经济效益。

习题

1. 洗矿作业的基本作用是什么？
2. 物料性质对洗矿过程有何影响？如何评价物料的可洗性？
3. 洗矿设备有哪些类型？各适用于处理哪些物料？

第8章 风力分选

内容提要 本章重点介绍物料在空气流中按密度和粒度实现分选的原理和特点、风力分选设备(风力跳汰、风力摇床、风力尖缩溜槽和空气重介质流化床分选机等)的结构和工作原理及其工业应用情况。本章的扩展学习内容是风力尖缩溜槽和空气重介质流化床分选机。

8.1 风力分选的原理和应用领域

8.1.1 风力分选原理

风力分选是以空气作分选介质，在气流和机械振动的作用下，使入选物料(目前主要为原煤、二次资源等)按密度和粒度进行分离。

利用空气作分选介质进行分选的基本方式是，将原料给到倾斜安装的固定的或可动的多孔表面上，借助间断或连续给入的上升气流推动粒群悬浮，并促使按密度发生分层。根据气流的给入方式和设备的运动方向，风力分选有跳汰、摇床和溜槽等工艺之分，但选别过程则与在水介质中的分选有很大不同。

矿粒在分选表面上被气流吹动呈“沸腾”状态，颗粒间的距离较大，位于同一层中的颗粒粒度之比接近或略大于自由沉降等降比，但是颗粒在空气中的自由沉降等降比 e_0要比在水中的小得多，可用下式近似表示：

$$e_0 = \frac{d_1}{d_2} = \frac{P_2 \rho_1'}{P_1 \rho_1} \tag{8-1}$$

例如，对于煤($\rho_1 = 1350\ \mathrm{kg/m^3}$)与矸石($\rho_1' = 2000\ \mathrm{kg/m^3}$)，在粗粒条件下在水中的等降比为3，而在空气中则降为1.5。由于等降比的减小和难以形成高浓度密集的床层，使风力分选不能有效地按静力作用关系分层，这是风力分选精确性不高的主要原因。为了改善分选效果，原料在入选前应按一定要求进行分级。

推动粒群悬浮的总压强包括静压强 P_{st}和动压强 P_{dy}，静压强的大小应达到与床层的重力压强相等，而构成动压强的上升气流速度则超过使粒群松散的最低流速。总压强$\sum P$ 可以用下式表示：

$$\sum P = P_{st} + P_{dy} = h\varphi\rho_1 g + \frac{u_{up}^2 \rho}{2} \tag{8-2}$$

式中 h——松散料层的厚度，m；

φ——松散料层的固体体积分数；

ρ_1——物料的密度，$\mathrm{kg/m^3}$；

ρ——空气介质的密度，$\mathrm{kg/m^3}$；

u_{up}——使粒群松散的空气最低流速，m/s。

风力跳汰机和风力摇床所需的气体压强介于1.5~3 kPa。气流速度与粒群的干涉沉降速度相等。这时自由沉降速度小的颗粒即悬浮在上层，松散度较大；沉降末速大的颗粒则悬浮在下层，具有较小的松散度。入选原料中，高密度矿物的平均沉降速度较大，因而富集到底层。在这里悬浮体密度增大对排除低密度矿物也有一定的作用。

气流速度在分选表面分布均匀与否对分选精确性有很大影响。原料的水分对作业也有很大的影响，当水分超过4%~5%时，颗粒间发生黏结，分选效率和设备处理能力急剧下降。

8.1.2 风力分选的应用

采用空气作分选介质的干法选煤工艺，没有湿法选煤中的脱水和煤泥水处理系统，其基建投资仅为湿法选煤的20%，生产成本仅为湿法选煤的50%。同时，精煤水分低可提高发热量，据测算，水分减少1%与降灰1%是等效的。此外，由于产品水分低，在仓贮、运输过程中不易发生堵塞事故。然而，干法分选的作业环境差，分选效率明显比湿法分选的低，仅适用于处理易选的原煤。

随着环境保护条例的严格执行和对精煤质量(特别是含硫量)要求的提高，促使需要对原煤在低于1500 kg/m^{3}密度的条件下进行深度分选，这一方面制约了常规风力选煤工艺的推广，同时也促进了新的干法选煤设备和工艺的研发工作。例如，美国在20世纪中期风力选煤所占的比例曾达14.6%，设备以风力跳汰为主，但自20世纪60年代中期以后，迅速锐减，目前已较少采用。

为保护环境和实现节能减排，中国正大力推广洁净煤技术，需大力发展原煤分选和加工。在严寒、缺水地区(比如中国西部)，干法选煤仍具有其独特的优越性，且投资省、生产成本低。另外，在城市生活垃圾的资源化综合处理工艺中，废塑料、废纸和废金属的风力分选具有其独特的优越性，目前正处于蓬勃发展和应用中；在粮食加工行业中，常利用风力分选去除粮食中的糠皮和沙石。

尽管风力分选的效率总体不如湿式的高，且在生产中需要复杂的集尘系统，作业也易受污染，这些不利因素曾限制了它的发展，然而，随着矿产资源广泛被开发利用，在干旱地区建立的选矿厂日益增多，某些须用干法处理的矿物原料也在不断扩大产量，特别是在煤炭和废纸、废塑料等二次资源的分选方面，风选有其独到之处，已显示出了较大的发展潜力。

8.2 风力分选装置

8.2.1 简单的风力分选装置

水平式风力分选机的结构示意图和用于废料分选的锯齿形风力分选机的结构如图8－1和图8－2所示，两者的突出优点是构造简单，使用方便。但分选精确度相对较低，常常被用来从固体废弃物中分选出塑料。

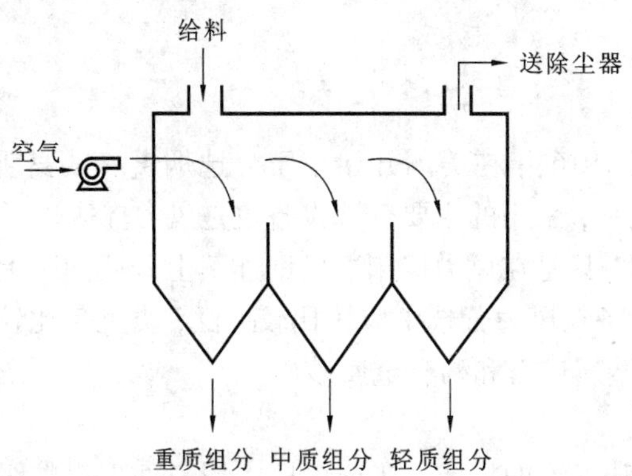

图 8－1　水平式风力分选机的结构示意图

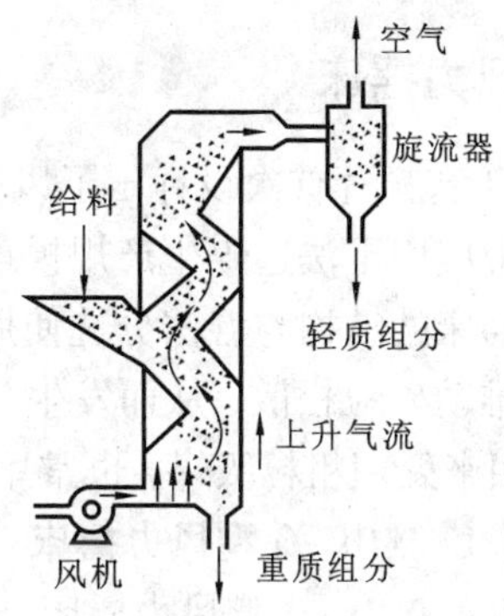

图 8－2　锯齿形风力分选机的结构示意图

8.2.2　风力跳汰机

使用最广泛的风力选煤设备当属美国 R · S 公司的斯坦普风力跳汰机(见图 8－3)。斯坦普风力跳汰机的工作原理与鲍姆跳汰机的相似，原煤从跳汰机一端给到摇动的倾斜筛板上，空气从下部风室脉动地给至筛板下，穿过人工床层使气流均匀分布，原煤在筛板上受脉动气流和机械摇动的作用逐渐分层，高密度矸石在最下层，由 3 个排矸口排出，中煤和精煤分别从筛板末端排出，整个跳汰机是密闭的，在负压下工作。其技术特征和分选效果见表 8－1 和表 8－2。

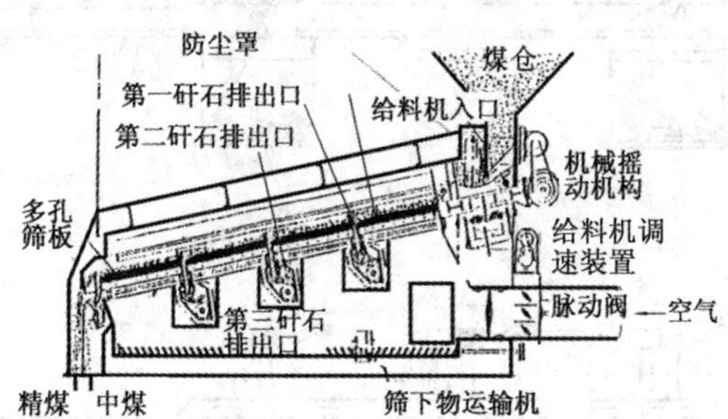

图 8－3　斯坦普风力跳汰机结构示意图

表 8－1　斯坦普风力跳汰机技术特征

项目	指标
入料粒度/mm	50～19,19～6,6～0
筛板尺寸/mm	宽 2400,长 2740
筛板摇动频率/s^{-1}	10
筛板摇动行程/mm	6. 3
筛孔/mm	1.83
风压/kPa	1. 49
风量/($m^3 \cdot min^{-1}$)	274
气流脉动频率/s^{-1}	6.290～150
生产能力/($t \cdot h^{-1}$)	

表 8－2　斯坦普风力跳汰机分选效果

项目	指标	
生产能力/($t \cdot h^{-1}$)	150	90
单位面积生产能力/($t \cdot h^{-1} \cdot m^{-2}$)	20.7	12.4
入料外在水分/%	2.1	4.9
入料粒度上限/mm	50	25
入料中小于 0.5 mm 含量/%	5.0	6.6
入料灰分/%	16.2	15.8
精煤灰分/%	9.1	9.0
矸石灰分/%	40.7	29.9
E_p	0.296	0.312

8.2.3 风力摇床

1905 年塞顿等首次设计出了风力摇床，并于 1916 年在美国开始用于分选烟煤。俄罗斯作为世界上应用干法选煤生产规模最大的国家之一，采用的主要分选设备也是风力摇床。

风力摇床的结构与湿法分选使用的摇床类似，只是在风力摇床上借助连续上升或间断上升的气流推动矿粒松散，从而发生分层。这种设备在风力分选中应用比较广泛，类型也比较多，主要用来处理粗粒级煤，也常用于分选某些金属矿石和稀有金属砂矿。

8.2.3.1 УШ－3 型风力摇床

俄罗斯的 УШ－3 型风力摇床是采用连续上升气流的摇床，在选煤厂中用来处理粗粒级原煤，其构造如图 8－4 所示。

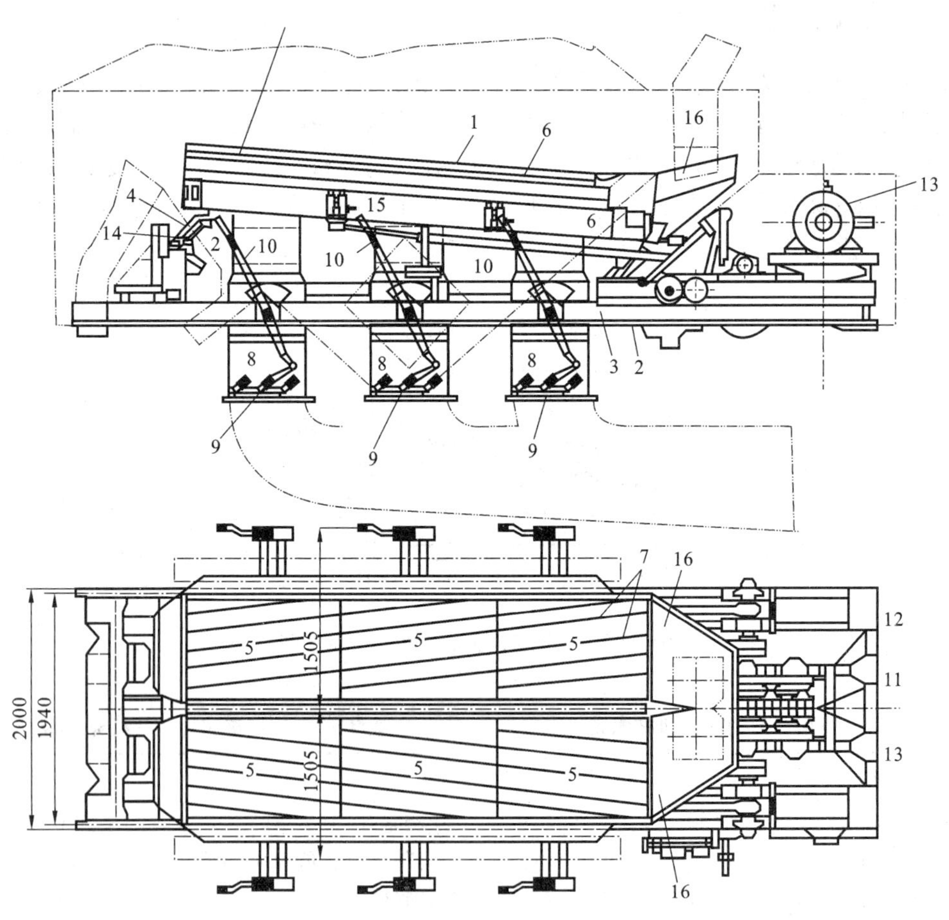

图 8－4 УШ－3 型风力摇床的结构

1—可动床面；2—支架；3—传动装置架；4—弹簧；5—床面各部分；6—筛板；7—来复条；8—导管；9—闸门；10—手柄；11—传动装置；12—减速器；13—电动机；14—调节轴杆；15—槽子；16 一半面可动床面

风力摇床的床面支撑在刀状支架上，床面在纵向分成两半，每一半又分成 3 段，所以床面由 6 部分组成。床面各部分上盖有筛孔为 3 mm 的筛板，筛板上安有和摇床纵轴成 15°角的梯形来复条。每条来复条的高度由传动端向精矿端逐渐降低。从最外侧的来复条起，各个来复条的高度，也是逐渐降低。摇床床面的两个半面都分别向外侧倾斜，而整个床面在纵向升高。

空气由导管送至摇床各部分，用手柄通过杠杆拉动闸门，可以调节给入的空气量。传动机构由电动机带动，并通过偏心连杆推动床面做往复运动。床面的摇动次数可以用变速轮来调节。

入选原煤从传动端给到床面上，在床面的不对称往复运动的作用下，在来复条间运动。在气流的作用下，精煤移至物料层的上层，并向床面的两侧移动。矸石不能被气流吹起，在来复条间向尾端移动，产物在床面上的分布情况如图 8－5 所示。

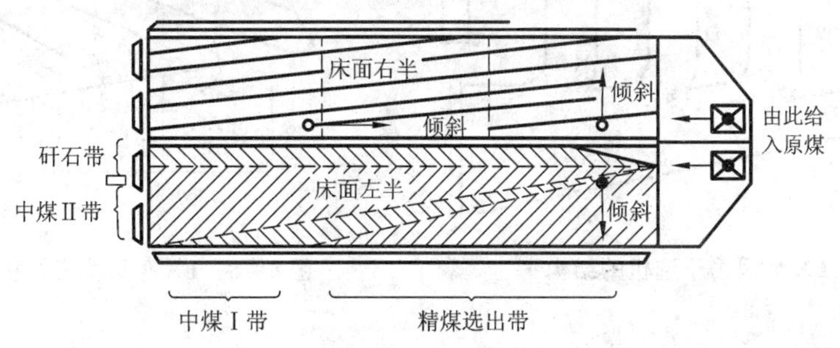

图 8－5　风力摇床产物在床面上的分布图

风力分选的供风和集尘系统，都采用循环的气流。经过风力分选机的气流，因带有大量的粉尘，故首先在集尘设备中进行除尘，然后再用鼓风机送回分选机中继续使用，形成循环的气流。图 8－6 是风力选煤厂广泛应用的供风和集尘系统。

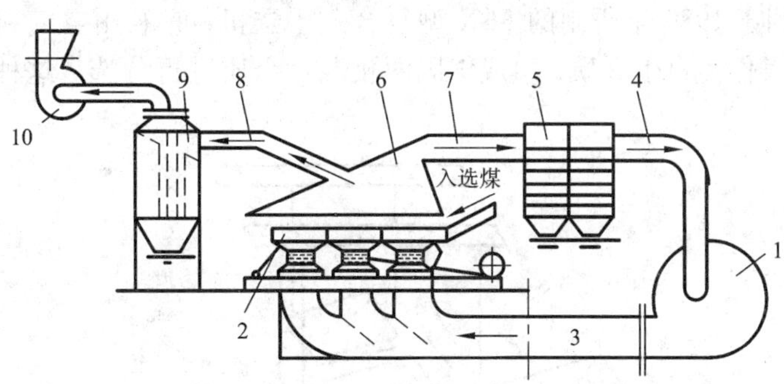

图 8－6　风力摇床的供风和集尘系统

1—鼓风机；2—分选机；3—送风管道；4—吸风管道；5—集尘器；
6—吸尘罩；7—管道；8—管道；9—集尘器；10—抽风机

8.2.3.2　FX 型风力干选机

中国于 1992 年在引进俄罗斯生产技术的基础上，改进生产了如图 8－7 所示的 FX 型风力干选机，其分选原理如图 8－8 所示，入选原煤的粒度范围为 80～6 mm，水分可达到 9%，处理能力为 10 t/m^{2}左右。

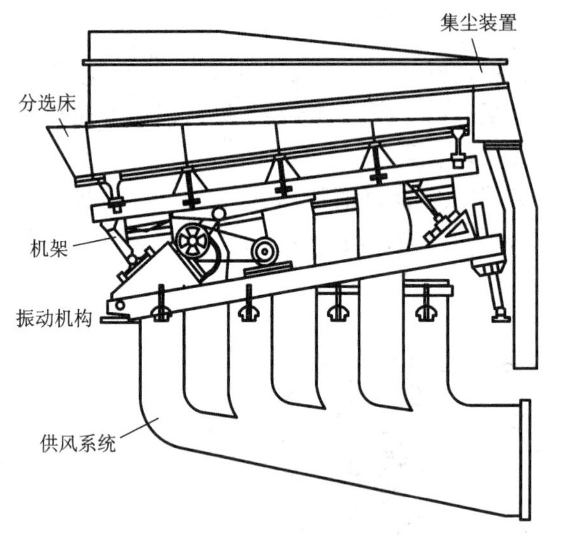

图 8 -7　FX 型风力干选机的结构

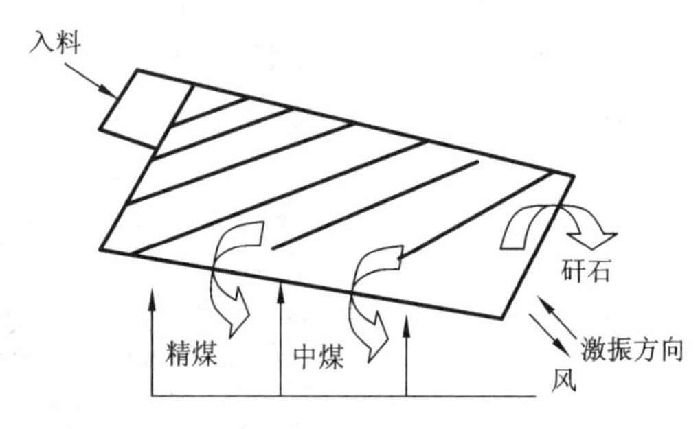

图 8 -8　FX 型风力干选机分选原理

FX 型风力干选机的床面为矩形，上有 10 条格板，构成 11 条平行凹槽。床面纵向由排料端至入料端向上倾斜，横向是向排料侧倾斜。原煤从干选机的入料端给入凹槽，在摇动力和底部上升气流作用下，细粒物料和空气形成分选介质，产生一定的浮力效应，使低密度煤浮向表层。由于床面有较大的横向坡度，表面煤在重力作用下越过平行凹槽经受多次分选，逐渐移至排料侧排出。沉入槽底的矸石从床面末端排出。

8.2.3.3　**FGX 型复合式干选机**

图 8 -9 是中国于 1989 年研制的 FGX 型复合式干选机，它利用空气和入选煤中所含的 6(3) ~0 mm 细粒煤作为自生介质，组成气固两相混合介质进行分选。这种设备借助机械振

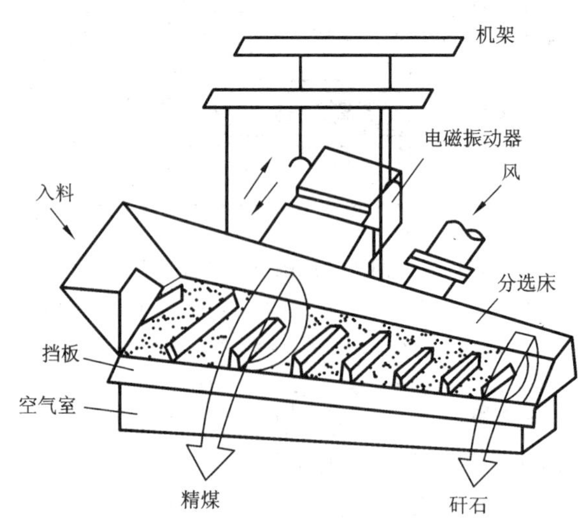

图 8 -9　FGX 系列复合式干选机的结构示意图

动使分选物料做螺旋翻转运动，形成多次分选，充分利用逐渐提高的床层密度所产生的颗粒

相互作用的浮力效应而进行分选。设备的处理能力为7～10 t/m²，入料水分要求<7%，入料粒度为6～60 mm，依靠振动电动机振动，冲程<10 mm，冲次为980 次/min。FGX－12 型干选机的动力消耗为22 kW。

这种设备的分选过程是，给料机把物料送入纵向和横向坡度可调的分选床（由带鼓风孔的床面、反复推送物料的背板、可产生螺旋运动的格条和控制产品质量的格板组成）；振动电动机带动分选床振动；由于床面呈一定角度，加之床面格条的作用，导致物料向背板方向旋转，做螺旋式运动；随着床面宽度的减小，上层物料依密度由小到大逐次排出。

8.2.3.4 FXg 型风力干式分选机

FXg 型干选机的床面与FX 型风力干选机的相同，但激振器和床面结构进行了一些改进。这种设备采用如图8－10 所示的同步带传动差动激振器，一根同步带带4 根轴，轴上装有两对不同偏心块，产生差动，增加了物料的移动速度。FXg 型干选机工作时，可根据煤质情况灵活调节冲程（范围12～24 mm）和冲次（范围250～400 次/min）。由于冲程大且采用了差动运动，FXg 型干选机的单位面积处理能力比同类风力干选机高2～5 t，同时，采用同步带传动也明显降低了噪声。

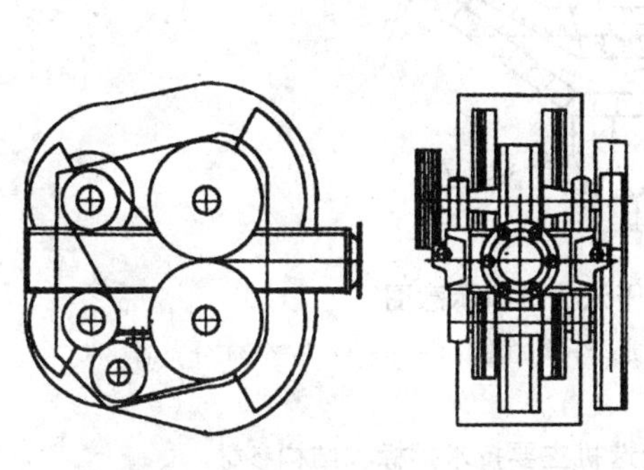

图8－10 FXg 型风力干选机的激振器

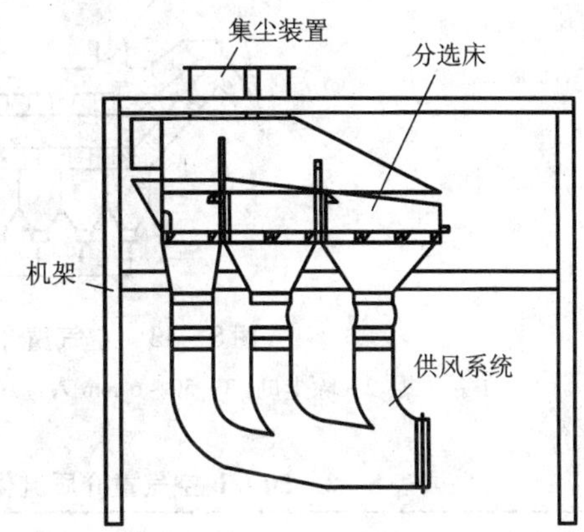

图8－11 FXg 型风力干式分选机的结构

FXg 型干选机的床面结构采用了悬挂式（见图8－11），显著降低了设备自身的质量，大幅度降低了能耗。

8.2.4 风力尖缩溜槽

风力尖缩溜槽是一种与湿式尖缩溜槽结构类似的风选设备，由英国瓦伦·斯普林（Warren Spring）实验室研制成功，其结构如图8－12 所示。

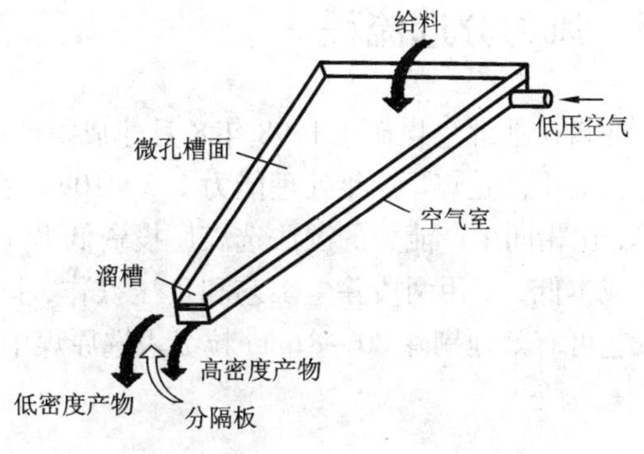

图8－12 风力尖缩溜槽的结构

风力尖缩溜槽的槽面由微孔材料制成，槽面下面有一个空气室。低压空气由槽的一端引入，通过多孔表面向上流动。原料从槽的上端给入，在气流吹动下形成沸腾床，在沿槽面向下运动中发生分层。

分层后的低密度和高密度矿物从槽末端排出时利用分隔板分开。

风力尖缩溜槽亦可像湿式尖缩溜槽那样，由多个单溜槽拼成圆锥面工作。一台直径1.7 m的组合溜槽处理能力可达15～30 t/h。

8.2.5 空气重介质流化床分选机

空气重介质流化床分选机的工作原理与湿式重介质分选设备的类似，其床层分选密度由流化床层的孔隙率、固相加重质的密度决定。对选煤来说，加重质的密度可在1300至2300 kg/m^{3}内任意调节。

图8－13为中国矿业大学研制的50 t/h空气重介质流化床干法分选机的示意图。采用振动给料机将入选原煤(50～6 mm)给入分选机，在均匀稳定的流化床中，入选物料按床层密度分层，低密度物料(精煤)上浮，高密度物料(煤矸石)下沉。刮板输送机分别将浮物和沉物排出机外，完成分选过程。表8－3为空气重介质流化床分选机的主要技术指标和结构参数。

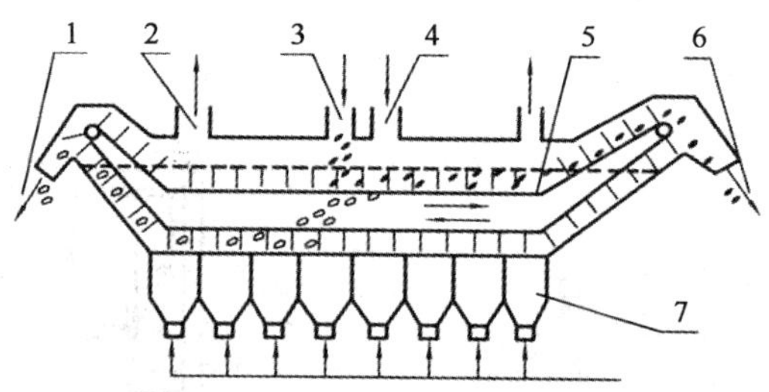

图8－13 空气重介质流化床干法分选机示意图

1—尾煤；2—除尘口；3—50～6 mm入选煤；4—加重质；5—输送链；6—精煤；7—气体分布器

表8－3 50 t/h空气重介质流化床干法分选机主要技术指标和结构参数

处理能力/(t·h^{-1})	可能偏差E_p值	入料粒度/mm	入料外在水分/%	能耗/(kW·h·t^{-1})	水耗/(m^3·h^{-1})	有效宽度/mm	有效长度/mm	床高/mm	机重/kg
50	0.005～0.007	50～6	<5	0.44	0	2000	5000	350	1600

8.3 风力分选流程

龙口矿业北皂煤矿于1998年8月建成投产了国内生产规模最大的第一座采用FX－12型干选机的干法选煤厂，年处理能力1.5×10^6 t，采用的生产流程见图8－14。该生产工艺较为简单，比相同生产能力的湿法选煤厂投资低1/3左右，产品水分低，适应性强，占地面积小，运行成本低，采用两段除尘工艺和负压操作，排入大气的气体含尘量<150 mg/m^3。采用这一工艺可有效地剔除80～8 mm粒级入选原煤中的矸石，精煤灰分较原煤降低了5%～8%。

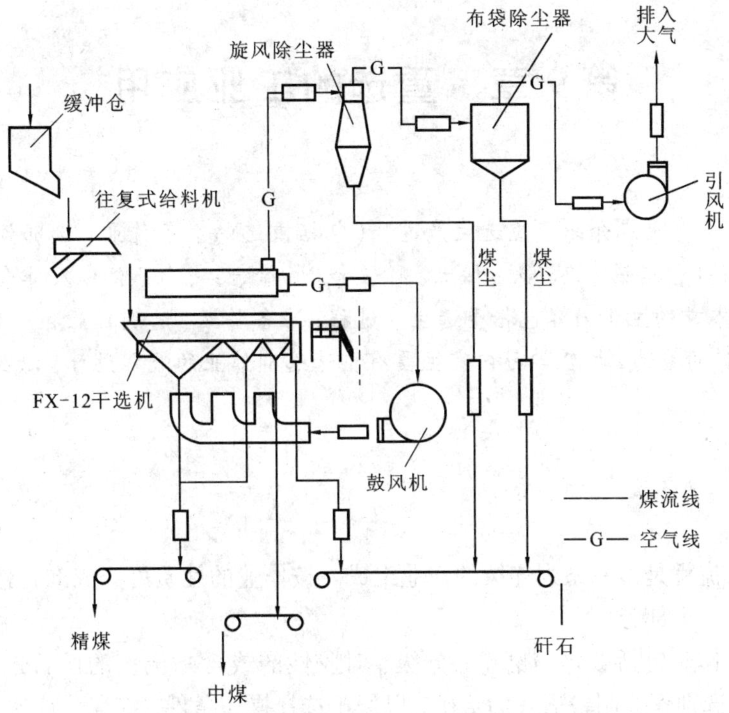

图8-14 北皂煤矿 FX-12型干选机系统设备联系图

习题

1. 风力分选有何特点？试与常规的湿法重力分选方法相比较。
2. 风力分选装置主要有哪些？简述风力跳汰的结构和原理。
3. 简述空气重介质流化床分选机的工作原理、设备结构与应用。

第 9 章　重选的工业应用

内容提要　本章重点介绍了重选生产过程(包括重选的准备作业、选别作业和产品处理作业)和重选工艺(包括锡、钨、钛、稀土、稀散金属、金、铝、铁、锰以及非金属矿石和煤炭的重选处理)。本章的主干内容包括重选生产过程：准备作业、选别作业和产品处理作业，以及锡、钨、金、煤的重选；扩展学习内容主要有重选选别作业的流程设计，以及其他固体矿产资源的重选。

9.1　概述

矿石的重选流程是由一系列连续的作业组成。按作业的性质可分成准备作业、选别作业和产品处理作业 3 个部分。

重选的准备作业包括破碎与磨矿、分级、对胶性的或含黏土多的矿石进行洗矿和脱泥等，其目的是为选别作业制备适宜的给矿，以便于选择操作条件，提高分选效率。

重选的选别作业是矿石分选的主体环节。选别流程有简有繁，简单的流程只由单元作业组成，如重介质分选。处理砂矿的流程也比较简单，常不带有破碎和磨矿作业，而只由几项重选作业组成。处理不均匀嵌布的矿石则常需要采用阶段选别流程，内部结构也比较复杂，这是由于：① 处理不同粒度的矿石应采用不同的工艺设备；② 应用同一类型选别设备时，若矿石粒度范围较宽还应分级入选；③ 多数重选设备的富集比不高，需经多次精选才能获得合格产品。

流程包含的选别段数和内部结构与矿石的产出条件、矿物嵌布粒度、有用成分的价值、含量等有关。处理贫砂矿的流程在粗选阶段应尽量简单，以抛弃尽可能多的尾矿。处理价廉的、矿量大的铁、锰矿石的流程也不宜太复杂。对于那些含有价值高的有色和稀有金属的矿石，为了避免一次磨矿造成过粉碎损失，一般要采用阶段选别流程。选别段数的确定还要考虑到生产规模，以使收益和消耗相适应。

各选别段的流程结构(精选和扫选次数、中矿走向)与入选矿石的品位及对产品的质量要求(产品结构)等有关。重选设备经常要产出多种质量不同的产品(混合精矿、次精矿、富中矿、贫中矿等)，需要进入下一选别段或返回处理。产品的合并地点以质量相近为原则。生产中常是将那些处理能力大而分选精确性不高的设备安置在粗、扫选作业中，而将处理量小、富集比高的设备安置在精选作业中。

重选产品的处理主要指精矿脱水、尾矿输送和堆存。重选精矿基本不含矿泥，脱水作业容易进行。粗、中粒精矿只要在矿槽或坡地上用泄滤的方法即可将表面水脱除，只有细粒级和微细粒级才需要进行过滤，如果产品要装袋输出，还应当予以干燥处理。至于尾矿输送，粗、中粒尾矿可以直接装车外运，细粒级和微细粒级则用砂泵排送到尾矿坝堆存。

在重选生产的流程连接、产品处理、输送过程中，为避免矿浆中的坚硬粗颗粒物料对明槽、管道的磨损，常在明槽内表面衬砌耐磨的铸石板。管道、砂泵内壁可衬砌一层耐磨的铸石粉。对磨损严重的弯管可选用耐磨的橡胶管件。

9.2　锡矿石的重选

锡主要用于焊料、镀锡薄板马口铁、青铜合金的生产等。我国的锡资源储量和产量均居世界首位，2008 年中国锡产量 13.0 万 t。具有工业价值的主要锡矿物是锡石（SnO_2，密度 6800 ~ 7200 kg/m^3），故常用重选法与脉石分离。锡矿可分为砂锡矿和脉锡矿两类。

冲积砂矿一般采用水枪 - 砂泵、电铲 - 推土机、轮工铲斗或采砂船开采。原矿中有用矿物基本已单体解离，因此一般不需要进行破碎与磨矿。采出后的砂矿先经筛分除去不含矿的砾石，对含泥多的矿石再加以脱泥，然后即可送去选别。砂矿中的高密度矿物含量一般不高，故首先应采用处理量大的设备粗选，常用者有大型跳汰机、圆锥选矿机、粗粒溜槽等。经过粗选得到的粗精矿要送到精选车间或中央精选厂处理。精选厂装备有重、磁、浮以及电选设备，可将各种有用矿物分别选出，得到单一矿物的精矿。

自然堆积残坡积砂锡矿，一般含锡 0.3% ~0.5%。这类砂锡矿含泥量大、粒度细，其中 -0.01 mm粒级含量约 50%、锡品位仅为 0.041%，可在入选前作为最终尾矿脱除。

9.2.1　云南砂锡矿的重选

云南锡业集团位于云南省个旧市，所属的个旧矿区属砂锡矿床，占中国锡资源储量的 16%，公元前即有采锡生产。

云南锡业集团所属选矿厂处理的矿石类型主要是残坡积砂锡矿、氧化脉锡矿、锡石多金属硫化矿，还有堆存尾矿。残坡积砂锡矿和氧化脉锡矿的矿物组成相近，且具有锡石粒度细、含泥多的特点，锡、铁矿物结合紧密，伴生的铅、锌、铜、钨、铟、铋、镉等均为难选成分，不易选矿回收。两者相比，脉锡矿的锡品位较高、块矿较多、锡石粒度稍粗及含泥量相对较少。

残坡积砂锡矿的原矿制备系统包括洗矿、破碎、筛分、分级脱泥等作业，其中 +0.037 mm 粒级的分选采用如图 9 - 1 所示的全摇床选别流程，主要包括 3 段磨矿、3 段选别、次精矿集中预先复洗、中矿再磨再选、溢流单独处理等作业；-0.037 mm 粒级的分选系统包括离心选矿机粗选、皮带溜槽精选、刻槽矿泥摇床或六层悬面式矿泥摇床扫选等作业（见图 9 - 2）。全厂生产指标：原矿锡品位 0.3% ~0.53%，锡精矿品位 45% ~50%，锡总回收率 53% ~57%，其中矿泥系统锡回收率占 13%。

9.2.2　广西脉锡矿的重选

柳州华锡集团大厂锡矿位于广西南丹县，属特大型锡石 - 多金属硫化物类碳酸盐型锡矿床，其锡资源储量占中国总量的 17%，锡、铟、锑保有储量居全国第一，其中铟居世界第一，铅、锌储量名列全国前茅，此外还伴生有硫、砷、银、镓、镉、金等。矿石中有用矿物种类多而复杂，主要有锡石、铁闪锌矿、脆硫锑铅矿、黄铁矿、磁黄铁矿等，矿石的品位高、综合利用价值大，但矿石难选程度非常少见。

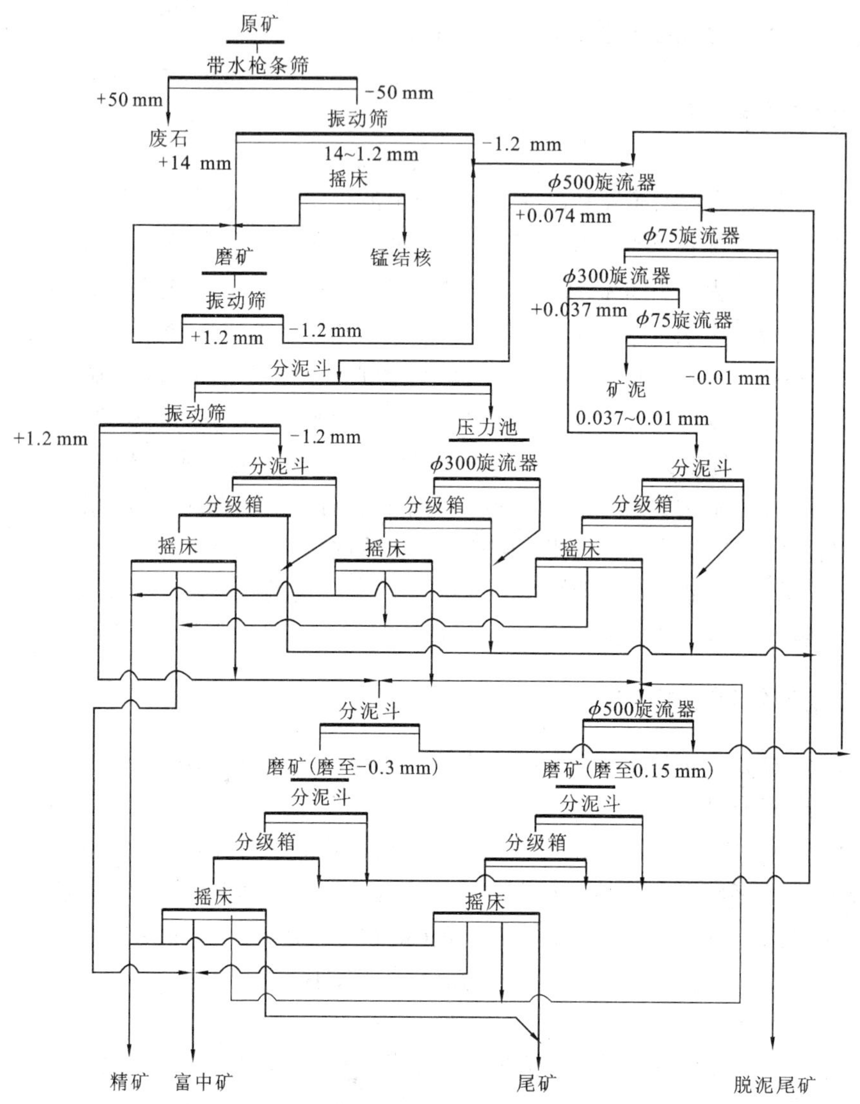

图 9 – 1　分选残坡积砂锡矿的重选流程矿砂系统

目前柳州华锡集团拥有 3 座选矿厂，其生产规模分别为长坡选厂 1600 t/d、车河选厂 5000 t/d、巴里选厂 1000 t/d。长坡选厂处理细脉带的矿石，采用“重 – 浮 – 重”流程；车河选厂处理 91 号富矿体和 92 号细脉带的贫矿石，也采用“重 – 浮 – 重”流程(见图 9 – 3)；巴里选厂处理 91 号富矿体和 100 号特富矿体的矿石，采用的工艺流程如图 9 – 4 所示。

从图 9 – 3 中可以看出，车河选矿厂在处理贫锡矿石时，采用前重选作业中的跳汰、螺旋溜槽和圆锥选矿机进行预选，抛除大量的粗粒尾矿，减少入磨的矿石量，从而大幅度提高了选矿厂的处理能力和锡金属产量，同时也大幅度降低了选矿生产成本。大部分的锡金属在重选系统回收，细泥系统采用旋流器先脱除 – 20 μm 粒级的矿泥，然后再浮选脱硫，最后浮选锡，细泥系统回收的锡对选矿厂处理原矿的回收率为 8%。

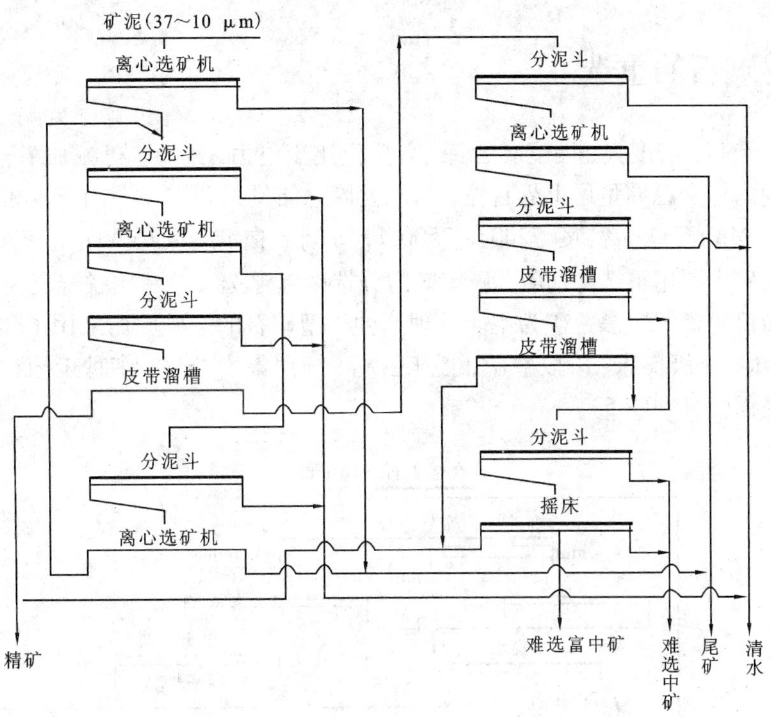

图 9－2　分选残坡积砂锡矿的重选流程矿泥系统

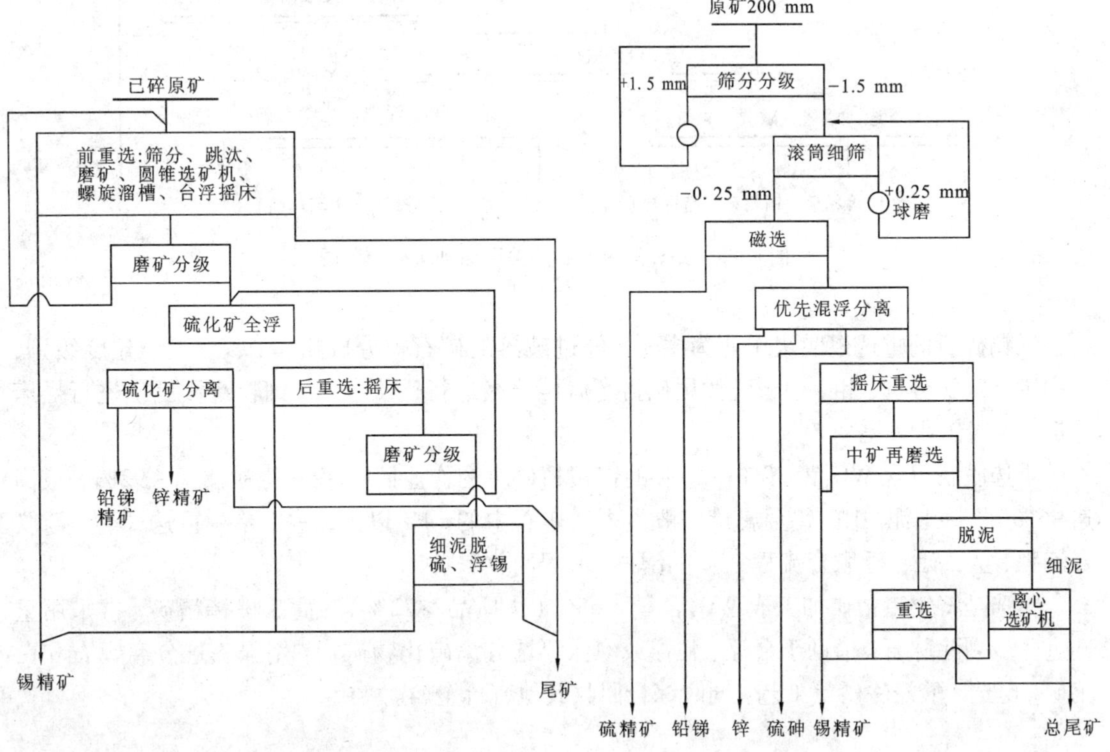

图 9－3　车河选厂处理 92 号细脉带贫矿石的流程图　　图 9－4　巴里选厂处理 100 号特富矿体矿石的流程

9.3 黑钨矿石的重选

钨具有熔点高、密度大、硬度高的特点，广泛用于电力、冶金、机械加工、刀具制造、军事等领域。中国钨资源储量居世界首位，约占世界总储量的61%。具有工业价值的钨矿物是黑钨矿[(Fe, Mn)WO_4，密度7200~7500 kg/m^3]、白钨矿($CaWO_4$，密度5900~6200 kg/m^3)。黑钨矿主要用重选法回收，白钨矿的分选则以浮选或浮-重联合流程为主。

江西省的钨矿资源以黑钨矿为主。处理这种类型矿石的选矿厂均采用了预先富集、手选丢废、3级跳汰、多级摇床、阶段磨矿、摇床丢尾、细泥集中处理、多种工艺精选、矿物综合回收的选矿流程(见图9-5)。

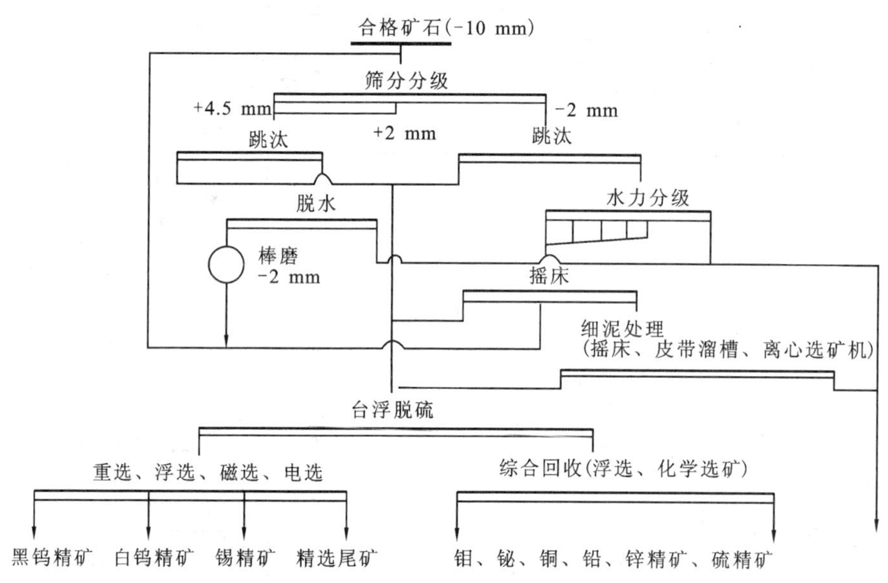

图9-5 处理黑钨矿石的典型原则选矿流程图

黑钨矿石的重选以跳汰作业为主干，经过破碎的矿石被分成粗、中、细3个粒度级别，分别进行跳汰分选，粗、中粒跳汰尾矿再磨后再分级进行跳汰分选，细粒跳汰尾矿进行摇床分选，摇床作业丢尾。

重选段获得含WO_3为30%~35%的钨粗精矿时的作业回收率一般为88%~92%，最高达96%。"钨细泥"中的钨金属量一般占入选矿石中的14%以上，常用单一重选、重-浮联合流程、重-磁-浮联合流程、选-冶联合流程回收。

精选是将钨粗精矿加工成WO_3含量>65%(优质品>72%)的商品黑钨精矿，常采用重选进一步剔除脉石，借助于台浮、粒浮或泡沫浮选分离硫化物矿物，用强磁选分离锡石和白钨矿，电选、酸浸除磷等工艺，同时综合回收其他有价金属。

9.4 锑矿石的重选

锑及锑化合物首先应用于耐磨合金、印刷铅字合金等材料的制备。随着科学技术的发展，现在已被广泛用于生产各种阻燃剂、搪瓷、玻璃、橡胶、涂料、颜料、陶瓷等。主要的含锑硫化物矿物是辉锑矿（Sb_2S_3），常用浮选进行回收；锑氧化物矿物主要是黄锑华（$Sb_2O_4 \cdot H_2O$，密度4500～5500 kg/m^3），常用重选方法进行分选。中国锑资源储量和锑的产量均居世界首位。

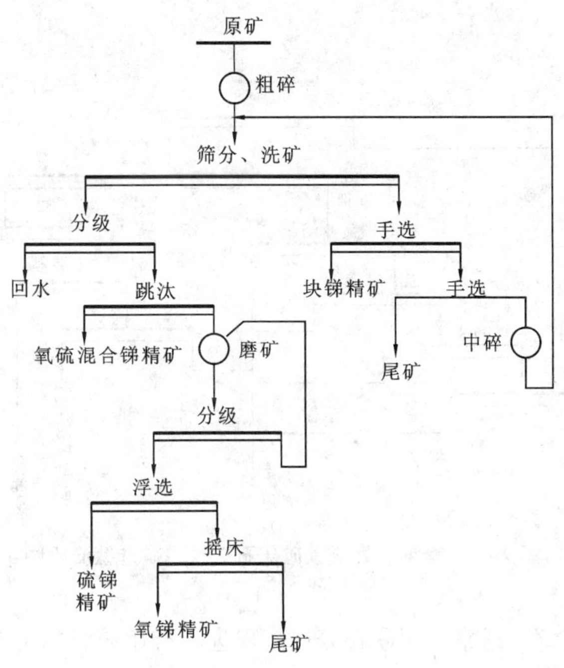

图 9－6 锡矿山锑矿北选厂硫化－氧化混合锑矿石的选矿流程图

锡矿山锑矿位于湖南省冷水江市，是世界上最大的锑矿。所属的北选厂处理的矿石为硫化－氧化混合锑矿石，采用如图 9－6 所示的手选－重选－浮选－重选流程，在原矿锑品位为 3.74% 的条件下，生产出锑品位为 17.48% 的总锑精矿，锑的总回收率为 83.22%。

9.5 钛矿石的重选

钛矿物主要有钛铁矿（$FeTiO_3$，密度 4500～5500 kg/m^3）和金红石（TiO_2，密度 4100～5200 kg/m^3），其最主要的用途是制造钛白粉颜料，其次是生产焊条皮料和海绵钛。中国的钛铁矿资源丰富，金红石资源较少。

金红石主要产于海滨砂矿床。这类矿床产出的矿物颗粒圆度较大，且含泥质物很少，但砂层下面则存在砾石堆积，位于海岸线以上的海成砂矿还常有泥土混杂。海滨砂矿是获得钛、锆、铌、钽以及稀土元素的重要来源。

处理钛矿石的典型选矿厂有北海选矿厂、乌场钛矿选矿厂、攀钢公司选钛厂等。

北海选矿厂位于广西北海市，主要处理收购的内陆钛铁矿砂矿粗精矿和海滨金红石砂矿精矿。生产流程为磁选－电选－重选－磁电选，经精选后，钛铁矿精矿品位可达 TiO_2 53%，金红石精矿品位可达 TiO_2 58%。

乌场钛矿位于海南省，是我国海滨钛砂的主产地，矿石中的有用矿物主要是钛铁矿、金红石和锆石，采用移动式采选联合装置生产，圆锥选矿机粗选、螺旋溜槽精选获得粗精矿后，再集中送精选厂用重－磁－电－浮联合流程分离出钛铁矿精矿和金红石精矿。

攀枝花钒钛磁铁矿位于四川省攀枝花市，是世界最大的伴生钛矿床，TiO_2储量5亿多吨。选矿厂首先用磁选法从原矿中分选出铁精矿，然后从选铁尾矿中分选钛铁矿，采用的生产流程如图9－7所示。生产中可获得含TiO_2>47%的钛铁矿精矿，选钛总回收率约20%。

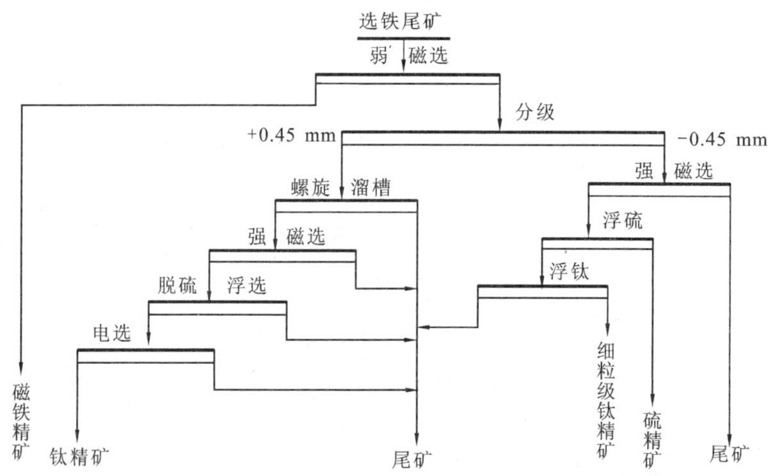

图9－7　攀钢钒钛磁铁矿矿石选铁尾矿选钛流程图

对于海滨金红石砂矿，通常采用联合分选流程进行有用矿物的综合回收，国外一典型的联合选矿厂的工艺流程如图9－8所示。

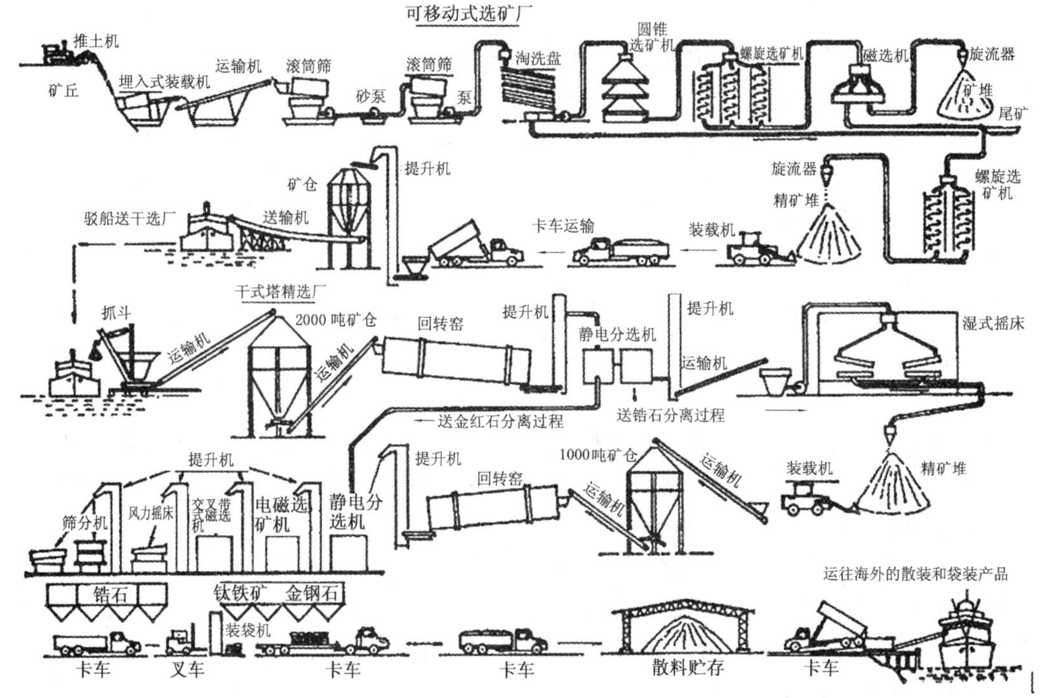

图9－8　金红石海滨砂矿联合选矿厂的设备联系图

9.6 稀土砂矿和稀散金属矿石的重选

9.6.1 稀土砂矿的重选

稀土金属是指镧系15种元素和钇的总称。目前，冶金、石化行业等是稀土消费的热点。稀土高温超导材料正向实用化迈进。中国稀土资源储量占世界总量的80%以上，稀土产量居世界首位，有"稀土王国"之称。

广东省阳西县南山海稀土矿石产自北部湾的海滨砂矿床。矿砂中所含的金属矿物主要有独居石、磷钇矿、锆石、金红石、白钛矿、钛铁矿及锡石等，脉石矿物有石英、长石、云母、电气石等。原矿中大于0.15 mm的颗粒占78%，但稀土金属矿物则主要分布在小于0.15 mm粒级中。除磷钇矿粒度稍粗外，大部分有用矿物赋存在0.125~0.06 mm粒度范围内，而且赋存状态分散，除较多部分形成结晶颗粒外，还有不少的REO(稀土氧化物)、ZrO_2、TiO_2是以细小的包裹体或类质同象、离子吸附等形式分散于脉石矿物中。

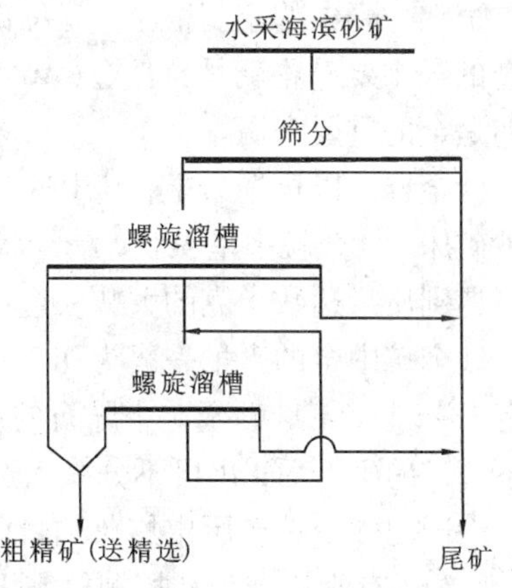

图9-9 南山海稀土矿石粗选工艺流程图

用水枪-砂泵开采出的矿石，在两个采场就地进行重选处理，生产工艺流程如图9-9所示。采用可移动式组合螺旋溜槽流程，目的在于节能和便于搬迁，重选粗精矿中含独居石、磷钇矿、锆石、金红石和钛铁矿，将其送往精选车间。精选工艺包括重选、磁选、电选、浮选等方法，可分出独立的精矿。

9.6.2 稀散金属矿石的重选

稀散金属主要指锂、铍、钽、铌、锆、铪、锗、镓、铟、铼、铊，主要用于军事、电子、电力、冶金、机械、化工等技术领域，其中前6种稀散金属具有独立矿床，其余主要以伴生元素形式存在于其他矿床中。

江西省宜春钽铌矿是我国最大的钽矿床，矿床类型为含铌钽铁矿的锂云母化、钠长石化花岗岩型矿床。脉石矿物主要是长石、石英。江西省宜春钽铌矿选矿厂的规模为1500 t/d，生产流程为重选-浮选-重选联合流程，分别获得钽铌精矿、锂云母精矿、长石粉(玻璃原料)3种产品。钽铌重选采用旋转螺旋溜槽和摇床；锂云母浮选采用混合胺做捕收剂，浮选尾矿用螺旋分级机脱泥后得到长石粉。选矿厂的钽铌生产指标为：原矿品位($Ta_2O_5+Nb_2O_5$)为0.373%，精矿品位为51.13%、回收率为56.13%。

中国另一个含稀散金属的矿床是位于新疆阿勒泰地区富蕴县的可可托海，其3号脉曾是世界上最大的花岗伟晶岩型矿床，富产锂、铍、钽、铌、钯、铷、锆、铪等20余种稀散金属，矿脉长2250 m、宽1500 m，厚20~60 m，规模巨大，品位高，矿物种类多，著称于地质界。

可可托海选矿厂于1976年投产，生产规模为750 t/d，其中铍系列的生产规模400 t/d，采用重-浮联合流程，选出钽铌粗精矿和绿柱石(铍)精矿，铍的选别指标为：原矿含BeO约0.1%，绿柱石精矿含BeO 7.35%，BeO的回收率为60%；锂系列的生产规模为250 t/d，同样是采用重－浮联合流程，获得的锂辉石精矿含 Li_2O 达 6%，Li_2O 的回收率为 86.50%；钽铌系列的生产规模为 100 t/d，采用重－磁－浮联合流程，获得的钽铌精矿含（Ta_2O_5 + Nb_2O_5）50% ~60%、回收率为 62%。

9.7 含金冲积砂矿的重选

金、银、铂等贵金属主要用于国际货币及首饰、摄影感光胶片、电工触点材料、电子元件、化工催化剂等。中国的黄金资源比较丰富，保有储量居世界第 4。

金在地壳中的丰度很小，克拉克值仅为 5×10^{-7} g/t。金的化学性质非常稳定，在自然界中金的最主要矿物就是自然金（Au，密度 17500 ~ 18000 kg/m^3），除产在脉金矿床中之外，砂矿亦是金的重要来源。

砂金选矿以重选为主，其中冲积砂金以采金船为主，陆地砂金以溜槽和洗选机组为主。在砂矿床中，金粒多呈粒状、鳞片状以游离状态存在。粒径通常为 0.5 ~ 2 mm，极少数情况也可遇到质量达数十克的大颗粒金，也有极微细的肉眼难以辨认的金粒。

砂金矿中金的含量一般为 0.2 ~ 0.3 g/m^3，密度大于 4000 kg/m^3 的高密度矿物含量通常只有 1 ~ 3 kg/m^3。砂金矿中脉石的最大粒度与金粒比较相差极大，甚至达到千余倍，但在筛除不含矿的砾石后，仍可不分级入选。

中国的砂金选矿历史悠久。目前的采选方法以采金船为主，占到砂金总开采量的 70% 以上，其次还有水枪开采和挖掘机露天开采，个别情况采用井下开采。采金船均为平底船，上面装备有挖掘机构、分选设备和尾矿输送装置。典型的采金船结构如图 9－10 所示。

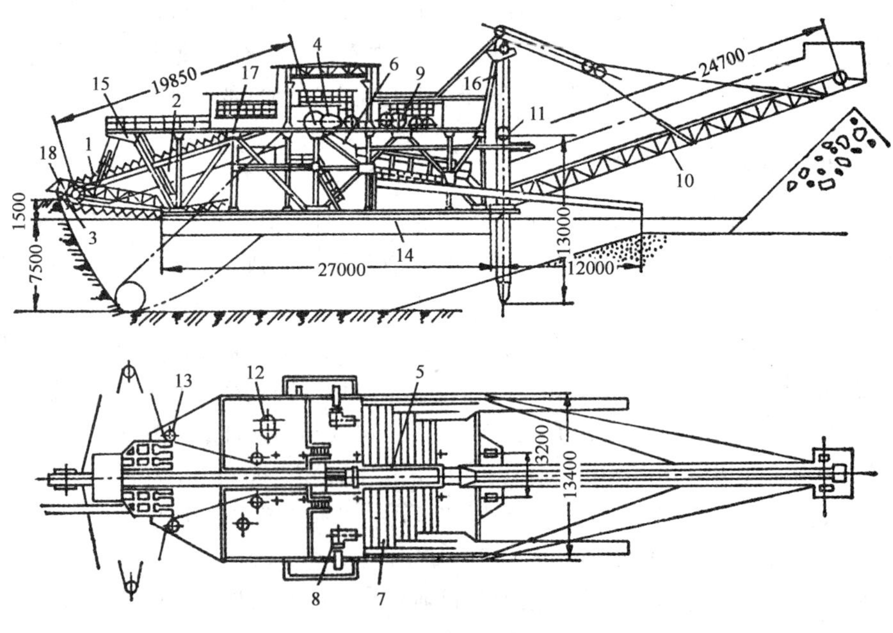

图 9－10 采金船的结构示意图

1—挖斗链；2—斗架；3—下滚筒；4—主传动装置；5—圆筒筛；6—受矿漏斗；
7—溜槽；8—水泵；9—卷扬机；10—皮带运输机；11—锚柱；12—变压器；13—甲板滑轮；
14—平底船；15—前桅杆；16—后桅杆；17—主桁架；18—人行桥

采金船可漂浮在天然水面上，亦可置于人工挖掘的水池中。生产时一面扩大前面的挖掘场，一面将选出的尾矿填在船尾的采空区。根据挖掘机构造的不同，采金船可分为链斗式、绞吸式、机械铲斗式和抓斗式4种，以链斗式应用最多。链斗由装配在链条上的一系列挖斗构成，借链条的回转将水面下的矿砂挖出，并给到船上的筛分设备中。链斗式采金船的规格以一个挖斗的容积表示，在50至600 L之间。小于100 L的为小型采金船，100～250 L的为中型采金船，大于250 L的为大型采金船。船上的选矿设备主要有圆筒筛、矿浆分配器、粗粒溜槽、跳汰机、摇床等。选矿流程的选择与采金船的生产能力和砂矿性质有关，主要有如图9－11所示的4种。

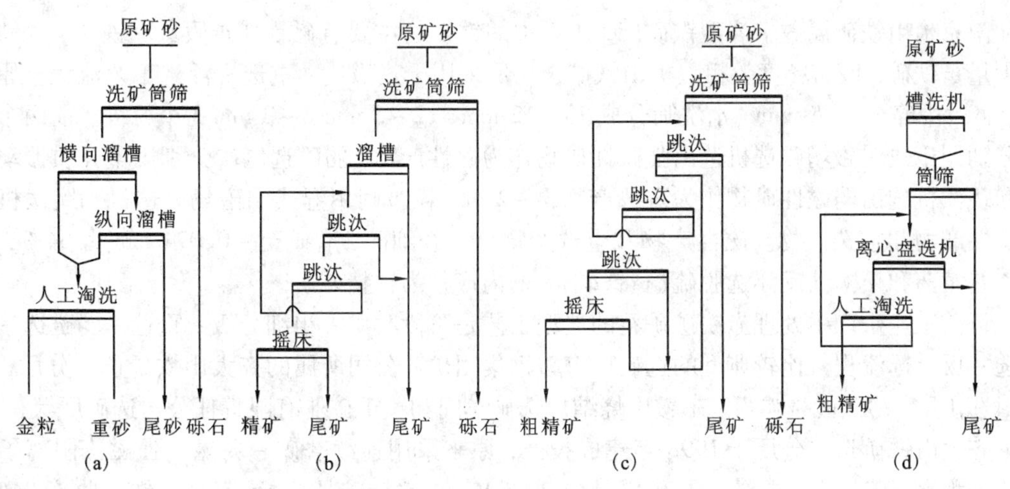

图9－11　采金船上常用的生产流程

(a)—固定溜槽流程；(b)—溜槽－跳汰－摇床流程；(c)—3级跳汰流程；(d)—离心盘选机流程

固定粗粒溜槽流程是在沿船身配置的圆筒筛两侧对称地安装横向溜槽和纵向溜槽。由链斗挖出的矿砂直接卸到圆筒筛内，筛上砾石卸到尾矿皮带上，输送到船尾。这种流程结构简单、造价低，在小型采金船上应用较多，金的回收率在58%至75%之间。

溜槽－跳汰－摇床流程多用在小型及部分中型采金船上。溜槽为固定的带格胶带溜槽，跳汰机可采用梯形跳汰机、旁动型隔膜跳汰机、圆形和矩形跳汰机等，金的选别回收率可达79%～85%。

3级跳汰流程是大、中型采金船较常应用的流程。在大型采金船上第1级可以安装两台九室圆形跳汰机，第2级安装1台三室圆形跳汰机，第3级采用二室矩形跳汰机。在中型采金船上第1级安装1台九室圆形跳汰机，第2、3级依次为矩形跳汰机和旁动型隔膜跳汰机。采用3级跳汰流程时，金的回收率可达90%以上。

离心盘选机流程的主体分选设备是离心盘选机或离心选金锥，设备的工作效率高，占地点面小，回收率可达85%～90%，是中、小型采金船的常用生产流程。

为增加采金船生产效率，采金船产出的重砂(重选粗精矿)可集中输送到岸上的固定精选厂进行精选，使金与其他高密度矿物分离。

陆地砂金可采用推土机表土剥离露天开采，选矿则以溜槽和洗选机组为主。黑龙江省富克山金矿位于冻土发育的漠河县境内，该矿引进了俄罗斯ПКБⅢ－100型洗选机组，其最大生产能力为100 m^3/h，最大耗水量为220 L/s，金的选矿回收率为75%，安装总功率为319 kW。ПКБⅢ－100型洗选机组的工作过程为：推土机或汽车将矿砂运至槽式给矿机，再均匀地通过皮带机输送到圆筒筛洗矿机中进行碎散、洗矿、筛分，筛上产品（+60 mm）由皮带机排至尾矿堆，筛下产品经双层筛筛分后，20～60 mm 粒级的物料进粗粒溜槽选别，-20 mm粒级的物料进细粒溜槽选别，两溜槽尾矿进尾矿堆，溜槽精矿送精选厂精选。

9.8 黑色金属矿石的重选

9.8.1 铁矿石的重选

南京梅山铁矿属矽卡岩型铁矿床，矿石中的铁矿物主要有磁铁矿、假象赤铁矿、菱铁矿和少量黄铁矿，嵌布粒度较粗。梅山铁矿选矿厂采用干式磁选-重选-浮选工艺流程。原矿经粗碎、中碎至 -70 mm，水洗筛分成70～12 mm、12～2 mm、-2 mm 3 个粒级。前两个粒级分别用干式弱磁场磁选机选出强磁性矿物作为磁性产物，弱磁选尾矿分别用重介质振动溜槽和跳汰机选出弱磁性矿物作为重选产物；-2 mm 粒级则用湿式弱磁场磁选机和跳汰机分出磁性产物和重选产物。磁性产物和重选产物合并经细碎、磨矿至-0.074 mm 占 64%，加入乙基黄药和松醇油反浮选脱硫（黄铁矿），槽内产物为铁精矿。

目前工业生产中处理赤铁矿矿石的典型工艺是阶段磨矿-粗细分级-重选-弱磁选-强磁选-反浮选流程。比较典型的选矿厂有鞍钢集团矿业公司所属的齐大山铁矿选矿分厂、齐大山选矿厂、弓长岭选矿厂、东鞍山烧结厂选矿车间和鞍千矿业有限责任公司选矿厂等。

齐大山铁矿选矿分厂于1998 年建成投产，原来采用连续磨矿-弱磁-强磁-阴离子反浮选流程，选矿技术指标为：原矿铁品位 29.69% ，铁精矿品位 66.50%，铁回收率 84%；2007 年改为阶段磨矿-粗细分级-重选-弱磁选-强磁选-阴离子反浮选流程（见图9-12），选矿技术指标为：原矿铁品位 28%，精矿铁品位 68%，尾矿铁品位 11%。

9.8.2 锰矿石的重选

锰矿石中的含锰矿物主要有软锰矿（MnO_2，密度 4300～5000 kg/m^3）、硬锰矿（mMnO · $MnO_2 \cdot nH_2O$，密度 4900～5200 kg/m^3）、菱锰矿（$MnCO_3$，密度 3300～3700 kg/m^3）。此外，大洋深部还分布有大量多金属锰结核。依据矿石中矿物的自然类型和所含伴生元素，通常将锰矿石分为碳酸锰矿石（碳酸盐锰矿物占总含锰量的 85% 以上）、氧化锰矿石（氧化锰矿物占总含锰量的 85% 以上）、混合锰矿石及多金属锰矿石。

中国的氧化锰矿多为次生锰帽型、风化淋滤型和堆积型矿床。这类矿石以往只采用简单的洗矿法处理，随着新技术和设备的发展，现主要用洗矿-重选流程、洗矿-强磁选流程或洗矿-重选-强磁选流程处理。

广西靖西氧化锰矿的矿石中，锰矿物以软锰矿和硬锰矿为主，脉石矿物有石英、高岭石、水云母等；选矿厂采用重选-强磁选-重选流程，如图 9-13 所示，处理的原矿的锰品位为34.22%～38.86%，选出的锰精矿的锰品位为 37.02%～48.43%。

同处于广西的大新锰矿是中国最大的碳酸锰矿床之一，其上部为风化锰帽型氧化锰矿石。大新锰矿选矿厂采用洗矿-重选-磁选工艺流程，原矿经洗矿和跳汰分选后，5～0.8 mm采用 CS-2 型强磁场磁选机分选，0.8 mm 以下采用 SHP-1000 型强磁场磁选机分选，获电池锰和冶金锰产品。

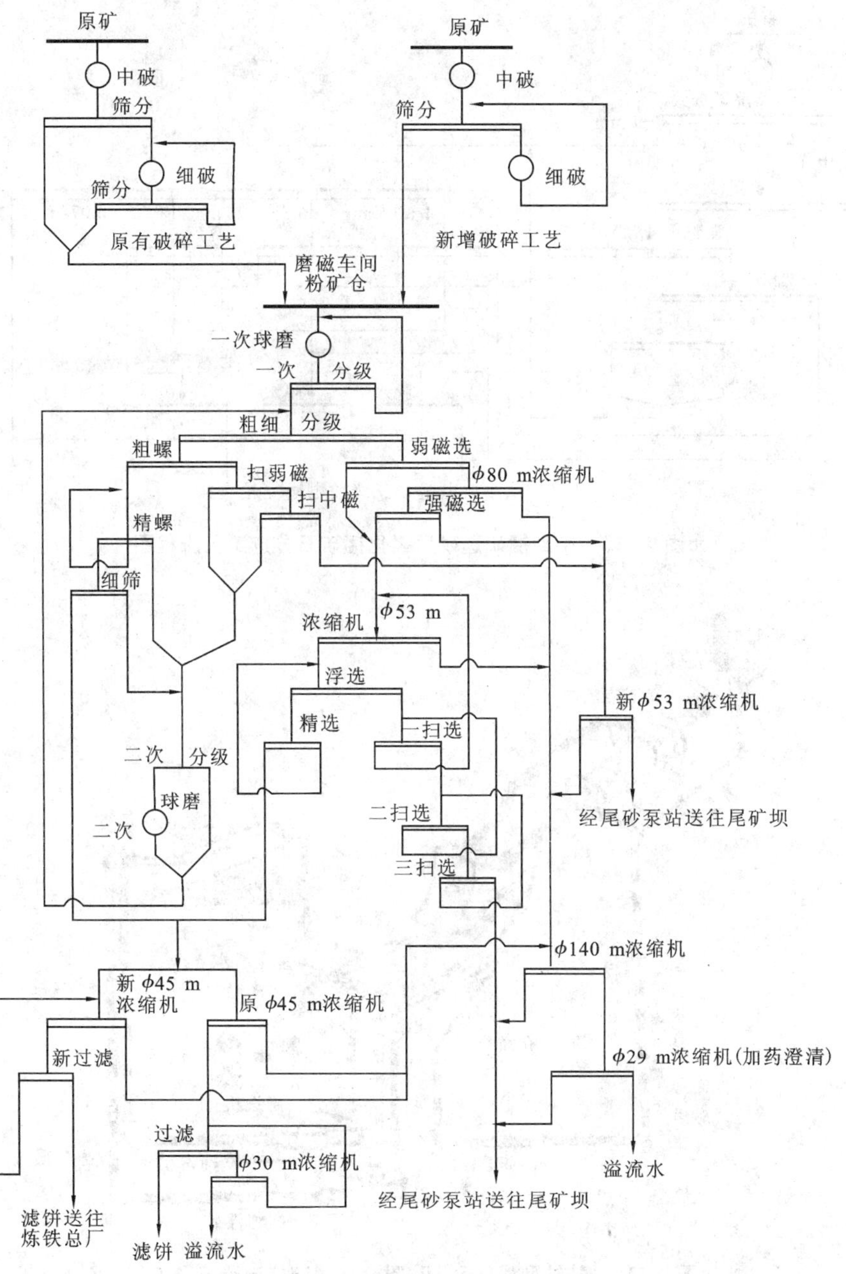

图 9－12 齐大山铁矿选矿分厂的生产流程图

国外对简单的氧化锰矿石，仍以洗矿、重选为主。南非戈帕尼锰矿采用水力旋流器脱泥和螺旋洗矿机分选流程，从含 MnO_2 20% 的细粒尾矿中，生产出含 MnO_2 40% 的精矿。巴西的塞腊·多纳维奥锰矿采用两台直径 φ 400 mm 的狄纳型涡流旋流器处理 6～0.8 mm 的粉矿，以硅铁作加重质，重悬浮液的密度为 2800～3200 kg/m^3。分选流程及重介质循环过程见图 9－14。

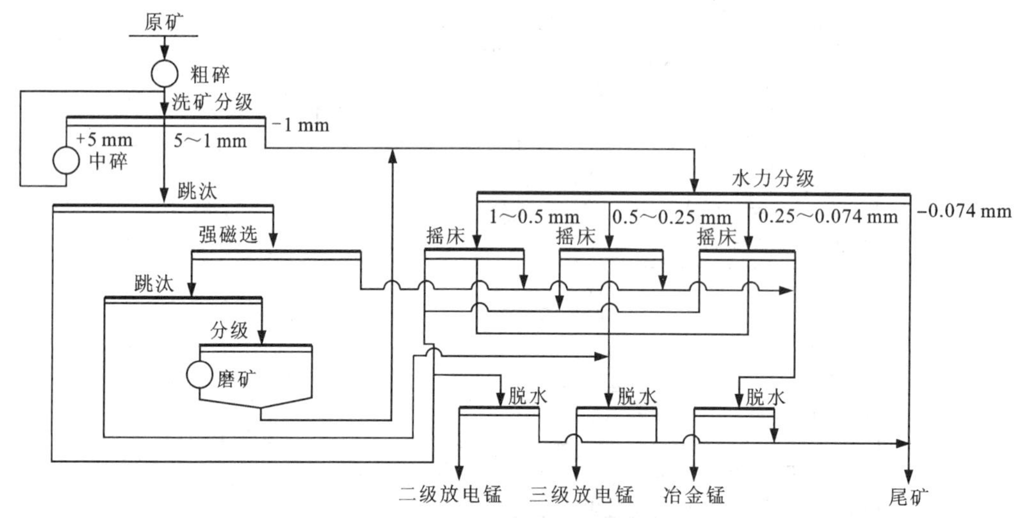

图 9-13　靖西锰矿选矿厂氧化锰矿石分选工艺流程图

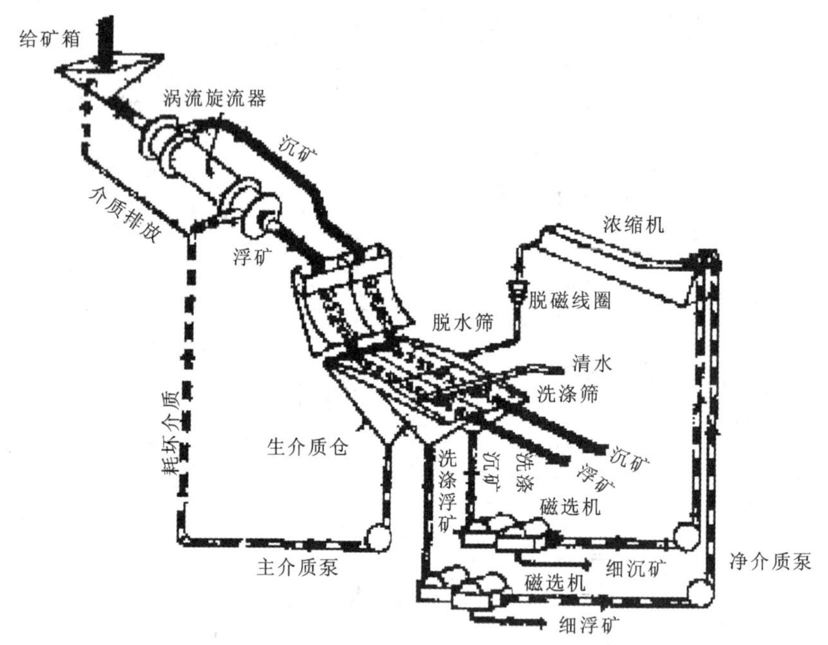

图 9-14　狄纳型(D. W. P)重介质涡流旋流器分选流程

9.9　铝土矿的重选

世界上铝的产量仅次于钢铁，是消费量最大的有色金属，广泛用于电力、建筑、交通、包装等工业领域。铝土矿是生产氧化铝进而生产金属铝的主要原料。中国铝土矿资源量居世界中等水平，但一水硬铝石（$Al_2O_3 \cdot H_2O$，密度 3000～3500 kg/m^3）型矿石占全国总储量的98%以上，这类矿石加工难度大，能耗高。其中广西、云南的岩溶风化堆积型铝土矿适合应用洗矿工艺处理。

广西平果铝业公司位于广西平果县，所属的铝土矿矿床类型是岩溶风化堆积型铝土矿床，矿石属中铝低硅高铁型，矿泥含量高，一般在 44.21% ~ 75.92%，平均含泥率为 63.5%，黏土塑性指数平均为 22.8，需经过洗矿脱泥，才能向氧化铝厂提供合格的矿石。1995 年投产的一期工程，选矿厂的设计生产能力为 4.16×10^6 t/a，设计原矿平均铝硅比(A/S)为 9.62。选矿厂处理的矿石的主要矿物组成为一水硬铝石 60.9%、三水铝石 1%、高岭石 9.5%、绿泥石 4.2%、针铁矿 16.8%、赤铁矿 4%、水针铁矿 1%。原矿中 +1 mm 粒级占 45% 以上，-0.074 mm 粒级占 50% 左右，且黏土矿物主要分布在矿泥中。

选矿厂采用洗矿流程处理原矿，即原矿先入圆筒洗矿机产出 +50 mm 块精矿，矿砂部分经筛分，+3 mm 产物经 2200 mm × 8400 mm 槽式洗矿机复选，粗砂破碎复洗，-3 mm 产物经分泥斗脱泥，沉砂入小槽式洗矿机复选，最终获得产率为 51.5%、含 Al_2O_3 63.49%、A/S 为 19.37 的铝土矿精矿。洗矿矿泥经浓密机浓密后输送到尾矿库，浓密机溢流水返回洗矿作业。

2003 年二期工程投产后可年产 85 万吨氧化铝，优化后的洗矿流程见图 9 - 15。原矿先入 ϕ2200 × 7500 (mm)带筛条的圆筒洗矿机，产出 +50 mm 块精矿，并手选剔除大块难碎泥团。圆筒洗矿机采用聚氨酯凸纹波型衬板，洗矿冲洗水压为 0.44 MPa。-50 mm 粒级送 2200 × 8400 (mm)槽式洗矿机复选，产出 +1 mm 砂精矿，洗矿冲洗水压也为 0.44 MPa。目前原矿 A/S 已降至 3 ~ 5，精矿 A/S 约 12。

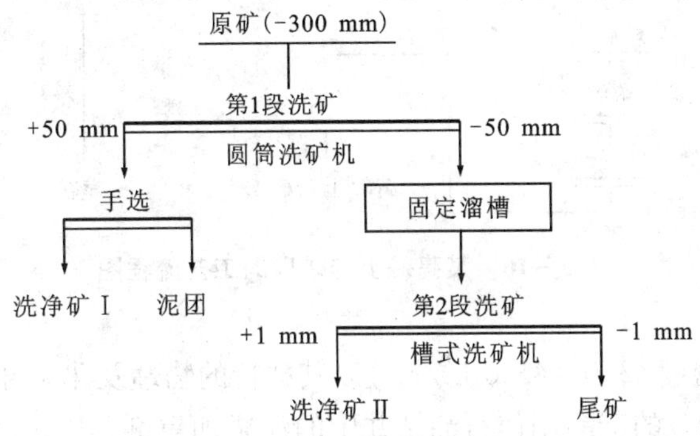

图 9 - 15 广西平果铝业公司二期工程选矿厂铝土矿矿石洗矿分选工艺流程图

9.10 其他固体矿产资源的重选

9.10.1 化工和非金属矿石的重选

采用重选方法处理的化工和非金属矿产主要有黄铁矿、磷灰石、高岭土、重晶石、红柱石、天青石、金刚石、膨润土、云母、石棉等。

黄铁矿是主要的工业硫矿物(FeS_2，密度 4950 ~ 5100 kg/m^3)，也常称作硫铁矿，主要用作生产硫酸的原料。单一黄铁矿和多金属伴生黄铁矿矿石多采用浮选进行选别。广东乐昌铅锌矿对铅锌浮选尾矿中的黄铁矿采用螺旋溜槽 - 旋流器机组进行重选回收，获得硫品位为 37%、硫回收率为 82% 的硫精矿。另外，煤系黄铁矿在中国分布较广，常结合洗煤工艺从选出的矸石中用重选法回收。

磷灰石是主要的工业磷矿物[$Ca_5(PO_4)_3(F, OH)$，密度 3180 ~ 3210 kg/m^3]，是制造磷肥和生产磷化工产品的主要原料。对于某些风化型硅质磷块岩(胶磷矿)，常采用分级擦洗脱泥流程进行分选，如我国贵州省的瓮福磷矿和开阳磷矿。

高岭土是一种以高岭石族黏土矿物为主的黏土或黏土岩，广泛用于陶瓷、造纸、橡胶、塑料及耐火材料等工业部门。造纸工业用高岭土要求细度达 -0.062 mm，白度大于 75.0%。高岭土的分选方法主要有两大类：一是原矿含 Fe_2O_3和 TiO_2等杂质很低时，一般是原矿经破碎捣浆后，用水力旋流器脱除粗粒杂质并分出合格细度的高岭土(见图 9-16)；二是原矿含铁和钛比较高时，则需采用强磁选除铁。

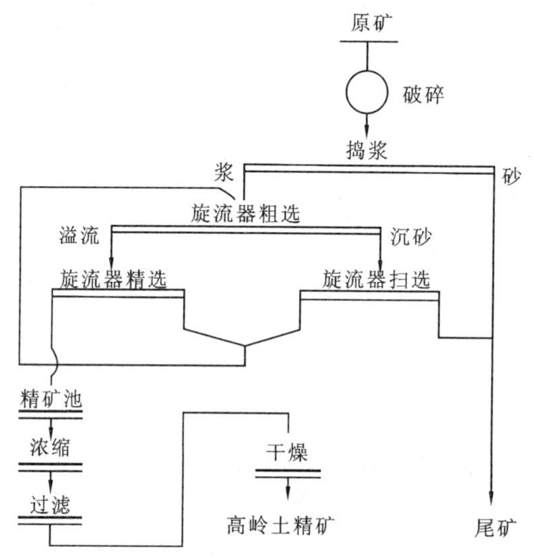

图 9-16　某高岭土选矿厂的工艺流程图

重晶石($BaSO_4$，密度 4300 ~ 4500 kg/m^3)以其独特的物理及化学性质，广泛应用于石油、化工等行业，80% ~ 90% 的产品用作石油钻井中的泥浆加重剂。中国的重晶石资源丰富，储量和产量均居世界首位。一般残积型矿床(黏土质或砂质)的重晶石矿石可选性较好，经洗矿、破碎、筛分后用跳汰或其他重选方法即可选出精矿。

红柱石($Al_2[SiO_4]O$，密度 3130 ~ 3160 kg/m^3)是一种铝硅酸盐矿物，是优质耐火材料，可用作冶炼工业的高级耐火材料和技术陶瓷工业的原料，常与石英(SiO_2，密度 2650 kg/m^3)共生。河南省西峡县红柱石矿床的矿石类型为红柱石变斑状云母石英片岩，红柱石晶体粗大，粒度以 10 ~ 15 mm 为主，脉石矿物密度为 2740 ~ 2870 kg/m^3。设计采用重介质分选流程(见图 9-17)对矿石中的红柱石进行回收。选用含铁 67% 的磁铁矿精矿作为加重质，其密度为 4890 kg/m^3，磁性物含量为 98.21%。重介质旋流器直径为 ϕ 250 mm、锥角为 20°、溢流口直径为 60 mm、沉砂口直径为 45 mm。当用磁铁矿配制成的粗选用重悬浮液的密度为 2250 kg/m^{3}时，粗选重介质旋流器实际分选密度为 2750 kg/m^3；精选用重悬浮液的密度为 2550 kg/m^{3}时，精选重介质旋流器实际分选密度为 2860 kg/m^3。高密度、低密度产物分别采用 ZKX 1248 脱介筛脱除介质，再用磁选回收磁铁矿加重质并循环回用。通过一粗一精的重介质分选，红柱石精矿的 Al_2O_3品位达到 55.40%、Al_2O_3的回收率为 84.20%。

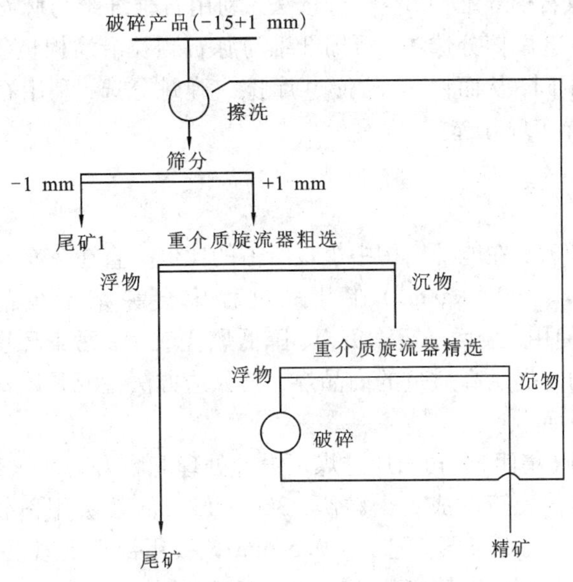

图 9-17 河南西峡红柱石矿重介质分选工艺流程图

天青石($SrSO_4$，密度 3500 ~ 4000 kg/m^3)是目前开采的最主要的含锶矿物，用于生产锶盐产品。江苏省南京市溧水区爱景山天青石矿，矿石中 $SrSO_4$ 含量为 47.59%，且粒度粗，集合体晶块可达 100 mm，脉石矿物有高岭石、石英、长石等，选矿厂的处理能力为 2.2×10^4 t/a，采用重选-浮选流程，原矿破碎至 -12 mm，经洗矿、筛分出 +6 mm，6 ~ 3 mm，3 ~ 1 mm 3 个粒级分别进行跳汰分选，-1 mm 粒级用摇床分选，重选综合指标为：精矿品位 $SrSO_4$ 86.12%，$SrSO_4$ 的回收率为 83.36%。跳汰和摇床的中矿经细磨后用油酸作捕收剂进一步浮选回收天青石。

金刚石(C，密度 3500 kg/m^3)是最硬的物质。工业级金刚石主要用作切割、钻和研磨材料。山东省蒙阴金刚石矿原矿品位为 0.139 g/m^3，粒度较细，-2 mm 粒级占 57%，采用多段破碎、多段选别的流程，包括洗矿、跳汰、振动油选、手选、X 光选等，金刚石的回收率为 70% ~ 80%。

膨润土系指由蒙脱石类矿物组成的岩石，主要用于铸造、钻探、造纸、化工、建筑、医药、纺织等。原矿质量较好的膨润土可直接破碎，再用雷蒙磨和其他辊碾机碾磨粉碎成 -0.15 mm、-0.10 mm、-0.074 mm 等级别的产品出售。对蒙脱石含量为 30% ~ 80% 的低品位膨润土，可将原矿粉碎，加水捣制成悬浮矿浆后，在水力分级器中进行分级，所获细级别精矿经浓缩、干燥后，再进行粉磨，可获得适用于钻井泥浆品级的产品。

云母是具有层状结构的含水铝硅酸盐族矿物的总称，主要包括白云母、黑云母、金云母、锂云母等。由于云母具有较高的电绝缘性，因而它主要用作绝缘材料。用碎云母为原料制成的云母纸可代替片云母，故碎云母的需求量日渐增长。云母在建材、地质勘探、润滑、油漆、食品、化妆品等方面也有应用。片状云母通常采用手选、摩擦选和形状选，碎云母采用风选、水力旋流器分选或浮选将云母与脉石分开。

石棉是天然纤维状矿物的集合体，产量最大、分布最广的“温石棉”为蛇纹石石棉的统称。石棉制品达数千种，广泛用于建筑、机械、石油、化工、冶金、电力、交通及军工等工业中。石棉一般采用干式分选，包括：①筛分吸选法，通过筛分使石棉纤维与脉石分层，漂浮于表面，利用负压吸取石棉纤维；②空气分选法，利用石棉纤维与脉石在上升和水平气流中运动速度差异来分选；③摩擦分选法，石棉纤维与脉石颗粒沿溜棉板斜面下滑时，因摩擦系数不同造成运动速度不同，从而将其分离；④摩擦－弹跳分选，利用石棉纤维与脉石颗粒之间摩擦力和弹跳力差异实现分选。

9.10.2　煤炭的洗选

中国的煤炭资源丰富，在能源结构中煤炭所占的比例一直在70%以上。

煤炭（密度 1200 ~ 1600 kg/m^3）在开采过程中会夹杂不少的矸石（密度 1800 ~ 2600 kg/m^3），若直接使用，会增加运输负担、降低燃烧效率、污染环境。通过洗选加工，可降低原煤的灰分、硫分，提供高质量的商品煤，其分选方法主要是跳汰和重介质分选，煤泥则用浮选法处理或沉淀回收。

河南省平顶山煤业（集团）公司田庄选煤厂设计处理能力为 3.50×10^6 t/a，工艺流程如图9－18所示。入选原煤首先筛分成3个粒级，300 ~ 13 mm 粒级用斜轮重介质选矿机分选，13 ~ 0.5 mm 粒级用重介质旋流器分选，－0.5 mm 粒级用浮选处理。原煤统计平均灰分为25%，洗精煤灰分为9.78%，洗精煤理论产率为75.76%。

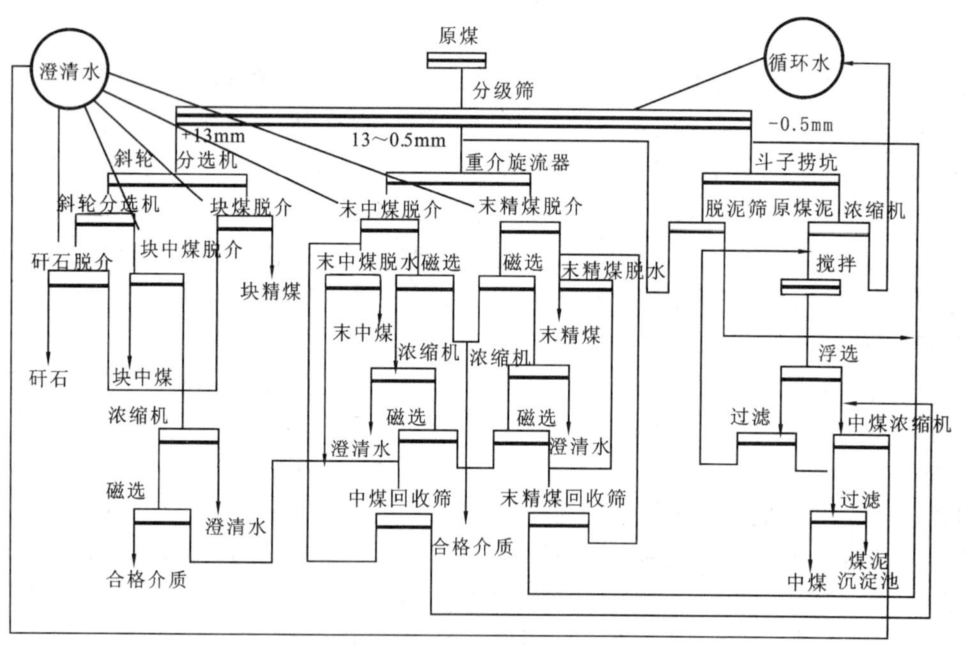

图9－18　平煤集团田庄选煤厂的工艺流程图

山西省大同煤矿集团有限责任公司精煤分公司四台选煤厂的设计处理能力为 4.50×10^6 t/a，采用块煤动筛跳汰、末煤重介质旋流器分选的工艺流程，煤泥用板框压滤机回收。主要设备从国外引进，工艺参数和指标控制全部实现自动化。精煤的产品结构为 50 ~ 150 mm、25 ~ 50 mm、0（1.5）~ 25 mm 3 个品种。四台选煤厂的工艺流程和设备联系图见图9－19。

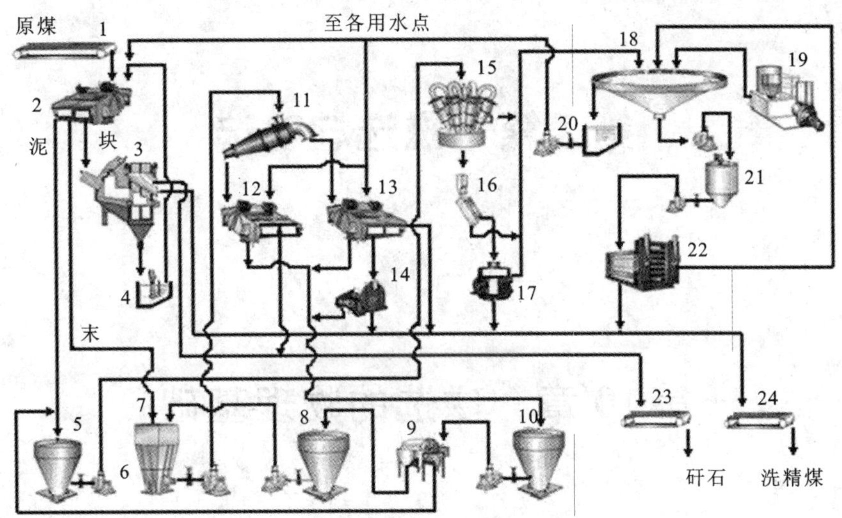

图9-19　四台选煤厂的工艺流程和设备联系图

1—原煤输送皮带；2—洗矿分级振动筛；3—块煤动筛跳汰机；4—长轴洗矿水泵；5—末煤桶；6—砂泵；7—混料桶；8—重介质桶；9—硅铁重介质回收弱磁选机；10—重介质桶；11—末煤重介质旋流器；12—矸石脱介筛；13—末煤脱介筛；14—末煤离心脱水机；15—煤泥脱水旋流器；16—脱水细筛；17—煤泥离心脱水机；18—浓密机；19—絮凝剂加药机；20—溢流水泵和泵池；21—沉砂桶；22—煤泥板框压滤机；23—矸石输送皮带；24—洗精煤输送皮带

习题

1. 重选生产的过程由哪些作业组成？各有何作用？
2. 简要评述我国钨、锡矿石重选技术的发展。
3. 评述金矿重选技术及其发展。
4. 简要分析重选在煤炭分选生产中的地位和作用。

第二篇　磁选与电选

第 10 章　磁选的物理基础

内容提要　磁选的基本原理是矿物颗粒因其本身磁性差异，所受磁力的大小不同，从而在磁选过程中运动轨迹不同。本章介绍磁选的定义、磁选的基本过程，以及各矿物颗粒在磁选过程中所受到的主要作用力及其计算。

10.1　磁选过程

磁选是利用不同矿物的磁性差异，在磁场中进行分选的一种选矿方法。在分选磁场中，物料同时受到磁力和竞争力的作用，竞争力包括重力、惯性力、流体拖曳力、摩擦力、颗粒间相互作用力等。对磁性较强的颗粒，磁力超过竞争力，对磁性较弱或非磁性，颗粒竞争力大于磁力，最终合力决定了颗粒的运动轨迹。磁力占优势的颗粒成为磁性产品（精矿），竞争力占优势的颗粒成为非磁性产品（尾矿），在某些情况下也可分出中矿（见图 10－1）。由于颗粒间存在相互作用力，使得一些非磁性颗粒混杂在磁性产品中，一些磁性颗粒进入尾矿，而中矿中含有这两种颗粒和未单体解离的连生体。

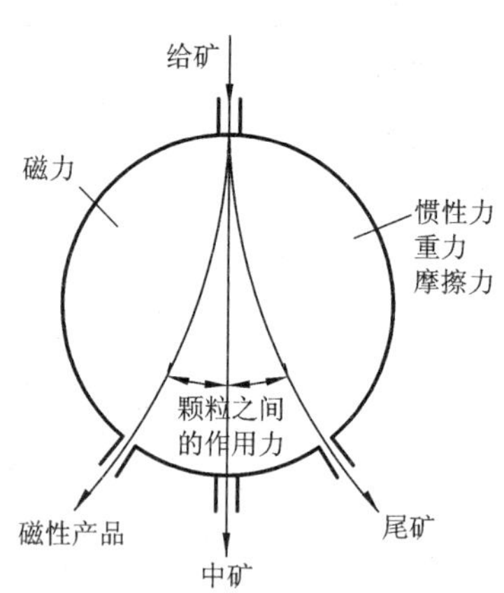

图 10－1　磁选过程示意图

由此可见，要在磁场中有效分选磁性较强与磁性较弱的颗粒，必要条件是（但不是充分条件）：作用在磁性较强颗粒上的磁力 $F_m^{(m)}$ 必须大于作用于其上的竞争力之和 $\sum F_c^{(m)}$，同时作用在磁性较弱颗粒上的磁力 $F_m^{(n)}$ 应当小于相应的竞争力之和 $\sum F_c^{(n)}$。因此，保证有效分选的必要条件是：

$$F_m^{(m)} > \sum F_c^{(m)} \text{ 和 } F_m^{(n)} < \sum F_c^{(n)} \qquad (10-1)$$

式（10－1）表达了磁选过程的本质，同时它也表明，磁力和竞争力决定了磁选设备的分选性能，而这些力则取决于待选物料的性质和磁选设备的特性。

10.2　磁选的物理基础

10.2.1　磁选的电磁学基础

磁场是物质的特殊状态，存在于电流或磁极的周围。表征磁场特性的基本量是磁感应强度，用符号 B 表示。如有电荷 q，在磁场中以速度 v 运动，则它所受到的磁场对它的作用力 F 为：

$$F = q(v \times B) \tag{10-2}$$

式(10－2)即为磁感应强度的定义式。磁感应强度 B 在国际单位制中的单位为 N/(A · m)，这个单位有个专有名称，叫特斯拉，用 T 表示。在高斯单位制中，磁感应强度 B 的单位为高斯，用 Gs 表示。两个单位的换算关系是：

$$1\ \mathrm{T} = 10^4\ \mathrm{Gs}$$

物质的磁化程度可用磁化强度表示，磁化强度定义为单位体积物质的磁矩，其表达式为：

$$M = \frac{m}{V} \tag{10-3}$$

式中，M 为磁化强度；m 为磁化物质的磁矩，是物质中所有磁矩的矢量和；V 为物质体积。

磁化强度与磁化场的磁场强度成正比，故又可表示为：

$$M = KH \tag{10-4}$$

式中，K 为物质体积磁化率，是一个无量纲量；H 为磁化场的磁场强度。

磁场强度 H 是在描述物质磁化过程时引入的另一个表征磁场特性的基本量，在国际单位制中的单位为 A/m，在高斯单位制中，磁场强度 H 的单位为奥斯特，用 Oe 表示。两个单位的换算关系是：

$$1\ \mathrm{A/m} = 4\pi \times 10^{-3}\ \mathrm{Oe}$$

H 与 B 之间存在如下关系：

$$B = \mu H = \mu_0 \mu_r \mathrm{H} \tag{10-5}$$

式中，μ 为物质磁导率；μ_0为真空磁导率，等于$4\pi \times 10^{-7}$；μ_r为相对磁导率。三者存在如下的关系：

$$\mu_r = \mu/\mu_0 = 1 + K$$

合并式(10－4)和式(10－3)可得：

$$K = \frac{M}{H} = \frac{m}{VH} \tag{10-6}$$

式(10－6)表明，物质体积磁化率就是物质磁化时，单位体积和单位磁场强度所具有的磁矩。K 是表示物质磁性的重要物理量。物质的磁性还可以用比磁化率 χ 表示，其表达式为：

$$\chi = \frac{K}{\rho_1} = \frac{m}{\rho_1 VH} \tag{10-7}$$

式中，ρ_1 为物质的密度。

因为 $\rho_1 V$ 为物质的质量，所以式(10－7)表明，物质比磁化率是物质磁化时，单位质量和单位磁场强度具有的磁矩。

10.2.2 磁选过程中的作用力

10.2.2.1 磁力

在真空中，作用在一顺磁性颗粒上的磁力为：

$$F_m = \nabla \int_V (J \cdot H) \mathrm{d}V \tag{10-8}$$

式中 J——颗粒的磁极化强度，T；

V——颗粒的体积，m^3；

H——磁场强度，A/m。

式(10－8)的积分区域是颗粒所占体积的空间，J 和 H 均为空间坐标的函数，由于在实际的磁选磁场中，J 和 H 的分布难以知晓，上式不便计算，因此有必要加以简化。当颗粒体积远远小于磁选分选空间时(实际情况就是如此)，我们可以认为颗粒体积内的 J 和 H 为常数，由此可得：

$$F_m = (JV \cdot \nabla) H \tag{10-9}$$

由电磁学可知，磁极化强度 J 与磁场强度 H 的关系为：

$$J = \frac{\mu_0 KH}{1 + \frac{K}{3}} \tag{10-10}$$

将式(10－10)代入式(10－9)得：

$$F_m = \frac{\mu_0 KV}{1 + \frac{K}{3}} (H \nabla) H \tag{10-11}$$

当 $K \gg 1$ 时，上式可简化为：

$$F_m = \frac{1}{2} \mu_0 KV \nabla (H^2) \tag{10-12}$$

根据磁感应强度 B 与磁场强度 H 的关系：$B = \mu_0 H$，式(10－12)可写成：

$$F_m = \frac{K}{\mu_0} V |B| \mathrm{grad} |B| \tag{10-13}$$

或：

$$F_m = KV |H| \mathrm{grad} |H| \tag{10-14}$$

由此可见，磁性颗粒在磁场中所受磁力与颗粒本身的性质(体积磁化率 K 和颗粒体积 V)和磁场特性(磁场强度 H 和磁场梯度 grad$H$)有关，磁力的方向为磁场强度增加的方向。

比磁力 f_m 为单位质量颗粒所受的磁力，可表示为：

$$f_m = \frac{F_m}{\rho_1 V} = \chi |H| \mathrm{grad} |H| \tag{10-15}$$

式中 ρ_1——颗粒的密度；

χ——颗粒的比磁化率。

磁场梯度 grad$B$ 或 grad$H$ 是对磁选有重要意义的概念，它与一般梯度的概念既有联系，又有所区别。根据一般梯度的概念，求梯度的量必须是标量，而不能是矢量，但磁场强度 H 和磁感应强度 B 均为矢量。因此，我们在求 grad$H$ 或 grad$B$ 时，只考虑 H 或 B 的模(其大小)不考虑其方向，即把 H 或 B 标量化。同时，在多数情况下，磁场梯度就是场强沿某一特定方向(x)的变化率，即 $\mathrm{grad}H=\frac{\mathrm{d}H}{\mathrm{d}x}$，$\mathrm{grad}B=\frac{\mathrm{d}B}{\mathrm{d}x}$。

磁力计算式(10－9)至式(10－14)可定性地说明磁力与哪些因素有关，同时，在磁场分布和磁场梯度分布已知的情况下，还可以进行磁力的定量计算。

如图 10－2 所示，当背景场强 H_0低于饱和磁化场强 H_s时，丝状铁磁性磁介质沿其对称轴的磁场强度分布为：

$$H=H_0\left(1+\frac{a^2}{r^2}\right) \tag{10-16}$$

式中，a 为丝介质半径；r 为磁性颗粒与丝介质的中心距。

当 $H_0>H_s$时，磁场分布为：

$$H=H_0+H_s\frac{a^2}{r^2} \tag{10-17}$$

此时，沿磁性颗粒轴向的磁场梯度为：

$$\frac{\mathrm{d}H}{\mathrm{d}r}=-2H_0\frac{a^2}{r^3} \tag{10-18}$$

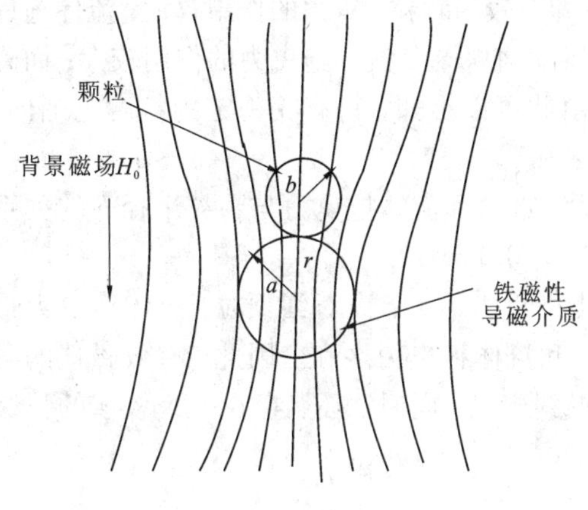

图 10－2　磁力计算示意图

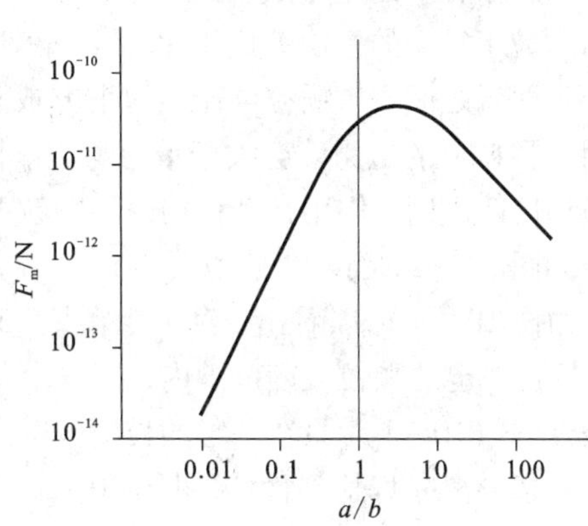

图 10－3　梯度匹配示意图

将式(10－16)和式(10－18)代入式(10－11)，可得作用在球形弱磁性颗粒($K\ll1$)上的磁力为：

$$F_m=-\frac{8}{3}\pi\mu_0Kb^3\left(H_0+H_0\frac{a^2}{r^2}\right)H_0\frac{a^2}{r^3} \tag{10-19}$$

式中，b 为球形颗粒的半径。

取 $r=a+b$，由上述关系可作 F_m与 a/b 的关系曲线(见图 10－3)。从图 10－3 中可以看出，当 a/b 约等于 3 时，颗粒所受的磁力最大。用求极值的方法可确定 F_m取得最大值时的 a/b 为 2.69，这就是所谓的梯度匹配状态。梯度匹配是指铁磁性丝介质半径 a 与颗粒半径 b 应有合适的比值，在此比值时，作用在邻近弱磁性颗粒上的磁力最大，这种合适的比例关系称为梯度匹配。

由式(10－19)也可以得到在梯度匹配情况下(如 $a/b=3$ 时)，作用在弱磁性颗粒上的磁力与颗粒半径的关系为：

$$F_m = -\frac{16}{27}\pi\mu_0 K b^2 H_0^2 \tag{10-20}$$

10.2.2.2 **竞争力**

如前所述，在磁选过程中存在各种竞争力(如重力、惯性力、流体拖曳力、摩擦力等等)。每一种竞争力的作用或者说重要性随磁选机类型的不同而异。这里我们仅讨论高梯度磁选过程中起重要作用的两种竞争力，即重力和流体拖曳力。密度为ρ_1的球形颗粒在密度为ρ的流体介质中所受的有效重力F_g为：

$$F_g = \frac{4}{3}\pi(\rho_1 - \rho) b^3 g \tag{10-21}$$

式中，g为重力加速度。

颗粒所受的流体拖曳力F_d则为：

$$F_d = 6\pi\eta b\left[v(r) - \frac{dr}{dt}\right] \tag{10-22}$$

式中，η为流体黏度；dr/dt为流体的速度；$v(r)$则为颗粒在r点的运动速度。

由磁力、重力和流体拖曳力的表达式可知，它们与颗粒半径b的变化关系是不同的。重力与颗粒半径b的立方成正比，所以当b较大时，即对较粗颗粒，重力的作用较大；流体拖曳力与颗粒半径b的一次方成正比，当b较小时，即对较细颗粒，流体拖曳力的作用较大；而磁力介于两者之间，与颗粒半径b的平方成正比。由此可以推知，只有在一定的粒度范围内，作用在颗粒上的磁力才会大于重力与流体拖曳力之和。

梯度匹配时，作用在某种弱磁性颗粒上的磁力、重力和流体拖曳力与颗粒半径b的关系曲线如图10-4所示(背景场强为1 T，流体的流速为0.1 m/s)。

由图10-4可以看出，对于粗颗粒，3种力当中重力最大；而对细颗粒，流体拖曳力最大；只在一定的颗粒粒度范围内，磁力才大于重力和流体拖曳力之和。因此，有效磁选的必要条件[式(10-1)]只在一定的粒度范围内方能得到满足，同时，必然存在一个较窄的粒级可使磁选分离条件达到最佳(见图10-5)。

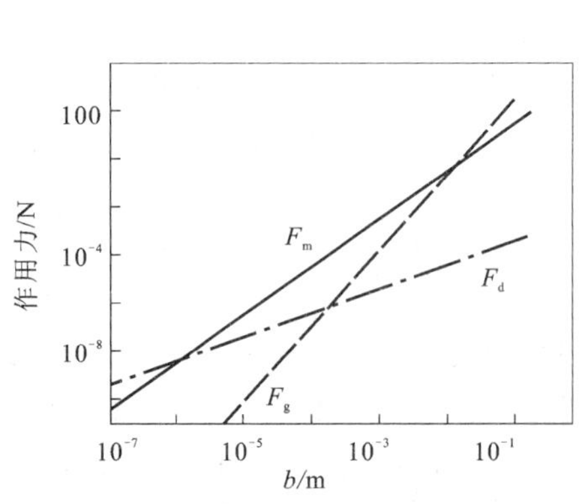

图10-4 各种作用力与颗粒半径b的关系图

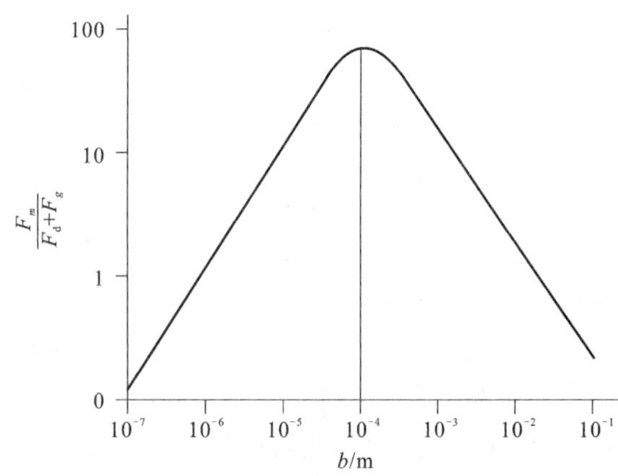

图10-5 磁力和竞争力之比值与颗粒半径关系图

图10-5为磁力同竞争力的比值与颗粒半径的关系曲线，为了便于理解，现借助1个具体例子对它进行一些说明。设球形菱铁矿颗粒的直径为0.100 mm，体积磁化率$K=5\times10^{-3}$，以相

对速度0.1 m/s 通过背景场强为2 T 的高梯度磁选机的分选空间，磁场梯度由直径为6 mm 的铁磁性钢球介质产生，$\mathrm{grad}B = 700$ T/m。把上述数值代入式(10－13)可得 $F_m = 3\times10^{-6}$ N。设流体介质是水，其黏度 $\mu = 10^{-3}$ Pa·s。由式(10－22)可得 $F_d = 9\times10^{-8}$ N。同样，由式(10－21)可得重力 $F_g = 2\times10^{-8}$ N。由于磁力比竞争力高出 1 个数量级以上，可以预计菱铁矿颗粒的回收率将会很高。即使背景场强降0.6 T，菱铁矿颗粒所受到的磁力 $F_m = 3.2\times10^{-7}$ N，仍大于竞争力，根据磁选的必要条件[式(10－1)]，菱铁矿颗粒仍可得到有效分选。

上述计算结果表明，在颗粒粒度不变的情况下，背景场强和矿物的磁化率对力平衡关系的影响不大。然而，颗粒粒度的改变，对力平衡关系的影响却是很大的。例如，当颗粒半径为0.022 mm 时，磁场强度仍为 2 T，相对速度仍为 0.1 m/s，此时相应的 $F_m = 4.4\times10^{-8}$ N，$F_g = 2.1\times10^{-10}$ N，$F_d = 2.1\times10^{-8}$ N。可见当颗粒半径由 0.100 mm 降至 0.022 mm 时，磁力降低了两个数量级，流体拖曳力只降低了 3/4。因此，细粒菱铁矿颗粒的回收率必然很低。

习题

1. 简要分析对矿物进行矿选分离的主要依据。
2. 在磁选分离过程中，矿物颗粒受到的作用力有哪些？

第 11 章　矿物的磁性

内容提要　*矿物磁性是磁选得以进行的根本依据，也是磁选过程的重要影响因素。本章介绍物质磁性的起源、物质及矿物按磁性的分类、磁性与矿物晶体结构、粒度及形状的关系，以及改变矿物磁性的方法。*

11.1　物质的磁性

原子磁性是物质磁性的根源，是用原子磁矩来度量的。原子磁性来源于原子中的电子和原子核的运动，即带电粒子的运动。原子核质量远大于电子的质量，二者自旋角动量差不多，于是原子核角速度比电子的角速度小得多。角速度小使得核运动形成的微观电流和磁矩也比较小。所以，原子核磁矩很小，仅为电子磁矩的千分之一，故可忽略。因此可以说，物质磁性的根源就在于电子的运动。

电子的运动有两种形式：一种是电子绕原子核的轨道运动；另一种是电子的自旋运动。电子轨道磁矩是电子绕原子核运动产生的。电子绕核运动，即电流逆向运动，相当于载流小线圈，又相当于磁偶极子，电子运动产生的磁偶极矩和磁矩的物理意义相同，是表示磁性强弱程度的物理量。原子中若有多个电子，则产生总的轨道磁偶极矩。轨道角动量与轨道磁偶极矩成正比，电子运动方向与电流反向，故磁偶极矩与轨道角动量反向。

电子自旋具有自旋磁矩和磁偶极矩，电子自旋在外施磁场作用下有两个可能取向，其一是顺磁场方向，另一个是逆磁场方向。

电子的轨道磁矩和自旋磁矩的矢量和，即为原子磁矩。根据玻尔对原子模型的分析，在填满了电子的次壳(亚)层中，自旋磁矩等于零。但是，一些原子中，电子壳层未完全填满，这就使得原子总磁矩不能完全抵消，对外部显示出磁性。整个原子对外部产生的磁矩称为原子磁矩。

由原子组成的分子的磁效应可用分子磁矩表示。物体不受磁化磁场作用时，由于受热运动的影响，分子磁矩呈现无序排列，其矢量和为零，对外界不显示磁性，但在磁化磁场的作用下，分子磁矩趋向于外磁场，物质中总的磁矩不为零，因而对外显示磁性，这个过程便是物体的磁化。

11.2　物质按磁性的分类

组成宏观物体的原子具有一定的磁性，所以宏观物体都具不同程度的磁性。近代物理学和固体物理学从微观角度，按磁性将物质分为顺磁质、逆磁质和铁磁质 3 类，其中铁磁质又细分为反铁磁质、亚铁磁质和铁磁质 3 种。就宏观磁性而言，反铁磁质和顺磁质相近，磁性较弱；亚铁磁质和铁磁质相近，磁性很强。这样，物质按磁性可分为顺磁性、逆磁性、反铁磁性、铁磁性和亚铁磁性 5 种。

11.2.1　逆磁性物质

逆磁性物质又称逆磁性，其原子中的电子轨道磁矩和自旋磁矩互相抵消，即原子磁矩为零。当将这类物质放进磁场时，每个电子都产生一个附加磁矩，附加磁矩的方向与外磁场方向相反，因而显示逆磁性。

图 11－1 表示两个电子的逆磁效应，轨道磁矩与外磁场平行的电子所受的洛伦兹力 f_1 背离中心，由于轨道半径和电子与原子核之间的库仑力都保持不变，因而电子的向心力减小，角速度由 ω 减小到 $\omega-\Delta\omega$，使轨道磁矩由 μ_i 减小到 $\mu_i-\Delta\mu_i$。$\Delta\mu_i$ 即为电子在外磁场作用下产生的附加磁矩，其方向与外磁场方向相反。轨道磁矩 μ_i 与外磁场反平行的电子所受的洛伦兹力 f_1 指向中心，因而电子的向心力增加，角速度由 ω 增加到 $\omega+\Delta\omega$，使轨道磁矩由 μ_i 增加到 $\mu_i+\Delta\mu_i$，附加磁矩 $\Delta\mu_i$ 的方向也与外场方向相反。

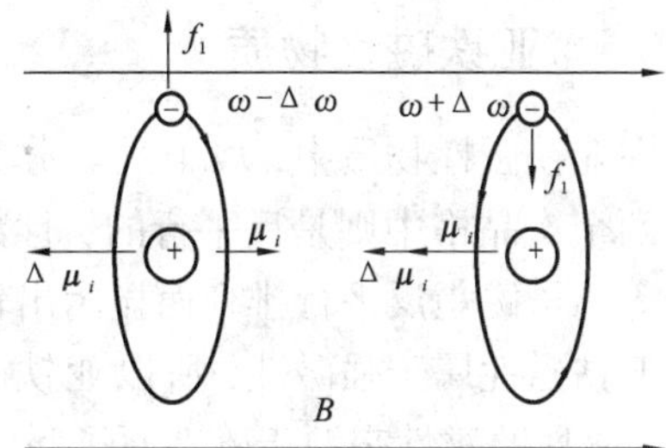

图 11－1　逆磁效应示意图

两个电子的逆磁效应表明，逆磁质所有电子在外磁场作用下的附加磁矩（又名感生磁矩）都与外磁场方向相反。因而，逆磁质产生了与外磁场反向的磁化。由于逆磁性来源于原子中电子的感应附加磁矩，故任何物质都有逆磁现象。但非逆磁质的原子磁矩不为零，其附加磁矩只有轨道磁矩的百万分之几，因此不显示逆磁性。

11.2.2　顺磁性物质

顺磁性物质又称顺磁质，具有原子磁矩或分子磁矩。无外磁场作用时，各个原子磁矩的取向无序，并处于剧烈的热振动状态，物质总磁矩为零，因此对外不显示磁性。在外磁场作用下，原子磁矩具有向外磁场取向的趋势，外磁场越强，向外磁场方向取向的概率越大，使物质总磁矩增大。但由于其单个原子磁矩的取向与其余原子磁矩的取向无关，磁场远不能克服热振动对分子磁矩的破坏作用，因此这种物质磁化时，对外显示顺磁性。

11.2.3　铁磁性物质

在很弱的外磁场作用下，物质原已有自发磁化的原子磁矩能磁化到饱和状态，显示出很强磁性的现象，称铁磁性，这类物质属于铁磁性物质，又称铁磁质，其体积磁化率 K 的数值为 $10^{-3}\sim10^{-1}$。铁磁质的磁化强度 M 不是磁场强度 H 的线性函数，加之 K 是 H 的函数，致使 M 和 H 的关系很复杂，通常以磁化曲线和磁滞回线来表达。

铁磁质自发磁化的小区域即磁畴，它是铁磁质的磁性来源。铁磁质内的各个磁畴无外磁场作用时，取向混乱，故不显示磁性。外磁场能使自发磁化的磁畴沿磁场方向呈现有序排列，从而表现出非常强的磁性。

自发磁化的根本原因是物质内原子磁矩能按同一方向整齐排列。根据量子力学理论，铁磁质内部相邻原子的电子之间有一种来源于静电的交换作用，它迫使各原子磁矩平行排列（铁磁性）和反平行排列（反铁磁性）。

11.2.4 反铁磁性物质

反铁磁性物质与铁磁性物质的情况相反，其原子磁矩反平行排列，相互抵消(在不加外磁场时)，在外磁场作用下，原子磁矩在一定程度上按外磁场方向排列而表现出弱磁性。反铁磁性的磁性本质属于弱磁性，其体积磁化率 K 的数值为 $10^{-5} \sim 10^{-8}$。

11.2.5 亚铁磁性物质

在亚铁磁性物质中，离子磁矩分为两个次晶格，每一个次晶格中，离子磁矩互相平行，但在两个次晶格中则是反平行的，且数值不等，故在宏观上显示磁性。由于亚铁磁性物质中不相等离子磁矩反平行排列而显示出较强磁性的现象，称为亚铁磁性。

亚铁磁性属于强磁性，所以亚铁磁性物质很容易磁化。亚铁磁性的来源与铁磁性的不同，铁磁性的磁性来源于磁性原子间的直接交换作用，而亚铁磁性则来源于磁性离子间的间接作用，两者的微观磁性和宏观磁性都有较大差异。但从应用的角度看，二者宏观磁性大致类似，没有区分的必要。就理论分析而言，亚铁磁性要比铁磁性和反铁磁性复杂得多，后两者可看作是前者的特例。当亚铁磁性两组不对等的次晶格简化为对等时就成为反铁磁性，当磁矩平行排列时即为铁磁性。

最典型的亚铁磁性物质是铁氧体，磁铁矿(Fe_3O_4)就是典型的天然铁氧体。

顺磁性、铁磁性、反铁磁性和亚铁磁性原子(离子)磁矩的取向模型如图 11 -2 所示。

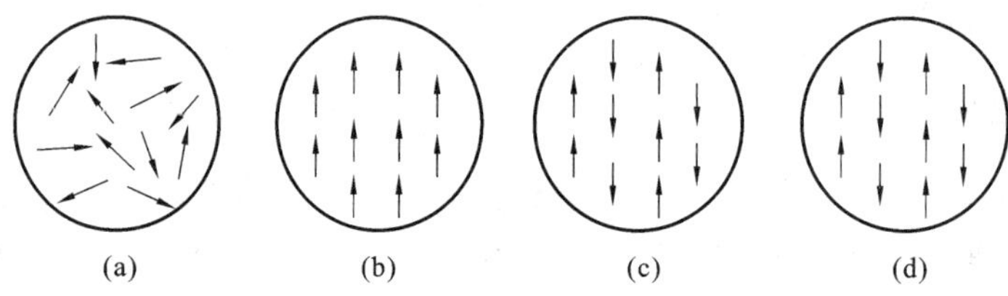

图 11 -2 不同磁性物质原子磁矩取向模型

图 11 -2 中(a)和(b)是顺磁性和铁磁性的情况；(c)和(d)是反铁磁性和亚铁磁性的情况，前者相邻原子磁矩是反平行排列，且反向磁矩相等，而后者反平行排列但磁矩不等。反铁磁性在宏观上呈现出完全不同的顺磁和铁磁性质，但在微观机理上，有较多的共同处。

逆磁性、顺磁性、铁磁性、反铁磁性物质的磁化强度和磁化磁场强度间的关系如图 11 -3 所示。

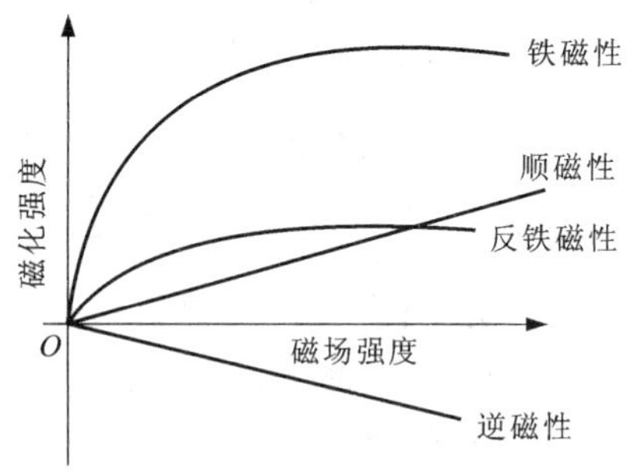

图 11 -3 各种物质的磁化强度和磁化磁场强度的关系

11.3 矿物按磁性分类

在选矿试验研究和生产实践中，通常依据比磁化率的大小，把矿物分为强磁性矿物、弱磁性矿物和非磁性矿物 3 类。在现代技术条件下，前两类可以用磁选法回收，后一类目前还不能采用磁选法进行回收。

强磁性矿物的物质比磁化率 χ 大于 3.8×10^{-5} m^3/kg。这类矿物主要有磁铁矿、钛磁铁矿、磁赤铁矿（γ－赤铁矿）、磁黄铁矿和锌铁尖晶石等，是利用磁选法进行回收的最重要的对象。按现代观点，这些矿物属于亚铁磁性物质，其突出特点是存在剩磁和矫顽力，此外颗粒尺寸、形状和磁场强度对磁性具有显著影响。回收强磁性矿物通常采用磁感应强度为 0.12～0.15 T 的弱磁场磁选机。

弱磁性矿物的物质比磁化率 χ 为 $7.5 \sim 0.126 \times 10^{-6}\ m^3/kg$。这类矿物最多，如赤铁矿、镜铁矿、褐铁矿、菱铁矿、水锰矿、硬锰矿、软锰矿、钛铁矿、铬铁矿、黑钨矿、黑云母、角闪石、绿泥石、绿帘石、橄榄石、蛇纹石、辉石等。回收弱磁性矿物，需要采用磁感应强度为 1～2 T的强磁场磁选机。

非磁性矿物的物质比磁化率 χ 小于 $1.26 \times 10^{-7}\ m^3/kg$。这类矿物很多，如方铅矿、闪锌矿、辉锑矿、辉钼矿、红砷镍矿、萤石、刚玉、高岭石、长石、石英和方解石等。

11.4　强磁性矿物的磁性

11.4.1　强磁性矿物的磁性特点

强磁性矿物的共同特点是，比磁化率 χ 不是 1 个常数，而是随 H 的变化而变化。起初，χ 随 H 增大迅速增高，然后随着 H 继续增大而降低（见图 11－4）；另一特点是比磁化强度 $J = f(H)$ 曲线具有磁滞回线现象，比磁化强度 J 滞后于磁化磁场强度 H，当 $H = 0$ 时，$J \neq 0$ 而是 $J = J_R$。要使 J_R 等于零，必须加反方向的磁场强度为 H_c 的磁场，即 $J_R = 0$ 时，$H = -H_C$，这里的 H_C 称为矫顽力，J_R 称为剩磁。

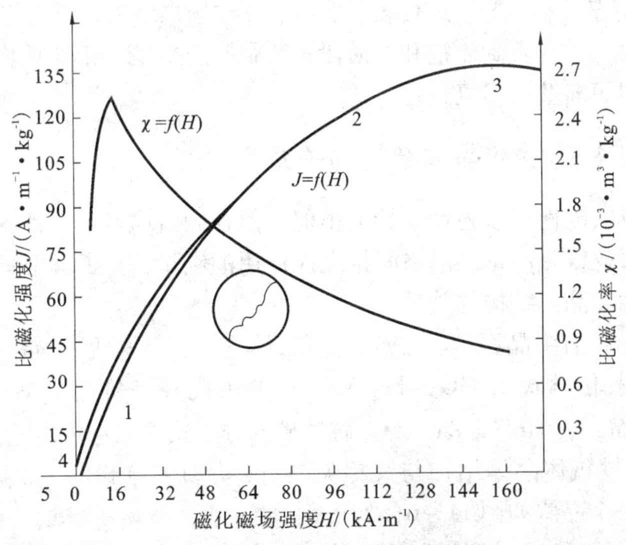

图 11－4　磁铁矿的比磁化率和比磁化强度与外磁场强度的关系

强磁性矿物的这两个特点，都可以用磁畴结构来解释。强磁性矿物中存在的磁畴是自发磁化的小区域，原子或离子磁矩在各个区域内互相平行并取向排列，使每个小区域达到磁饱和程度。磁性物质由多个磁畴组成，各个磁畴取向不同，所以在磁化前不显示磁性。在磁化过程中，使已磁化到饱和状态的磁畴磁矩沿外磁场方同整齐排列，所以显示出极强的磁性。磁性物质中由于自发磁化而有磁畴存在，磁畴是铁磁质或亚铁磁质磁化的基础。可见自发磁化是强磁性矿物磁化的内因，外加磁场只是磁化的外因。

磁畴在磁化过程中会发生畴壁位移和磁矩的转动（见图 11－5）。未磁化前，如图 11－5（a）所示，不显示磁性。磁畴磁矩的一致转动是磁矩在外磁场作用下，整体逐渐转向磁场方向［见图 11－5（b）］。畴壁位移是磁矩方向同磁场方向比较接近的磁畴逐渐扩大，磁矩方向同磁场方向相差较远的磁畴逐渐缩小，故畴壁产生移动［见图 11－5（c）］。一般而言，畴壁移位所需的能量较小，磁畴磁矩一致转动所需的能量则比较大。

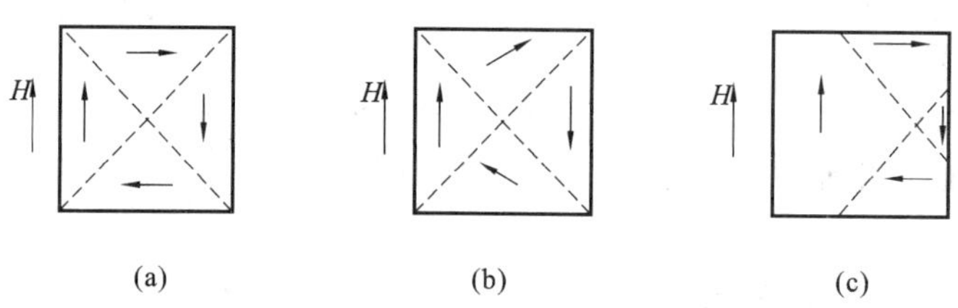

图 11－5　畴壁位移和磁矩转动示意图

图 11－4 中$\chi=f(H)$曲线之所以存在峰值，是因为比磁化率χ是体积磁化率K和密度的比值，已知$K=M/H$，M是物质的磁化强度，H为磁化磁场的强度。随着外加磁场强度H增大，首先发生畴壁移位，然后是磁矩转动，因为是磁畴沿外磁场取向排列，故在不大的磁化磁场强度H下即可达到磁饱和，也就是达到峰值。磁化磁场强度H再继续增大，磁畴已排列整齐，不再增加，即M不变，H越增大，M/H的值就越小，这就是达峰值后χ不断降低的原因。

强磁性矿物存在磁滞回线的原因是，图 11－4 中$J=f(H)$曲线的 0～1 和 1～2 段，对应于外磁场不高时的畴壁位移，这一过程较易实现；外磁场再增加，即曲线的 2～3 段，相当于磁畴磁矩转向外磁场方向，直到磁饱和的阶段；磁滞的产生是由于物质内部含有杂质和畴壁的不可逆移动，阻碍了畴壁的回复过程。

11.4.2　强磁性矿物磁性和晶体结构的关系

从宏观上看，亚铁磁性与铁磁性的特征类似。但在微观磁性上，铁磁性是相邻原子直接交换作用的结果；而亚铁磁性是次晶格间接交换作用的结果，要了解亚铁磁性物质的磁性来源，必须研究其磁性和晶体结构的关系。

铁氧体的晶体结构有尖晶石型、磁铅石型和石榴石型 3 种，以尖晶石型为主要代表。尖晶石型铁氧体的一般化学式为 $MO\cdot Fe_2O_3$，其中 M 代表二价金属离子，如 Fe^{2+}、Co^{2+}、Cd^{2+}、Ni^{2+}、Ca^{2+}、Mg^{2+}、Mn^{2+}、Zn^{2+}等。磁铁矿的分子式 Fe_3O_4可以写成 $Fe^{2+}Fe_2^{3+}O_4$（或者 $FeO\cdot Fe_2O_3$）。该类铁氧体晶体结构与镁铝尖晶石（$MgAl_2O_4$）相同，故称尖晶石型铁氧体。镁铝尖晶石结构的一个晶胞如图 11－6（a）所示。

在图 11－6（b）中，Mg^{2+}处于正四面体的中心位置，它的周围有 4 个最邻近的 O^{2-}，构成一个称为 A 位的四面体；而 Al^{3+}最邻近的有 2 个 O^{2-}，$A1^{3+}$处在正八面体的中心位置，构成一个称为 B 位的正八面体。每种金属离子都可能占据 A 位或 B 位，其结构形式为：

$$(M_{1-x}^{2+}Fe_x^{3+})(M_x^{2+}+Fe_{2-x}^{3+})O_4$$

A 位　　　　　B 位

该结构式表示在 A 位上有 x 份数的 Fe^{3+}和（$1-x$）份数的 M^{2+}，在 B 位上有（$2-x$）份数的 Fe^{3+}和 x 份数的 M^{2+}。若 $x=0$，结构式为（M^{2+}）$Fe^{3+2}O_4$，M 全在 A 位，Fe^{3+}全在B 位，这

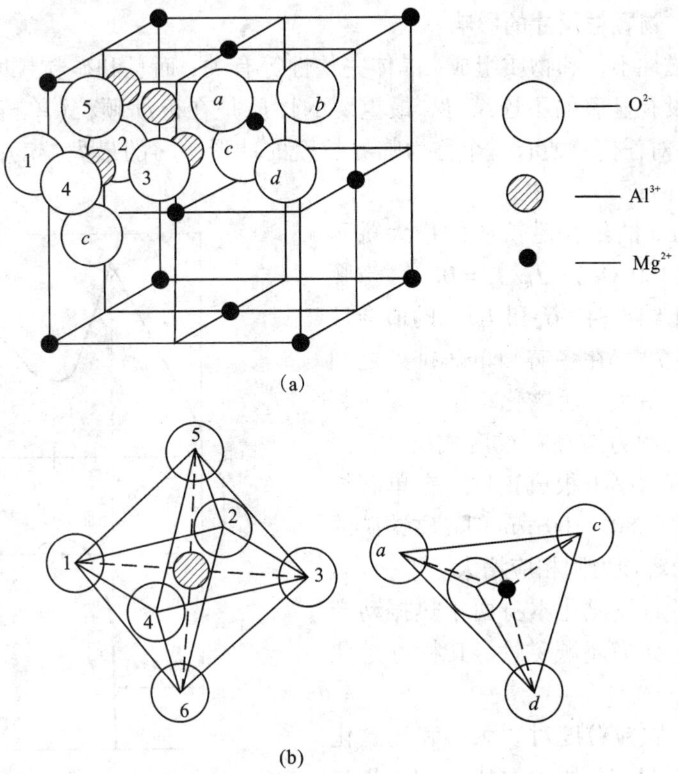

图 11-6　尖晶石晶胞的四面体和八面体

种与镁铝尖晶石结构相同的铁氧体叫正尖晶石型铁氧体，具有顺磁性。若 $x=1$，结构式为 $(Fe^{3+})(M^{2+}Fe^{3+})O_4$，表示 M^{2+} 全在 B 位，Fe^{3+} 则同时占有 A 位和 B 位，与镁铝尖晶石结构相反，故称为反尖晶石型铁氧体，具有亚铁磁性。磁铁矿的结构就属于反尖晶石型铁氧体，它的结构式为：

$$(Fe^{3+})(Fe^{2+}Fe^{3+})O_4$$

若 $0<x<1$，表示在 A 位和 B 位上可同时具有两种金属离子，这些铁氧体称正反混合型铁氧体。

在尖晶石型铁氧体中，金属离子分布在 A 位和 B 位，若每种金属离子都具有磁矩，则存在 3 种间接交换作用。

其一是 A—A 超交换作用，即 A 位上的金属离子与相邻 A 位金属离子间的间接交换作用；其二是 B—B 超交换作用；其三是 A—B 超交换作用。

根据理论分析，A—B 间的超交换作用最强，因此，A 次晶格和 B 次晶格上的离子磁矩反平行排列，而每个次晶格内的离子磁矩都平行排列，但二者的磁矩大小不等，其差值即宏观磁矩的大小，这些物质表现出来的磁性称为亚铁磁性。若次晶格磁矩大小相等，则宏观磁矩为零，物质呈现反铁磁性。

11.4.3　影响强磁性矿物磁性的因素

一般来说，磁化磁场强度、矿粒尺寸和矿粒形状(相对尺寸)对强磁性矿物的磁性都具有较大影响。磁化磁场强度的影响已在上述内容中讨论了，这里不再赘述。

11.4.3.1 矿物颗粒尺寸的影响

强磁性矿物磁性不仅和物质组成、晶体完整性等有关，而且和矿粒粒度有关。在任何颗粒粒度特性中虽没有显著的不连续性，最重要的性质是在极细颗粒（单畴）和较大颗粒（多畴）之间的粒度。对任何物质有一个称为临界粒度的球形单畴的最大粒度，对磁铁矿而言临界粒度约为0.05 μm。

粒度小于1 μm的细粒磁铁矿的最大矫顽力 $H_c = 14$ kA/m（180 Oe）；$J_R/J_c = 0.2$。当颗粒的直径仅为几十纳米时，H_c和 J_R/J_c的值会显著降低（见图11－7）。在多畴和单畴排列之间的过渡区，矫顽力最大，而磁化率最小。在邻近磁畴区可认为矫顽力与颗粒粒度成反比，而磁化率与颗粒粒度的平方根成正比。在单畴结构中，颗粒的尺寸在80～100 μm时，磁铁矿的磁化率将降低，而矫顽力则相应增大。

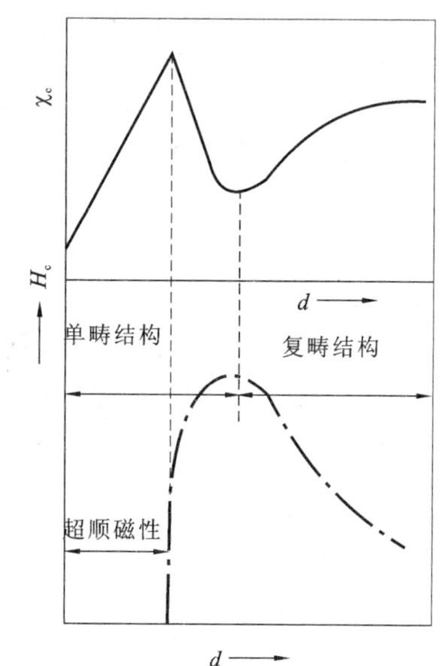

图11－7　矿粒尺寸对矫顽力和磁化率的影响

磁畴区域中的自发磁化本身由于热振动产生顺磁性的现象，称为超顺磁性，其特点是几乎不显示磁滞现象。

很纯磁铁矿的颗粒粒度对矫顽力和比磁化率的影响情况如图11－8所示。从图11－8中可以看出，随着颗粒粒度减小，比磁化率降低，矫顽力增大，这种关系在粒度小于20～30 μm时非常明显。因此，粒度减小对颗粒磁化是不利的。

当总能量最小时，确定磁畴尺寸的能量因素如图11－9所示，其中静磁能是磁化物体处在外磁场中的能量。界面能随磁畴尺寸的减小而增大。

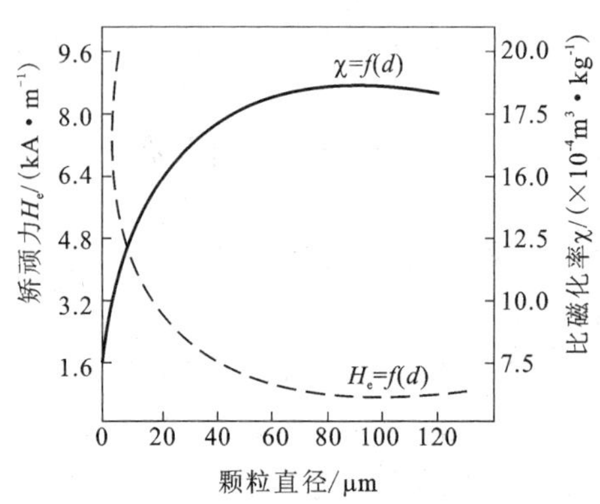

图11－8　磁铁矿颗粒粒度对矫顽力 H_c和比磁化率 χ 的影响

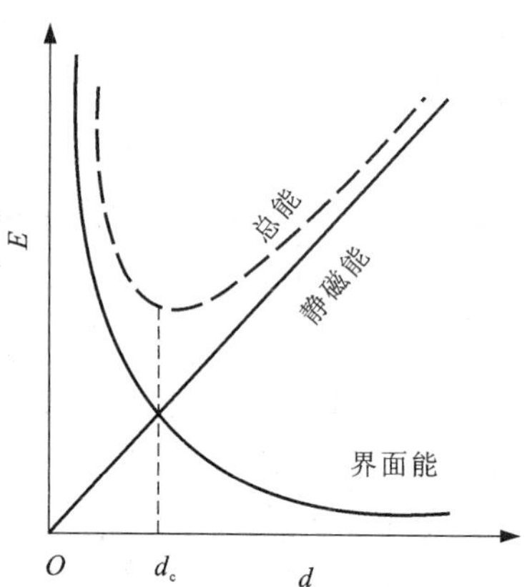

图11－9　磁畴尺寸 d 对体系磁能 E 的影响

11.4.3.2　**矿物颗粒形状的影响**

矿物颗粒形状(相对尺寸)对矿物磁性的影响，与它们磁化时产生的退磁场有关。近似长条形的物体，在外磁场中磁化后，其两端出现磁极，于是在内部便产生一个磁场，它的方向与外磁场方向相反，有减退磁化磁场的作用，因而称为退磁场。退磁场强度用 H_d 表示(见图 11－10)。H_d 的方向在物体的外部从 N 极到 S 极，与磁化磁场的方向(在物体内部从 S 极到 N 极)恰好相反。

在一般物体中，退磁场是不均匀的。这时不能找出磁化强度和退磁场强度之间的简单关系。椭球体在磁化磁场中的磁化是均匀的，在这种情况下，退磁场强度 H_d 与磁化强度 M 成正比，即有：

$$H_d = -NM \tag{11-1}$$

式中　N——退磁系数或退磁因子，与物体几何形状和尺寸有关。

式(11－1)中的负号表示 H_d 的方向与磁化强度 M 的方向相反。

图 11－11 表示一椭球体在外磁场中磁化时，磁通均匀分布的情况。

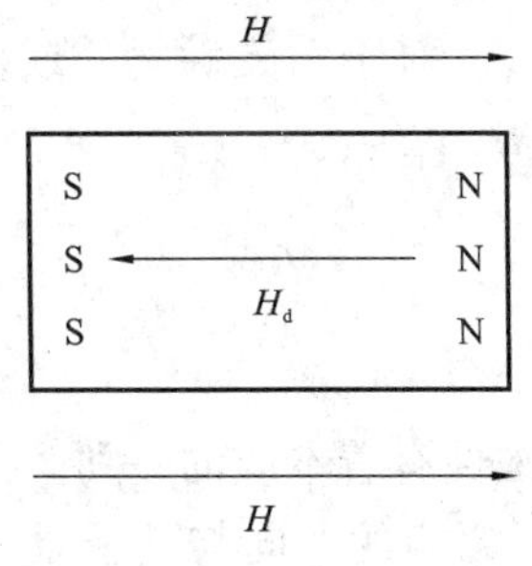

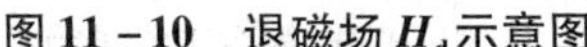

图 11－10　退磁场 H_d 示意图

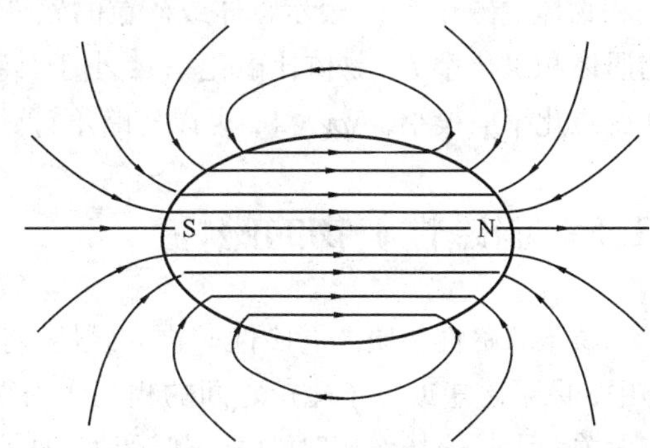

图 11－11　椭球体中的磁通分布

对于均匀磁化的椭球体，若磁化强度 M 沿任意方向，椭球 3 个主轴长度分别为 2a、2b 和 2c，则其退磁场强度为：

$$\vec{H} = -(N_a M_x \vec{i} + N_b M_y \vec{j} + N_c M_z \vec{k}) \tag{11-2}$$

式中　M_x，M_y，M_z——M 在 3 个主轴方向的投影；

N_a，N_b，N_c——对 x、y、z 3 个主轴的退磁系数。

N_a，N_b，N_c 的计算比较复杂，但满足下述关系：

$$N_a + N_b + N_c = 1 \tag{11-3}$$

一些特殊形状物体的退磁系数计算较为简单，例如，对于球形物体，由于 $a = b = c$，所以有：

$$N_a = N_b = N_c = 1/3 \tag{11-4}$$

对于细长圆柱体，可看作是长椭球，因 $a = b \ll c$，所以有：

$$N_c = 0,\ N_a = N_b = 1/2 \tag{11-5}$$

对于无限大薄片，可看作是 $a = b \to \infty$ 的椭球，所以有：

$$N_a = N_b = 0,\ N_c = 1 \tag{11-6}$$

由于退磁场削弱外磁场对物体的磁化作用，因而用同种物质做成退磁因子为零和不为零的两个不同形状的试样，在相同外磁场强度 H 下磁化时，其磁化强度必然不同。若后者的磁

化强度为 M，则前者的磁化强度一定小于 M。要使两者的磁化强度相等，则必须将退磁因子不为零的试样磁化时的外磁场强度由 H 增加到 $H+\Delta H$，使增加的磁场强度 ΔH 恰好能抵消退磁场 H_d 的反磁化作用。通常将退磁因子不为零的试样的磁化率叫作物体体积磁化率 K_p，以便与前述物质体积磁化率 K 区别。物体体积磁化率可用下式表示：

$$K_p=\frac{M}{H+\Delta H}=\frac{M}{H+\Delta M} \qquad (11-7)$$

物体体积磁化率 K_p 与物质体积磁化率 K 的关系为：

$$K_p=\frac{M}{H+NM}=\frac{KH}{H+NKH}=\frac{K}{1+NK} \qquad (11-8)$$

物体比磁化率 χ_p 与物质比磁化率 χ 的关系为：

$$\chi_p=\frac{K_p}{\rho}=\frac{K}{\rho(1+NK)}=\frac{\chi}{1+N\rho\chi} \qquad (11-9)$$

通常用物质体积磁化率 K 和物质比磁化率 χ 表示物质或矿物的磁性，用物体体积磁化率 K_p 和物体比磁化率 χ_p 表示物体或矿粒的磁性。显然，同种成分的物体体积磁化率 K_p 小于其物质体积磁化率 K，物体比磁化率 χ_p 小于其物质比磁化率 χ。对于弱磁性物质或矿物，由于其比磁化率 χ 很小，$N\rho\chi \ll 1$，可以忽略不计，因此有：$K_p \approx K$，$\chi_p \approx \chi$。

11.5 弱磁性矿物的磁性

属于顺磁性物质的弱磁性矿物的磁性与强磁性矿物的磁性有着本质的差别。在弱磁性矿物中，原子磁矩或分子磁矩之间的相互作用很弱，单个原子磁矩的取向与其余原子磁矩的取向无关。无外磁场作用时，由于热运动，原子磁矩取向混乱，整体对外不显示磁性。在外磁场的作用下，原子磁矩沿外磁场方向取向的概率相对较高，而沿其他方向取向的概率要低一些，因而呈现出弱磁性。磁化磁场的强度越高，原子磁矩沿外磁场方向取向的概率就越大，因此，弱磁性矿物的磁化强度与外磁场强度成正比，其比磁化率是 1 个常数，与磁化磁场的强度、矿物颗粒本身的形状和粒度等无关。弱磁性矿物的磁化和退磁过程都是可逆的，不存在磁滞现象，其磁性仅与自身的矿物组成有关。

11.6 改变矿物磁性的方法

改变矿物磁性可分为整体磁性的改变和表面磁性的改变两类。

11.6.1 改变矿物整体磁性的方法

改变铁矿物整体磁性的常用方法是磁化焙烧。铁矿石磁化焙烧的目的是，利用一定温度、一定气氛(还原或氧化)，把弱磁性铁矿物转变为亚铁磁性。

11.6.1.1 磁化焙烧原理

磁化焙烧按作用原理可分为还原焙烧、还原－氧化焙烧、中性焙烧和氧化焙烧。

(1) 还原焙烧

在 570℃左右，用含有 CO、H_2、C 和 CH_4 等成分的还原剂对赤铁矿进行还原，将发生如下的化学反应：

$$3Fe_2O_3 + CO = 2Fe_3O_4 + CO_2$$

$$3Fe_2O_3 + H_2 = 2Fe_3O_4 + H_2O$$

$$3Fe_2O_3 + C = 2Fe_3O_4 + CO$$

天然气中含 CH_4高达 93%，300℃时 CH_4发生部分氧化，得到含 $CO + H_2$的裂化气，可用作赤铁矿还原焙烧的还原剂。

赤铁矿还原后的产物是 Fe_3O_4，若在还原气氛中冷却到室温，最终产物还是 Fe_3O_4；若在还原气氛中冷却到 300 ~400℃以后，再在空气中冷却(即低温氧化)，则最终产物是磁赤铁矿($\gamma-Fe_2O_3$)，仍具有亚铁磁性；若在 300 ~400℃以上的空气中冷却，Fe_3O_4将发生氧化，最终产物是具有反铁磁性的 $\alpha-Fe_2O_3$。获得的最终焙烧产品为 Fe_3O_4时，称为还原磁化焙烧；获得的最终焙烧产品为 $\gamma-Fe_2O_3$时，称为还原－氧化焙烧。3 种焙烧产品的形成过程可表示为：

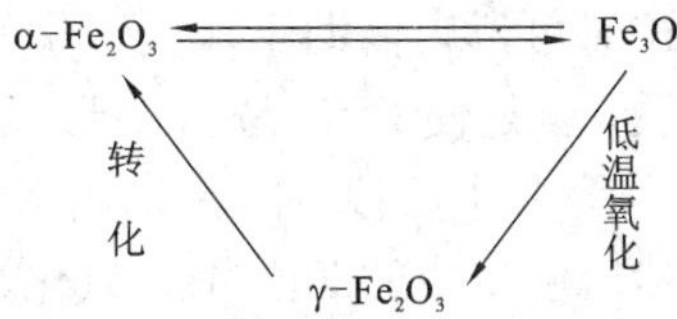

其中 $\alpha-Fe_2O_3$和 Fe_3O_4之间的转化是可逆过程，其他过程是不可逆过程。

(2) 中性焙烧

在 300 ~400℃、不通或少通空气的条件下，对菱铁矿进行焙烧时，菱铁矿将发生分解，转变成 Fe_3O_4，即：

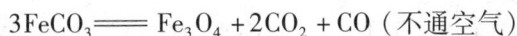

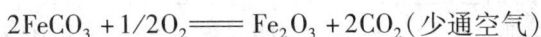

$$3FeCO_3 = Fe_3O_4 + 2CO_2 + CO \text{（不通空气）}$$

$$2FeCO_3 + 1/2O_2 = Fe_2O_3 + 2CO_2 \text{（少通空气）}$$

$$3Fe_2O_3 + CO = 2Fe_3O_4 + CO_2$$

这一焙烧过程称为中性焙烧。

(3) 氧化焙烧

在氧化气氛条件下，对黄铁矿(FeS_2)进行焙烧时，黄铁矿将发生氧化，转变成磁黄铁矿(Fe_7S_8)，其化学反应为：

$$7FeS_2 + 6O_2 = Fe_7S_8 + 6SO_2$$

若延长焙烧时间，磁黄铁矿会进一步氧化成 Fe_3O_4，即：

$$3Fe_7S_8 + 38O_2 = 7Fe_3O_4 + 24SO_2$$

生成磁黄铁矿(Fe_7S_8)的条件除与温度、气氛有关外，还与硫化铁矿物的组成有很大关系。在磁黄铁矿(Fe_xS_{1+x})的不同化学组成情况中，仅有 Fe_7S_8是亚铁磁性的。

11.6.1.2 磁化焙烧产物的质量评价

为了评定焙烧矿的质量，采用还原度 R 来判断弱磁性矿物(例如赤铁矿类)的磁化焙烧效果。还原度的定义为：

$$R = \frac{w(FeO)}{w(Fe)} \times 100\% \qquad (11-10)$$

式中 $w(FeO)$——焙烧矿中 FeO 的质量分数；

$w(Fe)$——焙烧矿中 Fe 的质量分数。

一般来说，$R = 38\% \sim 52\%$ 的磁化焙烧产品都是还原效果较好的产品，高于或低于该范围均表示还原程度差，矿物的磁性较低。

11.6.2 改变矿物表面磁性的方法

根据作用原理不同，改变矿物表面磁性的方法可分为化学法、电化学法和表面化学法。化学法和电化学法的实质是：对弱磁矿物进行一定的化学或电化学处理，在其表面生成一些新的磁性强的成分。表面化学法的实质是：用一些表面活性药剂对弱磁性矿物进行表面处理，使生成新的磁性较强的吸附物附着在矿物表面。属于化学法和电化学法的有碱浸磁化和电化学处理；属于表面化学法的有疏水磁化、磁种磁化和磁化剂磁化。

11.6.2.1 碱浸磁化

菱铁矿($FeCO_3$)为菱形体，具有 $NaNO_3$ 型的结晶构造，比磁化率低，因而常用焙烧磁选和重选对其进行处理。但对一些矿物组成复杂的矿石(如含有大量泥质的菱铁矿矿石)，不能采用焙烧磁选的方法进行处理。这时可考虑借助于碱浸磁化增加矿物表面的磁性。

对菱铁矿进行碱浸磁化的实质，就是使 $FeCO_3$ 分解，形成 $Fe(OH)_2$ 并进一步转化为强磁性的 $\gamma-Fe_2O_3$ 和 Fe_3O_4。该过程分为两个阶段，即首先用 NaOH 水溶液对 $FeCO_3$ 进行浸出，在矿物颗粒表面形成 $Fe(OH)_2$；然后使生成的 $Fe(OH)_2$ 氧化为 $\gamma-Fe_2O_3$ 和 Fe_3O_4。浸出和氧化过程的化学反应为：

$$FeCO_3 + 2NaOH = Fe(OH)_2 + Na_2CO_3$$

$$6Fe(OH)_2 + O_2 = 2Fe_3O_4 + 6H_2O$$

$$4Fe(OH)_2 + O_2 = 2\gamma-Fe_2O_3 + 4H_2O$$

11.6.2.2 电化学处理

借助于电化学处理来强化黑色金属矿石的分选，是近年来发展起来的一种新工艺。一般来说，含氧的铁锰矿物大都是半导体矿物，有明显的导电性，无须借助任何氧化或还原剂，在电的作用下电解放出的氧气和氢气便可产生强烈的氧化-还原作用，使矿物表面电荷发生转移，使铁和锰的价态发生变化。

通过电化学处理的强制氧化还原作用，可以使赤铁矿($\alpha-Fe_2O_3$)还原成 Fe_3O_4，而使菱铁矿氧化成 Fe_3O_4 或 $\gamma-Fe_2O_3$。

进行电化学处理时，赤铁矿受阴极极化作用，产生亚稳化合物 $Fe(OH)_3$ 和 $Fe(OH)_2$，二者相互作用形成 Fe_3O_4，发生的化学反应为：

$$2Fe(OH)_3 + Fe(OH)_2 = Fe_3O_4 + 4H_2O$$

11.6.2.3 疏水磁化

很多逆磁性矿物和顺磁性矿物(如绿柱石、锂辉石、白钨矿、方铅矿、闪锌矿等)，经表面活性物质处理后，形成疏水化颗粒表面，再经受磁场作用，它们的比磁化率会明显增加。这一处理过程称为疏水磁化，其实质就是，通过碱浸使矿物表面局部溶解，表面活性物质(如脂肪酸皂)与矿物表面残存的铁或矿浆中的含铁成分形成疏水性的表面膜，覆盖在矿物表面上，这种表面膜在磁场作用下产生定向排列，从而使矿物的磁化率增高。

11.6.2.4 磁种磁化

选择性吸附到某种目的矿物表面上，并能提高其磁性的细粒强磁性物质，常称为磁种。磁种磁化就是在一定条件下调整矿浆，并在矿浆中加入磁种，使其选择性黏附于目的矿物上，提高目的矿物磁性的过程。磁性增加后的目的矿物，可以用弱磁场磁选机进行分选，这就是所谓的磁种分选。

通常情况下，采用细磨的磁铁矿作磁种，粒度一般为 −5 μm。调整矿浆时常常加入一定量的电解质或表面活性剂(脂肪酸和煤油)或高分子絮凝剂，以增加磁种的选择性吸附作用。

11.6.2.5　**磁化剂磁化**

磁化剂是这样一种药剂，它的一端能与强磁性的磁铁矿或含铁成分黏附在一起，另一端则选择性地和目的矿物黏附(见图 11 − 12)，这样就使目的矿物的磁性增加。

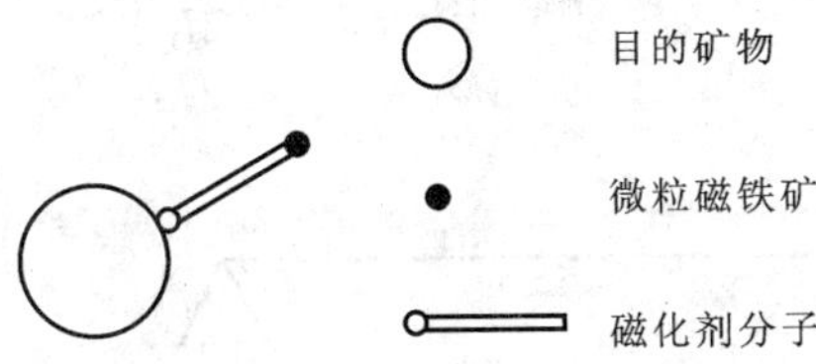

图 11 − 12　磁化剂磁化示意图

外加的磁性物质通过磁化剂分子选择性吸附在目的矿物上而使其磁性提高的过程，称为磁化剂磁化。使用的磁化剂的亲固基必须有很好的选择性，对各种不同的目的矿物，需要有特定的亲固基。

11.7　矿物磁性的测定

矿物磁化率的测定方法按作用原理可分为两种，其一是有质动力法，即借助于测量作用在置于非均匀磁场中试样上的磁力来完成；其二是感应法，即借助于测量磁场变化，或试样和线圈发生相对运动时，线圈中产生的感应电动势来完成。

有质动力法装置简单，有较好的灵敏度，一般实验室都可以自制，这种方法又细分为古依法和法拉第法。

感应法标定简单、灵敏度高，适用于各种磁性物质的磁性能的研究，可以测试各种磁性参数，如磁化曲线、磁滞回线、饱和磁化强度、剩磁和矫顽力等。

11.7.1　有质动力法测定矿物的比磁化率

11.7.1.1　**古依法**

古依法是基于测定作用在试样上的力而测定比磁化率的一种测试方法。测定时，首先将粉末状试样置于一圆管中，圆管的一端位于磁场强度为 H 的较强磁场中，另一端位于磁场强度为 H_1 的较弱磁场中(见图 11 − 13)。

圆管是一根均匀截面的玻璃管，置于线圈轴线上，或者在两个电磁系平面磁极之间。试样在磁场中受到和其长度方向一致的磁力 F_m 作用，磁力的计算式为：

$$F_m = \int_V \mu_0 \chi \rho_1 \frac{\partial H^2}{\partial x} \mathrm{d}V = \int_V \mu_0 \chi \rho_1 \frac{\partial H^2}{\partial x} S\mathrm{d}x = \frac{1}{2} S\mu_0 \chi \rho_1 (H^2 - H_1^2) \tag{11-11}$$

式中　μ_0——真空磁导率；

χ——试样的比磁化率；

ρ_1——试样的密度；

S——圆管中试样的截面积；

H，H_1——圆管两端的磁场强度。

由于装试样的圆管很长，故 $H_1 \approx 0$，式(11－11)则变为：

$$F_m = \frac{1}{2} S\mu_0 \chi \rho_1 H^2 \tag{11-12}$$

又因为 $F_m = \triangle Pg$，所以有：

$$\triangle Pg = \mu_0 \chi \rho_1 H^2 S/2 = \frac{\mu_0 \chi P}{2L} H^2 \tag{11-13}$$

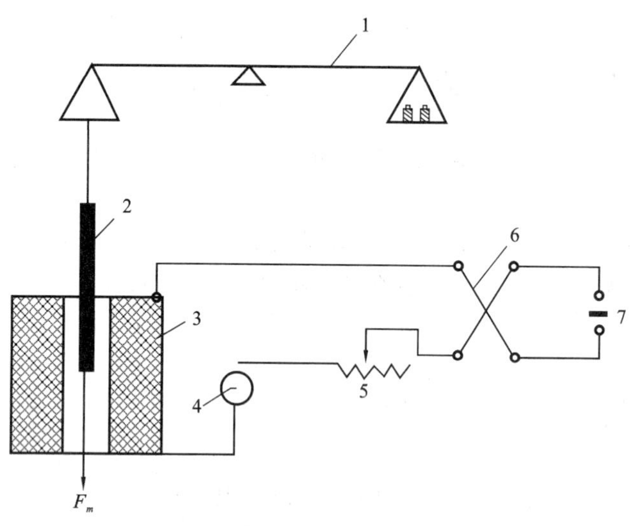

图 11－13　古依法测比磁化率装置示意图

1—天平；2—薄壁圆管（ϕ3.5～10 mm，l＝300 mm）；3—线圈；
4—直流电流表；5—变阻器；6—换向开关；7—直流电源

由式(11－13)解得：

$$\chi = \frac{2L\Delta Pg}{\mu_0 PH^2} \tag{11-14}$$

式中　$\triangle P$——磁场中试样质量的表观增量；

P——试样的质量（$P = \rho_1 LS$）；

L——圆管中试样的长度。

式(11－14)中，L、g 和 P 的值已知，实验时变化 H，测定相应的 $\triangle P$，从而计算出 χ 的数值。因为试样截面很小，长度很大，消除了退磁作用，所以测出的比磁化率应是物质比磁化率。

古依法可测定强磁性和弱磁性矿物的比磁化率。对强磁性矿物进行测定时，一般采用线圈中心的磁场强度为 80～100 kA/m；对弱磁性矿物进行测定时，常采用的磁场强度为 800～1000 kA/m。

11.7.1.2　**法拉第法**

法拉第法又分为磁力天平法和扭力天平法两种。

(1) 磁力天平法

磁力天平法主要用于测定弱磁性矿物的比磁化率。测定用磁场的 $H\mathrm{grad}H$ 可以为已知，也可以是未知。若 $H\mathrm{grad}H$ 已知，则测出试样在不均匀磁场中所受的比磁力 F_m，就可以由公式：

$$\chi = \frac{F_m}{H\mathrm{grad}H} \tag{11-15}$$

计算出比磁化率。若 $H\mathrm{grad}H$ 未知，则需要利用比磁化率已知的标准试样(例如焦磷酸锰，其 $\chi = 146 \times 10^{-8}\ \mathrm{m^3/kg}$)和待测试样相比较的间接方法来确定试样的比磁化率。

磁力天平测定装置如图 11－14 所示。使用一般的称量天平，精度为 0.1 mg。试样盒为玻璃或铜制空心球，直径为 7～10 mm。天平的一端悬挂试样，试样盒置于磁场中心位置，每次测定都应在同一位置。试样盒上下的平衡锤可使悬挂系统处于张紧状态，防止悬丝因受力作用而产生位移。

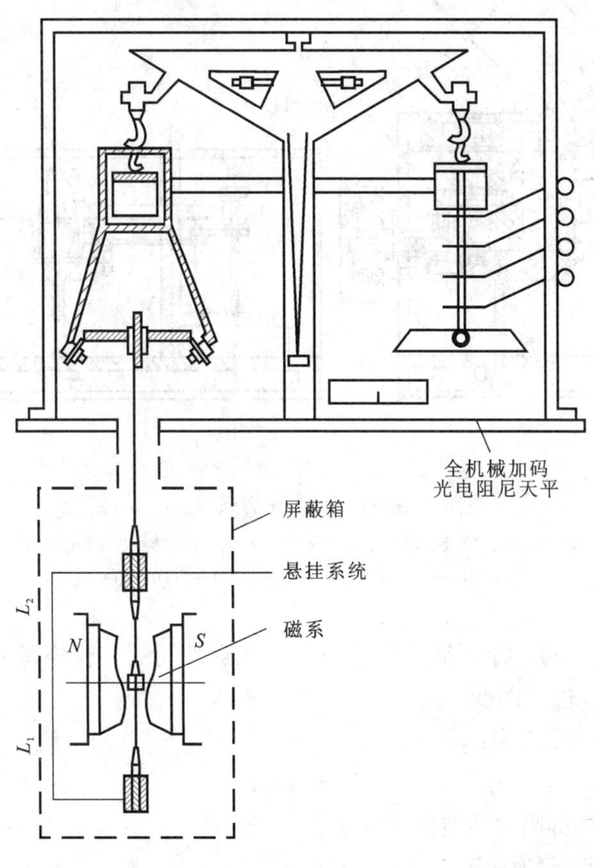

图 11－14　磁力天平测定装置

分别测出标准试样和待测试样在磁场中的所受到的比磁力 F_{m0} 和 F_m，于是待测试样的比磁化率 χ 的计算式为：

$$\chi = \frac{\chi_0 F_m}{F_{m0}} \tag{11-16}$$

式中　χ_0——标准试样的比磁化率。

(2) 扭力天平(扭秤)法

用扭力天平法测定矿物的比磁化率，是通过测量作用在试样上的磁力来测定比磁化率的，其测定装置由扭力天平和磁系构成。

如图 11－15 所示，扭力天平主要由观测镜筒、天平臂、支座、砝码盘等部分组成。天平臂中心悬挂在与天平臂垂直的金属扁丝上。镜筒内安装有3 条刻线的透明板，天平摆动时，3 条刻线的镜像便在标尺上移动，天平平衡时，中间的 1 条刻线和柱尺中点线重合。砝码和试样在天平的同一侧，消除天平感量随试样质量的变化而变化的缺点。

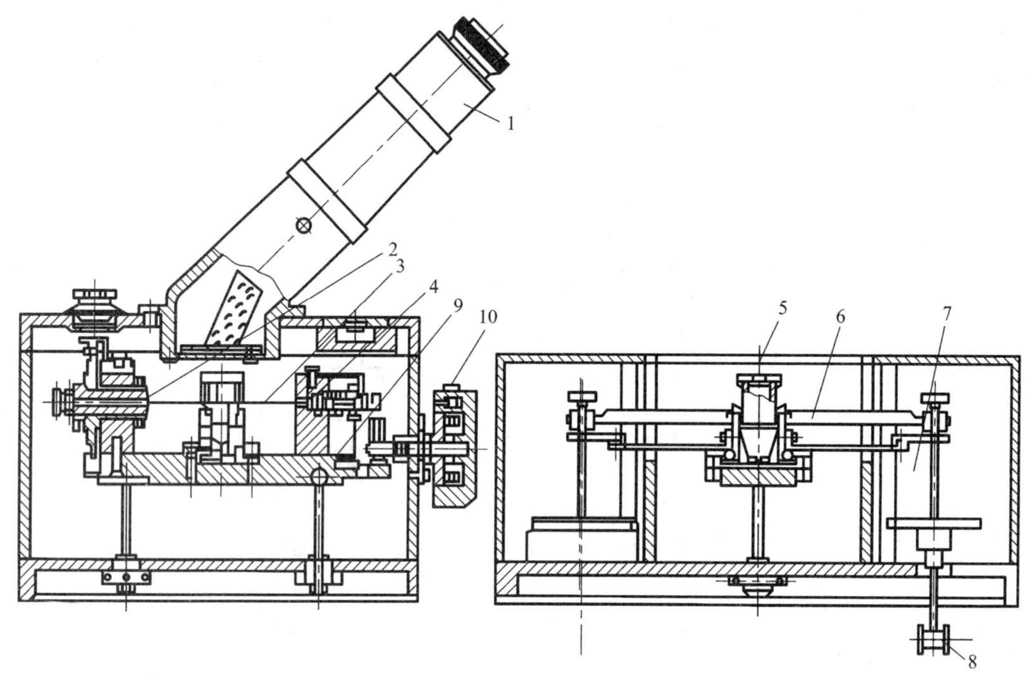

图 11－15 扭力天平

1—观测镜筒；2—扭鼓轮装置；3—金属扁丝；4—弹簧座；5—反光镜；6—天平臂；7—砝码盘；8—试样盒；9—支座；10—旋钮

磁系为等磁力磁极对，特点是具有等磁力。在磁极间的工作空隙对称面上，$H\mathrm{grad}H$ 为常数，即磁力不随测点位置而变。

试样所受的磁力计算式为：

$$F_m = F_T - F_v \tag{11－17}$$

式中 F_T——试样连同样品盒所受的总磁力；

F_v——试样盒所受的磁力。

11.7.2 感应法测定矿物的比磁化系数

感应法是常用的测定方法之一，所用装置是感应电桥，测定速度最快，而且测定矿物的形状和类型不受限制，试样的质量可从几克到几十克。

感应电桥如图 11－16 所示。差接变压器 T_r的原线圈的交流电压由发电机 G 供给。大小一样、相位相反的两个电压由次线圈产生。两个测量线圈同变压器次线圈相接。测量时，试样插入测量线圈 L 中，设计相同的平衡线圈 L'装有小铁氧体插塞 F，以便于电桥人工调零。线圈 L'的终端不与变压器相连，而同电桥电路输出点 P 相接，该点的未平衡的信号受到进一步处理。利用在测量线圈中插入的试样，电桥指零时，线圈的感应将增加。未平衡的感应信号将立刻被回路的反馈效应所补偿。与感应变化成正比，同时也和试样比磁化率成正比的电压会在电压表上显示出来。

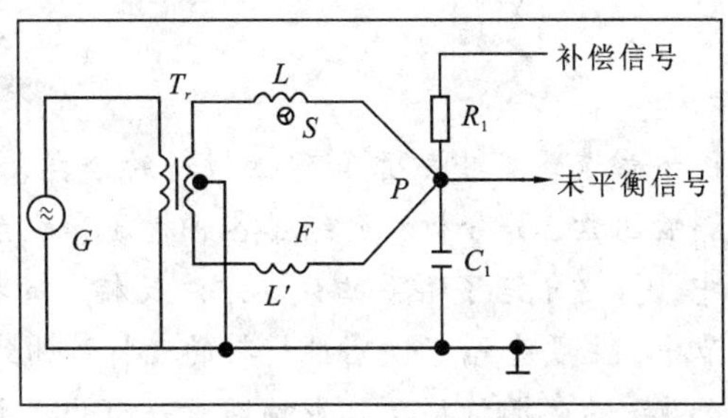

图 11 - 16 感应电桥的简化线路图

感应电桥法的优点是精度高、测量速度快，并有对各种粒度和类型试样测量的适应性，测量矿物的磁化率范围可从逆磁性到铁磁性；其主要缺点是不能测量随磁场的变化而变化的矿物磁化率。

习题

1. 简要叙述逆磁性、顺磁性和铁磁性的主要特点。

2. 简述强磁性矿物和弱磁性矿物的磁性和磁化原理。

3. 分别用磁化曲线和磁化率曲线表示顺磁性、逆磁性、铁磁性和强磁性、弱磁性与外磁场强度的关系。

4. 为什么强磁性矿物容易磁化到饱和，退磁时有磁滞现象？

5. 强磁性矿物磁化时，内磁场、退磁场和外磁场的含义如何？它们之间有何关系？退磁因子与哪些因素有关？

6. 简述下列词语的物理概念：(1) 物体体积磁化率；(2) 物体比磁化率；(3) 磁滞效用；(4) 剩磁；(5) 矫顽力；(6) 磁畴。

第 12 章　磁分离空间的磁场特性

内容提要　本章主要讲述磁选设备中磁系和磁性材料的分类、不同磁性材料的磁特性、不同磁系的磁场特征及其影响因素，并分析和介绍了各种材质和磁系在磁选设备中的应用情况。在磁选机的磁系一节中，简要介绍了磁系的分类方法及相应的特点；在磁选设备中常用的磁性材料及其磁特性一节中，主要介绍了铁磁性材料的磁特性曲线及软磁材料和硬磁材料的磁特性参数特点；在开放磁系的磁场特征及其影响因素一节中，主要介绍了开放磁系的磁场特性及磁系的结构参数对磁场特性的影响；在闭合磁系的磁场特征一节中，主要介绍了不同形状的单层感应磁极对的磁场特性和齿板及丝状多层聚磁感应介质的磁场特性。本章的拓展学习内容主要为电磁学和高等数学的相关内容。

12.1　磁选机的磁系

磁选设备的磁源是它们的磁系，有永磁磁系和电磁磁系两种。磁选设备的磁场由磁系产生，根据磁场的特点可将磁场分为恒定磁场、交变磁场、脉动磁场和旋转磁场。

目前产生恒定磁场的方法有两种，其一是由通入直流电的电磁铁产生，另一种则是由永磁材料产生。

交变磁场由通交流电的电磁铁产生。这种磁场尚未得到广泛应用。

脉动磁场的产生方法有 3 种，一种是由通入直流电和交流电的电磁铁产生；另一种是由在永磁材料上加一交流线圈产生；第 3 种是由直接通入脉动电流的电磁铁产生。这种磁场在部分磁选机中已得到应用。

旋转磁场是当圆筒对固定多极磁系或可动多极磁系（磁系皆由极性沿圆周交替排列的磁极组成）做快速相对运动时形成的。这种磁场应用在旋转磁场磁选机中。

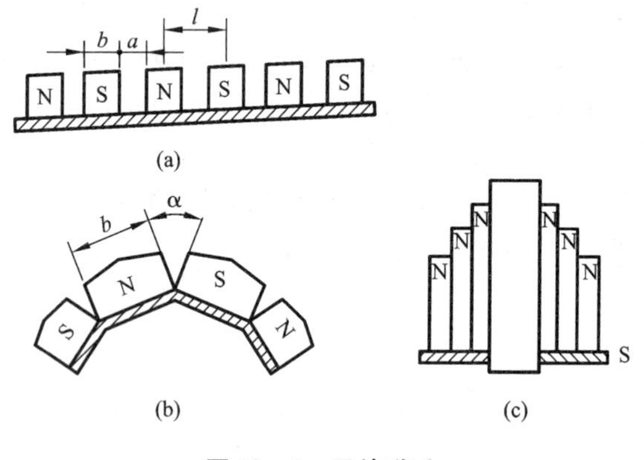

图 12－1　开放磁系

(a) 平面磁系；(b) 弧面磁系；(c) 塔形磁系

磁选设备的磁系按照磁极的配置方式可分为开放磁系和闭合磁系两种。所谓开放磁系是指磁极在同一侧做相邻配置且磁极之间无感应铁磁介质的磁系。常用的开放磁系形式如图 12－1 所示。开放磁系按照磁极的排列特点又分为平面磁系、弧面磁系和塔形磁系 3 种。图 12－1(a) 为平面磁系，其磁极排列为平面，带式磁选机采用的是这种磁系；图 12－1(b) 为弧面磁系，其磁极排列为圆弧面，筒式磁选机采用的是这种磁系；图 12－1(c) 为塔形磁系，其磁极排列为塔形，某些磁力脱水槽采用的是这种磁系。

在开放磁系中，磁力线通过空气的路程长，磁路的磁阻大，漏磁损失大，因而分选空间的磁场强度低，这种磁系应用在分选强磁性物料的弱磁场磁选设备中。采用开放磁系时，设备的分选空间比较大，能处理粗粒级物料，且处理能力大。

磁极做相对配置的磁系称为闭合磁系。在这种磁系中，空隙小，磁力线通过空气的路程短，磁阻小，漏磁损失小，磁场强度高。又由于采用具有特殊形状的聚磁感应磁极，磁场梯度也大，因而磁场力大。通常应用于分选弱磁性物料的强磁场磁选设备中。常见的闭合磁系磁路类型如图 12－2 所示。

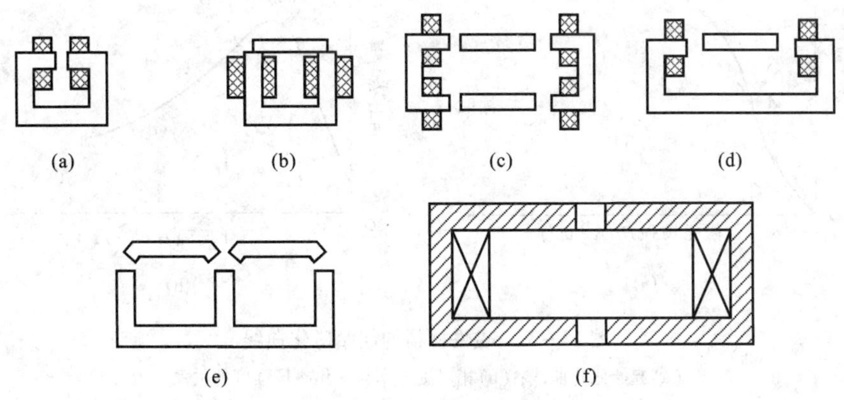

图 12－2　闭合磁系的磁路类型

(a)，(b)，(c)，(d)方框磁路；(e)复合方框形磁路；(f)螺旋管线圈无铁芯磁路

闭合磁系根据磁极间放置介质的不同、分选面的多少，还可分成单分选面闭合磁系和多分选面闭合磁系 2 种。

12.2　磁选设备中常用的磁性材料及其磁特性

由 12.1 节知道，磁选设备的磁系，无论是开放磁系还是闭合磁系都离不开磁性材料。在各种磁性材料中，最重要的是以铁为代表的一类磁性很强的材料，它们具有铁磁性。除铁之外，钴、镍、钆、镝和钬等也具有铁磁性。另一类是铁和其他金属或非金属组成的合金，以及铁和其他二价金属的复合氧化物（铁氧体）。为了更好地应用它们，必须了解它们的磁特性。

12.2.1　铁磁性材料的磁特性

铁磁性材料的磁特性常用特性曲线的形式来表示。其中最常用的是 $B=f(H)$ 曲线[或 $M=f(H)$ 曲线]。材料的磁特性，除了与给定的测量参数（如磁化场强、温度、有无机械应力等）有关外，还与磁化过程有关。实际应用时，为了得到 $B=f(H)$ 曲线，材料（试样）必须预先进行脱磁，以使样品的原始状态处于材料的磁化强度 $M=0$，以及没有磁畴磁化从优取向的退磁状态。材料的磁化可分成以下几种 $B=f(H)$ 曲线。

(1)起始磁化曲线

起始磁化曲线是磁化场强 H 单调地增加时所得到的曲线。铁磁性材料的起始磁化曲线的共同特点是曲线由陡峭段和平坦段组成[见图 12－3(a)]。分界点 P 位于曲线上段弯曲部分。陡峭段对应于易磁化区，而平坦段对应于难磁化区。从坐标原点 O 到 $B=f(H)$ 曲线上任

何一点 A 的直线的斜率($\tan\alpha$)代表该磁化状态下的磁导率 $\mu_0\mu_r = B_A/H_A$。由此式求出该磁化状态下的相对磁导率为:

$$\mu_r = \tan\alpha/\mu_0 = B_A/(\mu_0 H_A)$$

μ_r是纯数，它随磁化场强 H 变化的曲线，如图 12-3(b)所示。μ_i和μ_m分别叫作起始相对磁导率和最大相对磁导率。

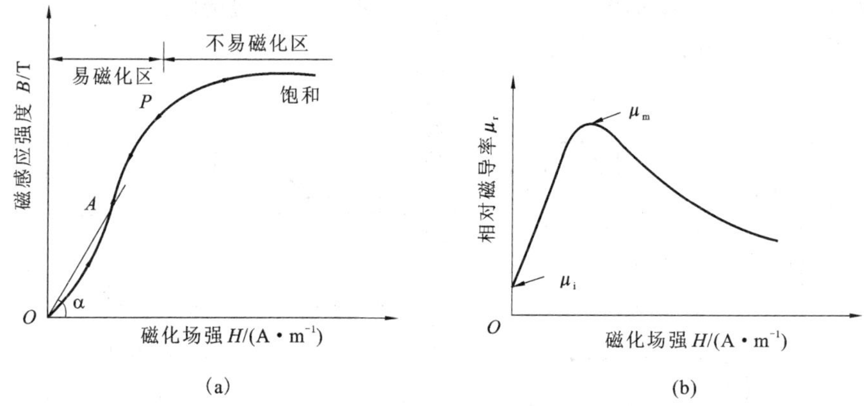

图 12-3　磁性材料的起始磁化曲线

(a)起始磁化曲线；(b)相对磁导率与磁化磁场强度的关系

(2)磁滞回线

当磁化场强 H 在正负两个方向上往复变化时，材料的磁化过程经历一个循环过程，材料的磁感应强度 B 与磁化场强 H 的关系曲线是一闭合曲线，称为材料的磁滞回线(见图 12-4)。如果材料在磁化曲线两端都达到饱和，所得曲线就叫作饱和磁滞回线或主磁滞回线。

(3)正常磁化曲线

磁化磁场强度 H 由正负最大值逐渐缩小循环范围，便得到由大到小一系列磁滞回线，习惯上称为正常磁化曲线(见图 12-5)，是材料磁性的另一种体现形式。由图 12-5 可以看出，正常磁化曲线与起始磁化曲线的形状很相似。

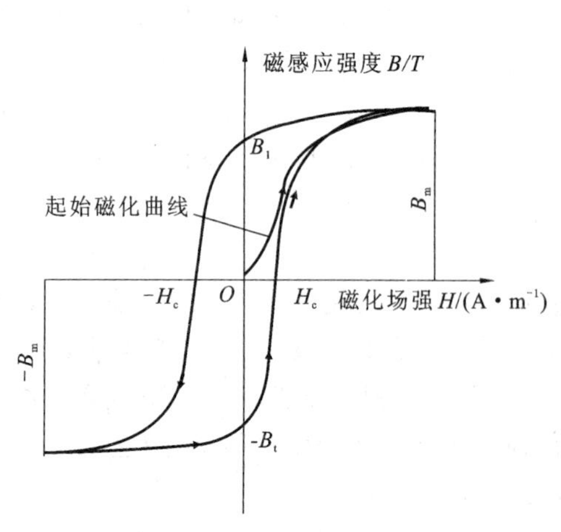

图 12-4　铁磁性材料的磁滞回线

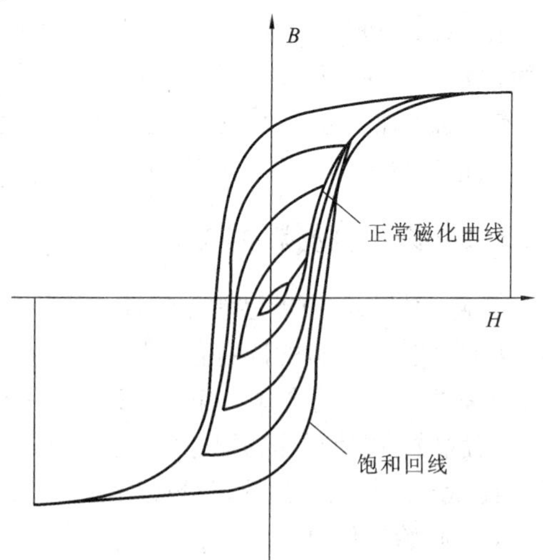

图 12-5　正常磁化曲线和各自相关的磁滞回线

由上述相应的 $B=f(H)$ 曲线和 $\mu=f(H)$ 曲线可以知道，材料的饱和磁感应强度、剩余磁感应强度、矫顽力以及相对磁导率等是标志磁性材料磁特性的参数。根据材料的磁特性参数可以将磁性材料分为软磁材料和硬磁材料。

12.2.2 软磁材料

软磁材料的基本特征是磁导率高(在相同几何尺寸条件下磁阻小)，矫顽力小，这意味着磁滞回线狭长，所包围的面积小(见图 12－6)，从而在交变磁场中磁滞损耗小，所以软磁材料适用于交变磁场中。一般交变频率低时采用如图 12－6(a)所示的软磁性材料。当交变频率高时(大于 3000 Hz)，一般采用磁滞回线如图 12－6(b)所示的软磁性材料。

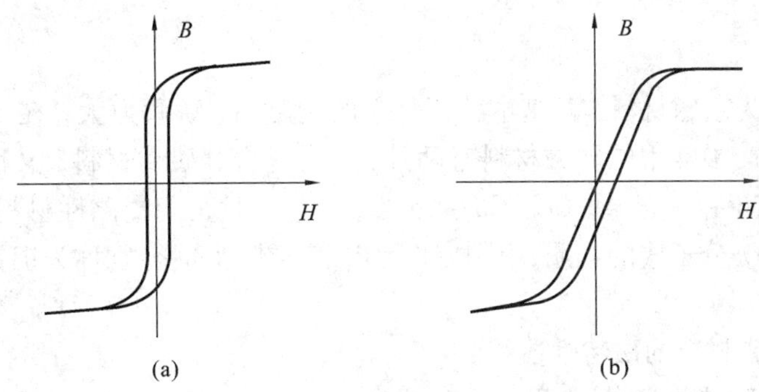

图 12－6 软磁材料的磁滞回线

在通电线圈中，铁芯的作用是增大线圈内的磁通量，这就要求磁性材料具有很高的磁导率。这里分两种情况来讨论，一种是用于各种电子通信设备中的软磁材料，在这种情况下，工作电流很小，铁芯的工作状态处于起始的一段磁化曲线上，因此要求材料的起始磁导率 μ_i 高；另一种用于电动机、发电机、变压器的软磁材料，这里电流很大，铁芯的工作状态接近饱和，因此要求材料的最大磁导率 μ_m 高，饱和磁化强度大。

磁选设备上所用的软磁材料有工程纯铁、导磁不锈钢和低碳钢等。强磁场磁选设备经常选用工程纯铁制作铁芯、磁轭和极头，而选用导磁不锈钢制作感应介质。在弱磁场磁选设备中，磁系的磁导板往往选用低碳钢。

几种软磁材料的性能见表 12－1。

表 12－1 软磁材料的性能一览表

材料	化学成分/%	μ_i	μ_m	H_c/(A·m^{-1})	$\mu_0 M_S$/T	ρ/($n\Omega\cdot$m)	居里点/℃
纯铁	0.05 杂质	10000	200000	4.0	2.15	100	770
纯铁(DT1)	0.44 杂质	>3500	<96	—	—	—	—
纯铁(DT2)	0.28 杂质	>4000	<80	—	—	—	—
纯铁(DT3)	0.38 杂质	>4500	<64	—	—	—	—
硅钢(热轧)	4Si 余为 Fe	450	8000	4.8	1.97	600	690

续表 12－1

材料	化学成分/%	μ_i	μ_m	H_c/ (A·m^{-1})	$\mu_0 M_S$/T	ρ/ ($n\Omega$·m)	居里点/℃
硅钢(冷轧晶粒取向)	3.2Si 余为 Fe	600	10000	16.0	2.0	500	700
45 坡莫合金	45Ni 余为 Fe	2500	25000	24.0	1.6	500	440
78 坡莫合金	78.5Ni 余为 Fe	8000	100000	4.0	1.0	160	580
超坡莫合金	79Ni,5Mo, 0.5Mn 余为 Fe	10000～12000	1000000 150000	0.32	0.8	600	400

12.2.3 硬磁材料

硬磁材料也称为永磁材料，其基本特征是它的剩磁高、矫顽力大，在工作空间中能产生很大的磁场能。生产中常用的硬磁材料有两种，一种是合金磁性材料，又称为永磁合金或硬磁合金，例如 Al－Ni－Co 合金、Ce－Co－Cu 合金；另一种是陶瓷磁性材料，又称为铁氧体，它是具有 MO·Fe_2O_3分子式的物质，式中 M 为 Ba、Sr 或 Pb 时分别称为钡铁氧体、锶铁氧体和铅铁氧体。

12.2.3.1 永磁材料的磁特性曲线

永磁材料作为磁选设备的磁源使用时，首先将其在磁化磁场中充磁，取出后使用。因此，表征永磁材料磁特性的是它的饱和磁滞回线中，处于第 2 象限的这段曲线，该段曲线称为永磁材料的退磁曲线。永磁材料的磁性能由退磁曲线来体现。如果材料成分一定、制造工艺条件相同，则生产出的永磁材料的退磁曲线是相同的。

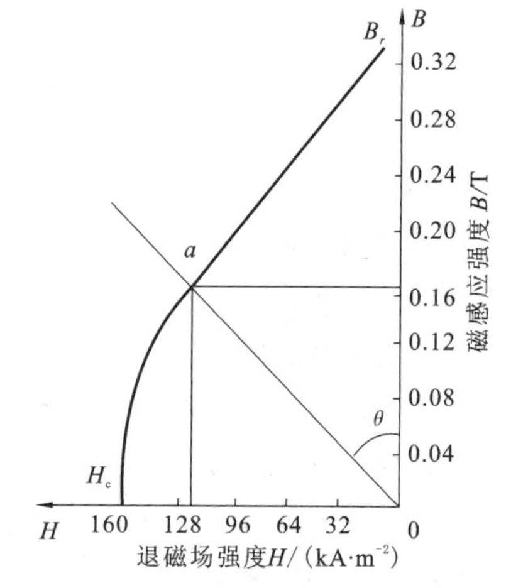

图 12－7 锶铁氧体的退磁曲线(磁特性曲线)

图 12－7 所示的是锶铁氧体的退磁曲线。退磁曲线在 B 轴上的截距 B_r称为剩余磁感应强度，简称剩磁，是磁性材料剩磁量大小的一个标志；与 H 轴的交点 H_c称为磁铁的矫顽力，表示要去掉剩磁需加的反向磁场，是磁性材料稳定性的一个标志。H_c大表示磁性材料在使用过程中不易退磁，使用寿命也就越长。可见对永磁材料来说，B_r和 H_c是两个质量指标，这两个指标的数值越大，说明该种永久材料的质量越优。

12.2.3.2 永磁材料的视在剩余磁感

永磁材料的退磁曲线一般都是在闭合状态下测得的。而在实际使用时，是先把磁铁磁化达饱和，然后去掉磁化磁场，把磁铁取出在开路情况下使用，此时磁铁表面的磁感值并不等于剩余磁感 B_r，而是小于 B_r的某一值，此时的磁感应值称为视在剩余磁感，记为 B_d。视在剩余磁感受退磁因素的影响，即受磁铁的形状和尺寸比的影响。

永磁材料在闭合磁路中磁化，磁感应强度可表示为：

$$B=\mu_0 H+\mu_0 M \tag{12-1}$$

式中 B——永磁材料的磁感应强度，T；

H——磁化磁场强度，A/m；

M——磁铁的磁化强度，A/m。

当去掉外磁场，将磁铁从闭合磁路中取出后，其视在剩余磁感 B_d 可用下式表示：

$$B_d = \mu_0 M - \mu_0 H_d \tag{12-2}$$

式中的 H_d 是磁铁本身产生的退磁场强度，单位是 A/m，可表示成退磁系数 N 与磁化强度的乘积，即：

$$H_d = NM$$

将上述关系代入式(12－2)得：

$$B_d = \mu_0 H_d / N - \mu_0 H_d = \mu_0 H_d [(1-N)/N]$$

所以退磁场与视在剩余磁感的比值可写成：

$$\tan\theta = \mu_0 H_d / B_d = N/(1-N) \tag{12-3}$$

由式(12－3)可知，如果已知磁铁的退磁因子，就可以计算出 θ 角，即可在退磁曲线上画出磁铁的工作线。磁铁工作线和退磁曲线的交点的纵坐标值即为磁铁在该状态下的视在剩余磁感值(见图 12－7)。

圆柱形磁铁的退磁系数由下式求出：

$$N = 5.5(m+0.54)^{-1.4} \quad (m<10\text{ 时}) \tag{12-4}$$

而矩形截面的柱状磁铁(底部有衔铁)的退磁系数可由下式求出：

$$N = -1.94 + 3.14/m - 0.34/m^2 + 9.83/m_1 - 21.69/m_{12} + 16.08/m_{13} \tag{12-5}$$

式中　m——磁铁的尺寸比，为圆柱状时，$m = l_m/d_m$，矩形截面时，$m = l_m/\sqrt{S_m}$；

m_1——磁铁截面的长宽比。

12.2.3.3　**磁铁的磁能积**

由物理学知道，磁铁的磁能密度 W(J/m^3)可表示为：

$$W = B_d H_d / 2 \tag{12-6}$$

式中，B_d 和 H_d 分别为磁铁在某一工作状态下，在退磁曲线上所对应的剩余磁感和退磁场。

退磁曲线上每一点所对应的 B 与 H 相乘所得之积，称为磁能积，代表在此工作状态下磁铁的能量。通过退磁曲线上每一点的 B 值和对应的 H 值的乘积都对 B 作图，可得到一曲线(如图 12－8 所示)，此曲线称为磁能积曲线。在所有的乘积中，其中有一最大值称为最大磁能积，是衡量永磁材料的一个重要数据，也是判断永磁材料好坏的一个最好判别量。磁铁最大磁能积标志着磁铁里的最大能量密度，使磁铁工作在这一点，能以最少的磁性材料获得所需要的通量；如果不是工作在这一点，磁铁的能量则不能完全发挥出来。

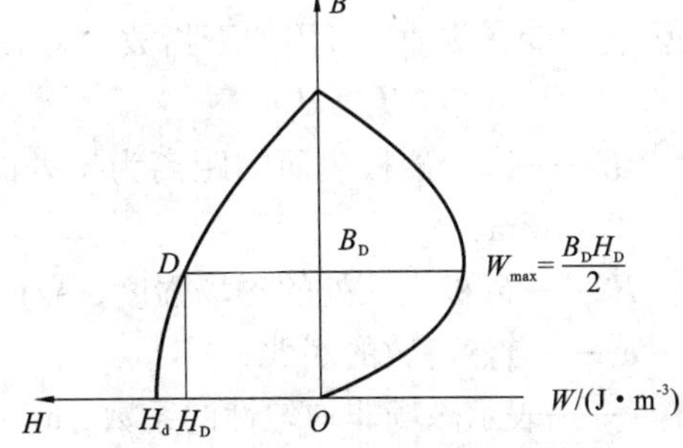

图 12－8　磁铁的退磁曲线和磁能积曲线

由以上的讨论和分析可知，永磁材料的剩余磁感应强度 B_r、矫顽力 H_c 以及最大磁能积是磁铁的 3 个性能指标。几种永磁材料的性能如表 12－2 所示。

表 12-2 几种硬磁材料的性能一览表

材料	化学成分/%	$H_c/(A \cdot m^{-1})$	B_r/T	$(BH)_{max}/(J \cdot m^{-3})$
钡铁氧体(异性)	$BaO \cdot nFe_2O_3$ ($n=5 \sim 6$)	$(128 \sim 176) \times 10^3$	0.34 ~ 0.38	$(1.6 \sim 2.0) \times 10^4$
锶铁氧体(异性)	$SrO \cdot nFe_2O_3$ ($n=5 \sim 6$)	$(144 \sim 216) \times 103$	0.36 ~ 0.40	$(2.23 \sim 2.79) \times 10^4$
LNG5-3(异性)	8Al,14Ni,24Co,3Cu,余为 Fe	60×103	1.32	6.0×10^4
LNG8-2(异性)	7Al,15Ni,35Co,4Cu,5Ti,余为 Fe	108×10^3	1.1	7.17×10^4
钐钴合金	$SmCo_5$	693×10^3	0.98	1.91×10^5
铈钴铜合金	32.7Ce,10.2Co,49.2Cu,余为 Fe	330×10^3	0.65	7.33×10^4

12.3 开放磁系的磁场特性及其影响因素

12.3.1 开放磁系的磁场特性

磁选设备的磁场特性是指在其分选空间内，磁场强度 H 和磁场力 $H\text{grad}H$ 的大小及其变化规律。研究磁系的磁场特性对正确选择磁选设备、提高分选效果、设计磁选设备时确定合理的磁系结构参数等都具有重要意义。

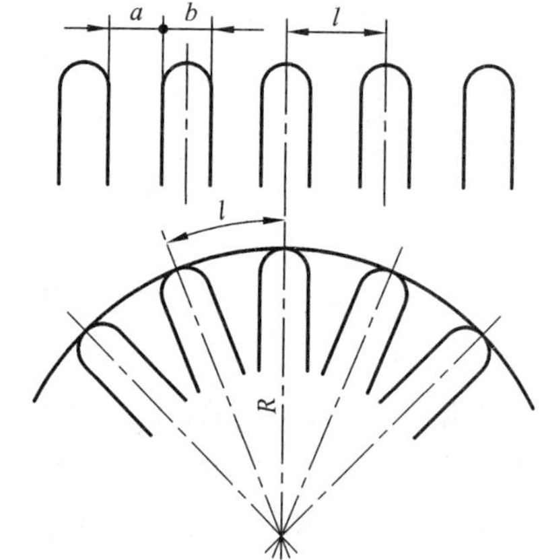

图 12-9 弧形磁极的形状及排列

实验研究表明，在图 12-9 所示的开放磁系(平面与弧面)中，在磁极对称面或磁极间隙对称面上，磁场强度的变化规律，可用如下指数方程表述，即：

$$H_x = H_0 e^{-cx} \qquad (12-7)$$

式中 H_x——离开磁极表面的距离为 x 处的磁场强度，A/m；

H_0——磁极表面处的磁场强度，A/m；

e——自然对数的底数；

c——表示磁场非均匀性的系数，m^{-1}。

另外，由式(12-7)还可以得到磁场梯度和磁场力的变化规律。将式(12-7)对 x 求导，即得到磁场梯度表达式：

$$\text{grad}H = dH_x/dx = -cH_0 e^{-cx} = -cH_x \qquad (12-8)$$

离开磁极表面距离为 x 处的磁场力表达式为：

$$H\text{grad}H = H_x \cdot (-cH_x) = -cH_x^2 = -cH_0^2 e^{-2cx} \qquad (12-9)$$

式中负号仅表示磁场梯度和磁场力随 x 增大而降低，因此可略去，即有：

$$\text{grad}H = cH_x \qquad (12-10)$$

$$H\text{grad}H = cH_0^2 e^{-2cx} \qquad (12-11)$$

由式(12－7)和式(12－11)可以看出，当 $x=0$ 时，$H_x=H_0$，$H\mathrm{grad}H=cH_0^2$，此为磁场强度和磁场力的最大值。当 $x\to\infty$ 时，$H_x=0$，$H_x\mathrm{grad}H=0$，此为磁场强度和磁场力的最小值。由此可见，在平面与弧面磁系中，在磁极或极隙对称面上，极表面处的磁场强度和磁场力最大；离开磁极表面愈远，场强和磁场力逐渐减小；至无限远处，场强与磁场力达最小值(为零)。

上述诸式中的系数 c 称为磁场不均匀系数。研究表明，c 的大小主要与极距有关。对于弧面磁系，磁极排列的圆弧半径也影响 c 的大小。

对于平面磁系：

$$c=\pi/l \tag{12-12}$$

对于弧面磁系：

$$c=\pi/l+1/R \tag{12-13}$$

式中　l——极距，即磁极中心线间的距离，m；

　　R——弧面磁系的圆弧半径，m。

由式(12－10)可以得出：

$$c=\pi/l=\mathrm{grad}H/H_x \tag{12-14}$$

$$c=\pi/l+1/R=\mathrm{grad}H/H_x \tag{12-15}$$

由式(12－14)和式(12－15)可以看出，系数 c 的物理意义是单位磁场强度的磁场梯度。因而可以说，c 和 $\mathrm{grad}H$ 一样，都表征磁场的非均匀性，但 c 比 $\mathrm{grad}H$ 简便。因为若 R 为定值(平面磁系可认为 $R\to\infty$)，c 只与极距有关。而 $\mathrm{grad}H$ 则不然，它不仅与 l 有关，而且还与 H 有关。

试验研究表明，在磁选机的分选空间内，实际上非均匀系数 c 在各点是不相同的，它除了因 x 值的不同而不同外，还随 y 值(即随平行于通过极心平面的平面位置)不同而不同。

12.3.2　极宽 *b* 与极隙宽 *a* 的比值对磁场特性的影响

在磁选过程中，一般要求磁性颗粒在随运输装置(如圆筒、皮带)移动的过程中，应受到较均匀的磁力，以便使运输装置不但能顺利搬运磁性产品，而且在搬运过程中不使磁性产品脱落。在开放磁系(见图 12－9)中，当极距相同时，b/a 的不同比值，影响着磁场强度沿极距方向的变化规律。无论电磁磁系还是永磁磁系，只要 b/a 的数值适宜，就能产生所需要的磁场。不同的 b/a 值时，磁场强度沿极距 l 方向的变化规律，如图 12－10 所示。

图 12－10 表明，对于永磁磁系，当极间隙接近零时($b/a=\infty$)，极隙中心处的场强比极面中心处的高很多，当 $b/a=1$ 时，极面中心处的场强比极隙中心处的高，只有 $b/a=3$ 时，场强沿极距方向的变化比较均匀。根据分选过程对磁力的要求，永磁磁系的 b/a 值在 2～3 是比较合适的；对于电磁磁系，当 b/a 的值为 0.75 和 3 时，场强沿极距方向的变化都是不均匀的，只有 b/a 的值等于 1.2 时，场强变化比较均匀，所以电磁磁系的 b/a 为 1.2～1.5 是合适的。

由以上电磁磁系与永磁磁系的比较看出，在满足分选要求的前提下，永磁磁系的 b/a 值比电磁磁系的大，也就是说永磁磁系的极面宽，而极隙小。一方面，由于永磁材料(锶铁氧体和钡铁氧体等)的剩余磁感低，必须采用较宽的极面才能产生所需要的磁通；另一方面，由于永磁材料具有各向异性，磁通由侧面漏出的量少，因此允许减少极间隙。上述 b/a 的适宜值适用于一般筒式和带式磁选机。而对于干式筒式磁选机，b/a 的适宜值可达到 5。

12.3.3　极距对磁场特性的影响

极距 l 是开放磁系的一个主要结构参数。它影响着磁场强度的大小、磁场的不均匀程度

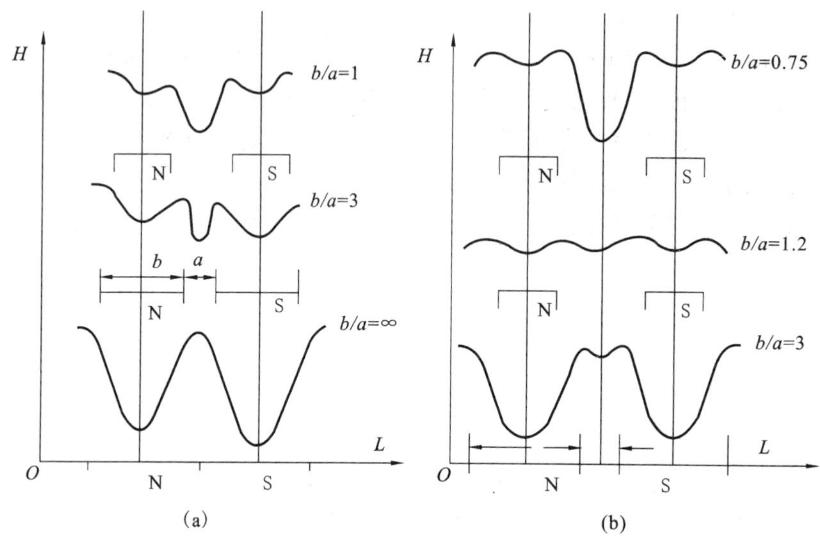

图 12－10　*b*/*a* 不同时磁场强度沿极距 *l* 方向的变化曲线

(a)永磁磁系；(b)电磁磁系

和磁场的作用深度。不同极距条件下的 $H=f(x)$ 和 $H\text{grad}H=f(x)$ 曲线如图 12－11 所示。不同极距的磁场作用深度示意图如图 12－12 所示。

由图 12－11 和图 12－12 可以看出，距极面同一距离处，极距大的磁场强度高，磁场作用深度大，但磁场的不均匀性降低；反之，极距小时，在极面和极面附近，H 和 $H\text{grad}H$ 很大，但离开极面稍远些，H 和 $H\text{grad}H$ 急剧降低，即磁场作用深度小。由此可见，极距是影响磁场特性的重要因素，在开放磁系中选择适宜的极距是十分重要的。

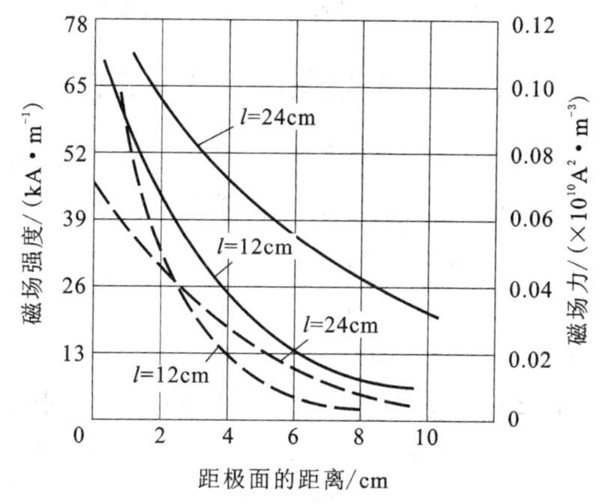

图 12－11　不同极距平面磁系的磁场特性

－ － － －　$H=f(x)$；

———　$H\text{grad}H=f(x)$

在理论上，最适宜的极距的确定，可通过上面给料处理粗粒物料和下面给料处理细粒物料两种情况来分析，其示意图见图 12－13。

在开放磁系中，作用在磁性颗粒上的比磁力 f_m 可表示为：

$$f_m=\mu_0\chi_0 H\text{grad}H=\mu_0\chi_0 cH_0^2\text{e}^{-2cx} \tag{12-16}$$

上面给料处理粗粒物料时，式(12－16)中的 x 是最大颗粒中心到磁极表面的距离，即 $x=\Delta+0.5d$；下面给料处理细粒物料时，$x=\Delta+d$。

将式(12－16)对 c 求导数，得：

$$\text{d}f_m/\text{d}c=\mu_0\chi_0 H_0^2\text{e}^{-2cx}(1-2cx) \tag{12-17}$$

当 $\text{d}f_m/\text{d}c=0$ 时，f_m 有最大值。在式(12－17)中，μ_0、χ_0、H_0、e^{-2cx} 都不等于零，故只有 $1-2cx=0$，此时有：

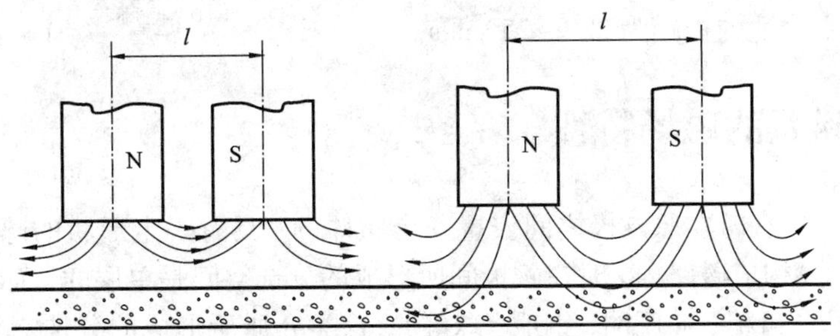

图 12－12 不同极距的磁场作用深度示意图

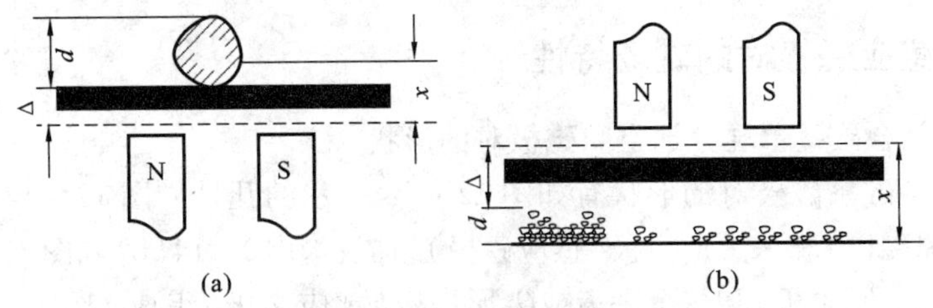

图 12－13 开放磁系中有关物理量的关系示意图

(a)上面给料处理粗粒，d 为颗粒粒度上限，Δ 是磁极表面到被选颗粒下端面的距离；
(b)下面给料处理细粒，d 为矿浆层厚度，Δ 是磁极表面到被选颗粒或矿浆层上表面的距离

$$c = 0.5/x \tag{12-18}$$

上面给料处理粗粒物料时，将 $x = \Delta + 0.5d$ 代入式(12－18)，得到：

$$c = 0.5/(\Delta + 0.5d) = 1/(2\Delta + d) \tag{12-19}$$

对于平面磁系，将式(12－19)代入式(12－12)中，得：

$$1/(2\Delta + d) = \pi/l$$

或

$$l = \pi(2\Delta + d) \tag{12-20}$$

对于弧面磁系，将式(12－19)代入式(12－13)中，得到：

$$1/(2\Delta + d) = \pi/l + 1/R$$

或

$$l = \pi R(2\Delta + d)/[R - (2\Delta + d)] \tag{12-21}$$

下面给料处理细粒物料时，将 $x = \Delta + d$ 代入式(12－18)中，得到：

$$c = 0.5/(\Delta + d) \tag{12-22}$$

对于平面磁系，得到：

$$l = 2\pi(\Delta + d) \tag{12-23}$$

对于弧面磁系，得到：

$$l = 2\pi R(\Delta + d)/[R - 2(\Delta + d)] \tag{12-24}$$

对于开放弧面磁系弱磁场磁选机，按式(12－21)计算出的极距 l 偏大，用上面给料的筒式磁选机干选大块物料时，情况更加突出。这是因为物料块尺寸大，在对其重心处的磁场力进行计算时假定了磁场强度和梯度是按直线规律变化的，其实，它们是按指数规律变化的。考虑这种情况，式(12－21)变为：

$$l = 2\pi Rd/[R\ln(1 + d/\Delta) - 2d] \tag{12-25}$$

一般情况，分选磁铁矿矿石所用的弱磁场磁选机，其极距 $l=100\sim250$ mm，分选粗粒物料的筒式磁选机，合适的极距为 220 ~ 250 mm。

12.4 闭合磁系的磁场特性

在实际生产中，有时在原磁极之间安置一个整体的、具有一定形状的感应磁介质（如转辊、转盘和转锥等）构成磁路，这时在磁极间所形成的分选空间是单层的；而有时在磁极之间安置多层分选介质（齿板、冲压网、钢毛、球等），这类介质所形成的分选空间是多层的。由于在磁极间放入了磁介质，减少了气隙的磁阻，大大提高了气隙中的磁场强度，同时由于介质的存在提高了介质附近的磁场梯度，大大提高了分选空间的磁场力。

12.4.1 单层感应磁极对的磁场特性

12.4.1.1 闭合磁系单层分选空间磁极对的形状

常见的闭合型磁系磁极对的形状有如图 12 - 14 所示的几种。图 12 - 14(a)所示的磁极对由一平面极（原磁极）和一尖形齿极（感应磁极）组成；图 12 - 14(b)和图 12 - 14(c)所示的磁极对由一平面极（原磁极）和多个平齿或尖形齿极（感应磁极）组成；图 12 - 14(d)和图 12 - 14(e)所示的磁极对由槽形极（原磁极）和多个平齿或尖齿极（感应磁极）组成；图 12 - 14(f)所示的磁极对由弧面极和凹形极组成。

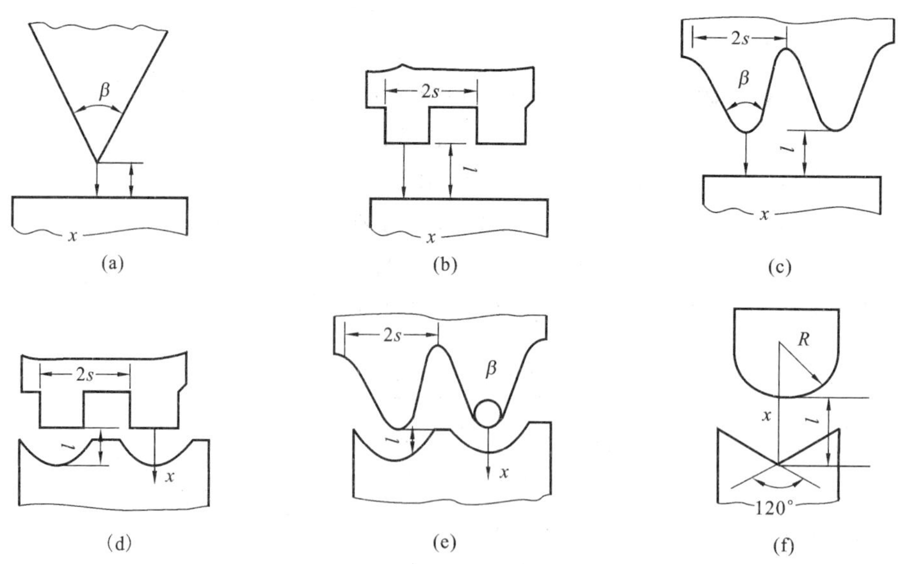

图 12 - 14 常见的闭合磁系磁极对的形状

12.4.1.2 三角形单齿磁极 - 平面磁极对

在三角形单齿磁极 - 平面磁极对中，一般平面磁极为原磁极，三角形磁极为感应磁极［图 12 - 14(a)］。研究表明，在这种磁极对的分选空间中，沿磁极对称面上的磁场强度变化规律可以用如下的经验公式来表述：

$$H_x = H_0/(1-ay^2)^{0.5} = H_0/\{1-a[(l-x)/l]^2\}^{0.5} \tag{12-26}$$

式中　H_x——离开齿形磁极距离为 x 处的磁场强度，A/m；

H_0——平面磁极上的磁场强度，A/m；

a——与极距 l 有关的系数，$a\approx0.3+0.25l$，m；

y——离开平面磁极的相对距离，$y=(l-x)/l=1-x/l$；

l——极距，m；

x——离开齿形磁极的距离，m。

将式(12－26)对 x 求导数，得到磁场梯度的表达式：

$$\mathrm{grad}H=\mathrm{d}H_x/\mathrm{d}x=-aH_0y/[l(1-ay^2)^{1.5}] \tag{12-27}$$

磁场力 $H\mathrm{grad}H$ 的变化规律为：

$$H\mathrm{grad}H=-aH_0^2y/[l(1-ay^2)^2] \tag{12-28}$$

式(12－28)中的负号表示磁场力随 x 的增大而降低，可以省去。即沿齿极对称面上磁场力的变化规律为：

$$H\mathrm{grad}H=aH_0^2[(l-x)/l]/\{l\{1-a[(l-x)/l]^2\}^2\} \tag{12-29}$$

由式(12－26)和式(12－29)可以看出，当 $x=0$ 时，$y=l$，此时有：

$$H_x=H_0/(1-a)^{0.5} \qquad H\mathrm{grad}H=aH_0^2/[l(1-a)^2]$$

此为 H 和 $H\mathrm{grad}H$ 的最大值；当 $x=l$ 时，$y=0$，此时有：

$$H_x=H_0 \qquad H\mathrm{grad}H=0$$

此为 H 和 $H\mathrm{grad}H$ 的最小值。可见在三角形单齿磁极－平面磁极对中，在齿极对称面上，齿尖处 H 和 $H\mathrm{grad}H$ 最大；离开齿极愈远，H 和 $H\mathrm{grad}H$ 逐渐减小；至平面磁极对，H 和 $H\mathrm{grad}H$ 最小。

这种磁系的齿尖角一般为60°左右。为了避免三角形齿极达到饱和状态以及齿尖因颗粒磨损而变形，一般将齿尖作成圆弧形，取尖端圆弧半径 $r=0.5l$。

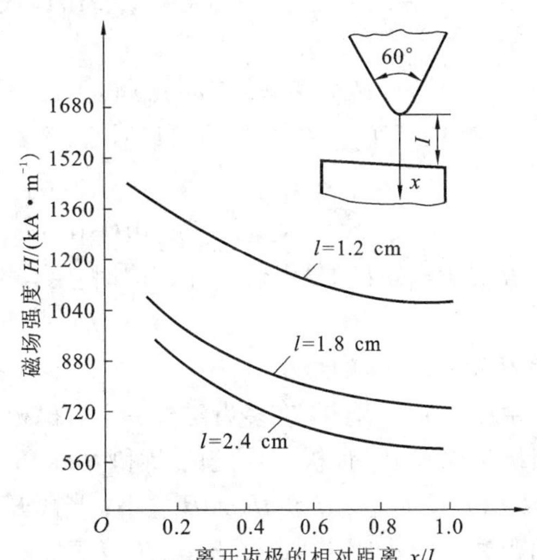

图 12－15　三角形单齿磁极－平面磁极对的 $H=f(x/l)$ 曲线

在这种磁极对中，极距大小对 H 和 $H\mathrm{grad}H$ 都有很大的影响。当极距不同时，两磁极之间的分选空间中，磁场强度 H 与离开齿极的相对距离 x/l 之间的关系曲线如图 12－15 所示。从图 12－15 中看到，极距 l 增大，工作空间的磁场强度将随之减小。在相对距离 $x/l>0.5$ 时，磁场开始趋于均匀，磁场的非均匀区深度 $h<0.5l$。

适宜的极距决定于被分选物料的粒度上限 d_m。设平面磁极表面到给料带工作表面的距离为Δ，给料带表面到三角形齿极尖端距离为 x_0（见图 12－16）。若考虑使磁性颗粒与非磁性颗粒分两层排出，x_0 至少应为 $2d_m$。因此，适宜的极距 $l=x_0+\Delta=2d_m+\Delta$。

12.4.1.3　多齿磁极－平面磁极对

多齿磁极－平面磁极对［见图 12－14(b)和(c)］用于干式感应辊式强磁场磁选机。研究结果表明，在这种磁极对的分选空间中，沿磁极对称面上磁场强度的变化规律可用如下的经验公式表述：

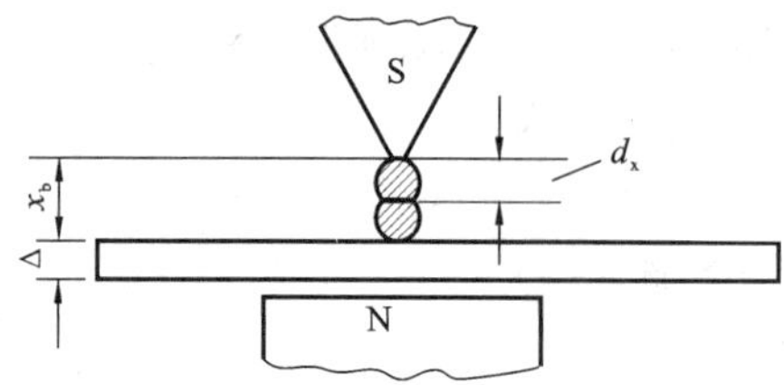

图 12－16　三角形单齿磁极－平面磁极对极距的确定

$$H_x = H_0/(1-a_1y_1^n)^{0.5}$$
$$= H_0/\{1-a_1[(s-x)/s]^n\}^{0.5} \tag{12-30}$$

式中　H_x——离开齿形磁极距离为 x 处的磁场强度，A/m；

H_0——平面磁极上的磁场强度，A/m；

a_1——与齿距 $2s$ 和齿形有关的系数，可从图 12－17 中 $a_1=f(2s)$ 曲线查出；

y_1——离开齿形磁极的相对距离，$y_1=(s-x)/s=1-x/s$（适用于 $x\leqslant s$）；

s——齿距之半，m；

n——与齿形有关的系数，对于三角形齿 $n\approx 2$，矩形齿 $n=1.5$；

x——离开齿形磁极的距离，m。

由式(12－30)通过对 x 求导数，得出齿极对称面上的磁场梯度，进而可得到磁场力的表达式为：

$$H\text{grad}H = 0.5na_1H_0^2[(s-x)/s]^{n-1}/\{s\{1-a_1[(s-x)/s]^n\}^2\} \tag{12-31}$$

由式(12－30)和(12－31)可以看出，当 $x=0$ 时：

$$H_x = H_0/(1-a_1)^{0.5}$$

$$H\text{grad}H = 0.5na_1H_0^2/[s(1-a_1)^2]$$

此为 H 和 $H\text{grad}H$ 的最大值；当 $x=s$ 时：

$$H_x = H_0 \qquad H\text{grad}H = 0$$

此为 H 和 $H\text{grad}H$ 的最小值。

由以上分析可知，在多齿磁极－平面磁极对的齿极对称面上，齿极表面处的 H 和 $H\text{grad}H$ 最大；离开齿极愈远，H 和 $H\text{grad}H$ 愈小；当离开齿极的距离等于齿距之半时，$H\text{grad}H$ 等于零。因此，在这种磁极对中，并不是整个分选空间都是不均匀磁场，而是只有深度 $h\leqslant s$ 的区域内为不均匀磁场。

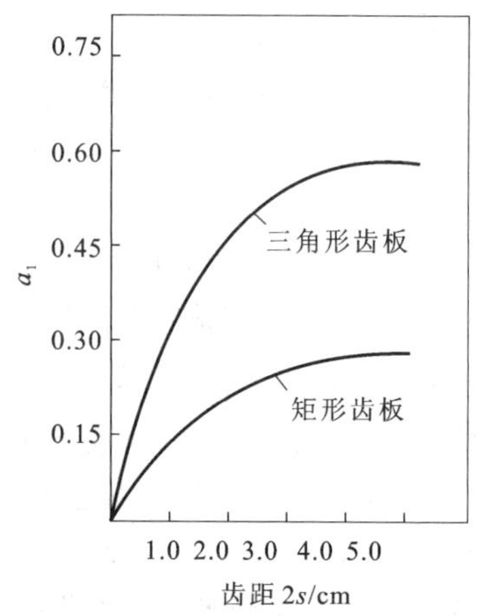

图 12－17　参数 a_1 与齿距 $2s$ 的关系曲线（$l=s$）

影响多齿磁极－平面磁极对磁场特性的主要因素有齿形、极距和齿距 $2s$。研究表明，三角形齿的尖削角 $\beta\approx 45°$、齿尖圆弧半径 $r\approx 0.2s$ 较好；矩形齿的齿高 $c\leqslant 2s$、齿宽 b 与齿槽宽 a 之比 $b/a\approx 1$ 较好。

极距 l 的选取，从磁场特性考虑，应取 $l=s$；在生产中取 $l>2d_m$。

齿距 $2s$ 愈大，磁场强度和磁场不均匀性愈大，即 $H\text{grad}H$ 愈大；当 $2s$ 较大时，两极之间整个工作空间都是不均匀的，因此，多齿磁极应采用较大的齿距。在实践中，齿距 $2s$ 决定于给料方式和物料粒度。对于上面给料，物料最大粒度 $d_m<6$ mm 时，一般取 $2s\approx(2\sim3)d_m$，对于下面给料，物料最大粒度 $d_m<4$ mm，一般取 $2s\approx6d_m$。

12.4.1.4　多齿磁极－槽形磁极对

对于矩形多齿磁极－槽形磁极对［见图 12－14(d)］，当齿距 $2s<50$ mm 时，在齿极对称面上磁场强度的变化规律可用如下经验公式表述：

$$H_x=H_0[1+m(l-x)] \tag{12-32}$$

式中　H_x——在齿极对称面上离齿极距离为 x 处的磁场强度，A/m；

H_0——槽形磁极底上的磁场强度，A/m；

m——系数，$m=(H_1-H_0)/(lH_0)$；

H_1——齿极极面($x=0$)上的磁场强度，A/m；

l——极距，m；

x——离开齿极的距离，m。

通过对式(12－32)求 x 的导数，进而得到磁场力的表达式为：

$$H\text{grad}H=mH_0^2[1+m(l-x)] \tag{12-33}$$

当 $x=0$ 时，$H_x=H_0(1+ml)$，$H\text{grad}H=mH_0^2(1+ml)$，此为 H 和 $H\text{grad}H$ 的最大值；当 $x=l$ 时，$H_x=H_0$，$H\text{grad}H=mH_0^2$，此为 H 和 $H\text{grad}H$ 的最小值。由上面的讨论可知，用槽形磁极代替平面磁极时，$H\text{grad}H$ 的最小值不是零，即整个工作空间都是不均匀磁场。这是槽形磁极优于平面磁极的地方。

影响这种磁极对磁场特性的主要结构参数有齿形、槽形、极距、齿距和槽距等。

研究表明，对于三角形多齿磁极，尖削角 $\beta=45°\sim60°$、齿端圆弧半径 $r=0.2s$ 为宜；对于槽形磁极，凹槽圆弧半径 R 为齿距之半，即 $R=s$ 为宜。另外，极距 l 增大，m 变小，即磁场不均匀性降低。一般采用较小的极距，即 $l=s$ 较合适。

试验表明，齿距和槽距增大时，磁场强度和磁场的非均匀性都降低，致使磁场力下降，因此采用较小的齿距和槽距为宜。对于矩形多齿磁极－槽形磁极对、上面给料的磁选机，当 $d_m>5$ mm 时，适宜的齿距与槽距为 $2s=(1.5\sim2.0)d_m$；对于三角形多齿磁极－槽形磁极对、下面给料的磁选机，当 $d_m<5$ mm 时，适宜的齿距与槽距为 $2s=(6\sim10)d_m$。

12.4.1.5　等磁场力磁极对

由圆弧半径为 $1.6l$（l 为极距）的圆弧形单齿磁极和张开角为 120°的角槽形磁极组合的磁极对，能在齿极对称面上的工作空间内得到处处都相等的磁场力。这种磁极对称为等磁场力磁极对［图 12－14(f)］。这种磁极对应用在采用绝对法测定物料比磁化率的磁天平中。在这种磁极对中，沿齿极对称面上磁场强度的变化规律是：

$$H_x=H_1y^{0.5}=H_1[(l-x)/l]^{0.5} \tag{12-34}$$

式中　H_x——离开齿极 x 距离处的磁场强度，A/m；

H_1——齿极上($x=0$)的磁场强度，A/m；

y——离开齿极的相对距离，$y=(l-x)/l=1-x/l$；

l——极距，m；

x——离开齿极的距离，m。

磁场梯度与磁场力的变化规律为：

$$\mathrm{grad}H = \mathrm{d}H_x/\mathrm{d}x = -0.5H_1[(l-x)/l]^{-0.5}/l \tag{12-35}$$

$$H\mathrm{grad}H = -0.5H_1^2/l \tag{12-36}$$

省去式(12－36)中的负号，得到磁场力表达式：

$$H\mathrm{grad}H = 0.5H_1^2/l \tag{12-37}$$

从式(12－37)中可以看出，在这种磁极对中，$H\mathrm{grad}H$ 与 x 无关。当 H_1 与 l 一定时，$H\mathrm{grad}H$ 是一常数。在这种磁极对中，颗粒所受的磁力方向，是从角槽形磁极张开角的角顶为起点，指向圆弧形齿极的半径方向。

12.4.2　多层聚磁感应介质的磁场特性

一般采用磁模拟法研究闭合磁系多层感应介质的磁场特性。磁模拟法是根据相似原理进行的。磁选设备分选空间的磁场是无源无旋场($\mathrm{div}B=0$，$\mathrm{rot}H=0$)。根据相似原理，为无源无旋场造型时，作为相似的唯一原则便是几何相似。这就是说，只要把待测的微小空间按几何相似条件放大若干倍做成模型，那么模型与原型具有相同的磁场特性。磁选设备中应用的感应介质(齿板、钢毛、网介质等)一般都可以采用磁模拟法进行研究。

12.4.2.1　齿板聚磁介质的磁场特性

齿板聚磁介质应用在 shp(仿琼斯)型湿式强磁场磁选机中，其材质多是工程纯铁或导磁不锈钢。在磁选机的两原磁极之间设置多层齿板作为聚磁介质时，一般以齿尖对齿尖进行安装(见图12－18)。经过测定，在齿板间的一个分选间隙内，磁场强度和磁场力在间隙中心两边呈对称分布，在齿谷与齿谷连线两边也是对称的，故只需要分析1/4分选间隙的磁场特性。

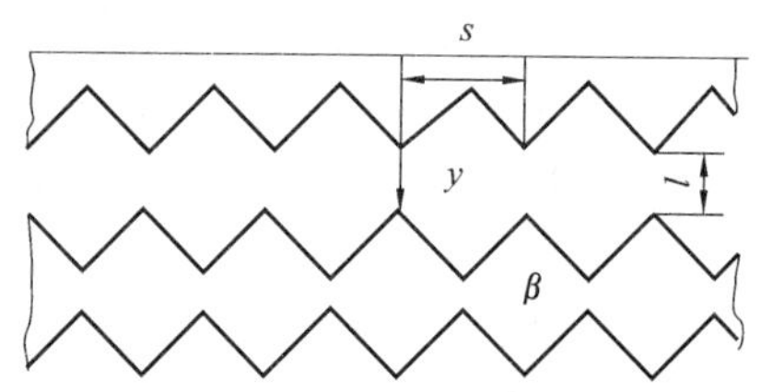

图12－18　多层齿板的形状及配置

试验研究结果表明，沿齿极对称面上的磁场强度变化，可用下面的公式表示：

$$H_y = K_1K_2K_3H_0\mathrm{e}^{0.45[s-4y]/s^2} \tag{12-38}$$

式中　H_0——背景磁场强度，A/m；

s——齿板的齿距，m；

y——离齿极的距离，m；

K_1——系数，与齿板的齿尖角和背景磁场强度有关，其值见表12－3；

K_2——系数，和齿板的极距有关，其值见表12－4；

K_3——系数，和齿板的材质有关，一般材质 $K_3=2.75$。

表12－3　式(12－38)中的 K_1

齿极的齿尖角 β /(°)	背景磁场强度 H_0/(kA·m^{-1})				
	200	280	360	440	520
60	1.19	1.04	0.87	0.83	0.80
75	1.17	1.02	0.86	0.81	0.78
90	1.15	1.00	0.85	0.80	0.77
105	1.13	0.98	0.84	0.79	0.76

表 12－4　式(12－38)中的 K_2(H_0＝280kA/m, β＝90°时)

极距 l	0.45s	0.5s	0.6s	0.65s
K_2	1.03	1.0	0.98	0.76

式(12－38)应用的条件为 $l \approx (0.45 \sim 0.65)s$ 和齿尖角 $\beta = 60° \sim 105°$。式(12－38)对 y 求导数，得：

$$dH_y/dy = -3.6K_1K_2K_3H_0(s-4y)e^{0.45[(s-4y)/s]^2/s^2} \tag{12-39}$$

磁场力$(H\text{grad}H)_y$为：

$$(H\text{grad}H)_y = -3.6K_1^2K_2^2K_3^2(H_0/s)^2(s-4y)e^{0.9[s-4y]/s^2} \tag{12-40}$$

在离齿尖 $y=0.25s$ 处的磁场力 $H\text{grad}H=0$，而靠近齿极处($y=0$)，磁场力为：

$$(H\text{grad}H)_{y=0} = -3.6K_1^2K_2^2K_3^2H_0^2e^{0.9/s} \tag{12-41}$$

由以上讨论可知，在齿板介质对中，齿极处的磁场力最大，离开齿极越远，磁场力越小，在离开齿极的距离等于齿距的 1/4($y=0.25s$)处，磁场力最小(为零)。可见，这种齿板的非均匀区深度 $h=0.25s$。

影响多层齿板介质磁场特性的主要结构参数是齿尖角、极距和齿距。图 12－19 是在多层齿板构成的多分选面闭合磁系中，采用不同的尖削角齿板时，沿齿极对称面上，磁场力 $H\text{grad}H$ 与离开齿极的相对距离(y/s)之间的关系，其测定条件为：极距 $l=12$ mm，齿距 $s=24$ mm，背景磁场强度 $H_0=280$ kA/m。

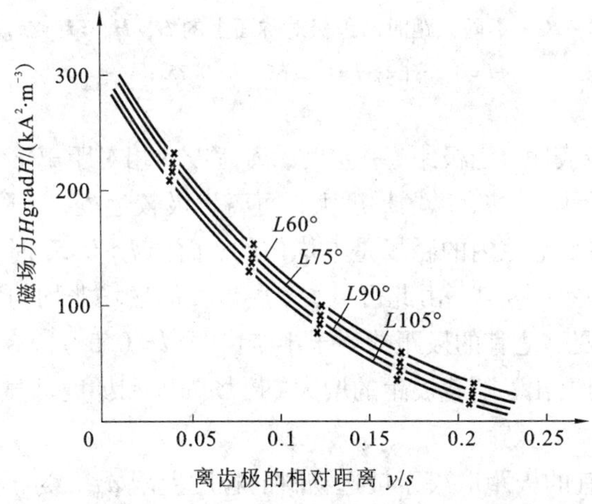

图 12－19　不同齿尖角时沿齿极对称面上的 $H\text{grad}H=f(y/s)$ 曲线

由图 12－19 中的曲线可以看出，当极距 l 和齿距 s 一定时，在离齿极的相对位置(y/s)＜0.125 处(齿极尖端附近)，齿尖角越小，磁场力越大；而在(y/s)＞0.125 处，齿尖角的大小对磁场力的影响不明显。在实际应用中，齿极所吸着的磁性颗粒中心总是要离开齿极尖端一定距离。颗粒越大，离开齿极尖端的距离越远。假如磁性颗粒为球形，且它的最大直径为 0.25s，则颗粒中心所在处的相对距离 y/s 为 0.125。此时，齿尖角的大小对此颗粒所受磁力已无明显的影响。

在齿距一定的条件下，齿尖角越小，单位体积分选槽内的齿板充填数量越少，因而齿极的有效吸着表面积越小，设备的处理能力就越低；同时，齿尖角越小，齿谷越深，处于齿谷处的磁性颗粒从齿谷到齿尖端的运动距离越大，在分选过程中，磁性颗粒特别是细粒越容易流失；另外，齿尖角越小，保证齿尖对位组装的难度增加，而且齿极尖端越容易达到磁饱和。由此可见，在实际应用中，不宜选用齿尖角过大或过小的齿板，一般选用80°～100°的齿尖角，现在生产中采用90°尖角的齿板。

多层齿板不同极距配置时，沿齿板对称面上的相对磁场强度 H_y/H_0 和离齿极相对距离 y/s 之间的关系如图12－20所示。测量条件为齿尖角 $\beta=90°$，齿距 $s=24$ mm，背景磁场强度 $H_0=280$ kA/m。

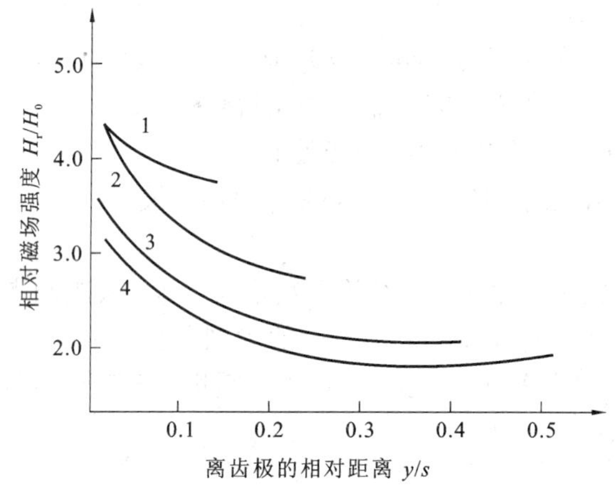

图12－20　不同极距时沿齿极对称面上的 $H_y/H_0=f(y/s)$ 曲线

1—$l=0.25s$；2—$l=0.5s$；3—$l=0.75s$；4—$l=s$

图12－20中的曲线表明，当极距 l 一定时，离齿极的相对距离 y/s 越大，磁场强度越低，在齿尖附近，磁场强度下降很快，磁场梯度大；而离齿极较远处，下降得慢，即磁场梯度小。同时，当 $l\leqslant0.5s$ 时，整个空隙内的磁场是不均匀的；而当 $l>0.5s$ 时，在离齿极的相对距离 $(y/s)>0.25s$ 处的磁场趋于均匀。由此可见，多层齿板的磁场非均匀区深度 $h\approx0.25s$。其他齿距也有上述规律。可见，适宜的极距约等于半个齿距（$l=0.5s$）。

从图12－20中还可看出，随着极距的增大，磁场强度和梯度都显著降低，这必将造成细粒磁性颗粒的流失。

在生产实践中，适宜的极距取决于被选物料的粒度上限 d_m。为了使分选空间畅通，避免齿板堵塞，相对的两个齿尖端各吸着一个磁性颗粒后，在两个齿尖端的间隙上还应留有1～2个颗粒能通过的空间。为了保证分选的顺利进行，极距应选取 $l\approx3d_m$ 为宜。

图12－21是不同齿距时，沿齿极对称面上的 $H\text{grad}H=f(y/s)$ 曲线。测试条件为尖削角 $\beta=90°$，极距 $l=12$ mm，背景磁场强度 $H_0=280$ kA/m。

从图12－21中可以看出，齿距不同的齿板，当离开齿极的相对距离（y/s）相同时，随着齿距 s 的增大，磁场力变小；在齿极附近，磁场力相差较大，在极中心附近相差较小。当极距约为齿距之半时，这种规律是普遍的。可见齿距大的齿板适用于处理粗粒物料，齿距小的齿板适用于处理细粒物料。齿板的齿距和欲回收颗粒粒度的适宜匹配关系，可以通过颗粒所受磁力公式推导得出。磁性颗粒所受到的比磁力 f_m 为：

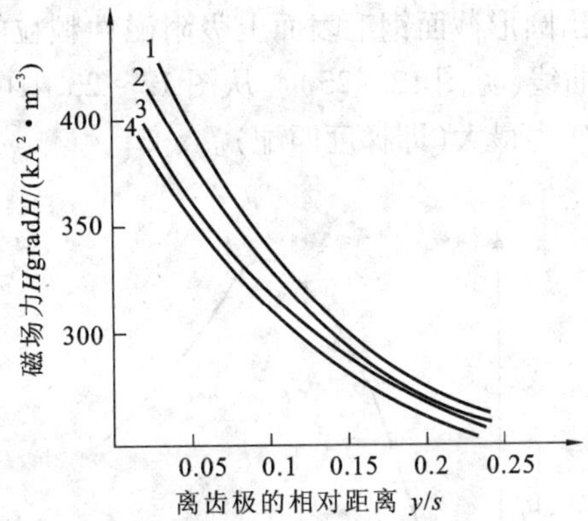

图 12-21 不同齿距时沿齿极对称面上的 $H\mathrm{grad}H=f(y/s)$ 曲线

1—$s=18$ mm; 2—$s=21$ mm; 3—$s=24$ mm; 4—$s=27$ mm

$$f_m=\mu_0\kappa_0 VH\mathrm{grad}H \tag{12-42}$$

设磁性颗粒为球形，半径为 R，则其体积 $V=4\pi R^3/3$，将体积 V 及式(12-40)代入式(12-42)得：

$$f_m=15K_1^2K_2^2K_3^2\mu_0\kappa_0\ (H_0/s)^2R^3(s-4y)\mathrm{e}^{0.9[(s-4y)/s]^2} \tag{12-43}$$

对 s 求导数，在 $\mathrm{d}f_m/\mathrm{d}s=0$ 时，f_m 有最大值，此时有：

$$s=5.45d_\mathrm{m} \tag{12-44}$$

式(12-44)即为齿板的齿距和欲回收颗粒粒度的适宜匹配关系。在实际应用中，可取 $s=(5\sim6)d_\mathrm{m}$。

12.4.2.2 丝状聚磁介质的磁场特性

钢毛是一种很微细(一般为十几微米至几十微米)的导磁不锈钢磁性材料，有矩形断面和圆形断面两种。钢毛置于均匀的背景磁场中，在钢毛周围产生很高的磁场梯度，但磁场力的作用范围很小。为了说明钢毛介质的磁场特性，先分析一根圆形断面钢毛在均匀磁场中的磁化(见图 12-22)。在背景磁场强度 H_0 小于钢毛达饱和磁化强度的磁场强度 H_s 的条件下，磁场强度可以用下式近似表示：

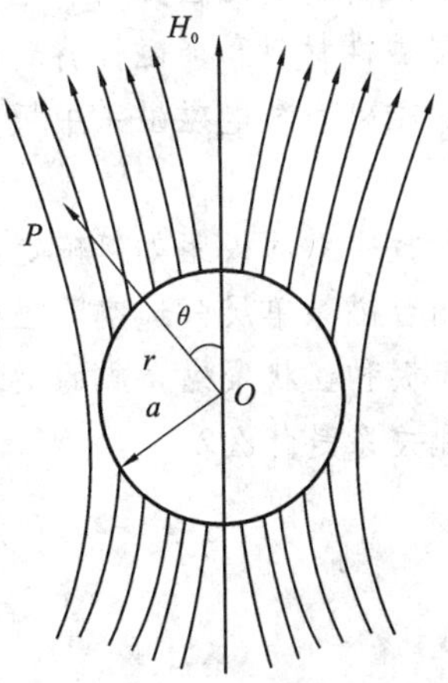

图 12-22 在均匀磁场中磁化的钢毛

$$H_\mathrm{r}=H_0(1+a^2/r^2)(-\cos\theta) \tag{12-45}$$

$$H_\theta=-H_0(1-a^2/r^2)\sin\theta \tag{12-46}$$

式中 H_r——径向磁场强度分量，A/m；

H_θ——切向磁场强度分量，A/m；

H_0——背景磁场强度，A/m；

a——钢毛半径，m；

r——P 点到钢毛中心的距离，m；

θ——磁化方向与直线 OP 的夹角，(°)。

由式(12-45)和式(12-46)可知，在钢毛介质表面上($r=a$)，当 $\theta=0°$ 和 $\theta=180°$ 时，

$H_r = 2H_0$，$H_\theta = 0$。

在研究中，通过计算得出圆形截面钢毛表面上吸附磁性颗粒的相对磁力 F_m 与钢毛直径 a 和颗粒直径 b 之比的关系曲线(见图 12－23)。从图 12－23 中可看出，当钢毛直径约是颗粒直径的 3 倍时，颗粒所受磁力最大(即梯度匹配)。

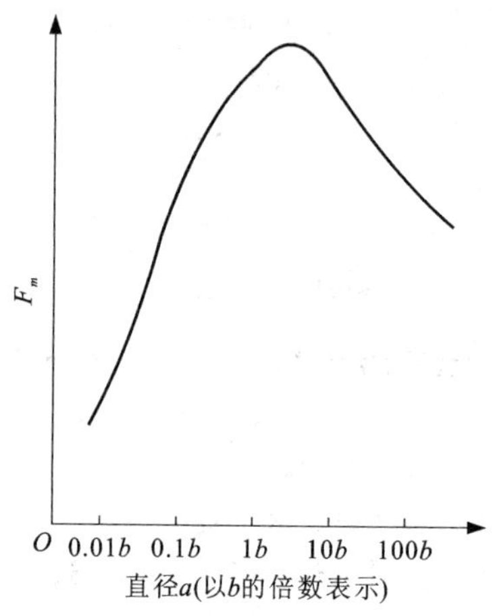

图 12－23　钢毛直径和颗粒直径之比与相对磁力的关系

习题

1. 磁系的类型有哪些？各有何特点？

2. 磁性材料的磁性如何表示？

3. 强磁性材料和弱磁性材料的磁特性参数有何区别？生产中常用的磁性材料有哪些？

4. 永磁磁系和电磁磁系中极宽 b 与极隙宽 a 的比值对二者磁场特征的影响有何区别？为什么？

5. 开放磁系的极距如何确定？

6. 闭合磁系单层分选空间磁极对的形状有几种？相应的磁场特征如何？

7. 齿板和丝状聚磁介质的磁场特性的影响因素有哪些？其结构参数与欲回收颗粒粒度的适宜匹配关系是什么？

第13章 磁选设备

内容提要 本章主要讲述磁选设备的工作原理、结构特点以及工业应用，并对其工业应用效果进行分析比较，在此基础上，总结每种设备的优缺点及其适宜的处理对象。在弱磁场磁选设备一节中，主要介绍了干式弱磁场磁选设备、湿式弱磁场磁选设备以及辅助设备的工作原理、结构特点和工业应用情况；在强磁场磁选设备一节中，主要介绍了干式强磁场磁选设备和湿式强磁场磁选设备的工作原理、结构特点及工业应用情况；在高梯度磁选设备一节中，主要介绍了高梯度磁选机的工作原理、结构特点及工业应用情况。本章的扩展学习内容为电磁学、机械设计、工程流体力学等课程的相关内容。

目前生产实践中使用的磁选设备种类繁多，其分类方法也多种多样。

根据磁选过程采用的介质不同，可将磁选设备分为干式和湿式两种。干式磁选设备的分选过程在空气中进行；湿式磁选设备的分选过程在水中进行。

根据所采用的磁场类型可将磁选设备分为恒定磁场磁选设备、旋转磁场磁选设备、交变磁场磁选设备和脉动磁场磁选设备。恒定磁场磁选设备采用永久磁体和直流电磁体、螺线管线圈，磁场强度的大小和方向不随时间变化。在旋转磁场磁选设备中，磁场是使磁极绕轴旋转产生的，磁场中各点的磁场强度大小和方向都随时间变化。交变磁场磁选设备采用电磁磁系，而且是通入交流电产生交变磁场，磁场强度的大小和方向也同样都随时间变化。在脉动磁场磁选设备的电磁磁系内，同时通入直流电和交流电，产生脉动磁场，磁场强度的大小随时间变化，但方向不变。

根据磁选设备的磁场强度可将磁选设备分为弱磁场磁选设备、中等磁场磁选设备和强磁场磁选设备。弱磁场磁选设备的磁极表面的磁场强度 H_0 为 80 ~ 120 kA/m，磁场力($H\mathrm{grad}H$)为 $(3 \sim 6) \times 10^9\ \mathrm{A^2/m^3}$，用于分选比磁化率 $\chi \geqslant 3.8 \times 10^{-5}\ \mathrm{m^3/kg}$ 的强磁性矿物。强磁场磁选设备的磁极表面的磁场强度 H_0 为 800 ~ 1600 kA/m，磁场力($H\mathrm{grad}H$)为 $(3 \sim 6) \times 10^{11}\ \mathrm{A^2/m^3}$，用于分选比磁化率 $\chi = (0.19 \sim 7.5) \times 10^{-6}\ \mathrm{m^3/kg}$ 的弱磁性矿物。中等磁场磁选设备的磁极表面磁场强度可达 160 ~ 480 kA/m，用来分选局部氧化的磁铁矿矿石，也可用作精选或扫选设备。

13.1 弱磁场磁选设备

13.1.1 干式弱磁场磁选设备

常用的干式弱磁场磁选设备主要有永磁磁力滚筒和干式永磁筒式磁选机。

13.1.1.1 永磁磁力滚筒

磁力滚筒又称磁滑轮，有电磁和永磁两种。永磁磁滑轮的结构简单，不耗电能，工作可靠，易于维修，应用较广。

CT 型永磁磁力滚筒的结构如图 13－1 所示。这种磁选设备的主要组成部分是一个回转的锶铁氧体多极磁系和套在磁系外面的用不锈钢非导磁材料制成的圆筒，磁系和圆筒固定在同一个轴上。永磁磁力滚筒可组装成独立的永磁分选设备，也可装在皮带运输机的头部作为传动滚筒。

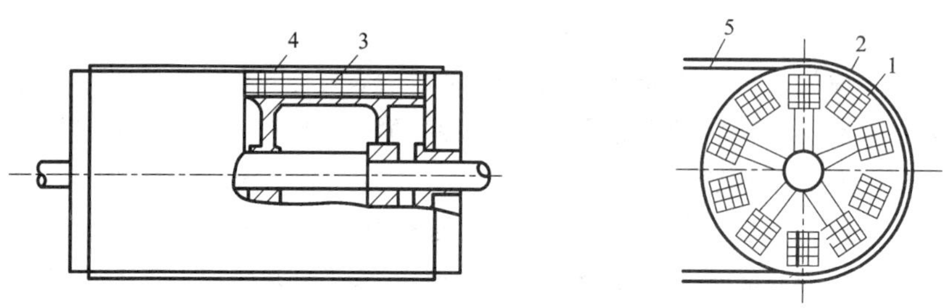

图 13－1　CT 型永磁磁力滚筒的结构

1—多极磁系；2—圆筒；3—磁导体；4—铝环；5—皮带

永磁磁力滚筒的磁系包角为 360°，磁系的极性沿圆周呈 N、S 交替排列，其磁场特性如图 13－2 所示。

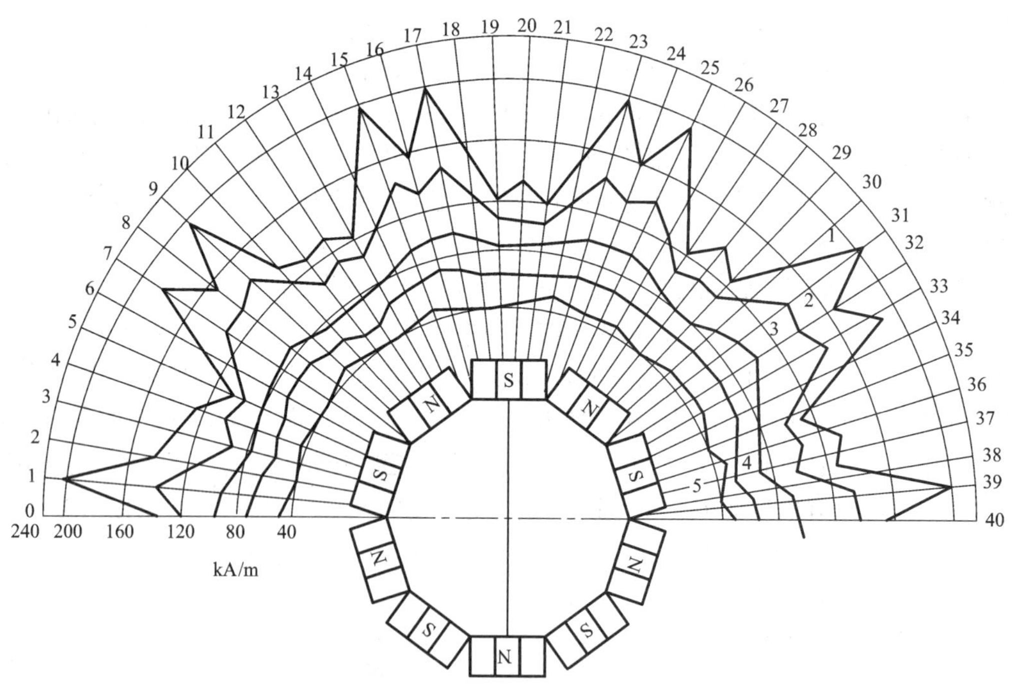

图 13－2　离极面不同距离处磁场强度沿圆周的分布

1—极面；2—离极面 10 mm；3—离极面 30 mm；4—离极面 50 mm；5—离极面 80 mm

CT 型永磁磁力滚筒的技术性能如表 13－1 所示。

利用永磁磁力滚筒分选矿石时，矿石均匀地给在皮带上，当矿石经过磁力滚筒时，非磁性或磁性很弱的矿粒在离心惯性力和重力作用下脱离皮带带面，而磁性较强的矿粒受磁力作用被吸在皮带上，并由皮带带到磁力滚筒的下部，当皮带离开磁力滚筒时，出于磁场强度减弱而落于磁性产品槽中。

在生产过程中，通过调节装在磁力滚筒下面的分离隔板的位置，来控制产品的产率和质量。皮带速度视入选矿石的磁性强弱而定。

表 13－1　CT 型永磁磁力滚筒的技术参数

型号	筒体尺寸/mm	皮带宽度/mm	筒表面磁场强度/($kA \cdot m^{-1}$)	入选粒度/mm	处理能力/($t \cdot h^{-1}$)
CT－66	630×600	500	120	10～75	110
CT－67	630×750	650	120	10～75	140
CT－89	800×950	800	124	10～100	220
CT－811	800×1150	1000	124	10～100	280
CT－814	800×1400	1200	124	10～100	340
CT－816	800×1600	1400	124	10～100	400
CT－1416	1400×1600	1400	328	10～350	350～400

在磁铁矿矿石的选矿厂中，永磁磁力滚筒可用作粗碎或中碎后的粗选设备，选出部分废石，以减轻后续作业的负荷，降低选矿成本，提高选矿指标。对于可以直接入炉冶炼的富磁铁矿矿石，经中碎后用永磁磁力滚筒进行分选，可以选出其中的大部分废石，提高入炉品位，降低成本。此外，永磁磁力滚筒还常用在弱磁性铁矿石的闭路磁化焙烧作业中，将没有充分还原的矿石(生矿)分出后返回焙烧作业，控制焙烧矿的质量。

13. 1. 1. 2　干式永磁筒式磁选机

干式永磁筒式磁选机的主要组成部件有永磁固定磁系、给料机构(上部或下部)、排料机构、传动机构和机架。CTG 型磁选机的结构如图 13－3 所示。圆筒用 2 mm 玻璃钢制造，表面粘上一层耐磨橡胶。磁系由锶铁氧体永磁块组成，磁系包角为 270°，磁极极性沿圆周交变，沿轴向极性一致。圆筒用玻璃钢而不用不锈钢的主要原因是为了防止转速高使滚筒因涡流发热。

采用干式永磁筒式磁选机分选矿石时，磨细的干矿石由电振给料机先给入到上滚筒，磁性矿粒被吸在筒面上，带到无极区卸下，从精矿区排出；非磁性矿粒和连生体因重力和离心惯性力共同作用被抛离筒面，进入下滚筒进行再次分选，非磁性矿粒进入尾矿槽，富连生体同前面选出的磁性矿粒进入精矿槽。分选箱在负压状态下工作，管道和除尘器相连。

干式永磁筒式磁选机主要用于细粒强磁性矿石的干选，也适用于从粉状物料中剔除磁性杂质和提纯磁性材料，尤其适合在干旱缺水和寒冷的地区使用。实践表明，这种磁选机处理细粒浸染贫磁铁矿矿石时，不易获得高质量的铁精矿。

CTG—69/5 型磁选机的磁场特性如图 13－4 所示。CTG 型磁选机的技术性能列于表 13－2中。

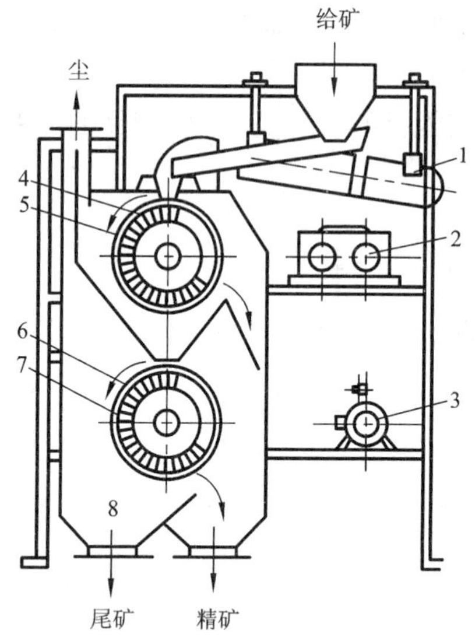

图 13－3 CTG 型永磁筒式磁选机

1—电振给矿机；2—无级调速器；3—电动机；4—上辊筒；5、7—圆缺磁系；6—下辊筒；8—分选箱

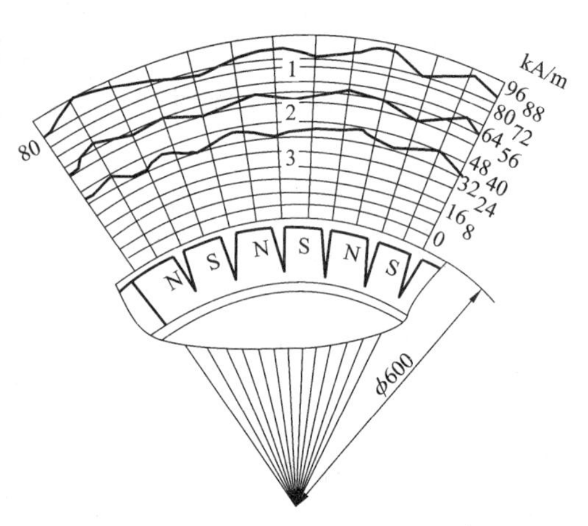

图 13－4 CTG－69/5 型磁选机的磁场特性

1—筒面；2—距筒面 5 mm；3—距筒面 10 mm

表 13－2 CTG 型永磁筒式磁选机的技术性能

型号	极距 /mm	产品个数	给矿粒度 /mm	筒面场强 /(kA·m⁻¹)	筒体转速 /(r·min⁻¹)	处理能力 /(t·h⁻¹)	电机功率 /kW
CTG－69/3	30	2	0.5～0	84	150～300	3～5	2.2
CTG－69/5	50	2	1.5～0	92	150～300	5～10	2.2
CTG－69/9	90	2	5～0	100	75～150	10～15	2.2
CTG－69/3/3	30/30	2	0.5～0	84	150～300	3～5	2.2/2.2
2CTG－69/5/5	50/50	2	1.5～0	92	150～300	5～10	2.2/2.2
2CTG－69/9/9	90/90	2	5～0	100	75～150	10～15	2.2/2.2
2CTG－69/3/5	30/50	3	0.5～0	84/92	150～300/150～300	3～5	2.2/2.2
2CTG－69/5/9	50/90	3	1.5～0	92/100	150～300/75～150	5～10	2.2/2.2

13.1.2 湿式弱磁场磁选设备

生产中使用的湿式弱磁场磁选设备主要有永磁筒式磁选机、磁力脱水槽和磁选柱。

13.1.2.1 永磁筒式磁选机

永磁筒式磁选机是应用很广泛的一种湿式弱磁场磁选设备，其主要组成部分有圆筒、磁系和分选槽。磁系的排列方式和磁极数量对分选结果有决定性影响，小筒径磁选机一般用 5 极磁系，大筒径磁选机常用 7 极磁系，极性沿圆周交变，沿轴向极性相同；磁系包角为 106°～135°，磁偏角(磁极中线偏向精矿排出端与垂直线的夹角)为 15°～20°，采用铁氧体永磁体，ϕ750 mm和 ϕ1050 mm 永磁筒式磁选机的磁场特性如图 13－5 所示。

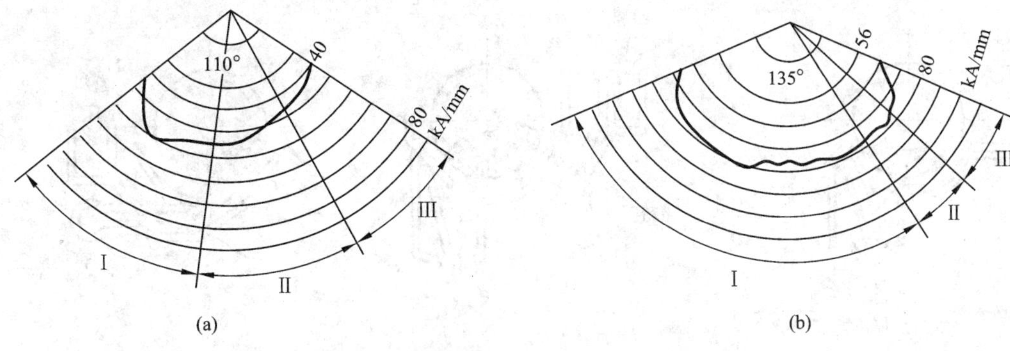

图 13－5　永磁筒式磁选机的磁场特性

(a)ϕ750 mm；(b)ϕ1050 mm；Ⅰ—分选区；Ⅱ—输送区；Ⅲ—脱水区

永磁筒式磁选机磁系的磁极沿圆周交变，目的在于使被吸在圆筒表面的磁性矿粒，在随着圆筒一起移动的过程中，成链地进行翻动(现场称为磁翻或磁搅动)，使夹杂在磁性矿粒中的一部分非磁性矿粒被清理出去，以提高磁性产品的质量。

圆筒的作用是运送吸着的磁性颗粒和防止矿浆浸入磁系。圆筒和端盖用非磁性、高电阻率和耐腐蚀的材料制造。槽体用奥氏体不锈钢制造，并用合成材料衬里防止磨损。

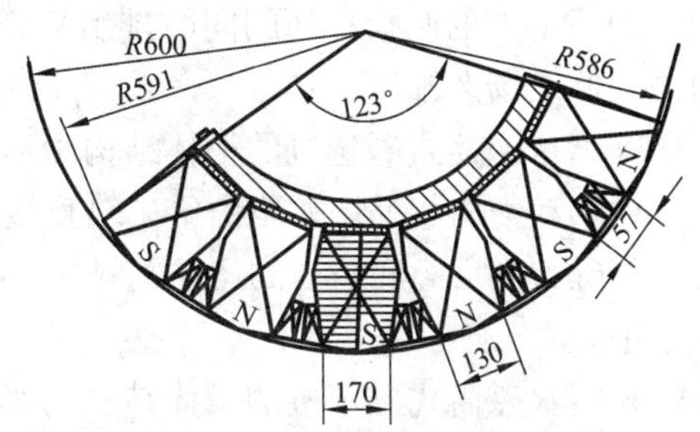

图 13－6　CTB 型永磁筒式磁选机 T 型磁系结构示意图

为了提高永磁筒式磁选机的生产能力和分选效果，可以在永磁筒式磁选机的主磁极的空隙中增加辅助磁极(见图 13－6)，借以改善磁极表面和分选空间的磁场强度和磁场作用深度。辅助磁极的极性与相邻主磁极相同，以便降低磁通漏损，增加极隙间和极面的磁场强度。

根据磁选机槽体结构形式的不同，永磁筒式磁选机又细分为顺流型、逆流型和半逆流型 3 种，其槽体结构如图 13－7 所示，对应的设备型号为 CTS、CTN 和 CTB，设备的技术性能见表 13－3。

表 13－3　永磁筒式磁选机的技术性能

型号			筒体尺寸/(mm × mm)	磁场强度/($kA \cdot m^{-1}$)		电机功率/kW	筒体转速/($r \cdot min^{-1}$)	处理能力	
顺流 CTS－	逆流 CTN－	半逆流 CTB－		距表面 50 mm	距表面 10 mm			t/(h·m)	m^3/(h·m)
712	712	712	750 × 1200	700	1600	3.0	35	20 ~ 40	30 ~ 50
718	718	718	750 × 1800	700	1600	3.0	35	20 ~ 40	30 ~ 50
1018	1018	1018	1050 × 1800	1000	1700	5.5	24	60 ~ 80	70 ~ 90
1024	1024	1024	1050 × 2400	1000	1700	5.5	24	60 ~ 80	70 ~ 90
1230	1230	1230	1250 × 3000	1100	1750	7.5	18	80 ~ 100	90 ~ 120

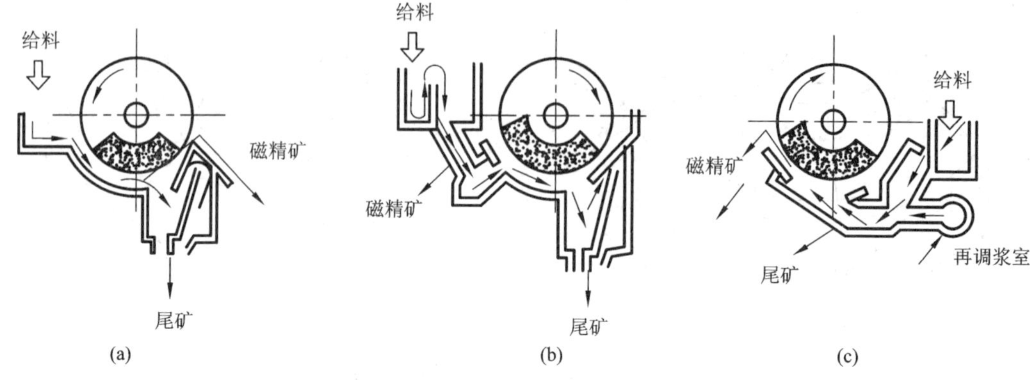

图 13-7 永磁筒式磁选机的槽体结构

(*a*)顺流型;(*b*)逆流型;(*c*)半逆流型

CTS 型永磁筒式磁选机的槽体结构为顺流型，磁选机给矿的运动方向与圆筒的旋转方向或磁性产品的移动方向一致。矿浆由给矿箱直接给到圆筒的下方、非磁性矿粒和磁性很弱的矿粒由圆筒下方的两板之间的间隙排出。磁性矿粒被吸在圆筒表面，随圆筒一起旋转，到磁系边缘的低磁场区排出。

CTN 型永磁筒式磁选机的槽体结构为逆流型，磁选机的给矿方向与圆筒的旋转方向或磁性产品的移动力向相反。矿浆由给矿箱直接给到圆筒的下方，非磁性矿粒和磁性很弱的矿粒经过全部磁力区后经底板上的尾矿孔排出；磁性矿粒逆着给矿方向移动到精矿排出端，排到精矿槽中。

CTB 型永磁筒式磁选机的槽体结构为半逆流型，矿浆从槽体的下方给到圆筒的下部，非磁性产品移动方向与圆筒的旋转方向相反，磁性产品移动方向与圆筒的旋转方向相同；磁性矿粒被吸在圆筒的表面，随着圆筒一起移动到磁系边缘处，在冲洗水的作用下进入精矿槽中；非磁性矿粒和磁性很弱的矿粒在槽体内矿浆流的作用下，经底板上的尾矿孔流进尾矿管中。

13.1.2.2 磁力脱水槽

磁力脱水槽是一种重力和磁力联合作用的分选设备，广泛用在磁选工艺中，用来脱去矿泥和细粒脉石，也可以作为弱磁场磁选精矿过滤前的浓缩设备。

生产中使用的磁力脱水槽依据磁源分为永磁磁力脱水槽和电磁磁力脱水槽；根据磁系在设备中的安装位置分为顶部磁系磁力脱水槽和底部磁系磁力脱水槽。

比较常见的永磁磁力脱水槽的结构如图 13-8 所示，常用的设备规格有 ϕ2000 mm、ϕ2500 mm 和 ϕ3000 mm 3 种。实际测得的永磁磁力脱水槽的磁场特性如图 13-9 所示。

由图 13-9 可以看出，沿轴向的磁场强度是上部弱下部强；沿径向的磁场强度是外部弱中间强。磁场强度等位线(磁场强度相同点的连线)大致和塔形磁系表面平行。

矿粒在磁力脱水槽的分选区内受到的力主要有重力、磁力和水流作用力。重力的作用是使矿粒沉降；磁性矿粒在磁场中受到的磁力，垂直于等磁场强度线，指向磁场强度高的方向，磁力可以加速磁性矿粒向下沉降；上升水流的作用是阻止非磁性的细粒脉石和矿泥的沉降，并使它们与上升水流一道进入溢流中，从而与磁性矿粒分开，同时上升水流也可以使磁性矿粒呈松散状态，把夹杂在其中的脉石冲洗出来，提高精矿品位。

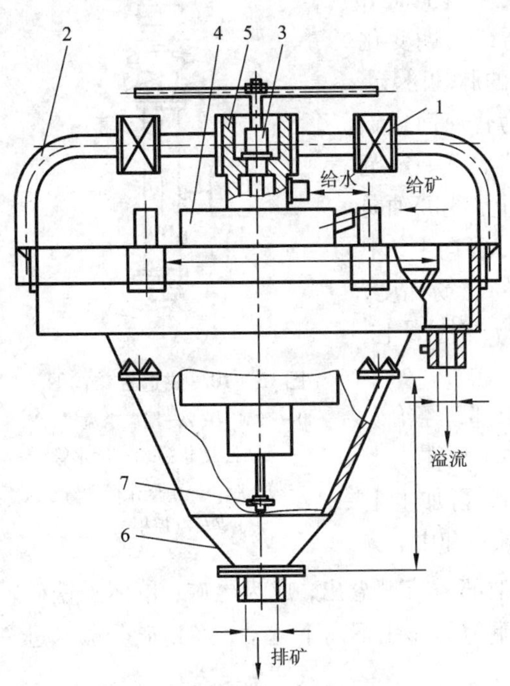

图 13－8　永磁磁力脱水槽的构造

1—磁体；2—磁导体；3—排矿装置；
4—给矿筒；5—空心筒；6—槽体；7—返水盘

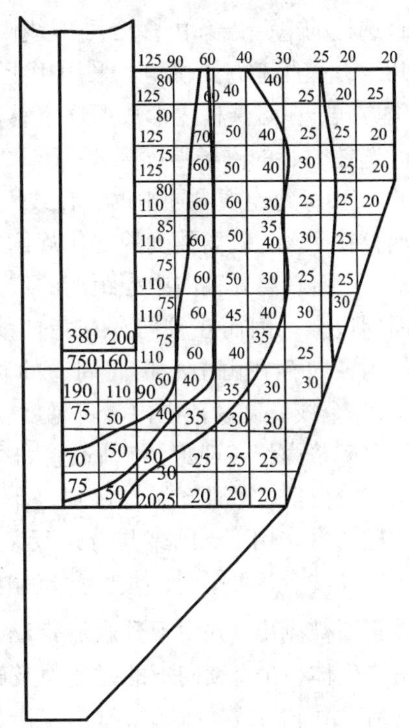

图 13－9　CS 型顶部永磁磁力脱水槽的槽内磁场强度分布图

磁力脱水槽具有结构简单、无运动部件、维护方便、处理能力大和分选指标较好等优点。磁力脱水槽的突出缺点是不能分出粗粒脉石，表 13－4 是永磁磁力脱水槽的几个生产技术指标实例。

表 13－4　永磁磁力脱水槽的生产技术指标实例

选矿厂	规格/mm	给矿粒度/mm	处理能力/(t·h^{-1})	铁品位/%			铁回收率/%
				给矿	精矿	尾矿	
鞍钢烧结总厂	ϕ2000	0～0.1	>20(按原矿)	60	>61.5	<18	99
	ϕ2500	0～0.1	>20(按原矿)	>27	53～55	<8	>83
	ϕ3000	0～0.1	>25	>27	53～55	<8	>83
大孤山球团厂选矿分厂	ϕ2000	0～0.3	46.7	42.23	47.76	9.83	97.30
	ϕ3000	0～0.1		44.12	54.50	10.56	94.34
南芬选矿厂	ϕ1600(顶部)	0～0.2	41.2	29.61	39.96	7.36	92.20
	ϕ2000(顶部)	0～0.4		29.61	39.74	7.08	92.50

13.1.2.3　磁选柱

磁选柱是一种新型弱磁场磁选设备，其结构如图 13－10 所示，主要由给矿斗、分选柱、电磁磁系、底锥、溢流槽、精矿排矿管和电源系统等组成。

磁选柱的电磁磁系由多个励磁线圈构成，线圈由上而下分成几组，由直流电源供电，采用由上而下的断续周期变化的励磁方式，在磁选柱内形成顺序下移循环往复的脉动磁场。

分选柱中心的磁场强度为8～16 kA/m，约为普通筒式磁选机的1/10。每组线圈通电时，在线圈内部及其上下一定范围内均存在磁场，磁场强度的变化规律是：轴向上，线圈轴向中心最大，随着离开轴向中心距离的增大而变弱；径向上，中心弱而周边强。因而在轴向存在指向线圈中心的磁场梯度，在线圈内径向存在由中心指向周边的磁场梯度。在线圈上、下部1～2个线圈高度范围内磁场梯度较大。

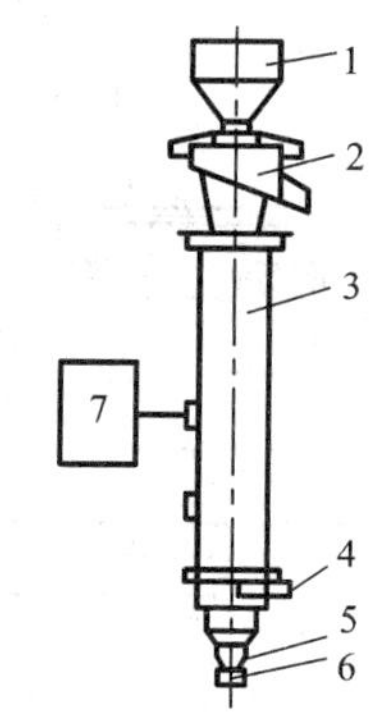

图13－10　磁选柱结构图

1—给矿斗；2—尾矿溢流槽；3—分选柱及电磁；4—给水管；5—底锥；6—精矿排矿装置；7—电控柜

给矿矿浆由给矿斗经给矿管进入磁选柱中上部，经给矿分散水充分分散，磁性矿粒，特别是单体磁铁矿颗粒在由上而下的磁场力作用下，团聚与分散反复交替进行，再加上上升水流的冲洗、淘汰作用，使夹杂于其中的单体脉石和中、贫连生体不断被剔出，并由上升水流带动上升，由上部溢流槽溢出，成为尾矿；单体磁铁矿颗粒和富连生体，在连续向下的磁场力及磁链有效重力的作用下向下运动，经精矿分散水进一步淘洗后，由下部精矿排矿管排出，成为精矿。

磁选柱的工业应用情况如表13－5所示。

表13－5　磁选柱的工业应用和试验实例

厂名	设备规格/mm	数量/台	应用前精矿品位/%	应用后精矿品位/%
鞍钢弓长岭选矿厂	ϕ600	16	61	65～67
恒仁铜锌选矿厂	ϕ600	2	62	66～67
包钢选矿厂	ϕ600	2	60	>64.5
南芬选矿厂	ϕ450	1	49	66～67
辽阳灯塔纪家选矿厂	ϕ450	1	52	66～68
弓长岭岭东选矿厂	ϕ350	1	60	65～66

13.1.2.4　磁场筛选机

(1)磁场筛选机的分选原理

磁场筛选机的分选原理与传统磁选机的最大区别在于，在这种设备中对磁性颗粒的回收不是靠磁场直接吸引，而是在低于磁选机数十倍的弱的均匀磁场中，使磁铁矿单体颗粒实现有效团聚，从而增大了与脉石颗粒或连生体颗粒的尺寸差，再利用安装在磁场中的专用筛子，其筛孔比最大给矿颗粒尺寸大数倍，这样磁铁矿颗粒在筛上形成链状磁聚体，沿筛面滚下进入精矿箱，而脉石和连生体颗粒则呈分散状态，极易透过筛面，进入筛下产物中。因此，磁场筛选机比磁选机更能有效地分离出主要因机械夹杂而进入粗精矿中的脉石和贫连生体颗粒，使精矿品位进一步提高。

磁场筛选机的分选原理示意简图如图13－11所示。

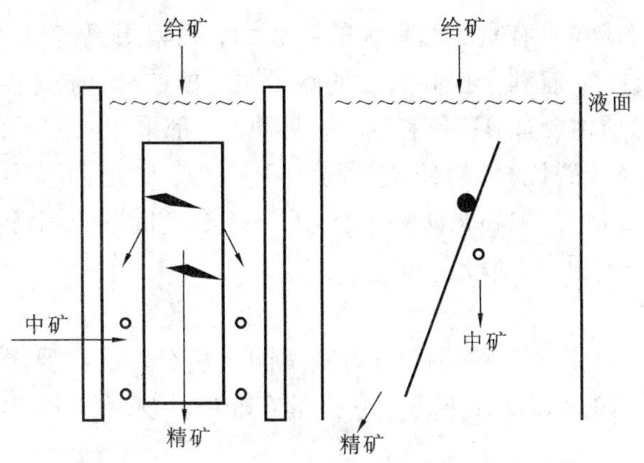

图 13－11　磁场筛选机的分选原理示意图

(2)磁场筛选机的结构特点与适用范围

磁场筛选机由给矿装置、分选装置和贮排矿装置 3 大部分组成。给矿装置由分矿筒、给矿器等部件组成；分选装置由磁系、分选筛片及辅助部件组成；贮排矿装置由螺旋排料机，中矿、精矿矿仓和阀门组成。

磁场筛选机的分选过程包括给矿、分选、分离及排矿 4 个环节。物料由给矿箱分配给设备上部的给矿筒后，经给矿筒二次分配到安装在筛子上端的给矿器中，给矿器将物料均匀地给入专用筛中，每片筛单独分选得到精矿和中矿两种产品，然后精矿和中矿分离后集中进入到设备下部特设的精矿和中矿区，再自行排出箱体。磁场筛选机的设备外观示意如图 13－12所示。

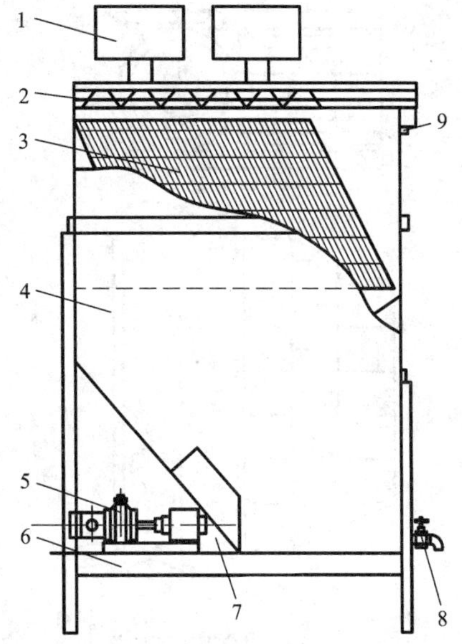

图 13－12　磁场筛选机的外观示意图

1—给矿筒；
2—给矿头及给矿头连接横梁；
3—专用筛片；4—设备槽体；
5—螺旋排料机；6—设备外支撑框架；
7—中矿阀；8—精矿阀；9—溢流槽

磁场筛选机的特点是：耗电少，不易损坏，节能效果好；安装使用方便，无须基础固定；对给矿浓度、给矿量、给矿粒度等的波动适应性强，易于操作管理；性能稳定，维护工作量小，维护费用低，使用寿命长。

磁场筛选机适用于不同类型、不同粒度的磁铁矿、钒钛磁铁矿、焙烧磁铁矿的精选作业，排出的精矿矿浆浓度高达 65%～75%，可直接进过滤机。

13.1.3　弱磁场磁选辅助设备

13.1.3.1　预磁器

为了提高磁力脱水槽的分选效果，在矿石给入分选设备前，对其进行预先磁化处理，也就是使矿浆受到一段磁化磁场(预磁器)的作用，细粒强磁性物料被磁化凝聚成较大的磁絮团。离开磁场后，由于矿粒具有剩磁和较大的矫顽力，磁絮团仍能保持下来。磁絮团的沉降速度要比非磁性颗粒的大，有利于提高后续的磁力脱水槽的分选技术指标。

生产中使用的预磁器主要有“Π”形和“O”形两种，大都采用永磁磁系。“Π”形预磁器由磁铁、磁导板和工作管道（非磁性材料）组成（见图 13－13），管道内平均磁场强度为 40 kA/m。“O”形预磁器（见图 13－14）的中心磁铁由 3 个 LNG－4 合金的圆环和铁质端头构成，在它的外面套有一铁管，其磁场强度可达 80 kA/m。

13.1.3.2 **脱磁器**

为使在磁选过程中形成的强磁性矿物的磁絮团重新分散，需要经过脱磁器对其进行脱磁。常用的脱磁器结构如图 13－15 所示，它是套在非磁性材料管上的塔形线圈，并通过交流电来工作。

当强磁性矿物的磁絮团通过磁场强度由大变小的交变磁场时，被多次反复磁化，使磁性颗粒的磁能积一次比一次小，最后失去剩磁。磁絮团的脱磁过程如图 13－16 所示。

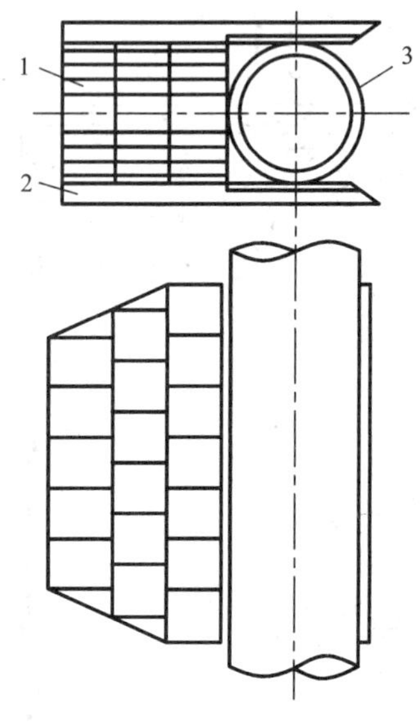

图 13－13 “Π”形预磁器

1—磁铁；2—磁导板；3—工作管道

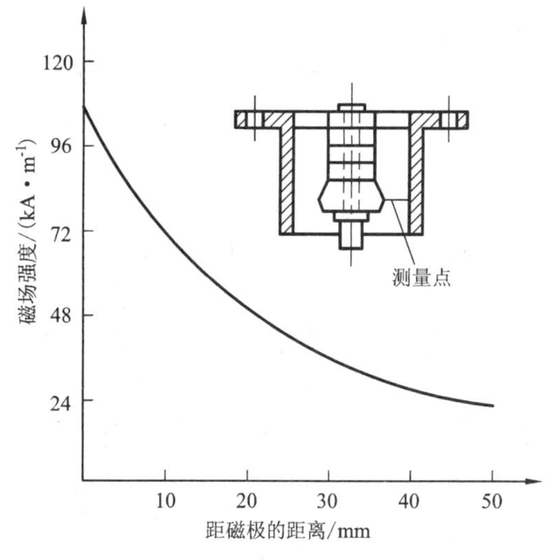

图 13－14 “O”形预磁器

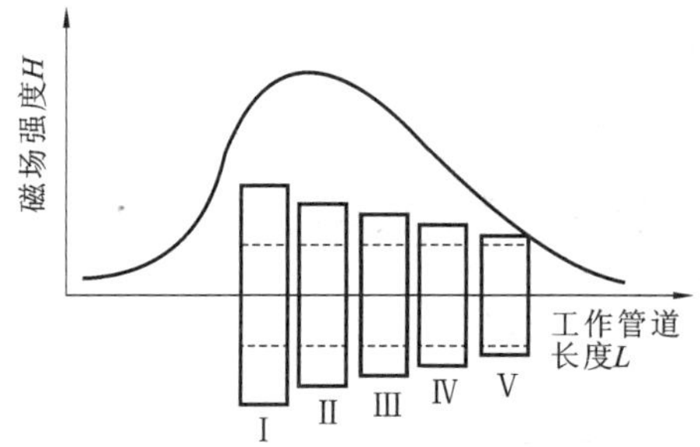

图 13－15 脱磁器及其磁场分布

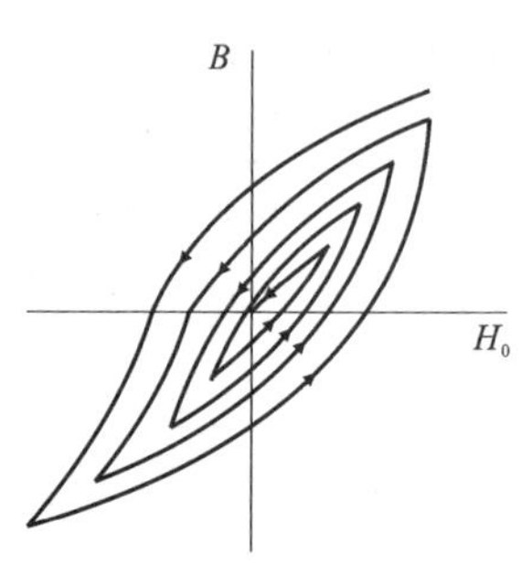

图 13－16 脱磁过程

13.2 强磁场磁选设备

强磁场磁选机用于分选弱磁性物料，例如各种弱磁性铁矿物、锰矿物、黑钨矿、独居石等；也可用于对蓝晶石、石英砂等非金属矿产资源进行含铁杂质的去除处理。强磁场磁选机的磁感应强度为0.8～2 T，多采用电磁磁系，只有少数采用永磁磁系。

生产中常用的强磁场磁选机主要有琼斯(Jones)型磁选机、SQC型磁选机、双立环磁选机、高梯度磁选机和脉动高梯度磁选机等。

13.2.1 干式强磁场磁选设备

13.2.1.1 电磁盘式强磁场磁选机

盘式磁选机是应用较早的一种强磁场磁选设备，主要由磁系、给矿机构、排矿机构等组成(见图13－17)。盘式磁选机的磁系由“山”字型电磁铁和旋转钢盘构成，盘的边缘制成尖齿状，磁场梯度指向齿尖。圆盘和电磁铁原磁极间的距离可以调节，圆盘的安置稍倾斜，使圆盘边缘和振动槽间的距离逐渐变小，即先分选出磁性较强的颗粒，后分选出磁性较弱的颗粒。

盘式磁选机用于有色和稀有金属矿物(如黑钨矿、钽铁矿、独居石、锆英石等)粗精矿的精选。给料斗中的物料通过圆筒给矿机构给到振动槽上，强磁性矿物(磁铁矿或磁黄铁矿)颗粒被吸到圆筒表面(圆筒内部装有能产生弱磁场的磁系)，被收集为强磁性产品；弱磁性矿物用振动槽导入旋转圆盘下方，被圆盘带到振动槽范围之外的侧边排出。非磁性矿物从振动槽的尾端排出。

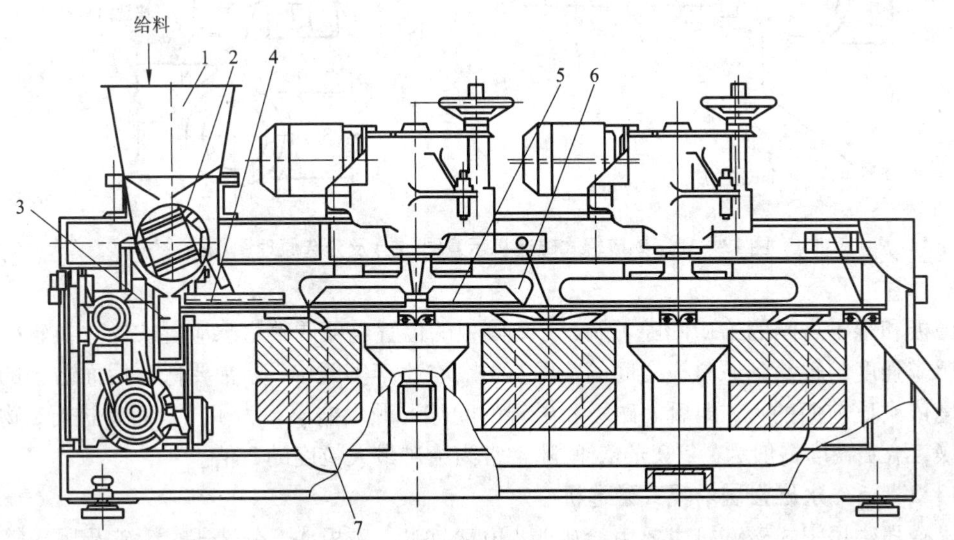

图13－17 φ576 mm 干式强磁场双盘磁选机

1—给料斗；2—给料圆筒；3—强磁性产品接料斗；4—筛料槽；5—振动槽；6—圆盘；7—磁系

盘式磁选机的间隙为2 mm时磁感应强度为1.9 T；给矿粒度上限为2 mm时，处理量为0.2～1.0 t/h。

采用盘式磁选机对物料进行分选之前，一般需要对其进行干燥，并要求分成较窄的粒度级别后入选。一些精选厂常常将粗精矿筛分成 -2(3) +0.83 mm、-0.83 +0.2 mm 和 -0.2 mm 3 个粒级，分别进行分选。

13.2.1.2 **电磁感应辊式磁选机**

感应辊式磁选机由旋转的簿辊组合而成，簿辊系由交替的磁性和非磁性盘组成。辊子置于电磁铁的原磁极之间，电磁铁原磁极使邻近的感应辊的磁性簿辊磁化，并在磁辊的附近产生高梯度磁场，其方向指向磁性簿辊。这个指向决定了磁性矿粒的被吸引方向，即磁性矿粒吸在磁辊上，非磁性矿粒离磁辊较远，沿重力和离心惯性力的合力方向排出(图 13-18)。

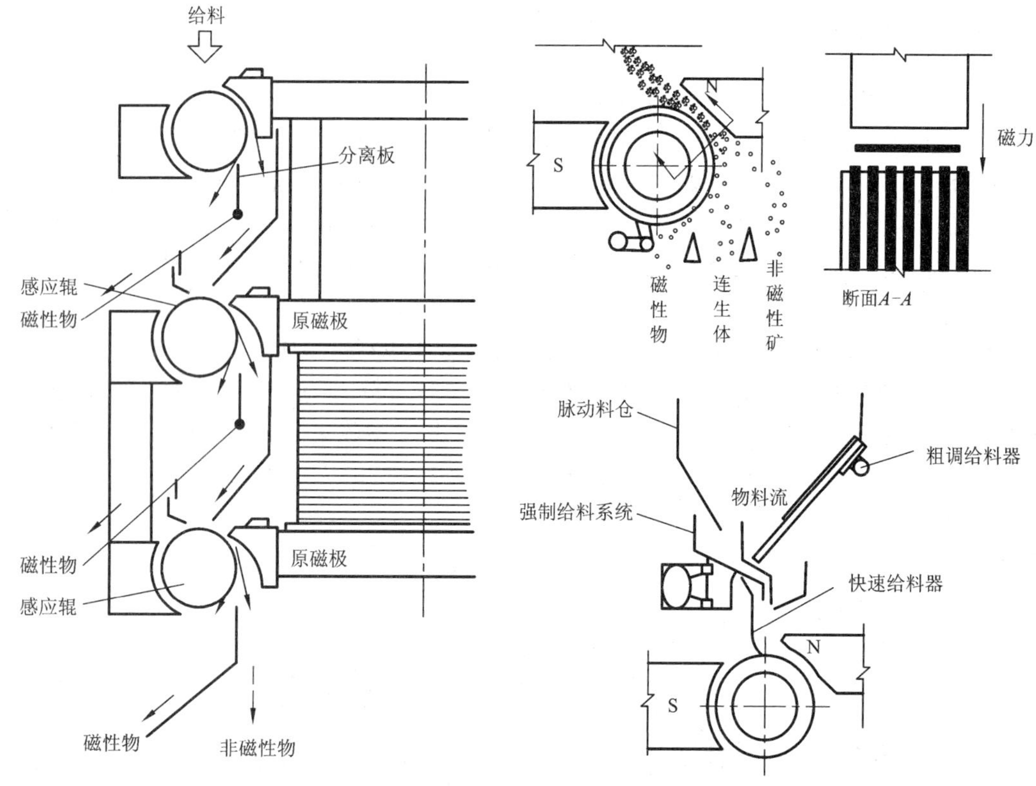

图 13-18 感应辊式磁选机示意图(左)及分选原理图(右)

磁极和辊子之间的给矿间隙可调，分离隔板的位置也可调整。感应辊式磁选机辊筒表面的磁感应强度与辊筒到原磁极之间的空隙有关。在生产实践中，通常要保证后面磁辊的磁感应强度依次比前面的大，即后面磁极和磁辊的间隙要顺次缩小。为了生产正常进行，物料应当干燥，给矿粒度一般为 -2.0 mm，间隙常常为给矿最大粒度的 2 倍。

13.2.1.3 **永磁强磁场辊式磁选机**

永磁强磁场辊式磁选机主要由给矿箱、电磁铁芯、磁极头、分选辊、精矿及尾矿箱等构成(见图 13-19)。

磁系包括电磁铁芯、磁极头和感应辊。两个电磁铁芯和两个感应辊对称平行配置，四个磁极头连接在两个铁芯的端部，组成一个矩形闭合磁回路，四个磁极头与两个感应辊之间构成的四个空气隙即是四个分选带，这种磁路的特点是无非分选间隙、磁能利用率较高，但磁路较长。线圈总匝数为 1054 匝，激磁电流约为 110 A，风冷散热。

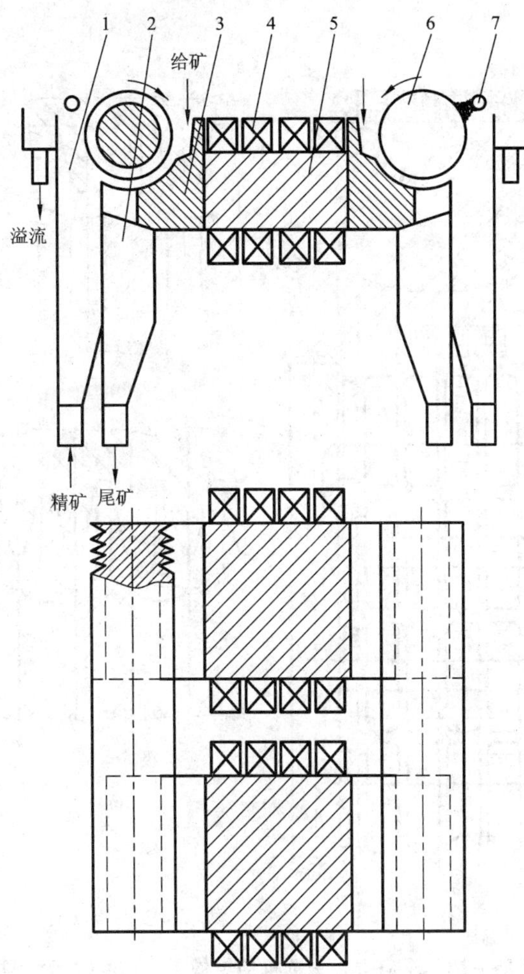

图 13－19　永磁强磁场辊式磁选机的结构

1—精矿接料斗；2—尾矿接料斗；3—磁极头；4—磁系；5—电磁铁芯；6—强磁辊；7—感应卸料辊

感应辊即为分选辊，由纯铁制成。沿长度向分为三段，中段为一个较短的非分选带，两侧为齿形分选带，每个分选带有 15 个辊齿，辊径和有效长度分别为 375 mm 和 1452 mm。

磁极头由工程纯铁制成。磁极头与分选辊之间的环形区域为分选区；极头端部与辊齿相应的位置有与齿数相等的导流槽，以便让非磁性颗粒随尾矿流从导流槽进入尾矿箱，而磁性颗粒能随辊继续前进，卸入精矿箱中。环形分选区两端与分选辊轴心连线所成的夹角称为磁包角。磁包角大小对磁场强度和分选指标有影响，原则上磁包角范围内磁极头的弧形面积应小于铁芯的横截面积。

13.2.2　湿式强磁场磁选机

13.2.2.1　湿式感应辊式强磁场磁选机

感应辊式磁选机是四辊电磁磁选机（见图 13－20），主要由电磁磁系、槽体、供水系统、给矿器、传动装置和支架构成。磁系磁导体为矩形铁芯，其上套有激磁线圈，极掌有缝隙，排出非磁性矿粒。磁系包含 3 个磁通回路，其中每一回路都经过 4 个串联的工作隙。工作区断面参数最适于分选 4～1 和 1～0.1 mm 窄级别弱磁性矿石。

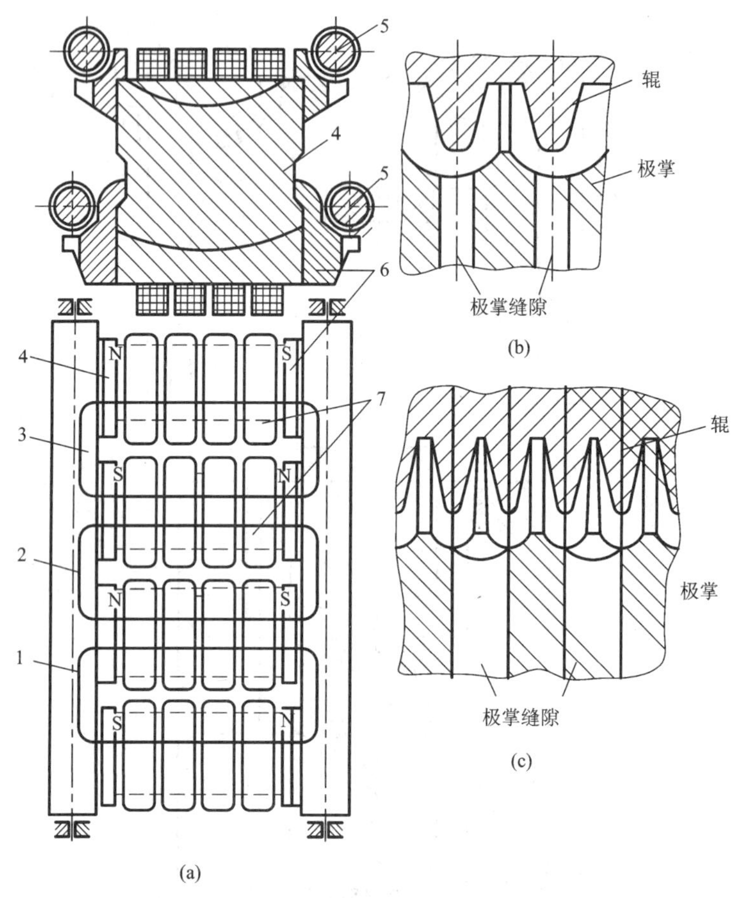

图 13－20　感应辊式磁选机的结构和工作原理示意图

(a)—磁导体原理图；(b)— 4～1 mm 矿物分选区截面图；(c)—1～0.1 mm 矿物分选区截面图；
1～3—磁通回路；4—电磁系；5—辊子；6—极掌；7—线圈

13.2.2.2　琼斯(Jones)型湿式强磁场磁选机

琼斯(Jones)磁选机是最早采用多层聚磁介质、在工业上得到有效推广的湿式强磁场磁选机，1955 年在英国获得专利，1960 年在第五届国际选矿大会上提出的琼斯磁选机的样机，由于聚磁作用合理，工作隙加宽后，其中充填的聚磁介质，既能聚磁，又能增加磁性物吸附面积，解决了第一代强磁场磁选机磁感应强度和处理能力不能兼顾的矛盾，使新的强磁场磁选机更具活力。另外，琼斯磁选机也解决了干式磁选给矿需要干燥，以及粉尘对环境污染的问题等。在琼斯磁选机中综合利用了高磁感应强度和弗朗茨(Frantz)聚磁介质的思想，使磁力比干式强磁场磁选机增大了几个数量级，从而使得琼斯磁选机很快在世界各地推广应用。

琼斯磁选机(见图 13－21)由磁导体、密封罩保护的励磁线圈(4 个线圈，用风冷却)、装有齿板盒的转环(盘)、给矿和给水装置、精矿的清洗和高压冲洗机构、排矿机构和传动机构所组成。U 形铁芯安置在门形框架上，铁芯、线圈、转环(盘)和齿板构成磁系磁路。转环周边分成多个分选室，其中安有组装好的齿板盒。分选间隙最大背景磁感应强度常为 0.8～1 T，磁感应强度最低处是在离磁场最远的中性区，仅为几毫特斯拉，这有利于磁性精矿排出，避免磁性物积聚而产生堵塞。琼斯磁选机的主要工艺性能如表 13－6 所示。

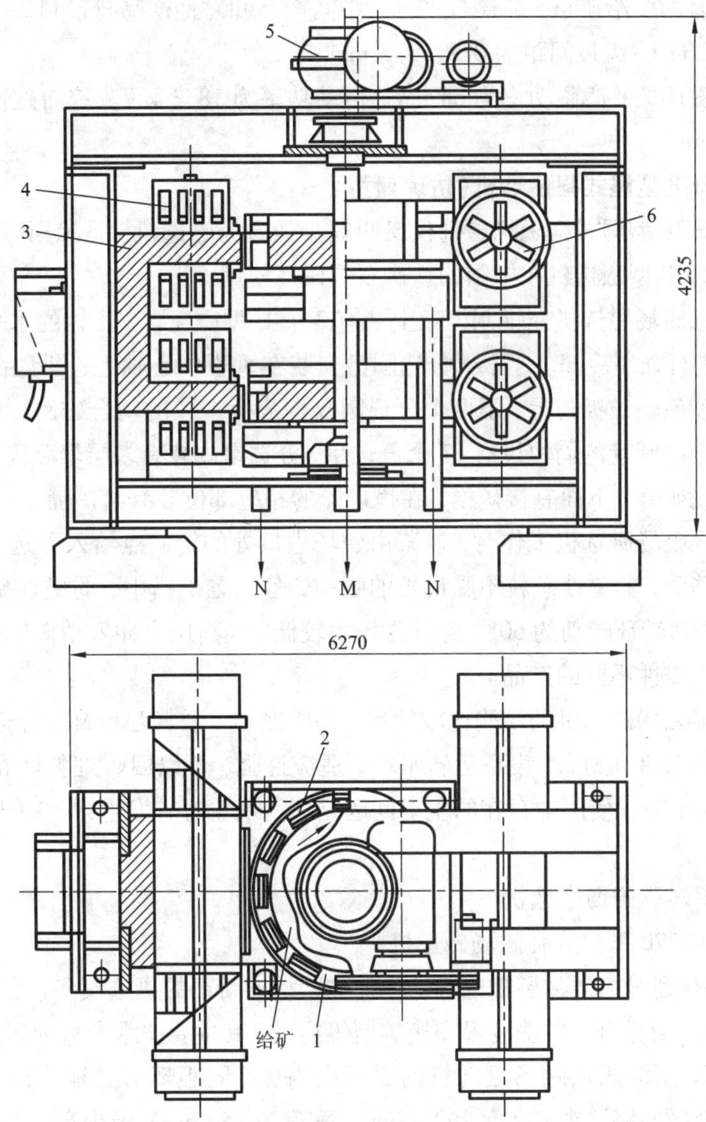

图 13 – 21　琼斯磁选机(DA – 317 型)的结构

1—转环(盘)；2—齿板盒；3—铁芯和极掌；4—线圈；5—电动机；6—通风机

表 13 – 6　琼斯磁选机的主要工艺性能

型号	转环直径/mm	处理量/($t \cdot h^{-1}$)	机重/t
DP335	3350	180	114
DP317	3170	120	98
DP250	2500	75	70
DP180	1800	40	41.7
DP140	1400	25	29.2
DP112	1120	15	22.4
DP90	900	10	16.2
DP71	710	5	13.4

每一个转盘有两个给矿点、非磁性产品、中间产品和磁性产品排矿口。分选室齿板垂直安置，齿距为3.2 mm，齿板间距为0.8 ~2.5 mm。

DP－317 型磁选机的激磁功率为68 kW、传动功率为18.3 kW。琼斯磁选机的适宜给矿粒度为1 ~0.03 mm。

13.2.2.3 SHP 型湿式强磁选机(仿琼斯型)

中国制造的SHP 型湿式强磁场磁选机又叫双盘强磁场磁选机，是琼斯磁选机的改进型，现有3 种型号的SHP 型磁选机在中国的铁矿石选矿厂使用。

SHP 型湿式强磁场磁选机在钢制框架上装有2 个U 型磁轭，在磁轭的水平部套有励磁线圈，用轴流风机进行强制冷却。上、下分选圆盘安装在垂直中心轴上，圆盘在两个相对磁极间转动，通过U 型磁轭磁极与上、下两个分选圆盘构成一个大的闭合磁路，上、下分选盘则是磁路中的主回路。圆盘的周边设有17 个分选室，分选室内装有多层聚磁齿板，成为感应磁极。圆盘上装有拢矿管，下面有接矿槽，在拢矿管的相应部位装有给矿嘴。

SHP 型湿式强磁场磁选机工作时，矿浆由磁场进口处的给矿点给入分选室，随即进入磁场并通过齿板的缝隙，非磁性矿粒不受齿板的吸引，落入尾矿槽中，弱磁性矿粒则被吸附在齿板的齿尖周围，随转环转动约60°，此处磁场力较低，经高压水冲入精矿槽中，在精矿与尾矿之间还可以接出磁性不同的产品。

SHP 型湿式强磁场磁选机的结构比较简单，易于制造，磁场强度高，分选室内齿板间空隙的最大场强可达1280 kA/m，设备运转平稳，适应性强，可以回收细粒嵌布的弱磁性赤铁矿、褐铁矿和镜铁矿等。使用中存在的主要问题是堵塞现象时有发生，－0.037 mm 粒级的分选效果较差。

13.2.2.4 平环强磁场磁选机

(1)SQC－6－2770 型湿式强磁场磁选机

SQC－6－2770 型湿式强磁场磁选机是一种磁路结构新颖的磁选设备(见图13－22)，主要由给料箱、磁系、分选环、冲洗装置和接矿槽等构成，其主要技术参数列于表13－7 中。

SQC－6－2770 型湿式强磁场磁选机的磁系由内、外同心环形磁轭及放射状铁芯构成，磁路为环链状闭合磁回路，铁芯高度为210 mm、宽度为450 mm，极头高度为160 mm。激磁线圈用空心铜管制成，外铁芯上的线圈为33 匝，内铁芯上的线圈为66 匝，用低电压高电流激磁，水内冷散热。磁路结构的特点是结构紧凑，磁路短，漏磁少，磁场强度高，温升低，工作可靠等。

SQC－6－2770 型湿式强磁场磁选机的分选环由环体和齿板聚磁介质组成，全环由非导磁隔板分成79 个分选室，每个分选室装有2 块单面齿板和11 块双面齿板；齿板之间用2.5 mm厚的非导磁不锈钢片隔开，形成32 个分选间隙，齿板高度为125 mm，齿角为110°，齿板组装方式为齿尖对齿尖排列。

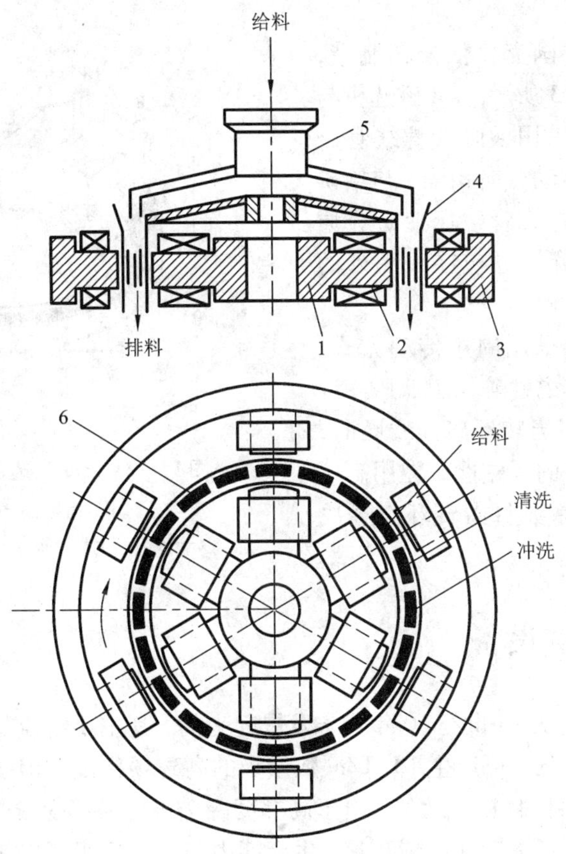

图 13－22 SQC－6－2770 型湿式强磁场磁选机的结构

1—内环形磁扼；2—线圈；3—外环形磁扼；4—分选圆环；5—给料箱；6—齿板分选室

表 13－7 SQC 系列湿式强磁场磁选机的主要技术参数

名称	参数		
	SQC－6－2770	SQC－4－1800	SQC－2－1100
磁极对数	6	4	2
分选环直径/mm	2770	1800	1100
转速/(r·min^{-1})	2～3	3～4	4～5
处理能力/(t·h^{-1})	25～35	8～12	2～3
最高磁感应强度/T	1.6	1.6	1.7
激磁功率/kW	36	16	14.6
传动功率/kW	10	7.5	3
给矿粒度/mm	－0.8	－0.8	－0.8
给矿浓度/%	35	35	15～20
冲洗水压/MPa	0.3～0.5	0.3～0.5	0.3～0.5
冷却水压/MPa	0.1～0.2	0.1～0.2	0.1～0.2
机重/t	35	15	7
外形尺寸/mm×mm	ϕ4000×3435	ϕ2800×2717	ϕ2100×2235

(2)sol 型磁选机

sol 型磁选机由德国克鲁伯公司制造，其结构原理如图 13－23 所示。sol 磁选机与其他磁选机的区别是采用横卧式螺线管磁系，磁场方向和转环运动方向相同，与给矿方向垂直。转环穿过螺线管磁场使磁介质磁化。磁力线穿过磁介质经包在线圈外的钢壳返回，形成闭合磁路。

sol 磁选机的转环采用周边传动方式。矿浆从给料管给入，非磁性矿粒由低压冲洗水冲出，进入尾矿管。当转环离开线圈时，磁场迅速消失，被吸住的弱磁性矿粒用高压水冲入精矿管中。磁系数目由转环直径决定，可以是 2、4、6 个。

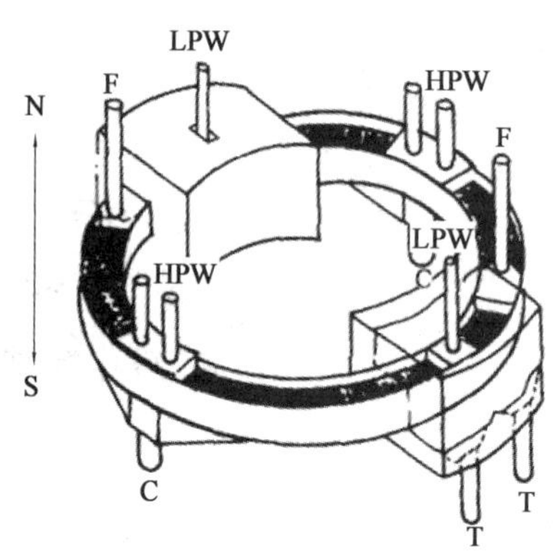

图 13－23　sol 磁选机的结构示意图

F—给矿；C—精矿；

T—尾矿；LPW—低压水；HPW—高压水

13.3　高梯度磁选设备

高梯度磁选技术是从 20 世纪 60 年代末发展起来的，其主要特点是，将铁磁性细丝置于均匀磁场中磁化到饱和时，可产生 10^5 T/m 数量级的高磁场梯度。但磁力作用范围小，因而适合用于捕收微细顺磁性颗粒。此外，由于高梯度磁选机可采用螺线管磁体，因螺线管磁体的激磁功率与磁体内半径的一次方成正比、生产能力与磁体内半径的平方成正比，所以使高梯度磁选技术的大规模应用成为了可能。目前，高梯度磁选已成为微细粒嵌布的弱磁性矿物的最有效回收技术之一。

高梯度磁选机的突出特点是均匀的背景磁场、细丝状铁磁性磁介质及均匀的矿浆流速场。均匀的磁场在充填了磁介质后，产生非均匀磁场，常用的磁介质有导磁不锈钢毛、编织网、拉丝网等。由于磁介质半径很小，形成的磁场梯度比琼斯型磁选机的磁场梯度(2×10^3 T/m)高 1～2 个数量级，达到了 10^5 T/m，从而使磁力提高了 10～100 倍。

13.3.1　周期式高梯度磁选机

用于脱除高岭土中弱磁性染色矿物成分(Fe，Ti)的第一台小型工业高梯度磁选机是 1969 年设计制造的，其主要部件是一个充填导磁不锈钢毛介质置于包铁的螺线管中的罐体(见图 13－24)。螺线管在工作空隙产生的磁感强度达 2 T。钢毛介质产生高度非均匀性磁场，磁场梯度为 10^5 T/m。

周期式高梯度磁选机工作时，由泵送入的给矿矿浆垂直向上通过磁介质，矿浆中的磁性矿粒被磁化钢毛表面所捕获，非磁性矿粒则通过罐体。钢毛介质满载磁性矿粒后，停止给矿，将磁场强度降至零，磁性矿粒被高压水从介质中冲洗下来。

美国最初是对高岭土除铁、钛杂质而应用高梯度磁选机的，相继在英国、德国、中国、波兰、捷克等国也得到应用。美国高岭土产品中的大部分是经高梯度磁选机处理的。美国一些黏土公司也用高梯度磁选机处理黏土提高其 GEB(“一般电光度”)，可使黏土的 GEB 从 78 增加至 88。周期式高梯度磁选机在废水处理(钢厂水净化)中也获得了广泛应用，在这种情况

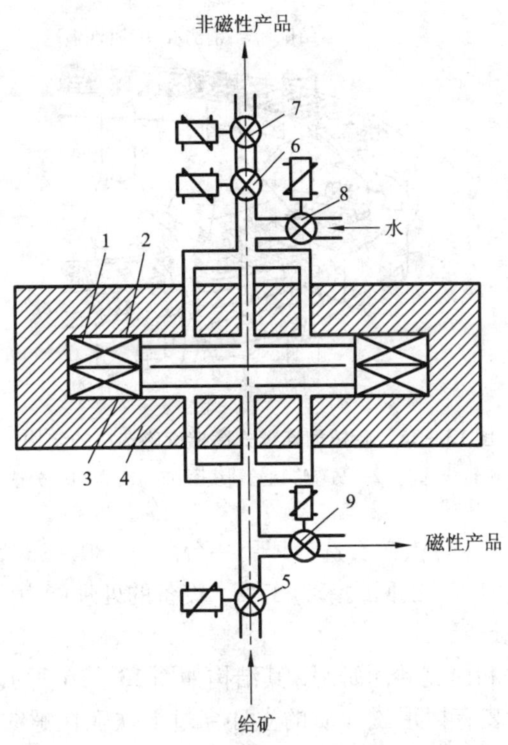

图 13－24　周期式高梯度磁选机的结构示意图

1—螺线管；2—分选罐；3—钢毛；4—铁铠；5—给料阀；6—排料阀；7—流速控制阀；8，9—冲洗阀

下，磁滤器的磁感应强度为 0.5 T，介质高度为 150 mm，分选罐直径为 0.7～2.96 m，处理能力最高可达 1300～4500 m^3/h。

13.3.2　连续式高梯度磁选机

13.3.2.1　萨拉(Sala)型连续式平环高梯度磁选机

萨拉型连续式平环高梯度磁选机的结构如图 13－25 所示，主要由分选环、马鞍形螺线管线圈、铠装螺线管铁壳以及装铁磁性介质的分选箱等部分组成。分选环由多个分选室组成，室内装有不锈钢网或钢毛。为了使转环能方便地通过线圈，将其做成由上、下两部分合成的马鞍形。螺线管常采用方形空心铜管，通水内冷，激磁电源采用大电流低电压。

萨拉磁选机工作时，矿浆通过导磁体的长孔流到处在磁化区的分选室中，弱磁性颗粒被吸附到磁化了的聚磁介质上，非磁性颗粒随矿浆流一起通过介质的间隙流到分选室底部排出，成为尾矿，被吸附的弱磁性颗粒随分选环转动，进入磁化区域的清洗段，进一步清洗掉非磁性颗粒，此后，分选环离开磁化区，弱磁性颗粒在冲洗水的作用下排出，成为精矿。

美国的萨拉公司设计了 5 种规格的磁选机，分选环的直径分别为 1200 mm、1850 mm、2400 mm、3500 mm 和 4800 mm，每台设备的磁极头为 2～4 个，背景磁场的磁感应强度有 0.5 T、1.0 T、1.5 T 和 2.0 T 4 种。

美国蓝晶石采矿公司用萨拉 185－15 型磁选机对蓝晶石浮选精矿除铁，使精矿的 Fe_2O_3 含量从 5%～10% 降到 0.5%～1.5%。

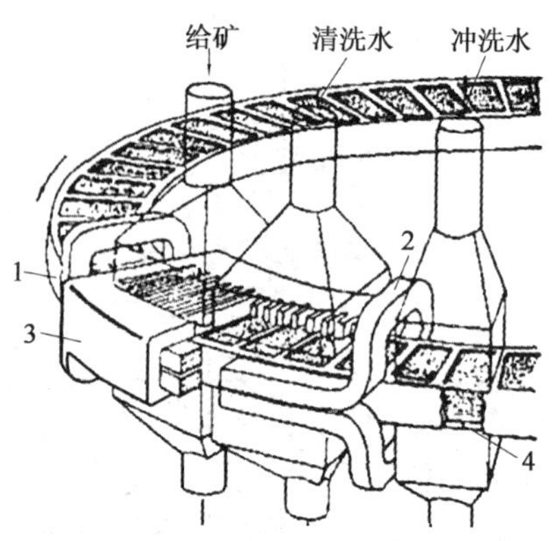

图 13－25　萨拉型连续式高梯度磁选机的结构

1—旋转分选室；2—马鞍形螺丝管线圈；3—铁铠；4—分选室

塞拉利昂马兰帕（Marampa）铁矿石选矿厂用一台萨拉 480－05 型磁选机处理 －75 μm 的铁矿石，获得的精矿含铁 64%，铁回收率为 87%，设备的处理能力为 130 t/h。

13.3.2.2　**VMS 型磁选机**

VMS 型磁选机由苏联和捷克共同研制，其结构如图 13－26 所示。VMS 型磁选机的磁系是一个矩形螺线管磁体。装有棒形磁介质的立环穿过下铁轭在螺线管磁场中逆时针方向转动。矿浆由给料斗通过上铁轭进入立环，磁性物被磁化圆棒吸住，非磁性物通过下铁轭排出。立环离开磁场后，磁性物从磁介质中冲洗出去。

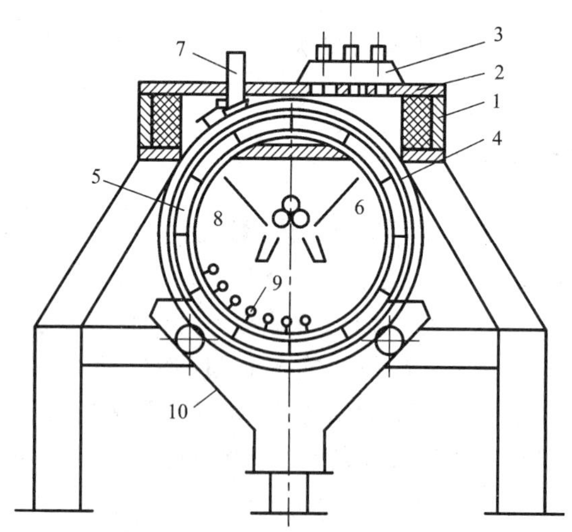

图 13－26　VMS 型磁选机的结构示意图

1—螺线管；2—包铁；3—给矿斗；4—转环；
5—分选室；6—尾矿流槽；7—漂洗水槽；8—中矿洗槽；9—冲洗水管；10—精矿斗

VMS 型磁选机用于锰矿石和铁矿石的分选。与 DP－317 型琼斯磁选机相比，VMS 磁选机的能耗明显较低。

13.3.3 SLon系列磁选机

SLon立环脉动高梯度磁选机的结构见图13－27，它主要由脉动机构、激磁线圈、铁轭、转环和各种矿斗、水斗组成，用导磁不锈钢制成的圆棒或钢板网作磁介质。

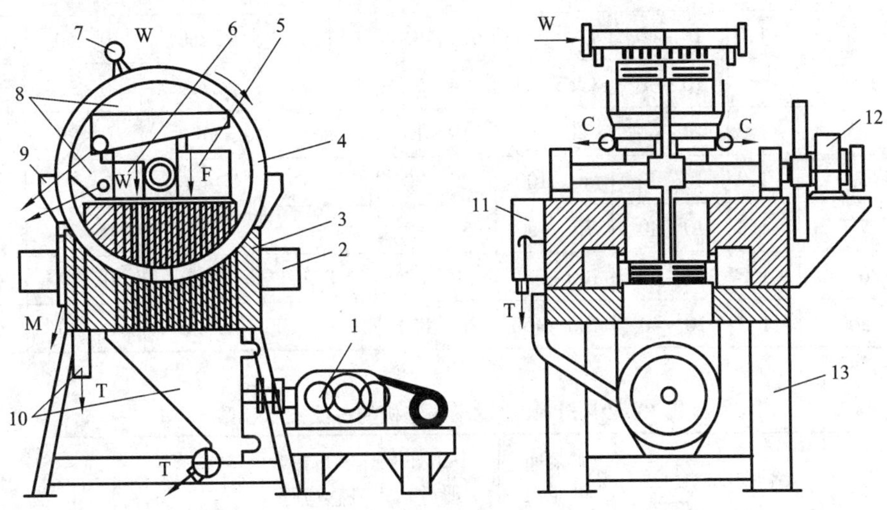

图13－27 SLon立环脉动高梯度磁选机结构示意图

1—脉动机构；2—激磁线圈；3—铁轭；4—转环；5—给矿斗；6—漂洗水斗；7—精矿冲洗装置；8—精矿斗；9—中矿斗；10—尾矿斗；11—液位斗；12—转环驱动装置；13—机架；F—给矿；W—清水；C—精矿；M—中矿；T—尾矿

SLon磁选机的激磁线圈通以直流电，在分选区产生感应磁场，位于分选区的磁介质表面产生非均匀磁场；转环作顺时针旋转，将磁介质不断送入和运出分选区；矿浆从给矿斗给入，沿上铁轭缝隙流经转环。矿浆中的磁性颗粒吸附在磁介质表面上，被转环带至顶部无磁场区，被冲洗水冲入精矿斗；非磁性颗粒在重力、流体动力的作用下穿过磁介质堆，沿下铁轭缝隙流入尾矿斗中。

SLon磁选机的转环采用立式旋转方式，对于每一组磁介质而言，冲洗磁性精矿的方向与给矿方向相反，粗颗粒不必穿过磁介质堆便可冲洗出来。该机的脉动机构驱动矿浆产生脉动，可使分选区内矿粒群保持松散状态，使磁性矿粒更容易被磁介质捕获，使非磁性矿粒尽快穿过磁介质堆进入尾矿。显然，反冲精矿和矿浆脉动可防止磁介质堵塞；矿浆的脉动运动有助于提高磁性精矿的质量。这些措施保证了SLon磁选机具有较大的富集比、较高的分选效率和较强的适应能力。

SLon立环脉动高梯度磁选机和SLon中磁场磁选机的技术参数列于表13－8和表13－9中。

表 13－8　SLon 立环脉动高梯度磁选机的主要技术参数

设备型号	给矿粒度/mm	给矿浓度/%	矿浆通过能力/($m^3 \cdot h^{-1}$)	干矿处理量/($t \cdot h^{-1}$)	额定背景磁感应强度/T	额定激磁功率/kW	脉动冲程/mm	脉动冲次/($r \cdot min^{-1}$)
SLon－500	－1.0	10～40	0.5～1.0	0.05～0.25	1.0	13.5	0～50	0～400
SLon－750	－1.0	10～40	1.0～2.0	0.1～0.5	1.0	22.0	0～50	0～400
SLon－1000	－1.3	10～40	12.5～20	4～7	1.0	28.6	0～30	0～300
SLon－1250	－1.3	10～40	20～50	10～18	1.0	35.0	0～20	0～300
SLon－1500	－1.3	10～40	50～100	20～30	1.0	44.0	0～30	0～300
SLon－1750	－1.3	10～40	75～150	30～50	1.0	62.0	0～30	0～300
SLon－2000	－1.3	10～40	100～200	50～80	1.0	74.0	0～30	0～300
SLon－2500	－1.3	10～40	180～450	80～150	1.0	97.0	0～30	0～300

表 13－9　SLon 中磁场磁选机的主要技术参数

设备型号	给矿粒度/mm	给矿浓度/%	矿浆通过能力/($m^3 \cdot h^{-1}$)	干矿处理量/($t \cdot h^{-1}$)	额定背景磁感应强度/T	额定激磁功率/kW	脉动冲程/mm	脉动冲次/($r \cdot min^{-1}$)
SLon－1500	－1.3	10～40	75～150	30～50	0.4	16	0～30	0～300
SLon－1750	－1.3	10～40	75～150	30～50	0.6	38	0～30	0～300
SLon－2000	－1.3	10～40	100～200	50～80	0.6	42	0～30	0～300

SLon 磁选机的主要优点是设备处理量大、高效节能和自动化程度高。

13.3.4　SSS 型系列湿式双频双立环高梯度磁选机

SSS 型系列湿式双频双立环高梯度磁选机采用独特的双频脉冲装置，不仅能兼顾精矿质量，得到高品位的精矿，还能保证金属回收率，并根据流程的需要，可灵活地调节设备的技术参数。目前已开发出 SSS－I 型和 SSS－II 型两个系列的不同规格。

SSS－I 型高梯度磁选机的背景场强高、磁场梯度高，适用于金属矿石的粗选和扫选及非金属矿石的提纯等。SSS－II 型高梯度磁选机由于采用水平的左、右磁极和立环相结合，对磁性产物的选择性增强，所以适用于金属矿石的粗选及精选。

13.3.4.1　SSS－I 型湿式双频双立环高梯度磁选机的结构特点和分选原理

SSS－I 型湿式双频双立环高梯度磁选机的示意图如图 13－28 所示。工作时矿浆由给矿斗均匀地进入分选空间，在磁场力的作用下，磁性矿物颗粒被吸附在聚磁介质表面上，而弱磁性和非磁性的矿物颗粒受到的矿浆流体动力大于磁场力，不能被聚磁介质吸住而进入尾矿斗；吸附在聚磁介质表面上的矿物颗粒随分选环转动，调整中矿脉冲机构使脉冲频率和峰值增大，这样产生的流体动力随之增强，此时磁性较弱的颗粒和连生体颗粒受到的磁场力小于流体动力，它们就会脱离聚磁介质表面而进入中矿斗；磁性较强的矿物颗粒受到的磁场力比较大，被牢牢地吸在聚磁介质表面上，随分选环转动并逐渐脱离磁场，进入磁性产品卸矿区，该区的磁场很弱，用精矿冲洗水就可以将磁性矿物颗粒从聚磁介质表面冲洗下来并进入精矿斗，从而使磁性不同的矿物颗粒得到有效分离。

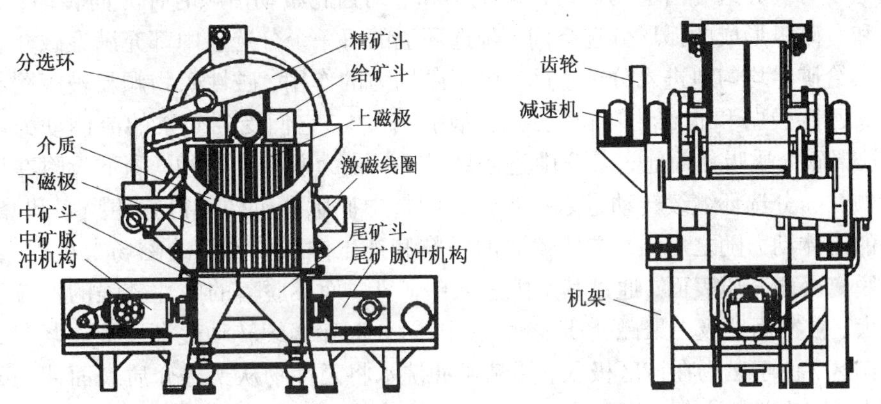

图 13－28　SSS－I 型湿式双频双立环高梯度磁选机的结构图

SSS－I 型湿式双频双立环高梯度磁选机的特点体现在：①磁介质的磁场梯度分布密度是变化的，可减少夹杂和堵塞，有利于提高精矿品位及回收率；②由于在粗选区和精选区增加了脉冲装置，对于不同的矿石和产品，可通过单独调节粗选区或精选区的冲程、冲次，或同时调节两个选区的脉冲，以达到最佳的选别效果。因此，此类型设备具有很强的适应性。

13.3.4.2　SSS－Ⅱ型湿式双频双立环高梯度磁选机的结构特点和分选原理

SSS－Ⅱ型湿式双频脉冲双立环高梯度磁选机的组成部分包括分选环、磁系、激磁线圈、聚磁介质、传动机构、脉冲装置、给矿和产品收集装置等(见图 13－29)，其特点在于能在分选空间内使矿浆产生与磁力线垂直的往复运动，在分选环下方设有双频脉冲装置；水平磁力线的分选空间是由左磁极、右磁极、左磁轭、右磁轭、前磁轭、后磁轭、激磁线圈和转盘外缘导磁部分所形成。设备的双频脉冲装置由双频脉冲机构、尾矿斗、中矿斗组成，双频脉冲机构分设在尾矿、中矿斗外侧，其间通过机架与地基相连。

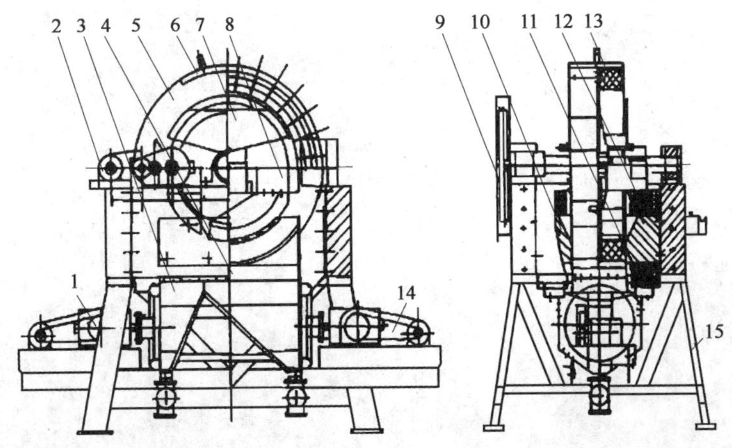

图 13－29　SSS－Ⅱ型湿式双频双立环高梯度磁选机的结构特点

1—中矿脉冲机构；2—传动机构；3—中矿斗；4—尾矿斗；5—分选环；6—精矿冲洗水槽；7—精矿斗；8—给矿斗；9—齿轮；10—左磁极；11—激磁线圈；12—右磁极；13—聚磁介质；14—尾矿脉冲机构；15—机架

当激磁线圈通入直流电时，在分选空间内形成高强度磁场，在磁场作用下聚磁介质表面能形成高磁场力。分选环由电动机与传动机构和一对齿轮带动沿顺时针方向转动，其下部通过左磁极和右磁极形成的弧形分选空间，分选环上的每一个分选室中都充满聚磁介质。

矿浆由给矿斗均匀地进入分选空间，由于磁场力的作用，磁性矿物颗粒被吸附在聚磁介质表面上，磁性极弱和非磁性颗粒受到的磁场力极小，它们受到矿浆的流体动力大于磁场力，不能被聚磁介质吸住而通过其空隙进入尾矿斗，成为非磁性产物；剩下吸附在聚磁介质表面上的颗粒随分选环继续转动进入中矿斗，调整中矿脉冲机构使得脉冲频率和峰值增大，此时产生的流体动力随之增强，磁性较弱的颗粒和连生体颗粒受到的磁场力小于流体动力，它们就会脱离聚磁介质表面，通过其空隙进入中矿斗；而不脱落的磁性较强的颗粒受到的磁场力比较大，被牢固地吸在聚磁介质表面上，随同分选环继续转动逐渐脱离磁场区，进入磁性产品卸矿区，由于磁场在该区极弱，用精矿冲洗水将磁性物从聚磁介质表面冲洗下来并进入精矿斗中，即为磁性产品，从而使磁性不同的颗粒得到有效分离。

习题

1. 简述磁选设备的分类方法。
2. 简要介绍干式永磁筒式磁选机的结构、分选机理以及工业应用前景。
3. 分析三种湿式永磁筒式磁选机的异同点。
4. 简述琼斯型湿式强磁选机的结构特点、工作原理。
5. 分析高梯度磁选机的工作原理、结构特点及工业应用前景。

第 14 章　其他磁分离技术

内容提要　本章主要讲述磁流体分选、超导技术与磁种分选法的基本原理及其对应的磁分离设备的工作过程和应用情况。在磁流体分选一节中，主要介绍了磁流体分选的概况、磁流体静力分选的基本原理及磁流体静力分选机的结构和工作原理；在超导技术在磁选中的应用一节中，主要介绍了超导现象及超导体的基本性质、超导材料的制备及其性能以及超导磁选机的类型、工作过程和技术性能；在磁种分选法一节中，主要介绍了选择性磁种分选法的理论基础、分类以及磁种的类型及其制备方法。本章的拓展学习内容主要为电磁学、理论力学、机械设计等课程的相关内容。

14.1　磁流体分选

磁流体分选是 20 世纪 60 年代发展起来的一种新的分选方法。1959 年意大利人米开列梯首先指出磁流体用于物料按密度分选的可能性。自此之后，许多国家进行了磁流体分选的理论、工艺和设备的研究，取得了较大的进展。中国在 1972 年研制出供分离单矿物用的磁流体静力分选仪，1976 年以后进入工业应用方面的研究，目前在细粒(0.5 ~0.2 mm)金刚石的精选方面取得了较大的进展。

14.1.1　磁流体分选概述

某些流体在磁场或电场与磁场的联合作用下能够磁化，从而呈现“似加重现象”，对位于其中的颗粒产生磁浮力作用，这些流体称为磁流体，是非常稳定的两相流体。

“似加重”后的磁流体仍然具有流体原来的流动性、黏滞性等性质。受“似加重”作用后磁流体的密度称为“视在密度”，它可以通过改变外加磁场强度、磁场梯度来调节。由于“视在密度”比介质的原来密度高许多倍，所以“加重介质”对位于其中的物体产生的浮力可以达到原介质的许多倍。依据磁流体的这一特殊性质，磁流体分选技术可用来分选密度范围较广的物料。

根据分选原理及分选介质的不同，磁流体分选技术可分为磁流体动力分选和磁流体静力分选两种。在不均匀磁场中，以铁磁性的胶粒悬浮液或顺磁性流体作为分选介质，根据颗粒之间密度和比磁化率的差异而使不同性质颗粒分离的方法，称为磁流体静力分选。在磁场与电场的联合作用下，以强电解质溶液作为分选介质，根据颗粒之间密度、比磁化率以及导电率的差异而使不同性质颗粒分离的方法，称为磁流体动力分选。

磁流体动力分选的研究历史较长，技术较为成熟。其优点是分选介质来源广，价格便宜，黏度低，分选设备简单，处理能力大。其缺点是分选介质的“视在密度”较小，分选精度差，只适用于对回收率要求不高的物料进行粗选。

与磁流体动力分选相比，磁流体静力分选发展较晚。其优点是分选介质的“视在密度”高，用磁铁矿制成的磁流体，其视在密度已经达到 21500 kg/m^3，介质的黏度较小，分选精度高。其缺点是设备结构复杂，处理能力小；介质的价格贵且回收较困难。

基于密度差异使物料分离，从这一意义上来说，磁流体分选与重选相似。但磁流体分选不仅基于密度差异，而且还基于物料磁性和导电性的差异，因而又不同于普通的重选。

磁流体分选基于物料的磁性差异，静力分选又要求一个不均匀磁场，这与磁选相似。但磁流体分选要求有特定的分选介质，动力分选的磁场也可以是均匀磁场；磁流体分选不仅可以将磁性物料与非(弱)磁性物料分开，也可以将各种非(弱)磁性物料按密度差异分离开，这又使磁流体分选不同于一般普通磁选。所以有人把磁流体分选称为第2类磁选或特殊磁选。

磁流体分选可用于分选有色、稀有和贵金属矿石(锡、锆、金矿等)、黑色金属矿石(铁、锰矿等)、煤炭、非金属矿石(金刚石、钾盐等)。在岩矿鉴定中磁流体可代替重液进行矿物颗粒的分离。在固体废物的处理和利用中，磁流体分选法占有特殊的地位，它不仅可分选各种工业废渣，而且可从城市垃圾中回收铝、铜、锌、铅等金属。

14.1.2 磁流体静力分选的基本原理

磁流体静力分选与重介质分选具有相似之处。在重介质分选中，关键是选用密度介于入选物料中欲分离的高密度成分和低密度成分的密度之间的介质，即 $\rho_1 > \rho_{su} > \rho_1'$，其中 ρ_1 为高密度成分的密度，ρ_1' 为低密度成分的密度，ρ_{su} 为重介质的密度。此时作用于单位体积颗粒上的力有颗粒自身的重力和介质的浮力，其合力 F 为：

$$F = (\rho_1 - \rho_{su})g \tag{14-1}$$

式中 ρ_1——颗粒的密度，kg/m^3；

g——重力加速度，m/s^2。

对于高密度成分，因 $\rho_1 > \rho_{su}$，故 $F>0$，即方向向下；对于低密度成分，因 $\rho_1' < \rho_{su}$，故 $F<0$，即方向向上。于是高密度成分下沉，低密度成分上浮，从而达到分离的目的。在这里，只有重力场的作用。

对于磁流体静力分选，除了重力场的作用外，还引入了磁场的作用。

将磁流体置于不均匀磁场中，它将被磁化而呈现“似加重现象”，产生一种磁浮力。如果在磁流体中加入不同密度的固体颗粒，颗粒将根据其密度差异悬浮在不同的高度上，从而实现分选。以适当的方式将不同高度上的颗粒分别截取，则获得不同的产物，完成了分选的过程(见图14-1)。

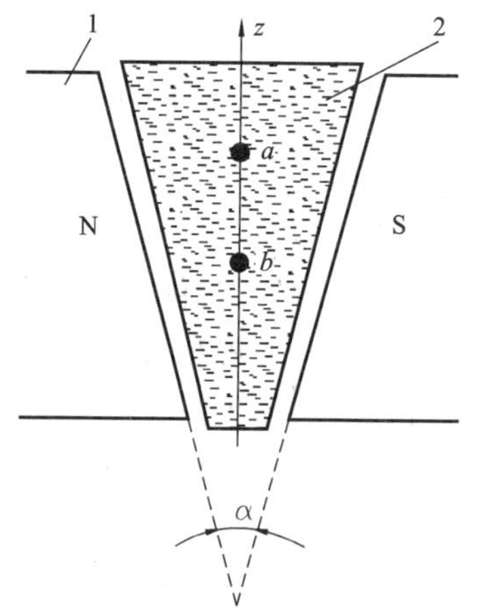

图14-1 颗粒在顺磁性流体中的浮沉现象

1—磁极；2—顺磁性流体；
a、b—两种不同的颗粒

位于非均匀磁场中，一个体积为 V 的磁流体单元所受的重力 f_g 和磁力 f_m 分别为：

$$f_g = V\rho_m g \tag{14-2}$$

$$f_m = \mu_0 \kappa_m VH\mathrm{d}H/\mathrm{d}z \tag{14-3}$$

式中 ρ_m——磁流体的密度，kg/m^3；

κ_m——磁流体单元的物体磁化率；

g——重力加速度，$9.81\ m/s^2$；

μ_0——真空中的磁导率；

HdH/dz—— 某点的磁场力，A^2/m^3。

其合力为：

$$f_{合} = f_g + f_m = V(\rho_m g + \mu_0 \kappa_m HdH/dz) \tag{14-4}$$

单位体积磁流体所受到的合力 $F_{合}$ 为：

$$F_{合} = \rho_m g + \mu_0 \kappa_m HdH/dz \tag{14-5}$$

$F_{合}$可以看作是单位体积磁流体的“视在重力”。于是“视在密度”ρ_s为

$$\rho_s = \rho_m + (\mu_0 \kappa_m HdH/dz)/g \tag{14-6}$$

可见，真密度为 ρ_m，物体磁化率为 κ_m 的磁流体，将其放在磁场力为 HdH/dz 的位置上，其“视在密度”ρ_s 比其真密度 ρ_m 增大的量为 $(\mu_0 \kappa_m HdH/dz)/g$。从式(14－6)可以看出，磁流体的“视在密度”$\rho_s$ 与它的真密度 ρ_m、物体容积磁化率 κ_m、所在位置的磁场力 HdH/dz 有关。ρ_m、κ_m、HdH/dz 愈大，ρ_s 愈高。若将一个体积为 V、密度为 ρ_1、物体磁化率为 κ_0 的颗粒，放在上述磁流体单元的位置，则颗粒所受的重力 f'_g、磁力 f'_m 和介质浮力 f'_F 分别为：

$$f'_g = V\rho_1 g \tag{14-7}$$

$$f'_m = \mu_0 \kappa_0 VHdH/dz \tag{14-8}$$

$$f'_F = V\rho_s g = V\rho_m g + \mu_0 \kappa_m VHdH/dz \tag{14-9}$$

式中　$\mu_0 \kappa_m VHdH/dz$——颗粒所受的磁浮力。

若颗粒在此点处于平衡状态，则有：

$$f'_g + f'_m = f'_F$$

或

$$V\rho_1 g + \mu_0 \kappa_0 VHdH/dz = V\rho_m g + \mu_0 \kappa_m VHdH/dz$$

化简上式，得：

$$(\rho_1 - \rho_m)g = \mu_0(\kappa_m - \kappa_0)HdH/dz$$

或

$$(\rho_1 - \rho_m)g/[\mu_0(\kappa_m - \kappa_0)] = HdH/dz \tag{14-10}$$

式(14－10)就是颗粒在磁化了的磁流体中的悬浮条件。

对于一定的物料(ρ_1，κ_0一定)和介质(ρ_m，κ_m一定)而言，$(\rho_1 - \rho_m)g/[\mu_0(\kappa_m - \kappa_0)]$是一个定值，可令其等于 C。不同的物料在同一介质中有不同的 C 值。对于一定的不均匀磁场，其中的每一点的磁场力 HdH/dz 有确定的数值。当颗粒在介质中的 C 值等于不均匀磁场中某点的磁场力 HdH/dz 时，颗粒即悬浮在该点。不同的颗粒在磁场中都有不同而又稳定的悬浮点。

将不同的颗粒置于介质中某点时，只有 C 值等于该点的磁场力 HdH/dz 的颗粒才能稳定悬浮于此；$C > HdH/dz$ 的颗粒，将从该点下沉；$C < HdH/dz$ 的颗粒，则会从该点上浮。当它们下沉或上浮到某点、达到 $C = HdH/dz$ 时，就将在新的位置上呈现稳定悬浮状态。如图 14－2 所示，不同的颗粒由于 C 值不同，将悬浮在介质中 z 轴方向上不同的高度，若 $C_1 > C_2 > C_3 >, \cdots, > C_n$，则悬浮高度为 $z_1 < z_2 < z_3 \cdots, < z_n$。

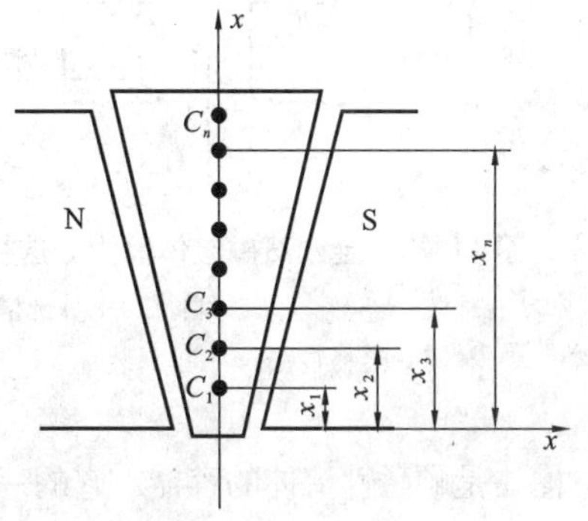

图 14－2　不同 C 值颗粒的悬浮高度

当两种颗粒悬浮的高度有一定的差值时，分选才有可能进行。颗粒的 C 值差越大，悬浮点高度 z 值差也越大，分选效果越好。

C 值相等或相近的颗粒不能得到分选，而颗粒的密度虽然相等或相近，但具有一定的 C

值差时仍可进行分选。若分选机所提供的最大磁场力 HdH/dz 小于某种物料的 C 值，该物料将不能悬浮，而沉到槽底，因而这种物料即不属于分选机处理的范围。

在磁流体静力分选机中，由于采用的磁极形状不同，颗粒在水平方向（沿磁力线方向）的受力和运动方向也不同。对于楔形磁极，颗粒将受到由分选槽中心线指向磁极面的挤压力；对于双曲线磁极，颗粒所受的挤压力正好与楔形磁极相反。颗粒在水平方向上的运动对分选不利，无论它使颗粒附着于分选槽侧壁或向中间堆积，都会使分选指标降低。

14.1.3 磁流体静力分选机

用于分选金刚石的磁流体静力分选机如图 14－3 所示，其主要组成部分是电磁铁、分选槽、给料与排料装置和直流电源等。

电磁铁由磁极、铁芯、线圈组成，是分选机的主要部分，分选过程要求的不均匀磁场由它产生。磁极采用的是线性力磁极，其表面的断面曲线为等轴双曲线。在这种磁极形成的不均匀磁场中，磁场力 HdH/dz 与 z 呈近似直线关系。因而不同颗粒在 z 轴方向的不同位置处的悬浮高差是一定的。铁芯为闭合马蹄形，铁芯和磁极的材料均为工程纯铁。铁芯由两臂与后梁组成，线圈对称地装在两臂上。分选槽用有机玻璃制成，有槽体、分离斗和缓冲漏斗 3 个组成部分，其结构如图 14－4 所示。

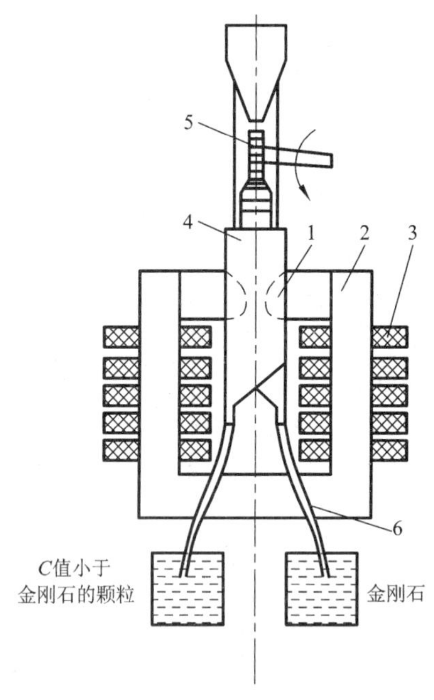

图 14－3 金刚石磁流体静力分选机

1—磁极；2—铁芯；3—线圈；4—分选槽；
5—给料装置；6—排料装置

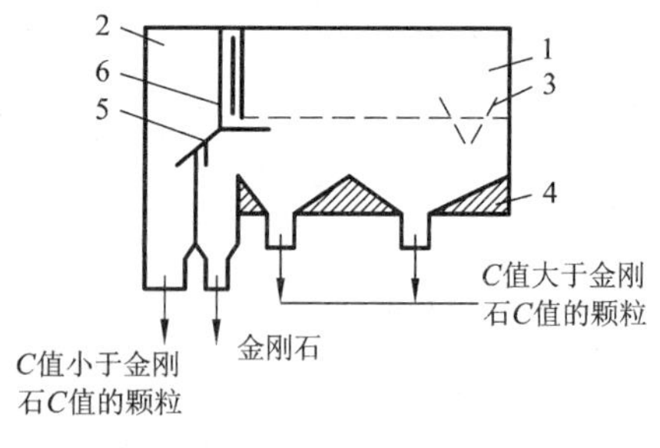

图 14－4 分选槽的结构

1—槽体；2—分离斗；3—缓冲漏斗；
4—磁极；5—分样板；6—调节杆

槽体是顺磁性流体的容器。它的一部分位于磁极的上部，一部分位于磁极的间隙中，另一部分位于磁极前部。位于磁极上部的是长方体槽，其作用为容纳给料漏斗和缓冲漏斗；位于磁极前部的是棱柱形槽体，用以容纳分离斗；位于磁极间隙中的部分，其形状与磁极间隙的形状相同，它的作用是收集 C 值大于磁场力的颗粒。槽体的最下部有 4 个排料口，可排出各种产物。

分离斗用于分别提取按 C 值分层的颗粒，内部有分样板和调节杆。分样板用于将各层颗粒隔开。C 值小于金刚石 C 值的颗粒通过分样板上面进入分离斗前部，由第 1 排料口排出。金刚石由分样板下面进入分离斗后部，由第 2 排料口排出。分样板与调节杆连成一体，通过调节杆的升降控制分样板的高度。在设备的使用过程中，可根据金刚石的悬浮高度及分布范围，将分样板调到适当位置。

缓冲漏斗是两片有机玻璃以一定倾斜度相对配置在槽体尾端的上部。其作用是降低颗粒的下降速度，以避免下降速度过大而使 C 值小于磁场力的颗粒夹带到槽体下部排出。

给料采用轮式给料装置，电动机带动装在给料漏斗下部的给料轮旋转，以达到均匀稳定给料的目的。这种分选机的排料采用间歇方式，以便于冲洗。电源是由激磁线圈提供的稳定连续可调的直流电。设备的主要技术特性如表 14－1 所示。

表 14－1　金刚石磁流体静力分选机的技术参数一览表

磁极最小间隙处磁场强度/($kA \cdot m^{-1}$)	最大磁场力/($A^2 \cdot m^{-3}$)	入选物料粒度/mm	处理能力/($kg \cdot h^{-1}$)	磁极可调角度/(°)	工作温度范围/℃	功率消耗/kW
≥1600(8 A 时)	≥26(8 A 时)	0.5～0.2	1.5～2.0	0～10	≥15	3.2

14.2　超导技术在磁选中的应用

超导技术是当代一门重要的高新技术，它与能源、材料、激光、高能物理、空间、电子计算机、交通运输、计量、电子技术、医疗等综合性科学技术领域和工业部门都有着密切的关系。目前这一新技术已成功应用到了磁分离过程中，研制出了超导磁选机。这种新型磁选机具有普通磁选机无法比拟的优越性，它可以在很大的分选空间内产生很高的磁场强度，消耗的能量极少，设备质量很小。

14.2.1　超导现象及超导体的基本性质

超导现象，就是某些物质在一定的低温下，其电阻突然消失的现象。这一现象是荷兰的物理学家奥涅斯(H. K. Onnes)于 1911 年在研究低温下汞的电阻与温度的关系时发现的。具有这种特性的材料称为超导体，电阻消失前的状态称为常导状态，电阻消失后的状态称为超导状态。

如果在已经达到超导状态的超导体中激起电流，就可以得到相当大的电流密度，并且由于在超导体中没有能量损失，电流产生后，虽然没有外部电源的支撑，也能一直延续下去而不衰减。

处于超导状态的超导体具有如下一些基本特性：

(1)无限导电性或零电阻特性

当在超导体中通过直流电流时，超导体内没有电阻，因而不会发热，这种性质称为无限导电性或零电阻特性。

导体的电阻或电阻率的大小与温度有关。在常温下导体的电阻与温度成线性关系，随着温度的下降而减小。但达到一定温度后，电阻的大小将不再随着温度而变。超导体则不然，在达到转变温度 T_c 以后，它的电阻突然变为零，即这时不存在通常意义的电阻。研究发现，有些在常态时具有很大电阻率的不纯金属是超导体，而铜、铂、金、银等在直到目前所能达到的最低温度下尚未表现出超导现象。

(2)完全抗磁性或迈斯纳效应

超导体除了上述引人注目的无限导电性外，还具有另一个重要特性即完全抗磁性。也就是说它是一种完全抗磁体，排斥通过它的所有磁力线，体内的磁感应强度为零。这一特性是荷兰物理学家迈斯纳(Meissner)和奥森菲尔德(Ocenfeld)于1933年首次发现的，所以又称为迈斯纳效应。

迈斯纳和奥森菲尔德用超导材料做成实心球，放入磁场中，在常导状态时，磁力线均匀穿入球中[见图14-5(a)]；当降低温度使其进入超导状态时，进入球内的磁力线被完全排出，使球内的磁场强度变为零[见图14-5(c)]。这是由于球的表面感应产生了抗磁电流，如图14-5(b)中的虚线所示。抗磁电流的磁场在球内总是与外磁场的方向相反，场强大小相等，因而两个磁场在球内的合成磁场的强度为零。换句话说，抗磁电流起着屏蔽磁场的作用，所以磁力线不能进入超导体。这种抗磁电流也叫作屏蔽电流，它将在磁场中持续地存在下去，因而是一种持久电流。

(3)临界特性

超导状态的存在是有条件的，由常导状态到超导状态的转变是突然发生的，因而超导体有所谓的临界特性。

前已述及，超导体只有在温度 T 降低到一定值 T_c 时才转变为超导态。即 $T>T_c$ 时为常导状态，$T<T_c$ 时为超导状态。这一转变温度 T_c 称为超导临界温度。每一种超导体都有一个特定的临界温度。

显然，临界温度 T_c 越高，实用价值越大。因此，高温超导体的研究是基础理论研究的重要课题。有人认为，超导体的临界温度如能提高到40K(液氢温度)，就可引起另一次技术革命。目前具有最高临界温度的超导材料是1973年被发现的铌三锗(Nb_3Ge)，其 $T_c=23.4$ K，而一般超导金属元素的 T_c 只有几开(K)。

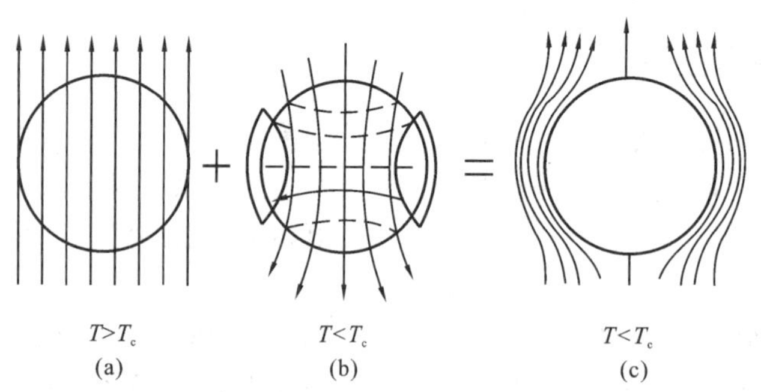

图14-5　超导实心球在外磁场中的行为

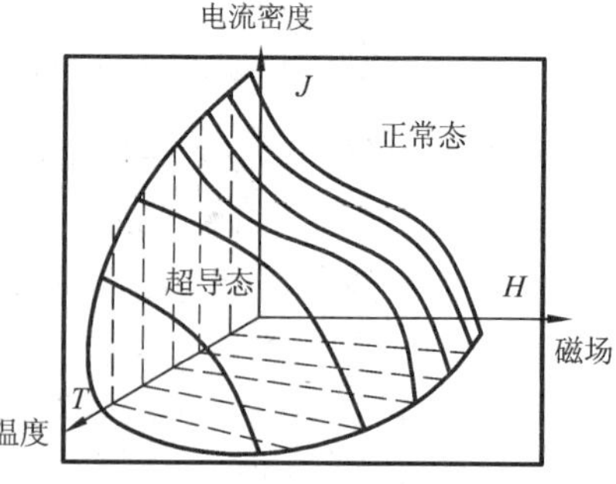

图14-6　超导材料的临界面

由于超导电流是一种电磁现象，因此也能由加上1个场强超过一定值 H_c 的磁场来破坏。这个磁场可以是外加的，也可以由通过超导体的电流本身来产生。当 $H<H_c$ 时为超导状态，当 $H>H_c$ 时恢复为常导状态，这里的 H_c 称为超导临界磁场强度。

研究发现，超导体并不能承载无限大的电流密度，它只能承载密度小于某一特定值 J_c 的电流。当 $J<J_c$ 时为超导状态，当 $J>J_c$ 时恢复为常导状态，J_c 称为超导临界电流密度。这是由于承载的电流太大时，由这一电流产生的磁场强度就可能超过超导临界磁场强度 H_c，从而使超导状态消失。

综上所述，超导状态仅存在于图 14 – 6 所示的曲面内，在曲面以外则为常导状态，此曲面称为超导临界面。

14.2.2 低温的获得和保持

低温是实现超导电的前提，因此制冷技术的进步必将推动超导技术的发展。

物理学上的低温大致是指液态空气的温度(约 81K，即 – 192.16℃)以下，其极限值是绝对零度(–273.16℃)。绝对零度是永远不能达到的，因为达到绝对零度意味着分子热运动将完全停止，但运动是不可能完全停止的。因此，绝对零度是一个可以无限接近，但却是不可能达到的最冷状态。目前已经达到的最低温度为 3×10^{-7}K，并且还在继续向绝对零度靠近。

为了获得低温，首先是将气体液化。氦气是最好的制冷气体，它也最难液化，当压强 p = 101.325 kPa 时，氦气的液化温度为 4.2K。在这样的压强下，无法使它变为固体。

液化气体最常用的方法是根据非理想气体节流膨胀(焦耳 – 汤姆逊膨胀)时的冷却效应，也就是让高压气体突然通过一个小孔或具有几个小孔的塞子(称为节流阀)，使其压强降低，便成为低温气体。

要使气体通过节流阀后温度降低，必须先使气体的温度预冷到某一温度以下，否则温度反而会升高，这一温度称为转换温度。每种气体都有它自己特有的转换温度。在 15.2 MPa 下，氢气和氦气的转换温度分别为 193K 和 40K，而空气和其他气体的转换温度均高于通常的室温。因此，液化空气或氮气时不需要其他预冷剂，而液化氢气时需要用液态氮气作预冷剂，液化氦气时需要用液态氢气作预冷剂。

如图 14 – 7 所示是液化氮气的装置示意图。对氮气进行液化处理时，首先使氮气经过压缩机变成高压气体，然后通过冷却器，使高压氮气的温度降低到室温。从冷却器出来后，高压氮气经分为内外两层的螺形管的内层向下流动，进入节流阀，体积突然膨胀，发生焦耳 – 汤姆逊冷却效应，其温度显著降低。低温氮气再经螺形管的外层向上流动，并返回压缩机。在螺形管中造成一个温度梯度，下面很冷，上面与室温接近。当高压氮气第 2 次进入螺形管向下流动时，由于管内有温度梯度，其温度逐渐下降，到达节流阀时，温度已很低。经节流阀膨胀后，温度进一步降低。高压氮气第 2 次经螺形管上升时，螺形管内的温度梯度将更大。如此反复进行，节流阀处的温度越来越低，直到这里的温度达到氮气的液化温度(77K)时，氮气即在这里液化而流入下面的容器中。

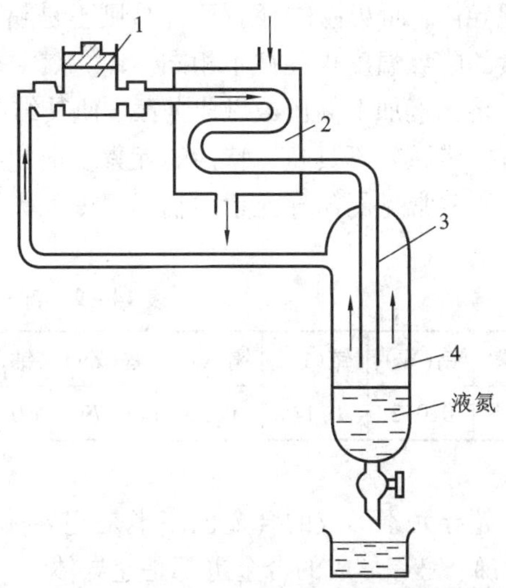

图 14 – 7 氮气的液化装置示意图

1—压缩机；2—冷却器；
3—螺形管；4—节流阀

有了液氮以后，就可以进一步液化氢气和氦气。方法之一是先用液氮把氢气预冷到它的转变温度以下，借助于焦耳 – 汤姆逊效应得到液氢，再用液氢预冷氦气，利用焦耳 – 汤姆逊效应得到液氦。

另外一种制冷气体的方法是，在绝热条件下，使高温气体膨胀，对外做功。在这一过程中，气体因消耗本身的内能而导致温度降低。

得到了液氦后，再进一步降低它的温度的方法是降低蒸气压，即用一台真空泵，把它和装有液氦的容器连接起来，把液氦上面的氦气不断地抽走，使液氦的温度不断降低，用这种方法可将液氦的温度从4.2K降低到0.8K。

得到了液态气体后，还必须妥善保存，否则会很快蒸发掉。保存液态气体的方法是将它置于玻璃或金属制的杜瓦瓶中。玻璃杜瓦瓶与普通的热水瓶相似，是1个双层的玻璃容器，夹层的内壁上镀了1层银膜，夹层中的空气被抽走，变成真空。这个真空夹层不传热，阻止了瓶内外的热量交换。另外银层不太吸热，它能把辐射来的热能反射回去。由于玻璃器皿容易损坏，因此在目前绝大多数情况下，都使用金属杜瓦瓶。

14.2.3 超导材料

超导现象虽然早已发现，但由于一直没能找到合适的超导材料，致使超导技术得不到应用。直到20世纪60年代，随着一些有实用价值的超导材料的发现，才使超导技术的应用获得了迅速的发展，并逐渐形成为一项专门技术。

目前已发现的超导元素有28种，在化学元素周期表中大都位于中部，它们是：铍Be、钇Y、钛Ti、锆Zr、铪Hf、钍Th、钒V、铌Nb、钽Ta、镤Pa、钼Mo、钨W、铀U、锝Tc、铼Re、钌Ru、锇Os、铱Ir、锌Zn、镉Cd、汞Hg、铝Al、镓Ga、铟In、铊Tl、锡Sn、铅Pb、镧La，其中钛、锆、铌、铅等的临界温度都比较高。

研究发现，元素相同而结晶形式不同时，其临界温度也不同。如原始的白锡（正方结构）是超导体，而灰锡（金刚石结构）则不是超导体。此外，若超导元素有几种同位素，则各种同位素的临界温度也往往不相同。

将元素加上高压或做成薄膜，使其结晶构造发生变化，也可以改变它们的临界温度，并且可以将原来不具超导特性的元素变成超导元素。

一些常见的超导元素的临界温度如表14－2所示。

表14－2　部分超导元素的临界温度 T_c

元素	钨（W）	铱（Ir）	镉（Cd）	锌（Zn）	铀（U）	铝（Al）	锡（Sn）	汞（Hg）	钒（V）	铅（Pb）	铌（Nb）
T_c/K	0.012	0.14	0.56	0.79	0.80	1.19	3.69	4.12	5.3	7.2	9.2

超导元素形成的合金也多半是超导体。例如铅与其他一些非超导元素铜、金、银、磷、砷、锑、铋等形成的合金也都是超导体。

对于由两种元素组成的超导化合物，其组成的两种元素可以都具超导特性，如铌三锡（Nb_3Sn）；或者仅有一种具超导特性，如钒三硅（V_3Si）；或者两种都不具超导特性，如锶铋化合物（$SrBi_3$）。某些超导化合物和合金的临界温度如表14－3所示。

表 14-3　一些超导化合物和合金的临界温度 T_c

化合物或合金	T_c/K	化合物或合金	T_c/K	化合物或合金	T_c/K
Nb-Ti 合金	10.6+	NbN	15.6	Nb_3Ga	20.3
Nb-Ta-Ti 合金	10.0	V_3Si	16.9	$Nb_{12}Al_3Ge$	20.7
Nb_5Ti_5	9.6	Nb_3Sn	18.05	Nb_3Ge	23.4
Nb_2Zr	10.8	Nb_3Al	18.8		
V_3Ga	15.36	$Nb_3Al_{0.8}Ge_{0.2}$	20.2		

由于传统超导材料的临界温度都比较低，最高的 $T_c=23.4$ K(Nb_3Ge)，需要液氦作制冷剂，因此使用上受到了很大限制。

自 1986 年发现了氧化物高温超导材料以后，经过大量的研究工作证实，许多物质的超导临界温度在 77 K(液态氮的温度)以上，如铊系氧化物($Tl_2Ba_2Ca_2Cu_3O_{10}$)的临界温度已达到 125 K。

目前应用的超导材料主要有超导合金和超导化合物，尤其是铌-钛合金、铌三锡(Nb_3Sn)和钒三镓(V_3Ga)等的应用更为广泛。

目前使用的超导合金材料有线材和带材两种形式，线材又分单股和多股两种。由于把超导线和铜挤压在一起时可以获得最好的性能，因此不论是单股还是多股超导线材的外面都镀有一层铜。

Nb_3Sn 的性能比 Nb-Ti 合金的更好，前者的承载电流密度为 $1\sim5\times10^{10}$ A/m^2，而后者的承载电流密度为 1×10^8 A/m^2。但 Nb_3Sn 既硬又脆，必须制备在适当的基带上，然后才能绕成线圈形状，不能利用通常的拉丝方法，或者利用化学方法制成带材或线材。

在采用气相沉积法生产超导材料的工艺中，用氢不断地还原气态的铌和锡的氯化物，使铌锡化合物沉积在用作基带的不锈钢带上。基带用电加热到 1000℃，在它的表面上发生如下的化学反应，生成 Nb_3Sn：

$$3NbCl_4+SnCl_4+8H_2 = Nb_3Sn+16HCl$$

在采用扩散法生成超导材料时，其主要过程是借助于浸渍，即用蒸发或沉积法先在铌线带上覆盖一层锡，然后将整体在 1000℃下进行热处理，在铌和锡的边界处就发生扩散和化学反应而生成 Nb_3Sn。

14.2.4　超导磁选机

超导磁体在磁分离方面的应用主要是利用超导强磁体制造强磁场磁选机。20 世纪 70 年代研制的高梯度磁选机(HGMS)所产生的磁感应强度只能达到 2 T 左右，接近铁轭的饱和磁场。在这种设备中，捕获的物料通过吸附或改变运动方向而得到分选。应用在高岭土工业的高梯度磁选机的磁场(磁感应强度约为 2 T)是由质量达 60～70 t 的水冷式铜线圈提供的，系统中的铁轭质量达 200～300 t。分选空间是直径为 2～3 m、高度为 1 m 的容器，其内部放置钢毛介质，设备的能耗为 400～500 kW。而改用超导材料以后，可以使设备的生产能力增加 10 倍，能耗减少到原来的 1/10。

和常规的磁选机一样，超导磁选机也需要形成分选弱磁性物料所必需的高度非均匀磁场。产生非均匀磁场的方式之一，是在均匀磁场中放置聚磁介质，这种聚磁介质是用铁磁性材料做成的特殊形状的板、球、丝。这种方法的优点是提高了磁场强度和梯度，缺点是磁性颗粒沉积在介质上，为了进行清洗，必须使介质离开磁场。

产生非均匀磁场的方式之二，是利用特殊形状的线圈或磁轭产生非均匀磁场，如四极头磁选机、八极头磁选机等。四极头磁选机的 4 个磁极构成 1 个封闭的圆柱体，产生 1 个圆柱形的对称磁场。这个磁场在圆柱体的轴线处消失，并且有 1 个恒定的径向梯度。实际上，完全径向对称的磁场是不可能的，不可避免地会产生切向梯度和切向力，这对分选过程是不利的。

产生非均匀磁场的方式之三，是利用螺线管。在这种情况下，每个螺线管的极是交替变更的。依据线圈横截面的几何形状及线圈间的距离，产生不同的径向和轴向梯度。利用螺线管的主要优点是能产生一个完全对称的径向磁场，而且制造容易。

目前生产中使用的超导磁选机主要有四极头超导磁选机和螺线管堆超导磁选机等，主要用于高岭土等陶瓷原料的提纯，也可用于煤炭脱硫、金属矿富集、污水处理等方面。

14.2.4.1　**四极头超导磁选机**

四极头超导磁选机是 1970 年英国的科恩和古德研制的试验型设备，其外形如图 14－8 所示。这种设备主要由密封在低温容器中的磁体和内、外分选管构成。

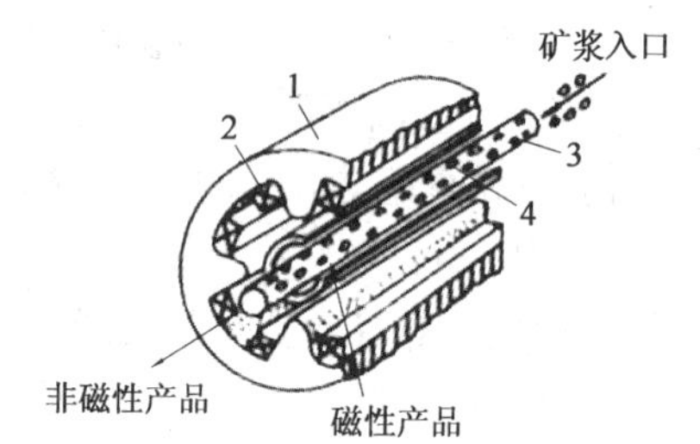

图 14－8　MK－1 型超导磁选机外形图

1—磁体；2—超导线圈；3—内分选管；4—外分选管

当磁体线圈中通过 70 A 的电流时，分选空间中的磁场强度达$(1.44 \sim 1.6)\times 10^6$ A/m，磁场梯度为2.8×10^7 A/m^2。分选物料时，首先使磁体冷却到临界温度以下，然后将超导线圈接通电流可调的直流电源，达到正常运转。线圈用超导环路闭合开关构成回路，切断电源后，电流在回路中持续流动，产生所需要的磁场。在磁体的轴线上，有同心的内外两根管，内管的管壁上有很多小孔。矿浆连续地给入内管，其中的磁性颗粒，由于磁力的作用，通过管壁上的小孔进入外管中，被水流冲走，成为磁性产物。非磁性颗粒则随矿浆一起沿内管流出，成为非磁性产物。

14.2.4.2　**螺线管堆超导磁选机**

螺线管堆超导磁选机是一种连续操作的新型磁选机，其结构如图 14－9 所示。这种设备是由 10 个沿轴向排列且彼此有一定间距的短而厚的超导螺线管组成。激磁电流的方向使线圈磁场的极性相反，线圈产生一个径向对称的不均匀强磁场和方向向外的径向磁力。磁力在线圈附近最强，在轴线处降为零。

设备工作时，入选物料给入磁选机的圆环形断面分选区，磁性较强的颗粒在分选区外壁处富集。在分选区末端，矿浆流被分隔板分成两部分，靠外的一部分为磁性产物，靠内的一部分为非磁性产物。这种设备的技术参数及用于分选菱铁矿和石英混合物料的试验指标如表 14－4 所示。

表 14－4　螺线管堆超导磁选机的技术参数及分选指标

环形分选区尺寸（直径×长度）/mm	电流密度/（MA·m^{-2}）	磁场强度/（MA·m^{-1}）	分选指标		
			粒度/mm	处理能力/（kg·h^{-1}）	回收率/%
110×700	300	1.2～2.0	0.1～0.2	650～3000	87～97

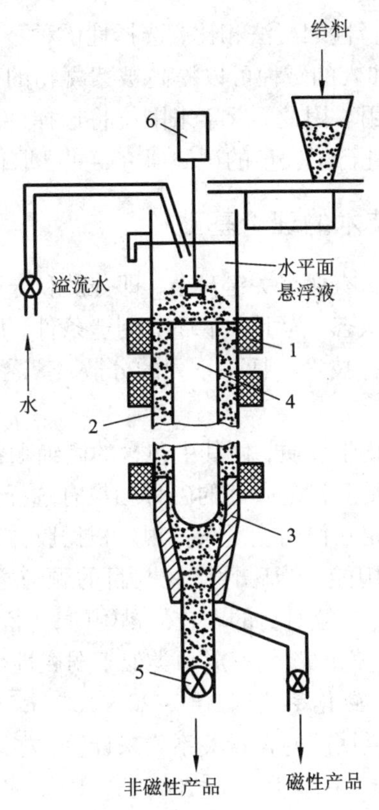

图 14－9　螺线管堆超导磁选机的结构

1—超导线圈；2—分选区；3—分隔板；4—分选区限制器；5—阀门；6—搅拌器

通过试验发现，用螺线管堆超导磁选机进行分选时，待分选物料中的磁性成分含量和矿浆的浓度都不能太高，而矿浆在设备中的流动速度却不能太低，必须使矿浆呈湍流流动，适宜的流动速度为 0.7 m/s。

此外，抚顺隆基磁电设备有限公司与中国科学院电工研究所合作，研制的超导高梯度磁分离机样机的技术参数如表 14－5 所示。

表 14－5　超导高梯度磁分离机样机的技术参数一览表

中心磁感应强度	线圈内径	线圈长度	杜瓦瓶内径	杜瓦瓶外径	室温孔径	处理能力
4 T	684 mm	800 mm	500 mm	1120 mm	500 mm	3～5 t/h

14.3　磁种分选法

选择性磁种分选法的基本原理是，在控制适当的条件下，对物料进行表面磁化处理，也就是以微粒磁铁矿、铁氧体或磁流体等强磁性粒子作为磁性种子，通过某种物理或化学过程，使这些磁性种子选择性地黏附、罩盖在弱磁性或非磁性的目的颗粒上，提高其磁性，以便能够在较弱的磁场中将其回收。

与使用高分子聚合物的选择性絮凝法相比，选择性磁种技术的优点主要表现在：能改善絮凝过程，使过程速度加快，加入的磁种可以提高被絮凝物的磁化率，使其容易在磁场中分离出来，而且磁种可以回收再用。因此，近年来围绕将选择性磁种技术应用于固体物料分选过程和污水处理工艺等方面，进行了大量的试验研究，并已取得了令人满意的结果。

14.3.1 选择性磁种分选技术的理论基础

选择性磁种分选技术的实施有两个关键环节，即分散和异质凝聚。前者是使矿浆中的目的颗粒和非目的颗粒都呈分散状态，为下一个环节创造条件；后者是使磁性种子与目的颗粒发生异质凝聚。因而选择性磁种技术包括一系列的分散、絮凝过程，这些过程都依赖于物料中各组分的表面性质。

分散可以通过调节矿浆的化学性质，使其中包含的微细颗粒之间的排斥力大于吸引力来实现。而这里的异质凝聚，实质上就是微细的磁种颗粒有选择性地在粗颗粒上的附着，这一过程可以通过控制颗粒之间的相互作用能量来实现。根据胶体稳定性理论可知，凝聚的效率主要取决于颗粒之间的相互作用能。当磁性微粒与目的颗粒之间的最大相互作用能小于零时，也就是当没有势垒阻止磁种颗粒对目的颗粒的黏附时，两者即发生异质凝聚。

对于非磁性颗粒，如欲使它们的磁化率成为类似于弱磁性矿物(如黑钨矿、菱铁矿等)的磁化率，也就是使它们的物质比磁化率达到 $2.0\sim20\times10^{-7}$ m^3/kg，需要添加的磁铁矿数量，可以用有效的磁化率与岩石中磁铁矿的含量关系式来计算，亦即：

$$\chi=1.04\times10^{-5}\pi[100\varphi(Fe_3O_4)]^{1.11} \tag{14-11}$$

式中 χ——需要的物质比磁化率，m^3/kg；

$\varphi(Fe_3O_4)$——需要加入的磁铁矿在混合物料中的体积分数。

另外，帕森纳格(P. Parsonage)等人认为，在利用磁种分选法进行物料分选的过程中，作为磁种的磁铁矿吸附在目的颗粒的表面，形成必要的罩盖层，因此，所需要的磁铁矿的体积与欲罩盖的颗粒的总体积、颗粒表面的罩盖度、罩盖层的厚度和磁铁矿在颗粒表面上的堆积系数成正比，当颗粒均为球形时，它们之间的关系为：

$$\text{所需磁铁矿的体积}=8\pi r_1 r_2\theta\phi \tag{14-12}$$

式中 r_1——目的颗粒的半径，m；

r_2——磁铁矿颗粒的半径，m；

θ——表面罩盖度；

ϕ——堆积系数，其值通常为0.5~0.7。

在被罩盖以后的颗粒中，磁铁矿的体积分数 $\varphi(Fe_3O_4)$ 为：

$$\varphi(Fe_3O_4)=1/[1+r_1/(6r_2\theta\phi)] \tag{14-13}$$

用式(14-13)计算出的结果表明，当磁铁矿颗粒的粒度 r_2 一定时，被罩盖颗粒的有效磁化率随着其粒度 r_1 的增大而下降，这就给宽级别物料的分选带来了一定的困难。

14.3.2 磁种分选法的分类

磁种和目的颗粒结合的原理与絮凝和浮选过程中的某些原理是类似的，但各种磁性种子有选择性地与目的颗粒发生黏附的条件却是不同的，其作用机理也不完全相同。依据作用机理，可将磁种分选法分为以下几类。

(1)凝聚磁种法。凝聚磁种法就是使用与目的颗粒具有相近等电点的磁种，通过分散并控制矿浆的 pH 在两者的等电点之间，使磁种和目的颗粒产生异质共凝聚。例如，采用等电点为6.5左右、粒度小于1 μm 的人造铁氧体，可以与等电点为6.2的 TiO_2、等电点为7.8的 SnO_2、等电点为6.05的 ZnO 等物质产生异质凝聚，使这些物质因表面吸附有磁种颗粒而产生磁性，从而可以用磁选法进行分离。

(2)团聚磁种法。团聚磁种法是选用适当的药剂与目的颗粒发生作用，使它们的表面疏水，然后加入有机捕收团聚剂，使目的颗粒与磁种发生选择性团聚，增强其磁性，从而可利用磁选法对它们进行回收。例如，用油酸、塔尔油、煤油等作捕收团聚剂，用人造磁种对粒度为 -0.074 mm、铁品位为32.00%的赤铁矿矿石进行的团聚磁种法分选试验结果表明，不加磁种时，铁的回收率仅为10%；加入磁种后，铁的回收率迅速上升，当磁种的加入量为矿石量的0.6%时，铁的回收率高达89%。

(3)选择性磁罩盖法。选择性磁罩盖法是首先选用适当的表面活性剂对目的颗粒的表面进行活化，然后加入微细粒磁铁矿的悬浮液，磁铁矿颗粒便有选择性地罩盖在目的颗粒的表面，此后再用磁选法进行分离。例如，采用1%的煤油或0.15%的二烃基季胺氯化物和伯胺氯化物的混合物作活化剂，用细磨的磁铁矿作磁种(添加量为1%)，处理含 $SiO_2$16.92%、CaO 4.9%的菱镁矿矿石时，经过活化剂处理后，磁铁矿颗粒选择性地罩盖在硅、钙质脉石上，进行磁选分离后，获得了含 SiO_2 0.72%、CaO 1.08%的高纯度菱镁矿精矿。

14.3.3 磁种的类型与制备方法

磁种分选法采用的磁种大致可归纳为3类。

第1类磁种是磁铁矿、钛磁铁矿、硅铁、铁屑等的粗粒或细粒粒子，使用时将它们直接加入磁分离过程。

第2类磁种是分子式为 $MOFe_2O_3$的磁性铁氧体粒子。分子式中的 M 是二价金属(如 Fe、Mn、Ni、Co、Ba、Mg 等)离子，常用的铁氧体的化合物分子式为 Fe_3O_4、$NiFe_2O_4$、$CoFe_2O_4$等。这类磁种的制备，是将摩尔比为1.5~2.0的三价铁盐和二价金属盐，在有过量强碱存在下的溶液中沉淀而获得。

第3类磁种是磁流体，即非常微细的磁性粒子在液体载体中形成的超稳定胶体悬浮液。

习题

1. 磁流体静力分选的基本原理是什么？试用公式推导颗粒在磁流体中的悬浮条件，悬浮位置如何确定？
2. 磁流体静力分选机的结构和工作原理是什么？
3. 超导体具有哪些特性？获得低温有几种方法？目前常用的超导材料有哪些？
4. 在超导磁选机中，产生非均匀磁场的方式有哪些？试分析它们的优缺点。
5. 选择性磁种分选法的基本原理是什么？它和选择性絮凝相比具有什么优势？
6. 磁种分选法有几种类型？各自的原理是什么？

第15章　磁选的工业应用

内容提要　本章主要讲述了磁选在黑色金属、有色金属、稀有金属及非金属矿选矿中的应用及典型选矿厂的工业实践，兼顾介绍了在废弃物处理方面的应用。在铁矿石的磁选一节中，主要介绍了铁矿石的工业类型及要求、单一强磁性铁矿的磁选、弱磁性铁矿的强磁选、焙烧磁选原理、多金属铁矿石及伴生多金属铁矿石的选矿实践；在锰矿石的磁选一节中，主要介绍了遵义锰矿石和斗南锰矿石的分选工艺；在有色和稀有金属矿石的磁选一节中，主要介绍了可用磁选方法选别的有色和稀有金属矿石的类型以及磁选在黑钨矿、钛铁矿等分选过程中的应用。本章的扩展学习内容是中国铁矿石资源概况、难选铁矿石的选矿工艺、中国难选锰矿石的选矿新技术、磁选在有色和稀有金属矿石分选过程中的地位和作用。

15.1　铁矿石的磁选

15.1.1　铁矿石的类型及工业要求

中国的铁矿石有鞍山式、宣龙式、大庙式、大冶式、白云鄂博式和镜铁山式6种主要类型。根据矿石中铁矿物的不同，有工业价值的铁矿石主要有磁铁矿石、赤铁矿石、褐铁矿石、菱铁矿石、混合类型铁矿石、含钛磁铁矿石、含铜磁铁矿矿石以及含稀土元素的铁矿石等。目前对各类铁矿石的工业要求如表15－1和表15－2所示；钒铁精矿的质量标准和矿石中综合回收伴生金属的最低品位参考指标如表15－3和表15－4所示。

表15－1　需要选矿才能冶炼的铁矿石的一般工业要求

矿石类型	边界品位(TFe)/%	工业品位(TFe)/%
磁铁矿矿石	20	25
赤铁矿矿石	25	30
镜铁矿矿石	20	25
菱铁矿矿石	18	25
褐铁矿或针铁矿矿石	20～25	25～30

表 15－2　不需要选矿直接冶炼的铁矿石的一般工业要求

矿石类型		边界品位/%（TFe）	工业品位/%（TFe）	杂质平均允许含量/%							
				S	P	SiO_2	Pb	Zn	Sn	As	Cu
高炉富矿（炼铁用）	磁铁矿石 赤铁矿石 镜铁矿石	≥45	≥50	<0.3	<0.25		<0.1	<0.2	<0.08	<0.07	<0.2
	褐铁矿石 针铁矿石	≥40	≥45	<0.3	<0.25		<0.1	<0.2	<0.08	<0.07	<0.2
	菱铁矿石	≥35	≥40	<0.3	<0.25		<0.1	<0.2	<0.08	<0.07	<0.2
平炉富矿（炼钢用）	磁铁矿石 赤铁矿石 镜铁矿石	≥50	≥55	<0.15	<0.15	<12	<0.04	<0.04	<0.04	<0.04	<0.04
	褐铁矿石 针铁矿石	≥45	≥50	<0.15	<0.15	<12	<0.04	<0.04	<0.04	<0.04	<0.04

表 15－3　钒铁精矿的质量标准

品级 ＼ 成分		TFe/%	V_2O_5/%	TiO_2/%	SiO_2/%	S/%	水分/%	粒度（－0.090 mm）
部颁标准	一级	≥60	≥0.72	<8	<2.5	<0.1	<10	>60
	一级	≥60	0.7－0.72	<8	<2.5	<0.1	<10	>60
	一级	≥60	0.65－0.69	<8	<2.5	<0.1	<10	>60
国家标准		≥60	0.78	<8	<2.5	<0.1	<10	－0.074 mm 占 65%

表 15－4　铁矿石中综合回收伴生金属的最低品位参考指标

元素	Co	Cu	Zn	Mo	Pb	Ni	Sn	TiO_2	V_2O_5	Ga	Ge	P
含量/%	0.02	0.2	0.5	0.02	0.2	0.2	0.1	5	0.2	0.001	0.001	0.8

15.1.2　磁铁矿矿石的分选

鞍山式贫磁铁矿石在中国铁矿石资源中占有重要地位，是目前磁选的主要处理对象。

南芬选矿厂处理的矿石为典型的鞍山式贫磁铁矿石。矿石中铁矿物以磁铁矿为主，含少量赤铁矿；脉石矿物以石英为主，含少量角闪石、绿泥石、方解石、云母、绿帘石和磷灰石。矿石呈条带状构造，铁矿物条带的厚度平均为 0.5～0.8 mm，脉石矿物条带的厚度平均为 0.2～0.4 mm。铁矿物呈细粒嵌布，嵌布粒度为 0.1 mm 左右。

矿石的密度为 3300～3500 kg/m^3，普氏硬度为 8～12，磁性率为 33%～36%。矿石的化学分析结果见表 15－5。

表 15 – 5　南芬选矿厂原矿的化学分析结果

成分	TFe	SFe	FeO	SFeO	Fe_2O_3	SiO_2	S	P	Al_2O_3	CaO	MgO	Mn
含量/%	30.94	30.10	12.10	11.25	30.54	50.26	0.238	0.022	1.179	0.977	2.154	0.068

南芬选矿厂采用阶段磨矿、阶段选别流程（见图 15 – 1）。在这种流程中，首先把矿石粗磨到 –0.3 mm，使脉石和铁矿物基本解离。粗磨产品先用磁力脱水槽进行选别，选出部分最终尾矿（单体解离的细粒脉石和矿泥）和需要再磨再选的粗精矿。粗精矿经细磨，磨到 –0.1 mm 左右，此时大部分铁矿物和脉石矿物达到单体解离，细磨后的粗精矿经过磁力脱水槽和筒式磁选机选别后，所得磁选精矿又进入细筛筛分，筛下产品进入最后一段磁力脱水槽选别，获得最终精矿和尾矿。筛上产品自循环返回到细磨磨矿机中进行再磨。每段选别作业选出的尾矿汇合一起为最终尾矿。

南芬选矿厂的生产流程比较简单，分选技术指标好。原矿的铁品位为 30% 时，选出的铁精矿品位可达 68%，铁回收率为 82% 左右。

处理鞍山式贫磁铁矿石，无论国内和国外，一般都采用阶段磨矿、阶段选别流程。近几年来，都对现有磁选厂的工艺流程不断地进行强化和改进。为了获得高品位精矿，除增加选别次数（用 4 ~ 10 段磁选机进行选别）外，有的磁选厂还增设了磁选精矿的反浮选作业，将夹杂在磁选精矿中的贫连生体和单体石英分离出去，进一步提高铁精矿的品位。

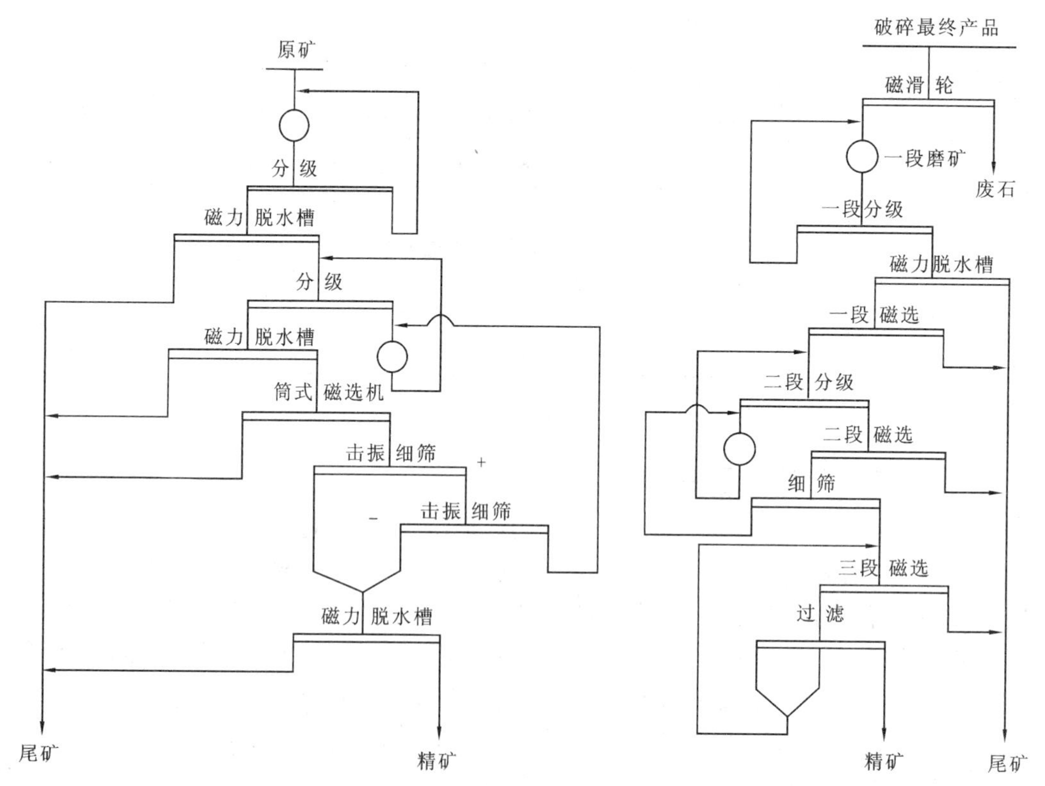

图 15 – 1　南芬选矿厂磁铁矿石的选别流程图

图 15 – 2　大石河选矿厂的生产流程图

大石河选矿厂位于河北省迁安县境内，是首都钢铁公司的主要原料基地，所处理的铁矿石也是鞍山式贫磁铁矿石，其中的金属矿物主要为磁铁矿，其次有少量假象赤铁矿和赤铁矿；脉石矿物以石英为主，其次为辉石、角闪石等，有害杂质较少。由于在开采过程中混入15%左右的废石，使得入选矿石的铁品位只有25%左右。矿石磨至 -0.074 mm 占 75% ~ 80%时，铁矿物与脉石基本达到单体解离。矿石的化学多元素分析结果见表 15 -6，所采用的工艺流程如图 15 -2 所示。

表 15 -6　大石河铁矿石的化学多元素分析结果

成分		TFe	FeO	SiO_2	Al_2O_3	CaO	MgO	P	S
含量/%	1 号矿样	29.90	11.18	47.20	0.75	1.24	2.19	0.038	0.002
	2 号矿样	30.73	10.99	47.92	0.73	0.58	1.81	0.025	0.16

首先用磁滑轮对球磨机给矿进行预选，在磨矿前可丢弃产率 8%、铁品位 9%左右的废石，使入磨矿石的铁品位提高 2 个百分点，磁性铁的回收率为 99%。对第一段磁选精矿进行二次分级、二次磨矿、二次磁选精矿经过细筛后筛上物返回二段球磨机。由于三段磁选的入选粒度得到了严格控制，提高了矿物的单体解离度，可使最终精矿的铁品位达到 67% ~68%。

15.1.3　弱磁性铁矿石的焙烧磁选

镜铁山式铁矿石在铁矿石资源中占有重要地位。酒泉钢铁公司选矿厂处理的就是这类铁矿石。矿石中主要的铁矿物为镜铁矿、褐铁矿和菱铁矿；主要脉石矿物有重晶石、石英、碧玉和铁白云母等，矿石具有条带状和块状两种构造，以条带状为主。铁矿物的嵌布粒度细小，呈粒状或鳞片状。

酒泉钢铁公司选矿厂对原矿中的块矿部分采用焙烧磁选工艺处理，对粉矿则采用强磁选的方法分选，采用的原则流程和弱磁场磁选流程如图 15 -3 和图 15 -4 所示。

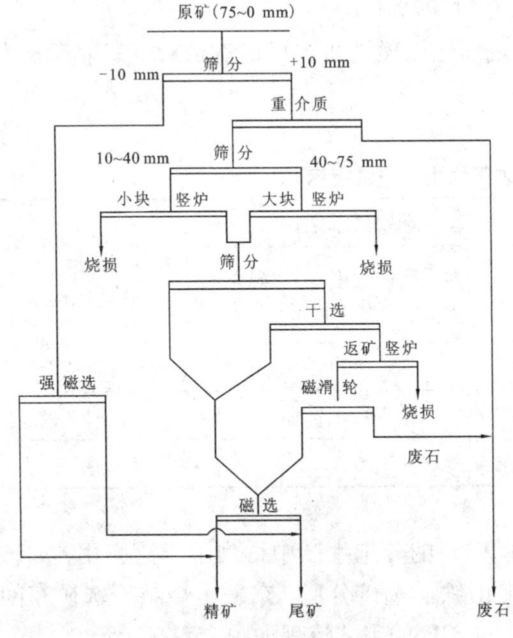

图 15 -3　酒泉钢铁公司选矿厂的原则流程图

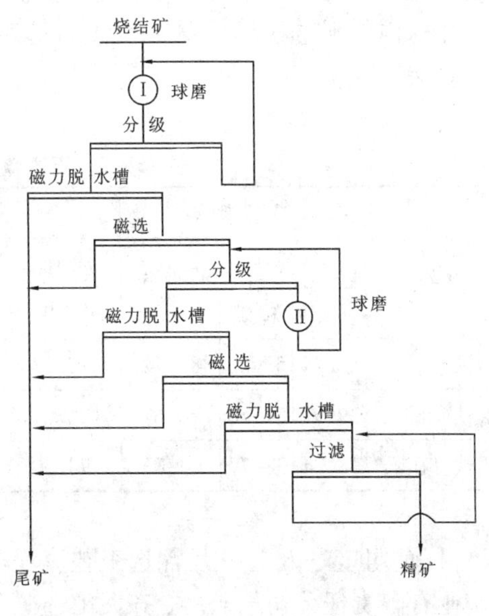

图 15 -4　酒泉钢铁公司选矿厂的弱磁选流程图

15.1.4 弱磁性铁矿石的强磁选

由于新型强磁场磁选机不断研制成功，使得单独用磁选方法大规模处理弱磁性铁矿石成为可能，但在某些场合，强磁选仍需与其他选矿方法联合，才能获得满意的生产技术指标。

酒泉钢铁公司选矿厂采用两段连续磨矿、弱磁－强磁分选流程处理－10 mm 的粉矿，采用的生产流程如图 15－5 所示。粉矿经过磨矿、分级以后，用圆筒筛脱渣，用 ϕ1050 mm×2100 mm 中磁场磁选机选出强磁性矿物，其尾矿再用SHP3.2 m双盘磁选机进行分选。

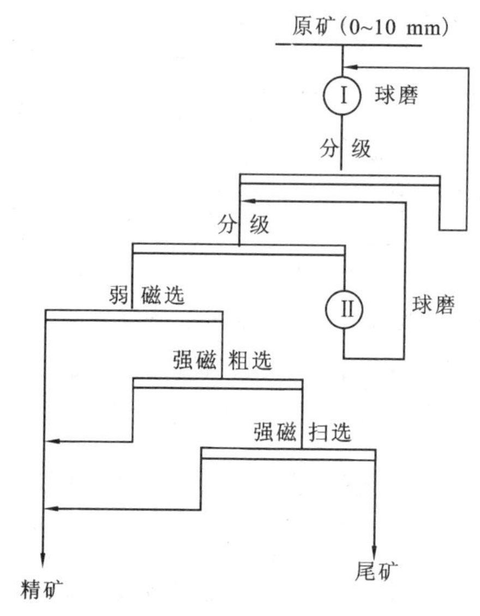

图 15－5 酒泉钢铁公司选矿厂的强磁选流程图

采用强磁选方法处理弱磁性铁矿石的生产单位还有南山铁矿选矿厂、韶关钢铁厂强磁选矿车间、大宝山铁矿选矿厂、昆钢八街铁矿选矿厂、王家滩铁矿选矿厂和罗茨铁矿选矿厂等。

南山铁矿选矿厂采用永磁平环强磁场磁选机处理较为难选的弱磁性铁矿石，经过 1 次粗选、1 次精选、1 次扫选，在原矿铁品位为 29.29% 的条件下，获得了含铁 55.71%、含磷 0.648% 的铁精矿。

韶关钢铁厂强磁选矿车间、大宝山铁矿选矿厂、昆钢八街铁矿选矿厂、王家滩铁矿选矿厂、罗茨铁矿选矿厂等，采用双立环湿式强磁场磁选机选别褐铁矿、赤铁矿、菱铁矿矿石。

韶关钢铁厂强磁选矿车间的生产规模为 250～300 t/d，原矿为大宝山褐铁矿洗矿尾泥，经选别之后，精矿的铁品位为 55.8%、铁回收率为 81.77%。

王家滩铁矿选矿厂采用 ϕ1500 mm 双立环湿式强磁场磁选机组成磁选流程，其生产技术指标如表 15－7 所示。

表 15－7 王家滩铁矿选矿厂的生产技术指标

处理矿石	选别指标			选别技术条件				
	铁品位/%		回收率/%	处理量/$(t\cdot h^{-1})$	给矿浓度/%	磨矿细度/% －0.074 mm	磁感应强度/T	磁选流程
	原矿	精矿						
赤铁矿矿石	42.44	57.63	82.72	22.84	40	75～80	1.40	一粗一扫
褐铁矿矿石	39.97	54.70	76.62	26.67	35～40	70	1.55	一粗一扫一精
菱铁矿矿石	28.84	38.77	64.03	74.50	33	73.6	1.24	一粗一扫一精

目前，重选—磁选—反浮选工艺流程在赤铁矿矿石的分选生产中得到了广泛应用，如鞍千矿业有限责任公司选矿厂、齐大山选矿厂、齐大山铁矿选矿分厂、东鞍山烧结厂选矿车间等，其生产技术指标如表 15－8 所示，其中齐大山选矿厂的工艺流程如图 15－6 所示。

表 15-8　中国部分赤铁矿矿石选矿厂的生产指标

选矿厂	生产规模/(t·a⁻¹)	生产指标/%			工艺流程
		原矿品位	精矿品位	尾矿品位	
齐大山选矿厂	9.3×10^6	28.55	67.56	10.93	阶段磨矿-重选-磁选-反浮选
齐大山铁矿选矿分厂	9.0×10^6	28.91	67.57	8.99	阶段磨矿-重选-磁选-反浮选
鞍千矿业公司选矿厂	5.6×10^6	23.54	67.50	10.49	阶段磨矿-重选-磁选-反浮选
东鞍山烧结厂选矿车间	4.0×10^6	32.39	64.82	16.17	二段连续磨矿-中矿再磨-重选-磁选-反浮选
弓长岭选矿厂三选车间	3.0×10^6	27.95	66.92	11.06	阶段磨矿-重选-磁选-反浮选

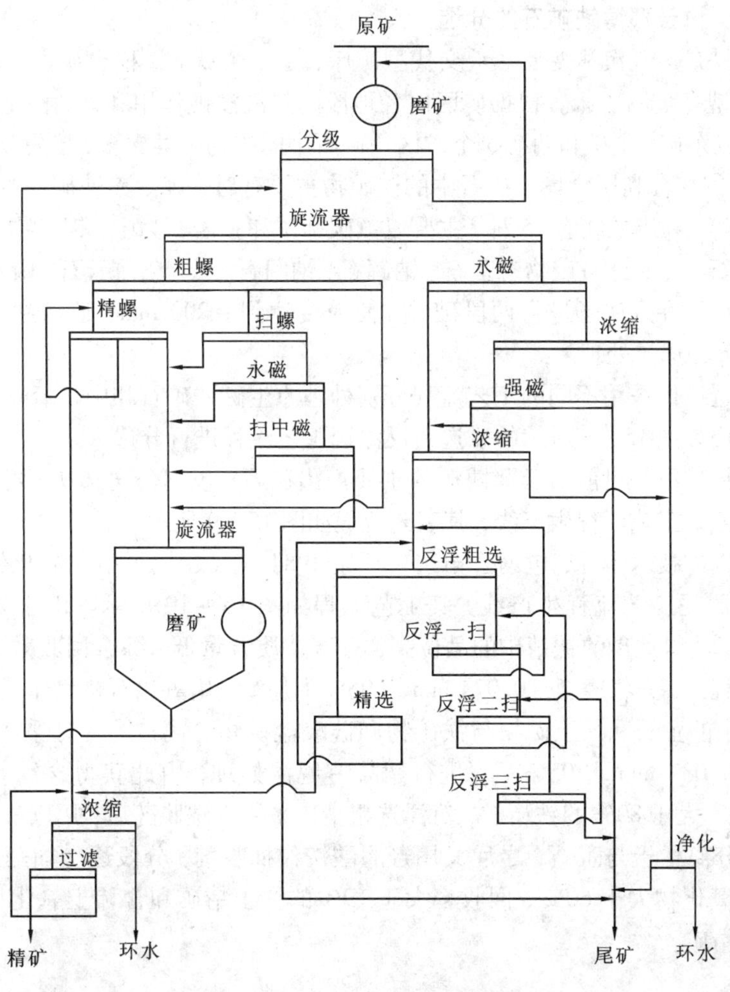

图 15-6　齐大山选矿厂的工艺流程图

15.1.5 伴生多金属铁矿石的分选

中国伴生多金属铁矿石的储量丰富，已开发利用的有攀枝花矿区、白云鄂博矿区、大冶矿区、宁芜矿区等。伴生多金属矿物主要有钛铁矿、稀土矿物、有色金属硫化物矿物、磷矿物、重晶石和萤石等。

15.1.5.1 攀枝花钒钛磁铁矿矿石的分选

攀枝花矿区现已成为中国钢铁、钒、钛工业的重要原料基地。攀枝花矿区的铁矿属晚期岩浆分凝矿床，矿石产于辉长岩体中。矿石中的金属矿物主要有钛磁铁矿、钒磁铁矿、钛铁矿、磁黄铁矿、黄铁矿及少量的黄铜矿、钴镍黄铁矿、硫钴矿、硫镍钴矿等，脉石矿物主要有钛辉石、斜长石、橄榄石、钛闪石、黑云母等。

1970 年建成攀枝花钒钛磁铁矿选矿厂，其工艺流程的特点是原矿经 3 段开路破碎，破碎产品粒度为 -25 mm，经 1 段磨矿磨至 -0.4 mm后，经过 1 次弱磁粗选、1 次精选、1 次扫选处理，所获得的磁性产品，再经过滤得最终铁精矿，其生产工艺流程如图 15 -7 所示。

15.1.5.2 白云鄂博铁矿石的分选

白云鄂博铁矿床系沉积变质热液交代型矿床，是一个铁矿、稀土矿、铌矿和萤石等多种矿物共生的大型多金属矿床。根据矿区内各地段的热液浸蚀作用和铁、稀土、铌等的矿化程度，将矿体分成东矿、主矿和西矿 3 个矿区。矿石中的矿物种类繁多，已发现矿物 143 种，其中 70% 达到可供综合利用含量。矿石中的铁矿物主要有磁铁矿、赤铁矿、半假象赤铁矿、菱铁矿和褐铁矿等；稀土矿物有 15 种，主要以氟碳铈矿和独居石为主；铌矿物有 13 种，主要以铌铁矿和易解石为主；脉石矿物有萤石、钠辉石、钠闪石、云母、白云石、磷灰石、重晶石等。

白云鄂博矿石在采矿场进行两段破碎，使粒度达到 -200 mm，运送到包钢公司选矿厂后，再经过细碎和选矿处理。

包钢公司选矿厂采用不同的工艺流程分别处理原生磁铁矿石和中贫氧化铁矿石。对于原生磁铁矿石采用如图 15 -8 所示的磁选 - 反浮选工艺流程进行分选。

中贫氧化铁矿石是目前白云鄂博矿的主要产出矿石，包钢公司选矿厂于 1981 年建成弱磁 - 反浮选 - 强磁工艺流程生产线，其工艺流程如图 15 -9 所示。

为了提高选矿技术指标，包钢公司选矿厂于 1984 年又建成了中贫氧化铁矿石的浮选 - 选择性絮凝 - 脱泥工艺流程生产线，其工艺流程如图 15 - 10 所示。由于采用了细磨 - 絮凝 -脱泥工艺，使得选出的铁精矿的品位高，有害杂质含量低，综合回收效果好。这一工艺流程的分选过程是，先将磨至 -0.074 mm 占 95% 的原矿，用氧化石蜡皂作捕收剂，进行混合浮选，使矿石中的萤石和稀土矿物与铁矿物和硅酸盐矿物分离；然后对浮选尾矿进行再磨，使粒度达到 -0.037 mm 占 95% 后，进行絮凝 - 脱泥处理，由此获得含铁 61% 、含氟小于 0.5% 、铁回收率大于 80% 的铁精矿；对浮选粗精矿采用水洗脱药后，用碳酸钠、水玻璃等组合药剂，浮选分离稀土与萤石，之后又用羟肟酸铵作捕收剂，分段逐次加药进行精选，最终获得了含稀土氧化物大于 60% 、回收率大于 19% 的稀土精矿和含稀土氧化物 35% 、回收率 26% 的稀土次精矿。

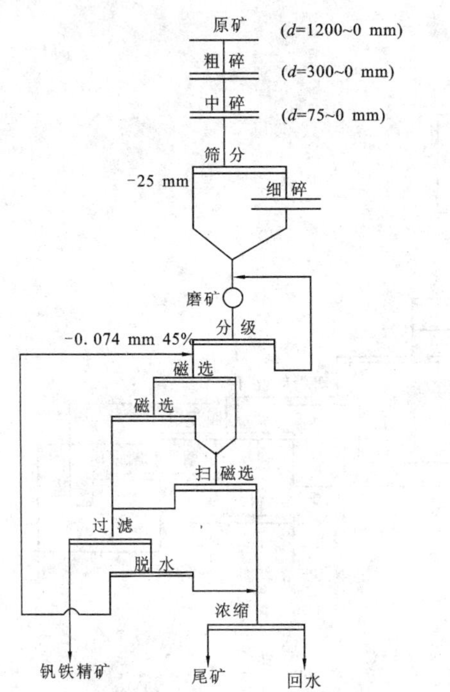

图 15－7　攀枝花密地选矿厂的生产工艺流程图

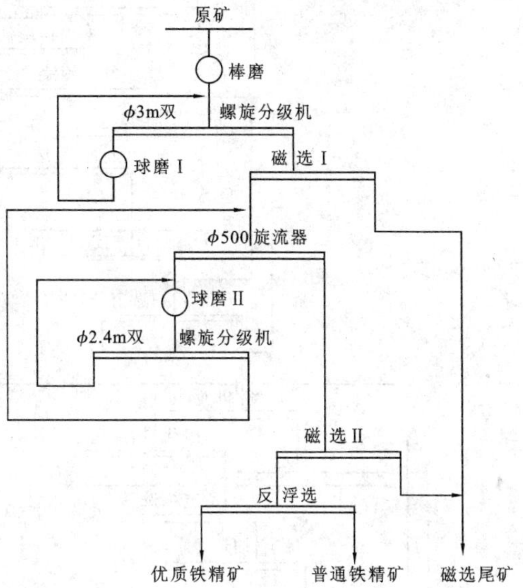

原矿
棒磨
φ3m双
螺旋分级机
球磨 I
磁选 I
φ500旋流器
球磨 II
φ2.4m双
螺旋分级机
磁选 II
反浮选
优质铁精矿
普通铁精矿
磁选尾矿

图 15－8　包钢公司选矿厂原生磁铁矿石的磁选－反浮选工艺流程图

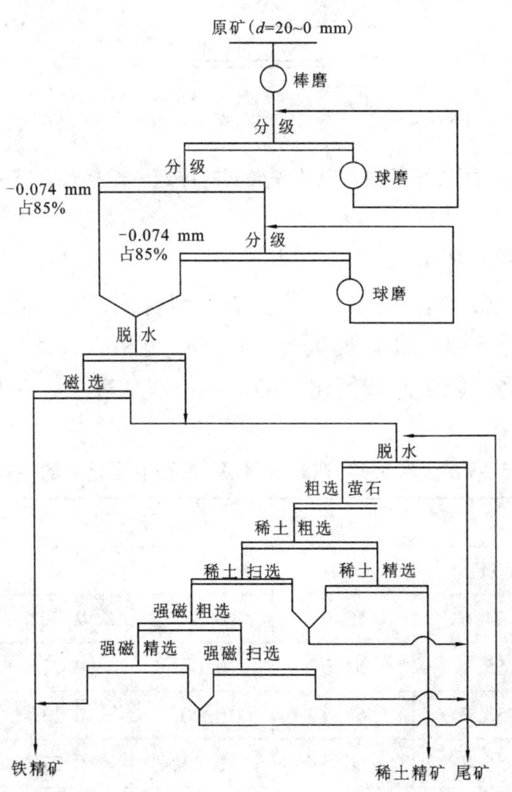

图 15－9　包钢公司选矿厂处理中贫氧化铁矿石的磁选－反浮选－强磁工艺流程图

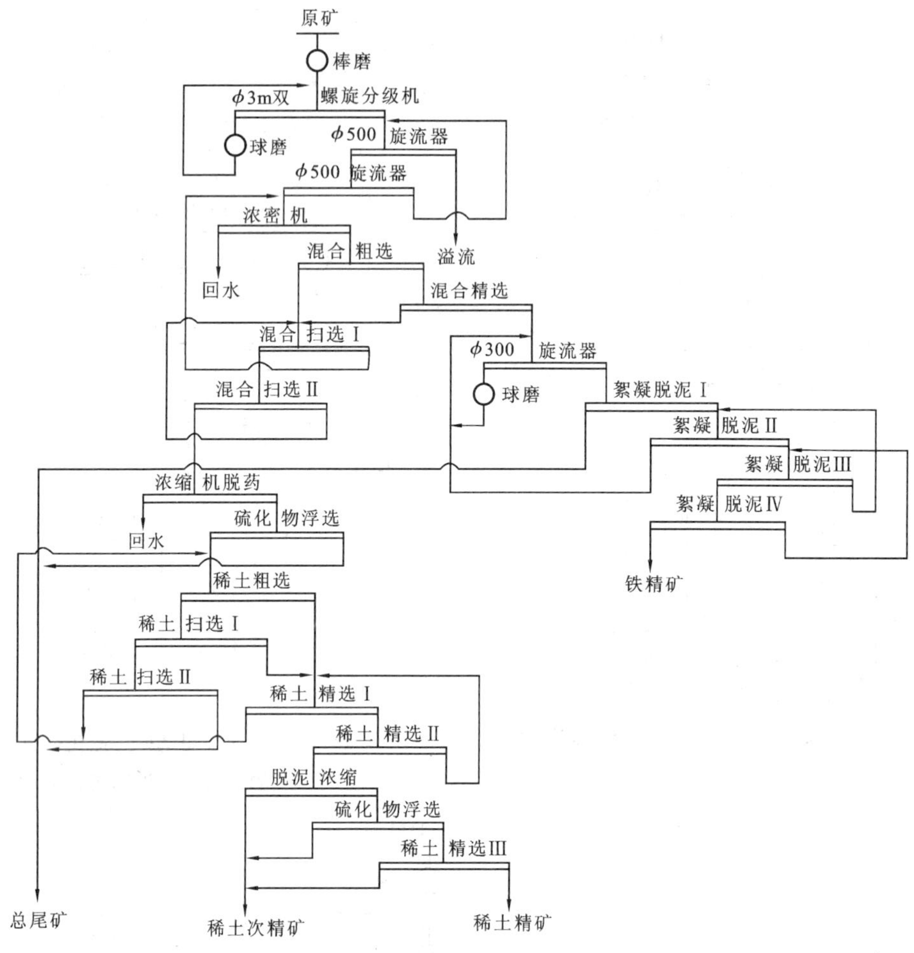

图 15－10　包钢公司选矿厂中贫氧化铁矿石的浮选－选择性絮凝－脱泥工艺流程图

15.1.5.3　大冶铁矿石的分选

大冶铁矿属接触交代矽卡岩型矿床，是一个大型含铜、钴、硫的磁铁矿矿床。根据矿石氧化程度不同划分为原生矿和氧化矿两大类。选矿厂也相应分系统处理原生矿和氧化矿。矿石中的主要元素平均含量、原生矿和氧化矿的矿物组成如表 15－9 和表 15－10 所示。

表 15－9　大冶铁矿(东露天采场)矿石主要元素的平均含量

矿石等级	元素及含量/%					
	TFe	SFe	Cu	S	P	SiO_2
原生矿	54.6	52.9	0.58	2.30	0.04	6.4
高温气化矿	55.1	54.9	0.66	0.27	0.06	9.09
低铜氧化矿	58.7	65.4	0.20	0.13	0.056	9.09
氧化矿平均含量	56.8	60.5	0.45	0.27	0.058	9.09
露天采场平均含量	55.3	63.9	0.54	1.65	0.048	7.20

表 15-10 大冶铁矿的原生矿和氧化矿的矿物组成

矿石类型	矿石含铜量/%	主要矿物		次要矿物		其他矿物	
		金属矿物	非金属矿物	金属矿物	非金属矿物	金属矿物	非金属矿物
原生矿	>0.3	磁铁矿、黄铜矿、磁黄铁矿	绿泥石、白云母、方解石、透辉石	赤铁矿、白铅矿、斑铜矿、铜蓝	石榴子石、角闪石、石英、硬石膏、石膏	褐铁矿、蓝铜矿、金红石、辉铜矿、方铅矿、镜铁矿	磷钙土、葡萄石、假象铁闪石
	<0.3	磁铁矿	绿泥石、方解石、白云母、石英、玉髓	赤铁矿、黄铁矿	透辉石、假象铁闪石	褐铁矿、黄铜矿	
氧化矿	>0.3	假象赤铁矿、褐铁矿、孔雀石、黄铜矿、赤铜矿	蛋白石、高岭土、黏土质矿物	黄铁矿、铜蓝、磁铁矿	方解石、石英	辉铜矿	
	<0.3	假象赤铁矿、褐铁矿	高岭土、石英、玉髓、白云母、黏土质矿物	磁铁矿、黄铁矿	绿泥石、方解石	黄铜矿	
	>0.3	褐铁矿、假象赤铁矿	石英、蛋白石	孔雀石、软锰矿、赤铜矿			

大冶铁矿选矿厂采用 3 段开路破碎流程，两段连续磨矿，共有 4 个生产系列，分别处理原生矿和混合矿，所采用的生产工艺流程如图 15-11 和图 15-12 所示。

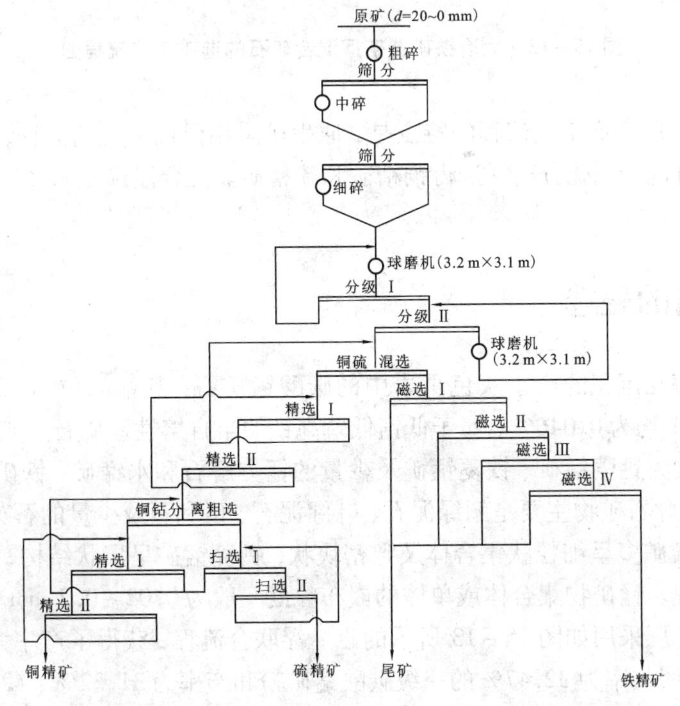

图 15-11 大冶铁矿选矿厂原生矿石的选矿工艺流程图

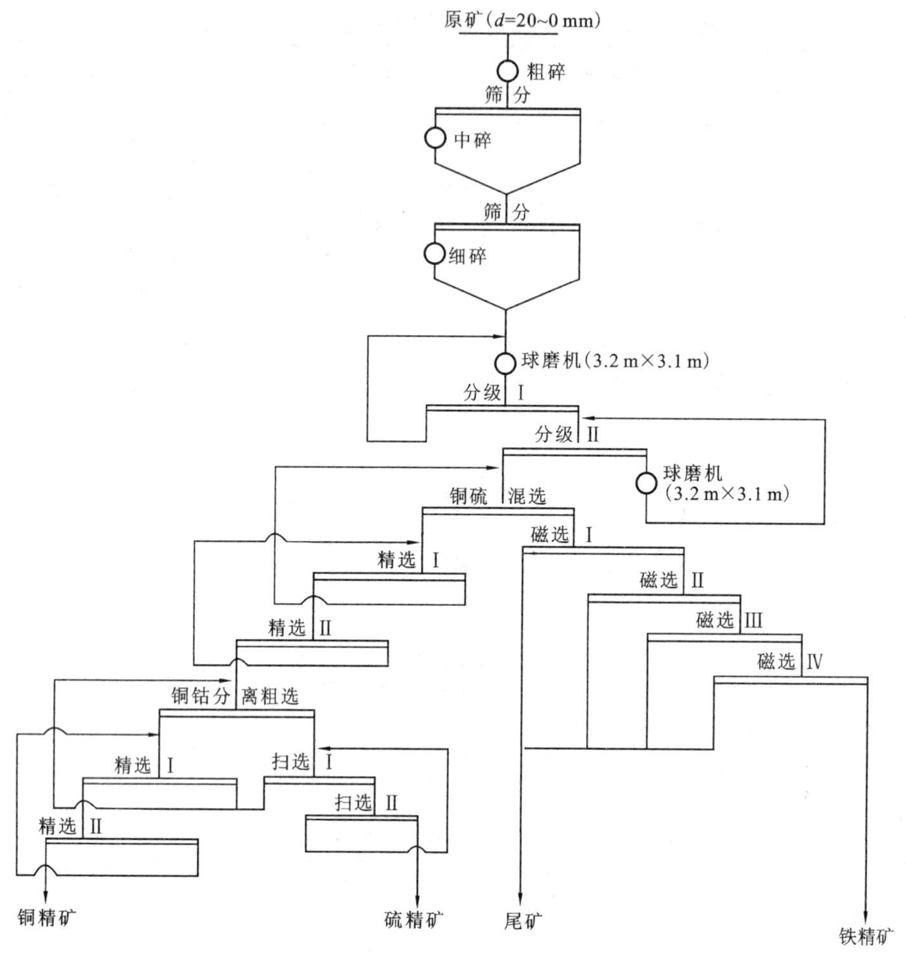

图 15－12　大冶铁矿选矿厂混合矿石的选矿工艺流程图

大冶铁矿选矿厂生产工艺流程的特点是，原生矿采用浮选－磁选流程，先经铜硫混合浮选得混合精矿，再进行铜硫分离浮选得铜精矿和硫精矿。混合浮选尾矿经 4 段磁选得铁精矿和最终尾矿。

15.2　锰矿石的磁选

遵义锰矿属海相沉积的产于灰色页岩中的碳酸锰矿石，其锰品位为 15%～25%，含铁 9%～10%，含磷平均为 0.046%，属于低锰低磷高铁的半自熔性锰矿石。矿石中的锰矿物主要是菱锰矿，其次为钙菱锰矿、铁菱锰矿及少量的锰方解石和水锰矿；铁矿物有黄铁矿、白铁矿、褐铁矿等；脉石矿物主要是鲕绿泥石、叶绿泥石、伊利石及少量的石英、方解石、石膏等。矿石中的菱锰矿多呈细粒状集合体及致密块状，钙菱锰矿呈层状结构，锰方解石呈晶体集合或细脉状出现。锰矿物集合体或单体的嵌布粒度一般为 0.02～0.2 mm。

遵义锰矿选矿厂采用如图 15－13 所示的磁－浮联合流程，获得了产率为 18.91%、锰品位为 33.09%、锰回收率为 32.47% 的一级碳酸锰矿粉和产率为 31.32%、锰品位为 25.59%、锰回收率为 41.59% 的三级碳酸锰矿粉。

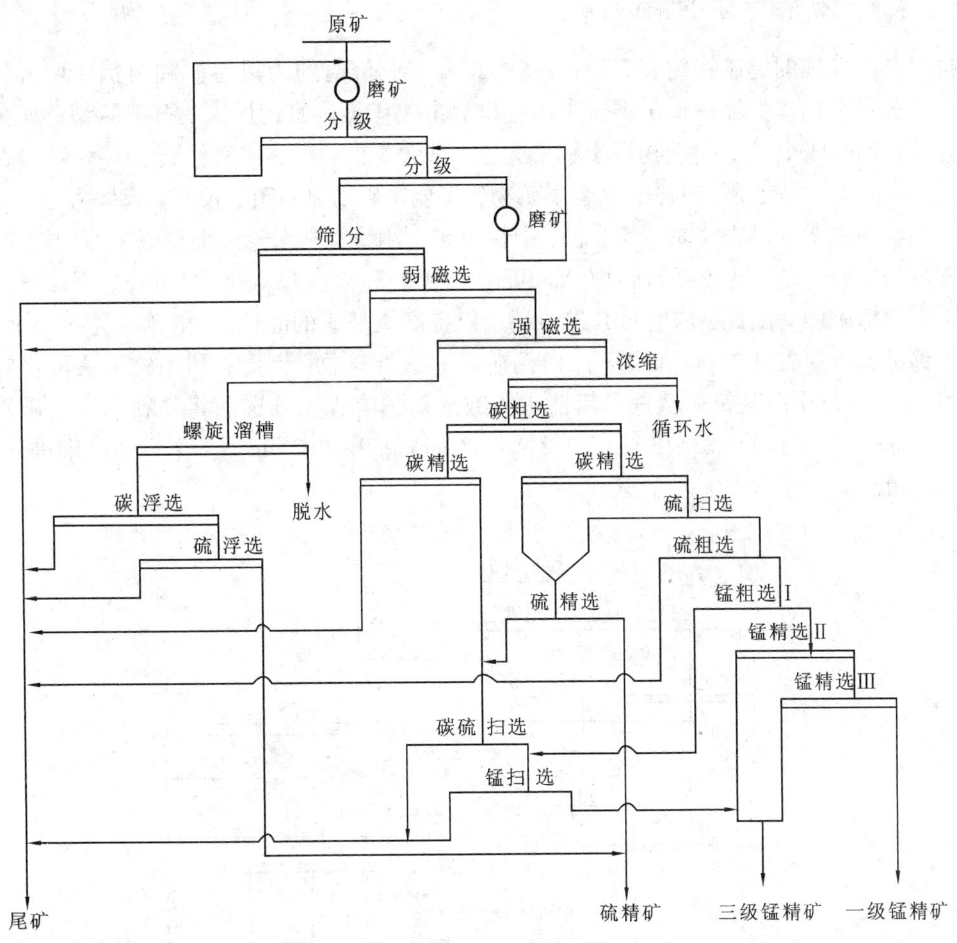

图 15－13　遵义锰矿选矿厂的工艺流程图

15.3　有色和稀有金属矿石的磁选

可用磁选方法分选的有色和稀有金属矿物主要是黑钨矿、钽铁矿、铌铁矿、独居石、钒钛磁铁矿等。其中，钒钛磁铁矿是强磁性矿物，像磁铁矿一样，可用弱磁选工艺分选；黑钨矿、钽铁矿、铌铁矿、独居石和钛铁矿是弱磁性矿物，需要用强磁选工艺分选。

由于弱磁性的有色和稀有金属矿石大部分为非硫化矿，原矿品位很低，在同一矿床中常伴生多种其他有用金属矿物，如白钨矿、锡石、锆石、金红石、磁铁矿、黄铁矿、砷黄铁矿和磁黄铁矿等，而且金属矿物的密度一般都比脉石矿物的大。因此，分选工艺流程相当复杂，通常是先用重选工艺粗选，得到混合粗精矿；粗精矿干燥后，筛分成若干级别，然后根据不同产物的矿物组成、粒度组成和其他性质，可采用单一磁选或磁选－电选、磁选－浮选－重选等联合流程进行精选。对于黑钨矿泥、钽铌矿泥等细粒物料，也可用湿式强磁选或高梯度强磁选工艺进行分选。

15.3.1 黑钨矿粗精矿的精选

自然界已发现的钨矿物约有 20 种，其中具有工业价值的为黑钨矿和白钨矿两种。钨矿石一般也分成黑钨矿类和白钨矿类。中国是世界上钨矿最丰富的国家，石英脉型钨矿占中国当前开采量的 90% 以上，钨矿物以黑钨矿为主，常含有白钨矿，另有锡石、辉铜矿、辉钼矿、黄铜矿、黄铁矿、方铅矿、闪锌矿等金属矿物，非金属矿物以石英、长石、云母为主。

黑钨矿的主要选矿方法是重选，粗、中粒级矿石用跳汰机分选，细粒级矿石用摇床分选。在重选过程中，一些密度较高的矿物(如锡石、白钨矿和大多数硫化物矿物)，都伴随黑钨矿一道进入粗精矿中。因此，需要对其进行精选以提高钨精矿的品位，同时回收各种副产品。

黑钨矿属于弱磁性矿物，而锡石、白钨矿是非磁性矿物，因此，利用磁选法可将它们分开。图 15－14 是中国某钨矿精选厂粗精矿的磁选精选流程。分选前将物料用辊式破碎机破碎到 －3 mm，并筛分成 0.83～3 mm、0.2～0.83 mm 和 0～0.2 mm 3 个粒级，分别进行精选，获得黑钨精矿。

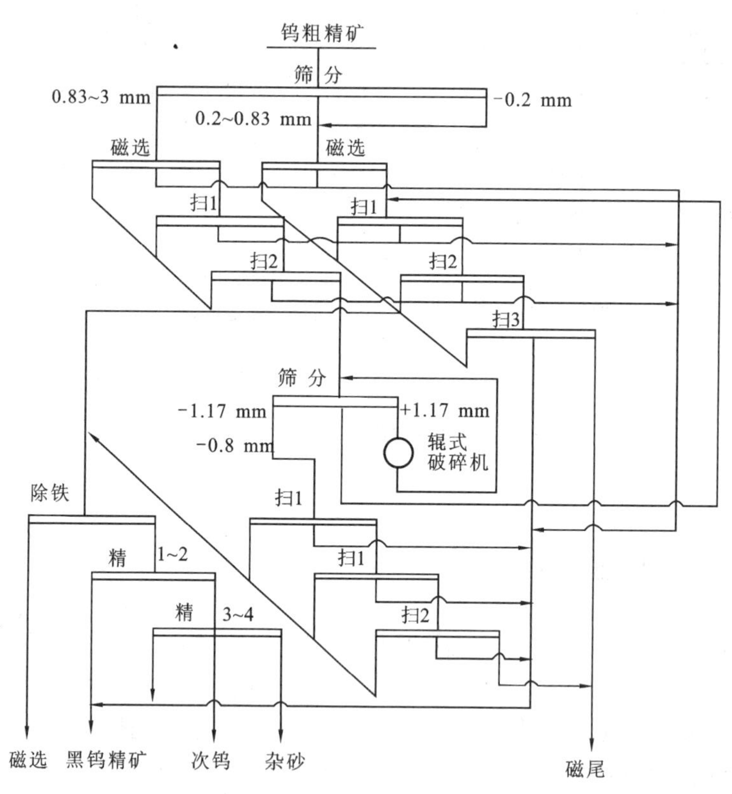

图 15－14 中国某钨矿精选厂粗精矿的磁选精选流程图

0.83～3 mm 粒级的磁选尾矿，经辊式破碎机破碎到 1.17 mm 以下，使其中的钨矿物充分解离后，再分级进行磁选，各粒级磁选作业的次数，视物料的性质而定。使用磁选设备为 ϕ900 mm 的单盘强磁场磁选机，磁场强度为 955～1194 kA/m。磁选尾矿包含白钨矿、锡石和硫化物矿物，可用其他方法综合回收。磁选的分选技术指标见表 15－11。

表 15－11　钨粗精矿的磁选分选技术指标

产品名称	产率/%	品位/%			回收率/%	
		WO_3	Sn	S	WO_3	Sn
原矿	100	56.98	4.21	—	100	100
黑钨精矿	70.2	70.93	0.13	0.48	87.31	2.17
中矿Ⅰ	2.37	24.21	0.88	—	1.00	0.50
中矿Ⅱ	1.90	34.20	3.88	—	1.14	93.37
尾矿	22.52	20.82	17.46	9.02	8.23	0.75
破碎粉尘	1.32	44.87	2.40	—	1.04	0.33
磁选粉尘	0.64	49.87	2.19	—	0.56	1.03
风机粉尘	0.75	37.74	5.82	—	0.49	0.10
铁屑	0.11	55.76	3.79	—	0.11	—
片状钼矿	0.19	14.43	—	—	0.05	—

15.3.2　钛铁矿粗精矿的精选

原生钛铁矿矿石由于矿物组成复杂，各矿物间共生密切，其分选流程十分复杂。承德黑山铁矿选矿厂的选铁尾矿含有多种有用矿物，其中钛铁矿占 15.6%、钛磁铁矿占 4.3%、赤铁矿约占 3.6%、硫化物矿物约占 1%、绿泥石约占 24.5%、斜长石约占 35.6%、辉石等约占 15.4%。由于尾矿中的钛磁铁矿具有很强的磁性，会干扰钛铁矿的选矿过程，需采用弱磁选方法预先回收钛磁铁矿；同时，尾矿中的硫化物矿物是钛精矿的有害杂质，也需在适当的时候予以去除。

依据尾矿中各种矿物的性质差异，黑山铁矿选矿厂采用强磁选－粗精矿再磨－螺旋溜槽重选－电选流程(见图 15－15)处理尾矿中的粗粒级，获得的分选技术指标列于表 15－12 中。

表 15－12　粗粒级选铁尾矿的分选技术指标/%

产品名称	产率/%	TiO_2含量/%	分布率/%	产品名称	产率/%	TiO_2含量/%	分布率/%
铁精矿	4.23	10.44	5.17	电选尾矿	3.98	12.17	5.67
磁选尾矿	48.56	1.31	7.47	钛精矿	7.42	47.26	41.06
螺旋尾矿	10.97	7.04	9.04	进入浮选系统的产物	24.53	10.93	31.38
硫精矿	0.31	5.79	0.21	合计	100.00	8.54	100.00

15.3.3　钽铌粗精矿的精选

某选矿厂重选粗精矿中的矿物组成为：磁铁矿占 50%，钛铁矿约占 30%，独居石约占 2%，锆石约占 5%，褐钇铌矿约占 2%，石英约占 9%，锡石、云母、石榴子石、电气石、褐铁矿等约占 2%。由于含钽铌矿物的磁性和独居石、钛铁矿的相差不大，因此，在精选分离这些矿物时，为了获得满意的分选技术指标，采用了如图 15－16 所示的强磁－浮选联合流程。

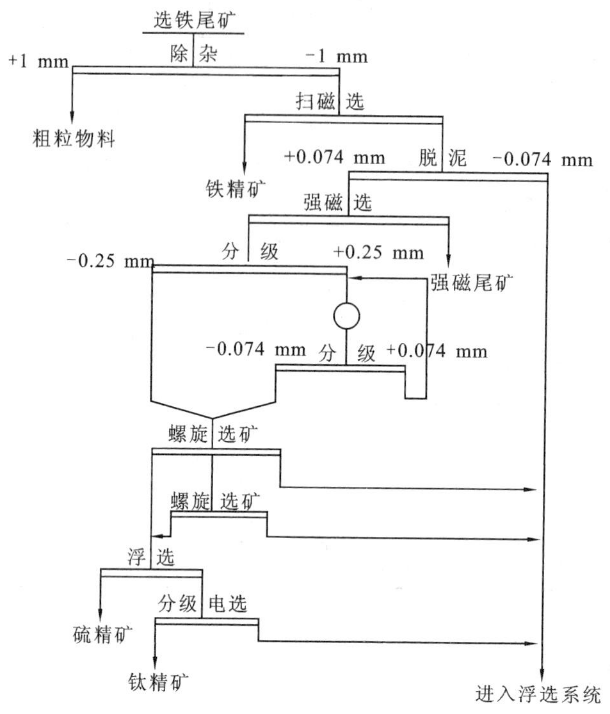

图 15－15　黑山铁矿选矿厂粗粒级选铁尾矿的分选流程图

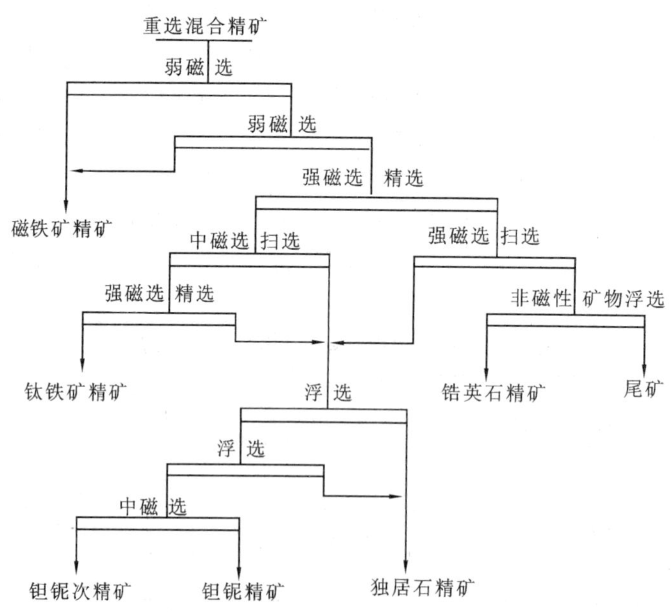

图 15－16　某钽铌重选粗精矿的精选流程图

粗精矿中的磁铁矿是强磁性矿物，会堵塞强磁场磁选机的要害部位，需要在进行强磁选之前，先用弱磁场磁选机将其分离出去。在强磁场磁选过程中，把独居石回收到了磁性产物中。采用磁－浮联合流程对磁性产物进行处理后，获得钛铁矿精矿、钽铌精矿、钽铌次精矿和独居石精矿。强磁扫选的尾矿中主要是锆石与石英，采用浮选分离后获得锆石精矿和石英(尾矿)。

15.3.4　海滨砂矿分选粗精矿的精选

海滨砂矿重选精矿中的主要矿物为钛铁矿、独居石、金红石和锆石等，钛铁矿磁性最强，独居石次之。金红石和锆石都是非磁性矿物，而金红石的导电度比锆石的高许多。因此，处理这种粗精矿一般都采用磁选－电选联合流程。

乌场钛矿精选厂位于海南省，是中国海滨砂矿的主要生产厂矿之一。该厂精选工艺流程采用摇床预先丢尾，磁选回收钛铁矿，然后电选分离，再用强磁选、电选、浮选及重选等联合工艺进行分离及提纯，综合回收锆石、独居石、金红石、锡石及残存的钛铁矿。乌场钛矿精选厂的生产流程见图 15－17。获得的生产技术指标为：钛铁矿精矿含 $TiO_2$50.40%，TiO_2的回收率为 81.70%；锆石精矿含 $ZrO_2$65.15%，ZrO_2的回收率为 51.0%；金红石精矿含 TiO_2 90.05%；独居石精矿的品位($TR_2O_3+ThO_2$)为 60.90%。

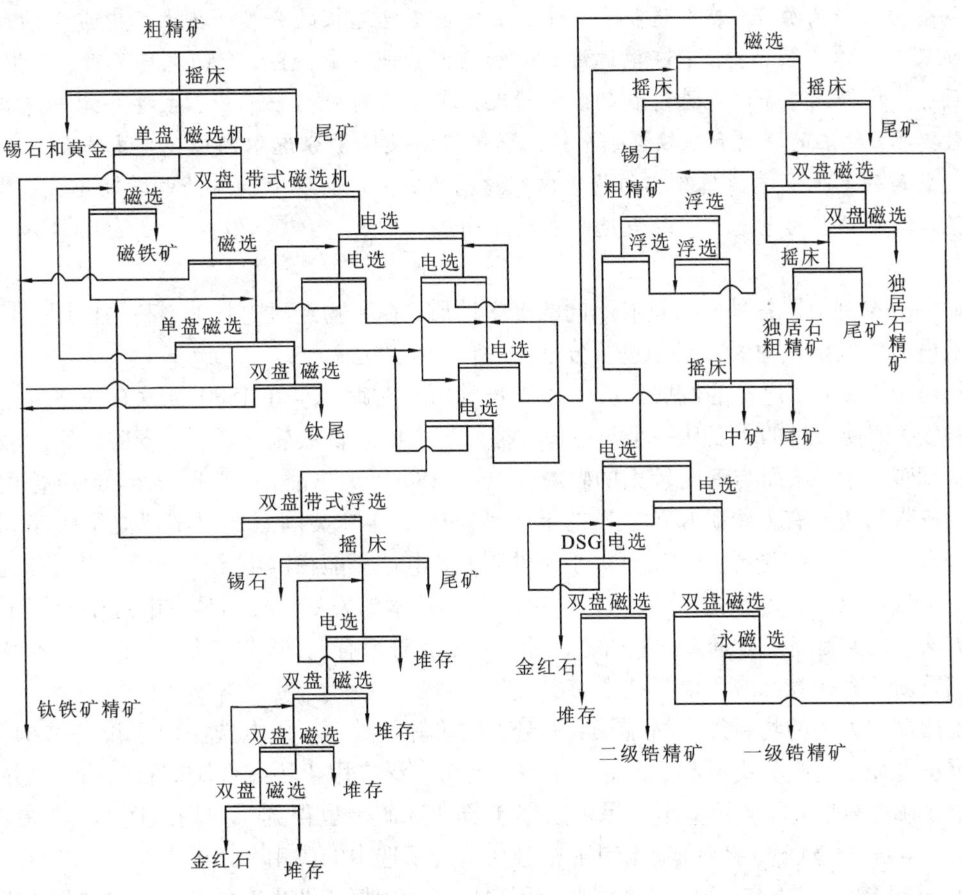

图 15－17　乌场钛矿精选厂的生产流程图

习题

1. 铁矿石磁化焙烧的方法有哪几种？其主要原理及应用矿石种类如何？
2. 简述磁选、电选在废弃物综合利用中的前景。

第16章 电选

内容提要 本章主要讲述矿物的电性质、电选机的电场、矿物的带电方式、电选的基本原理、电选机的种类及主要电选机的工作原理、影响电选分选效果的主要因素和电选的应用。在矿物的电性质一节中，主要介绍矿物的介电常数、电阻、比导电度、整流性等电性质；在电选机的电场一节中，主要介绍电选机中常用的静电场、电晕电场和复合电场的概念及作用原理；在电选的基本理论一节中，主要介绍矿粒在电场中的带电方式、荷电量、矿粒在电选中的受力及分离原理；在电选机一节中，主要介绍电选机的分类、在生产中常用的鼓筒式电选机及其工作原理和特点；在电选过程的影响因素一节中，主要介绍电场参数、电极尺寸、机械因素、物料性质等对电选过程的影响情况；在电选的应用一节中，主要介绍电选在白钨矿、黑钨矿、锡石的分离和钛铁矿、金红石、钽铌矿及磷矿分选中的应用。本章的扩展学习内容是物质的其他电学性质及其与物质内部结构的关系、电场中物质的电学理论、固体的带电理论、其他类型的电选机以及电选的发展方向。

矿物电选是根据各种矿物具有不同的电学性质，在矿物经过电场时，利用作用在这些矿物上的电力以及机械力的差异来进行分选的一种选矿方法。

从历史上来看，电选的发展经历了相当长的历史时期。早在1880年就有人在静电场中分选谷物，即使碾过的小麦从一个与毛毡摩擦而带电的硬橡胶辊下通过，麦糠等密度较小的物质吸到辊子上，从而与密度较大的颗粒分开。1886年卡尔潘持(F. R. Carpenter)曾用摩擦带电的皮带富集含有方铅矿和黄铁矿的干矿砂。1908年在美国威斯康辛建立了一座利用静电场分选铅锌矿石的选矿厂。当时由于条件限制，电选只能在静电场中进行，因而分选效率低、处理能力小。直到20世纪40年代，由于科学技术的发展，特别是在电选中应用了电晕带电方法，大大提高了分选效率；加之，当时国际上对稀有金属(例如钛)的需求量很大，促使人们重新注意研究和应用电选技术。

虽然电选处理的物料须经过干燥、筛分、加热等预处理，但电选法由于设备结构简单、操作维护方便、生产费用不高、分选效果好，因而广泛应用于稀有金属矿石的精选，并且在有色金属矿石、非金属矿石甚至在黑色金属矿石的选矿中也得到了应用。例如，在白钨矿、锡石、锆英石、金红石、钛铁矿、钽铌矿、独居石等精选中的应用。

20世纪60年代以来，加拿大、瑞典等国建成了大规模工业生产的铁矿石电选厂，获得了较好的技术经济指标。

目前，电选的发展趋势主要体现在研制新型、高效率、大处理量、多品种的电选设备；研究矿粒在电选过程中的行为、物料的表面处理技术以及矿物表面能级结构对电选过程的影响等。

16.1　矿物的电性质

矿物的电性质是电选的依据，主要包括矿物的介电常数、电阻、比导电度以及整流性等。一方面由于各种矿物的组分不同，表现出的电性质(即导电性的差别)不同，才有可能进行电选。另一方面，即使是同一种矿物，也常常因成矿条件的不同以及晶格缺陷等而表现出不同的电性质。

16.1.1　介电常数

介电常数是指带有介电质的电容与不带介电质(指真空或空气)的电容之比，用 ε 表示。在相同的电压下，如果在电容器两极板之间放入介电质后，则电容器的电容必然会增加。介电常数可用下式表示：

$$\varepsilon = C_k / C_0 \tag{16-1}$$

式中　C_k——矿物或物料的电容，F；

C_0——空气的电容，F。

一般情况下，$\varepsilon > 10 \sim 12$ 的物质属于导体，能利用通常的高压电选分选开，而低于此数值者则难以采用常规的电选分选。当然大多数矿物主要属于半导体矿物。

介电常数不决定于电场强度的大小，而与所用的交流电的频率有关，还与温度有关。R. M. Fuoss研究后指出，极化物料在低频时，介电常数大，高频时介电常数小。现在各种资料所介绍的介电常数，都是在 50 Hz 或 60 Hz 条件下测定的。

介电常数的测量方法如图 16－1 所示，系两个面积为 A 的平行电容板，两极板之间的距离为 d，其中 d 远远小于极板的边长。首先测定两极板之间为空气时的电容[见图 16－1(a)]，然后在两极板之间充满待测矿物，并测出其电容[见图 16－1(b)]。两电容之比即为矿物的介电常数 ε：

$$\varepsilon = \frac{C}{C_0} \tag{16-2}$$

式中　C_0——两极板之间为真空或空气时的电容，F；

C——两极板之间为待测定矿物时的电容，F。

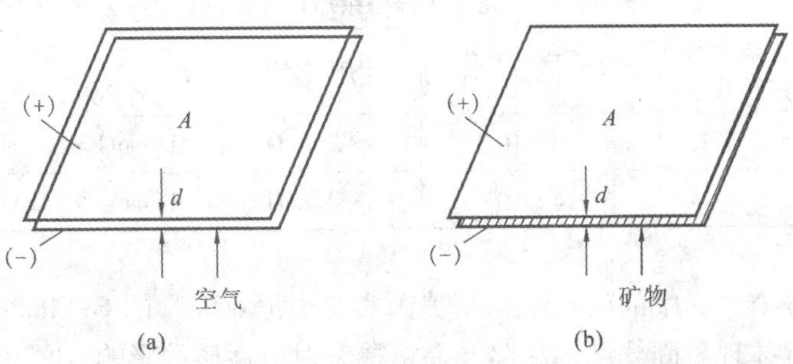

图 16－1　平板电容法测定介电常数

介电常数 ε 等于真空中介电常数 ε_0($\varepsilon_0 = 8.854 \times 10^{-12}$ F/m)与相对介电常数 ε_s 的乘积，单位为 F/m，即：

$$\varepsilon = \varepsilon_0 \times \varepsilon_s \tag{16-3}$$

如果两种矿物其介电常数均较大，且属于导体者，则视其相差的程度而定，如相差悬殊，用常规电选，即可利用其差别使之分开。如果两种矿物均属于非导体时，常规电选则难以分开。

16.1.2 矿物的电阻

矿物的电阻是指矿物的颗粒粒度 $d = 1$ mm 时所测出的欧姆值。实践中可采用多种方法测定矿物的电阻值。根据矿物电阻值的大小，常常将它们分为导体矿物、非导体矿物和中等导体矿物。

电阻小于 10^6 Ω 的矿物称为导体矿物，此类矿物的导电性较好，在通常的电选中，能作为导体分出。

电阻大于 10^7 Ω 的矿物称为非导体矿物，此类矿物的导电性较差，在通常的电选中，能作为非导体分出。

电阻在 10^6 至 10^7 Ω 之间的矿物称为中等导体矿物，此类矿物常以电选中矿分出。

电选中的导体与非导体的概念与物理学中的导体、半导体和绝缘体是有很大差别的。电选所指的导体矿物是指在电场中吸附电子后，电子能在矿粒上自由移动，或在高压静电场中受到电极感应后，能产生正、负电荷，这种正、负电荷也能自由移动。非导体矿物则相反，它们在电晕场中吸附电荷后，电荷不能在其表面自由移动或传导，在高压静电场中只能极化，正、负电荷中心只发生偏离，并不能移走，只要一脱离电场则又恢复原状，而不表现出正、负电性。中等导体矿物（或称半导体矿物）则是介于导体与非导体之间的矿物，除确有一部分这类矿物外，在电选实践中，通常是连生体颗粒。

矿物中的杂质对矿物的导电性有显著的影响。在实际生产中，一些矿物表面常常被其他矿物污染，从而改变了电性质。例如在氧化锌（ZnO）中掺杂后，其电性质发生了明显的改变。氧化锌有两个晶格缺陷即锌离子空隙，具有单向正电荷；另一种近似补偿自由电子。研究者采用掺杂即注入氧化锂（Li_2O）的方法，使其电性质发生了显著的改变。表 16-1 为纯氧化锌注入了多种氧化物后，其电导率 σ 的改变情况。表 16-2 为纯氧化镍掺入 Cr_2O_3 和 Li_2O 后其导电率 σ 的变化。

表 16-1 纯氧化锌掺杂后电导率的变化

物质名称	掺杂剂名称及数量	电导率 σ /($S \cdot cm^{-1}$)	物质名称	掺杂剂名称及数量	电导率 σ /$S \cdot cm^{-1}$
掺杂 ZnO	1(mol)% Li_2O	8×10^{-7}	掺杂 ZnO	1(mol)% Cr_2O_3	2×10^{-2}
纯 ZnO		4×10^{-3}	掺杂 ZnO	1(mol)% Al_2O_3	9×10^{-1}

表 16-1 和表 16-2 中的研究结果是美国宾夕法尼亚大学的 G. Simkovich 和 F. F. Aplan 报道的。这些数据体现了固体结构缺陷及晶格掺杂对电性质的影响，这表明，控制矿物的缺陷及掺入某些杂质可以改变矿物的导电性质。

表 16 – 2　纯氧化镍掺杂 Cr_2O_3 及 Li_2O 后电导率的变化情况

物质名称	掺杂剂名称及数量	电导率 $\sigma/(S \cdot cm^{-1})$
掺杂 NiO	1(mol)% Cr_2O_3	1.6×10^{-8}
纯 NiO		4×10^{-3}
掺杂 NiO	1(mol)% Li_2O	4.4

必须指出，在实际生产中，矿物表面常常会发生污染，由此而改变了矿物的电性质，给电选带来困难。例如，本属于非导体矿物的石英、石榴石、长石、锆英石等，因为表面黏附有铁质，分选时却成了导体，在铌矿物、白钨矿、锡石的精选中常常会遇到这种现象，解决的办法是采用酸洗，清除表面杂质，能达到好的分选效果。

凡电阻小于 $10^6\ \Omega$ 的矿物，电子的流动(流入或流出)是很容易的，而电阻大于 $10^7\ \Omega$ 的矿物，电子不能在其表面自由移动，这种现象在电晕选矿机的分选过程中表现得最为显著。这也就是能使导体与非导体矿物有效分选的依据，两者电阻值悬殊愈大，则愈易分选。

16.1.3　矿物的比导电度

根据矿物电阻的大小，可以判断电子在其表面流动的难易程度。此外，实验结果还表明，电子流入或流出矿粒的难易程度，还与矿粒和电极间的接触界面电阻有关，而界面电阻又与矿粒和电极的接触面和点的电位差有关，电位差小，电子不能流入或流出导电性差的矿粒，只有在电位差很大时，电子才能流入或流出，即获得电子或损失电子而带负电或正电。一般来说，在高压电场中非导体和导体颗粒的运动轨迹也不相同。人们利用此种原理在电极上通以不同电压以测定各种矿物的偏离情况。

测定装置如图 16 – 2 所示。中间为一接地金属圆筒，在其旁边安装一带高压电的金属圆管，且平行于圆筒。待测的矿粒从圆筒上方给入，进入电场后，当电极之电压升到一定程度时，矿粒不按正常的切线方向落下，受到高压电极的感应而偏离正常的轨迹，加上离心惯性力和重力的作用，比正常落下的轨迹更远，此时所加在电极上的电压即为最低电压。用此种方法测定各种矿物发生偏移的最低电压时，习惯上以石墨作为标准。这是因为石墨的导电性好，所需的电压最低，只有 2800 V。其他矿物所需的电压与之对比，即可求出另一种矿物的比导电度。如磁铁矿所需的电压为 7800 V，则其比导电度为 2.79。矿物的比导电度越大，该矿物所需的最低电压就越高。

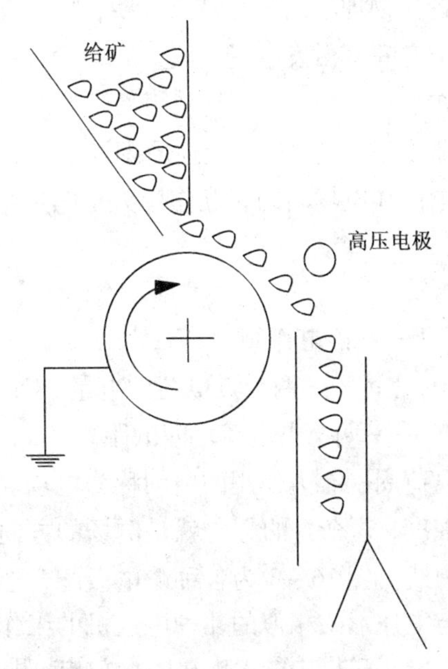

图 16 – 2　比导电度和整流性的测定装置

必须说明的是，矿物的比导电度是一个相对的数据，因测定时以纯静电场为条件，加之矿物的组分也不相同(因含杂质数量不一)，所以只能作为分选时的参考。

16.1.4 矿物的整流性

人们在测定矿物的比导电度时发现，有些矿物只有当高压电极带负电时才作为导体分出，而另一种矿物则只有高压电极带正电时才作为导体分出，这就提供了另一个采用电选分离矿物的选择条件。例如，当偏转电极带负电时，石英属非导体，从圆筒的后方排出，而当偏转电极带正电时，石英却成为导体从前方排出。显然，由于电极所带电荷符号的不同，同种矿粒成为导体或非导体有别，或不论电极带何种电荷，均能成为导体从圆筒的前方分出，如磁铁矿、钛铁矿等。矿物所表现出的这种性质，称为整流性。由此规定：只获得负电荷的矿物叫负整流性，此时的电极应带正电，如石英、锆英石等；只获得正电的矿物叫正整流性，此时的电极应带负电，如方解石等；不论电极带正电或负电，矿粒均能获得电荷，此种性质叫全整流性，如磁铁矿、锡石等。

根据矿物介电常数的大小和电阻的大小，可以大致确定矿物用电选分离的可能性；根据矿粒的比导电度，可大致确定其分选电压，当然这一电压乃是最低电压；还根据矿物的整流性确定电极采用正电或负电，但在实际生产中往往都采用负电进行分选，而很少采用正电，因为采用正电时，对高压电源的绝缘程度要求更高，且并未带来更好的分选效果。

16.2 电选机的电场

电选机所采用的电场有静电场、电晕电场和复合电场 3 种。

16.2.1 静电场

近代物理学的研究结果表明，凡是有电荷的地方，四周就存在着电场，即任何电荷在自身周围空间都激发电场。

在电选实践中，都是采用高压直流电源产生高压静电场，或者使矿粒在高压电场中获得负电荷或正电荷，根据上述原理及情况，必然会产生相互作用。

电荷和电场间的相互作用力是电选过程中的主要作用力，其大小由库仑定律决定，即：

$$F = \frac{1 q_1 q_2}{4 \pi \varepsilon_0 r^2} \tag{16-4}$$

式中 F——静电作用力，N；

q_1、q_2——两个点电荷的电量，C；

r——两个点电荷之间的距离，m。

电荷周围有力作用的空间称为电场。单位正电荷在电场中某点所受力的大小，叫该点的电场强度，这个力的方向就是电场的方向。可以想象在电场中存在着许多曲线，这些曲线即为电力线。图 16－3 为各种静电极配合形式的电力线分布情况。

与上述形式相似的几种电选机的工作原理如图 16－4 所示。

静电选矿机中的静电极不会放电，即无电子流，矿物在静电场中只是由于感应、传导和极化，根据同性电荷相斥、异性电荷相吸的原理而产生轨迹上的偏离，从而实现分选。

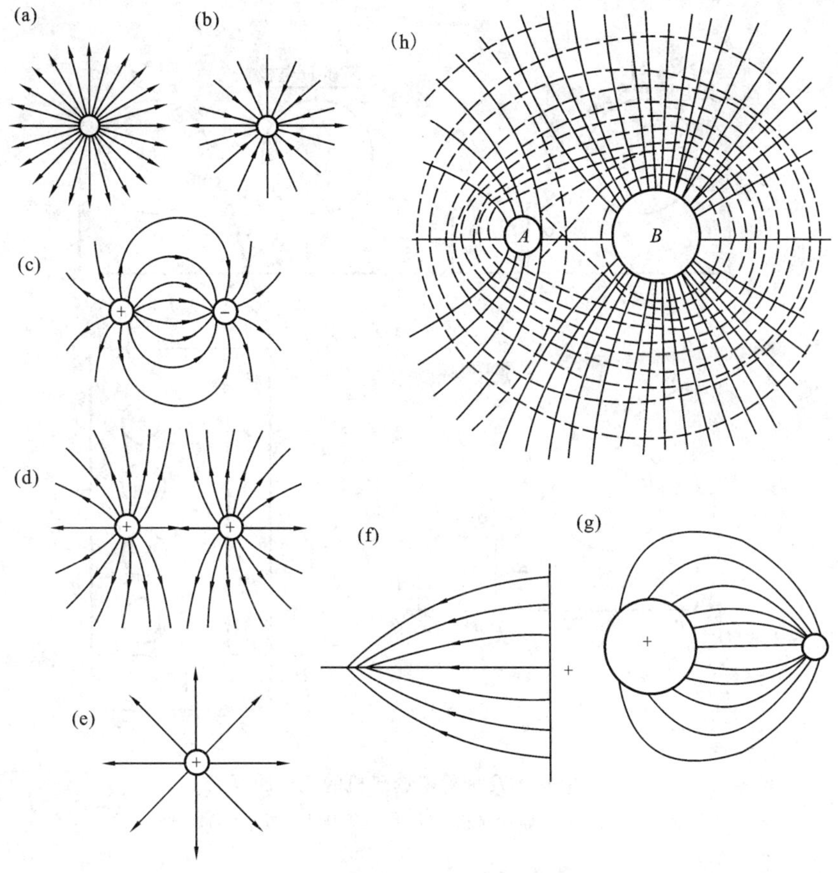

图 16－3 静电极配合的电力线分布图

(a)正电荷；(b)负电荷；(c)两个等量异号电荷；(d)两个等量正电荷；
(e)点电极；(f)点电极与线电极；(g)丝状电极与圆形电极；(h)两个不等量电荷

16.2.2 电晕电场

电晕电场是电选中广泛使用的一种电场。当两个电极相距一定距离(通常称极距)时，其中之一采用直径很小的丝电极(或称电晕极)，曲率很大，通以高压直流负电或正电；另一极为平面或直径很大的圆筒(接地)。此时放电是以自持局部的形式，负电晕放电为辉光放电。不论丝极为正或负，均是以局部击穿的形式表现出电晕放电。对此种不均匀电场放电来说，电压、极距、极性、气体种类和丝极的曲率均会产生很大的影响。

电选中以负电极使用最多，正电极使用较少。放电电极的直径极小，仅为0.2～0.5 mm；另一极则为直径很大的圆筒或平板，前者曲率很大，后者曲率很小，两者直径相差非常悬殊。例如，圆筒的直径为350 mm，放电电极的直径仅为0.2 mm，两者之比达到1750；如为平面极时，其比值则为无限大，因而极易产生电晕放电。图16－5为常用电选机的电晕极与各种形式接地极配合形式的电力线分布图。

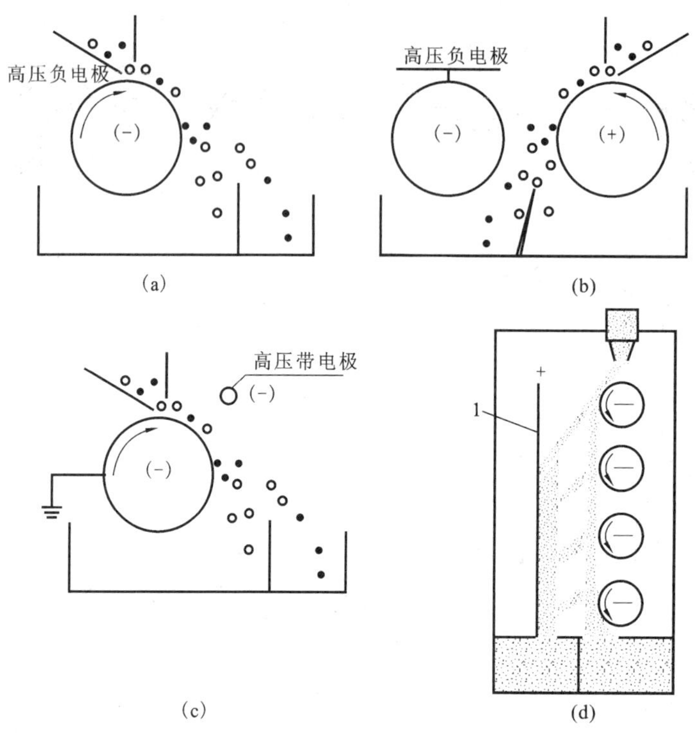

图 16－4　几种静电选矿机的工作原理

(a)单辊电选机；(b)双辊电选机；(c)筒式高压电选机；(d)四辊电选机

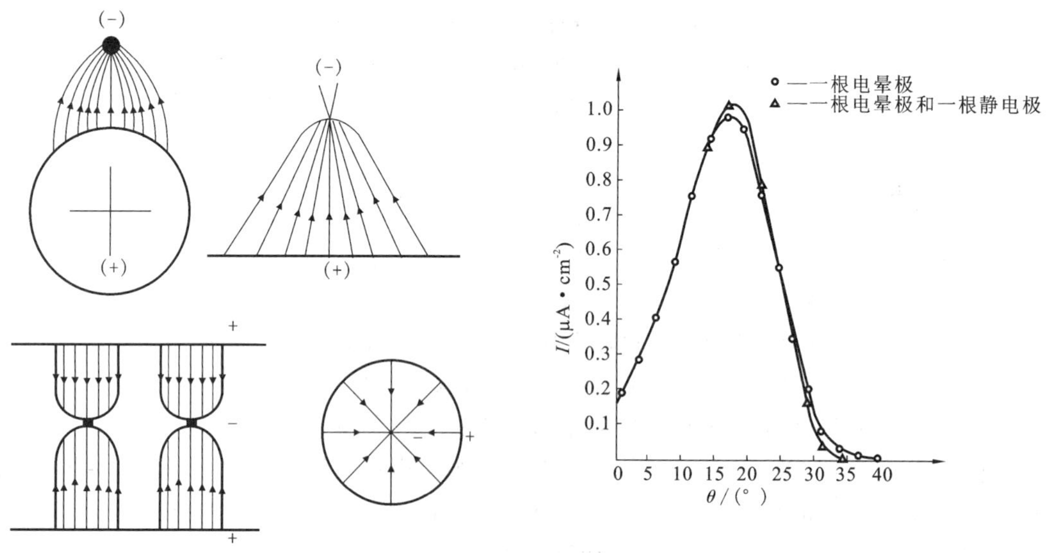

图 16－5　电晕极与各种接地极配合的电力线分布图　　**图 16－6　电晕电流在圆筒面上的分布**

电晕电场与静电场的根本不同就在于有电子流动。电晕放电时，从丝极上发出电子，在电场力的作用下，电子本身在电场中运动速度很高，又进一步使空气电离而产生正、负电荷，加之原来空气中就存在有少量的正、负电荷，此时正电荷迅速飞向高压负电极，负电荷又迅速飞向接地正极，如此连续不断地进行，从而使整个空间都带有电荷，即体电荷。显然，靠近接地极的圆筒或平面极则均为负电荷，这正是电选所希望创造的稳定条件，而不希望出现火花放电。因火花放电会产生空间电荷的极不稳定，很不利于电选。

产生电晕放电时，可以从几个方面来进行检查：一是在丝电极上会出现浅紫色的辉光；二是会听到丝丝的像漏气的响声；三是产生臭氧，在附近可以嗅到此种特殊臭味。

在大多数电选实践中，均采用高压负电，主要是因为使用负电时，产生电晕放电所需的电压比使用正电的低。至于在什么电压时开始产生电晕放电，则不可一概而论。在电晕极直径为 0.2 ~ 0.3 mm、圆筒直径为 250 ~ 350 mm、极距为 50 ~ 60 mm 的条件下，电压达到 12 ~ 15 kV 时就可产生电晕放电。

根据实际测定，电晕电流在圆筒表面上的分布呈近似正态分布（见图 16 – 6）。测定时，使用一根直径为 0.2 mm 的电晕极，电压 17.5 kV，圆筒直径为 250 mm。图 16 – 6 中的第二根曲线为一根电晕极与一根静电极配合时，圆筒表面的电流分布曲线。对比未使用静电极和使用静电极的情况，可以发现，增加静电极后，电流在圆筒表面上的分布范围减小了 7°左右，恰恰这部分能发挥静电极的作用，有助于导体矿物的分出。这是因为静电场的存在，对电子产生了排斥作用。

16.2.3　复合电场

所谓复合电场是指电晕电场和静电场相结合的电场。这种电极的结构形式是圆筒式电选机发展史上的一个大跨越，因为单纯采用静电极，分选效率很低；单纯采用电晕极，分选效果也不理想，从而人们在实践和理论分析的基础上，研究出了各种形式的复合电极，其典型的形式和电力线的分布如图 16 – 7 所示。此种电极结构形式的圆筒式电选机已发展到许多类型。

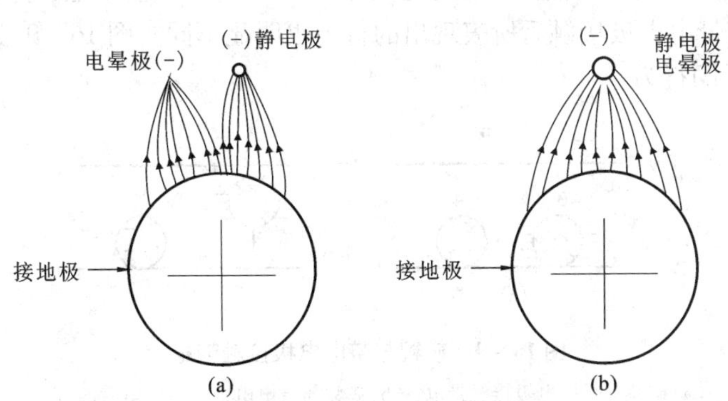

图 16 – 7　复合电极典型结构的电力线分布图

(a)电晕极与静电极并列；(b)电晕极位于静电极下面

图 16 – 8 是目前生产中使用的各种圆筒型电选机所采用的复合电场。

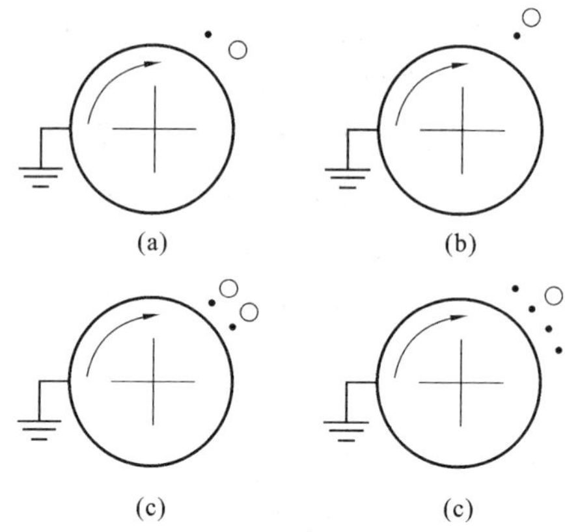

图 16－8　采用复合电场的各种圆筒型电选机的简图

(a)电晕电极与高压静电极并列；(b)电晕电极位于高压静电极正下方；
(c)两个电晕电极和静电极；(d)静电极和多个电晕电极

16.3　电选的基本理论

16.3.1　矿粒的带电方式

在电选的实践中，使矿粒带电的方式主要有传导带电、感应带电、电晕电场中带电、复合电场中带电和摩擦带电。

16.3.1.1　**传导带电**

传导带电方法是最简单的方法。在静电场中，矿粒与带电电极直接接触，由于矿粒本身的电性质不同，与带电电极接触后所表现出的行为也明显不同。图 16－9 表示导体和非导体与带电电极接触后的行为。

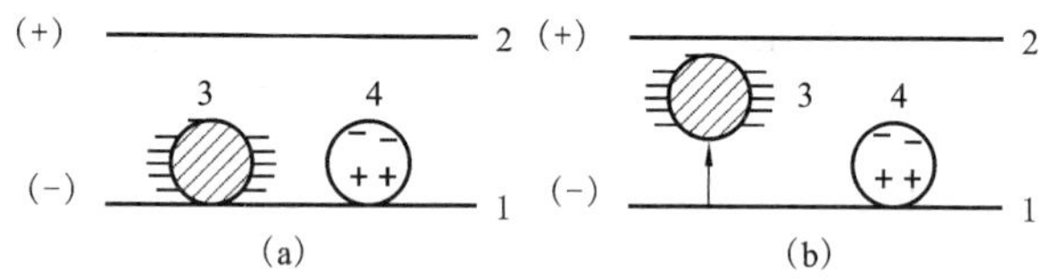

图 16－9　矿粒与带电电极接触带电

(a)矿粒与带电电极接触带电；(b)矿粒与带电电极接触带电后的行为
1—带电电极；2—接地极；3—导体矿粒；4—非导体矿粒

在图 16－9(a)中，负极表示高电压，正极表示接地极。导体矿粒与带电电极接触后，由于其导电性良好，电极立即将电荷传导给矿粒，矿粒获得与电极符号相同的电荷，从而受到排斥而吸向正极，如图 16－9(b)所示，且所获电荷全部传走。非导体矿粒则由于本身导电性很差，只能受到电场极化，电荷不能直接传导到矿粒上，极化后产生正负电荷中心偏移，靠近电极一端产生正电，另一端产生负电，而此电荷又均不能传走，所以被负电极吸住，一离开电场，便恢复原状。20 世纪 50 年代英国曾经生产过直接传导的圆筒型电选机，但由于实际分选效率低，目前已很少使用。

16.3.1.2 **感应带电**

感应带电与传导带电明显不同，感应带电时矿粒并不与带电电极接触，完全靠感应的方法而带电，如图 16－10 所示。

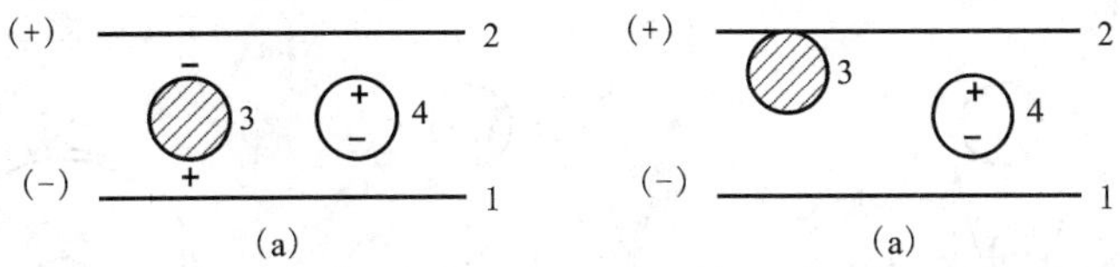

图 16－10 矿粒的感应带电

(a)两种不同电性质的矿粒置于带电电场中的情况；(b)带电后两种矿粒的运动行为

1—带电电极；2—接地极；3—导体矿粒；4—非导体矿粒

导体矿粒在电场中感应后，靠近负极的一端感应为正电，另一端则为负电；非导体矿粒则只受到电场极化，正、负电荷中心产生偏转，表现出的电荷为束缚电荷，不能移走。根据正、负电互相吸引的原理，导体矿粒立即被吸向负极(带电电极)，在此一瞬间，正、负电荷均通过传导而移走，然后从负极得到负电荷而被排斥，最终矿粒停留在接地极上。如两电极不是平行板极，而带电电极又为尖电极，则导体颗粒会被吸向尖电极，非导体矿粒则仍停留在原来的位置。

16.3.1.3 **电晕电场中带电**

传导、感应带电均属静电场，两者均不放电，电晕电场则不同。在电晕电场中，整个电场空间充满荷电体，矿粒的带电过程如图 16－11 所示。

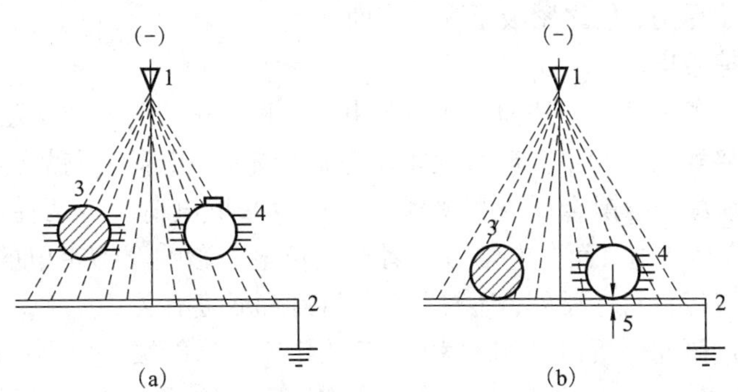

图 16－11 电晕电场中带电

(a)矿粒在电晕电场中荷电：(b)矿粒荷电后的情况

1—带负电电晕极；2—接地极；3—导体矿粒；4—非导体矿粒；5—镜面吸力

由图 16－11 可见，导体矿粒和非导体矿粒均能在电晕电场中获得电荷。导体矿粒因导电性好，吸附在表面的电荷能在表面自由移动，故能很快地分布于矿粒表面。而吸附于非导体矿粒表面的电荷不能自由移动，一旦与接地极接触，导体矿粒上的电荷瞬间(为 1/1000 ~ 1/40s)传导至接地极而消失，而非导体矿粒则由于导电性很差或不导电，表面吸附的电荷不能传走或要花比导体至少多 100 乃至 1000 倍的时间才能传走一部分，所以与接地极相互吸引。此种情况在高压电选时更为突出，这有利于导体矿物和非导体矿物的分离。

16.3.1.4 **复合电场中带电**

复合电极的形式之一是电晕电极在前，静电极在后；另一种则是电晕极与静电极装在一起，图 16－12 为两种电极结构的示意图。

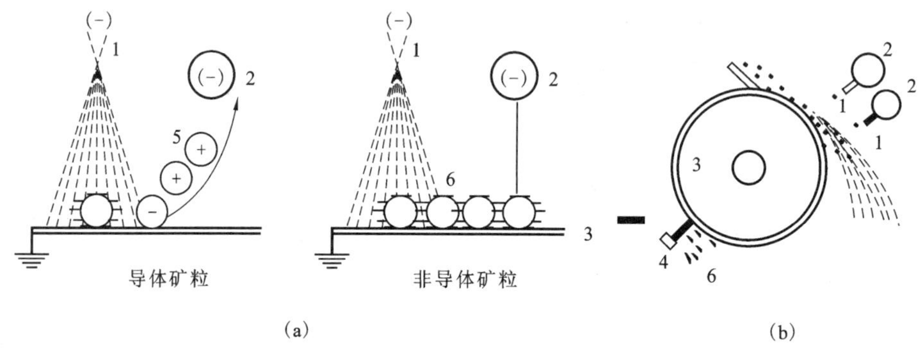

图 16－12 矿粒在复合电场中带电情况

(a)电晕极在前，静电极在后；(b)电晕极与静电极装在一起

1—电晕极；2—静电极；3—接地极；4—毛刷；5—导体矿粒；6—非导体矿粒

从图 16－12(a)中可以看出，导体和非导体矿粒均先在电晕场中荷电，但随着矿粒向前运动，立即受到静电极的作用，导体矿粒传走电荷后，受到静电极的感应而带电并吸向静电极方向，非导体矿粒则由于所吸附的电荷不能传走，受到静电极的斥力，被推向接地极(圆筒或平面极)，显然两者的运动轨迹很不相同，据此将导体和非导体矿粒分开。

电晕极与静电极装在一起强化了静电场的作用，对导体矿粒加强了静电极的吸引力，对非导体矿粒则加强了斥力，使之紧吸于圆筒表面。

16.3.1.5 **摩擦带电**

摩擦带电是通过各种摩擦方法而使矿粒带电。一种是矿粒与矿粒相互摩擦；另一种是使矿粒与某种材料相接触或滚动等。矿粒获得了电荷(或失去电荷)后就会产生吸引或排斥的效应。例如，石英颗粒与镀镍金属板相接触就会产生摩擦电荷。若两种不同矿粒互相摩擦时，介电常数大者产生正电，而介电常数小者产生负电。影响摩擦带电的原因是多方面的，除了物料性质和金属板材料性质外，还与空气的湿度和温度有关。

苏联的学者通过研究分析，认为摩擦电荷值决定于费米能级的大小和矿物结构上的晶体缺陷。1980 年 V. N. Revnivtsev 和 E. A. Khopanov 依据研究结果，提出了石英结构中的缺陷，是由于外来铝原子的存在而引起的，即其中的一个硅原子被一个铝原子以类质同象的形式所取代，而且摩擦电荷的数值取决于杂质的类型和浓度，亦即取决于矿物中的费米能级。由于电子是从逸出功较小的物质转移到较大的物质上，这就决定了摩擦带电的符号。逸出了电子的矿粒带正电，获得了电子的矿粒带负电。由于在通常情况下，产生的摩擦电荷比较小，所以摩擦带电方式未能广泛地应用于生产中。

16.3.2 电选过程

16.3.2.1 **矿粒在电晕场中获得的电荷**

矿物颗粒进入电选机的电晕电场后，导体颗粒和非导体颗粒都能通过离子碰撞获得电荷，在 t 时间内的荷电量可用下式确定：

$$Q_t = (1 + 2\frac{\varepsilon - 1}{\varepsilon + 2})Er^2 \frac{\pi nekt}{1 + \pi nekt} \tag{16-5}$$

式中 Q_t——颗粒在时间 t 内的荷电量，C；

ε——颗粒的介电常数，F/m；

E——颗粒所在点的电场强度，V/m 或 N/C；

r——颗粒的半径，m；

k——离子迁移率，即当电场强度为 100 V/m 时的离子运动速度，$m^2/(V \cdot s)$；

n——离子浓度，个/m^3；

e——电子电量，为 1.602×10^{-19} C；

t——颗粒在电晕场中的停留时间，s。

式(16－5)表明，颗粒的荷电量与颗粒的介电常数、半径、电场强度和荷电时间等因素有关。介电常数和半径大的颗粒荷电量多；电场强度越高荷电量越多；颗粒通过电晕场的时间越长荷电量越多。当颗粒经过电晕电场的时间足够长时，其荷电量达到极限值，称为颗粒的最大荷电量，记为 Q_{max}。颗粒的荷电达到极限值后，其得失电荷达到动态平衡状态。由式(16－5)可知，当 $t \to \infty$ 时，$Q_t \to Q_{max}$，即有：

$$Q_{max} = (1 + 2\frac{\varepsilon - 1}{\varepsilon + 2})Er^2 \tag{16-6}$$

根据式(16－5)和式(16－6)计算出颗粒在电晕电场中的荷电量与停留时间的关系如表 16－3 所示。表 16－3 中的数据表明，颗粒进入电晕电场 0.1 s 后，获得的电量就已经接近其最大荷电量。

表 16－3 颗粒在电晕电场中的荷电量与停留时间的关系

停留时间/s	相对荷电量(Q_t/Q_{max})/%	停留时间/s	相对荷电量(Q_t/Q_{max})/%
0	0	0.05	88.9
0.001	13.8	0.1	94.1
0.005	44.5	0.5	98.8
0.01	61.6	1	99.4

对于导体矿粒，其介电常数 $\varepsilon > 12$，则上式可简化为：

$$Q_{max} = 3Er^2 \tag{16-7}$$

对于非导体矿粒，其介电常数为 4～8，则有：

$$Q_{max} = 2Er^2 \tag{16-8}$$

由式(16－7)和式(16－8)可知，颗粒的最大荷电量与电场强度和颗粒半径的平方成正比。此外，在电场强度和颗粒半径相同的条件下，导体颗粒的最大荷电量比非导体颗粒的大。

在电晕场中充分荷电的颗粒一旦离开电晕电场，由于其与接地圆筒极接触，便会不同程度地传走电荷。导体颗粒由于其导电率高，能在 1/1000～1/40 s 内将所获得的电荷全部传走；非导体颗粒则经过过渡电阻 R 放电，过渡电阻为颗粒本身电阻与接触电阻之和。因此，离开电晕电场若干时间后，非导体颗粒的剩余电荷 Q_R 为：

$$Q_R=(1+2\frac{\varepsilon-1}{\varepsilon+2})Er^2\mu(R) \tag{16-9}$$

式中的 $\mu(R)$ 是与颗粒的电阻 R 有关的系数，当 R 很小时，$\mu(R)$ 接近于零；当 R 很大时，$\mu(R)$ 接近于 1。

式(16－9)表明，导体颗粒的剩余电荷接近于零，非导体颗粒的剩余电荷接近其最大荷电量。导体颗粒与非导体颗粒剩余电荷的悬殊差别必然导致它们所受电力和运动轨迹的差异。

16.3.2.2　矿粒在电场中所受到的电场力和机械力

矿粒进入电场后，既受到各种电场力的作用，又受到各种机械力的作用。电场力和机械力决定矿粒的运动轨迹。对电选效果有影响的电场力主要有库仑力、镜面吸力、非均匀电场的作用力；机械力主要有离心惯性力和重力。矿粒在圆筒表面上受到的电场力和机械力如图 16－13 所示。

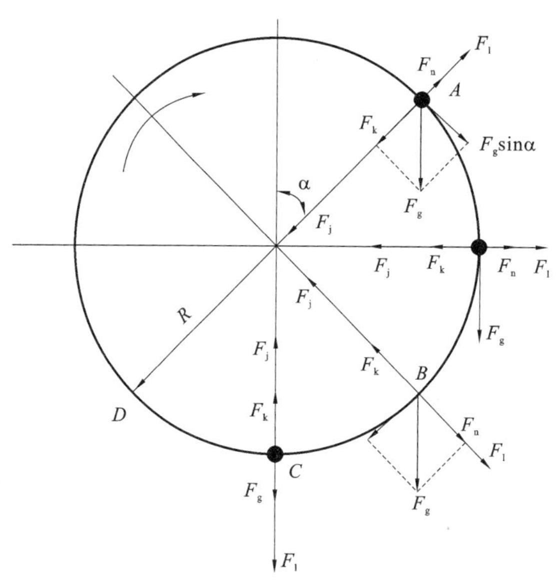

图 16－13　矿粒在圆筒表面上的受力情况

矿粒获得电荷后，在电场中受到的库仑力为：

$$F_k=QE \tag{16-10}$$

式中　F_k——作用于矿粒上的库仑力，N；

Q——矿粒所带的电荷，C；

E——电场强度，N/C。

对非导体矿粒来说，由于其导电性很差，所获的电荷不能在其表面自由移动或迅速传递走，因此非导体矿粒在圆筒表面受到的库仑力为：

$$F_{k} = Q_{R}E \tag{16-11}$$

将式(16－9)带入式(16－11)得：

$$F_{k} = Q_{R}E = (1 + 2\frac{\varepsilon - 1}{\varepsilon + 2})E^{2}r^{2}\mu(R) \tag{16-12}$$

对非导体矿粒而言，由于吸附有大量的负电荷而不能传走，所以可视为一个点电荷，圆筒是金属构件，必然与之发生感应，而对应地感生出正电荷，从而使非导体矿粒被吸在圆筒表面。非导体矿粒受到的这种力称为镜面吸力，以 F_{j} 表示，其计算式为：

$$F_{j} = \frac{Q_{R}^{2}}{r^{2}} \tag{16-13}$$

或

$$F_{j} = (1 + 2\frac{\varepsilon - 1}{\varepsilon + 2})^{2}E^{2}r^{2}[\mu(R)]^{2} \tag{16-14}$$

分选微细粒级矿物时，电压越高，则场强 E 越大，此种镜面吸力表现极为明显，需要采用毛刷从圆筒的后方将非导体矿粒刷下。

同时，电选机的高压带电极是很细小的电极，它一方面放出电子，另一方面则在其周围产生一非均匀电场作用力 F_{n}，其方向指向电场梯度最大的方向。F_{n} 的计算式为：

$$F_{n} = r^{3}\frac{\varepsilon - 1}{\varepsilon + 2}E\mathrm{grad}E \tag{16-15}$$

式中的 grad E 为电场梯度。

必须指出，在各种电选机中，愈靠近圆筒表面，grad E 越小，愈靠近电晕极和静电极，grad E 愈大。由于用电选分选的矿石粒度通常都比较小，因此 F_{n} 远远小于 F_{k}，有时 F_{n} 甚至可以忽略不计。

矿粒在圆筒表面受到的离心惯性力 F_{L}和重力 F_{g}分别为：

$$F_{l} = m\frac{V^{2}}{R} \quad 和 \quad F_{g} = mg$$

式中 m 为矿粒的质量，g 为重力加速度，V 为颗粒随圆筒一起运动的线速度，R 为圆筒的半径。

16.3.2.3 矿粒在电场中的分离

大量的试验证明，圆筒的转速、电压高低和电极结构的形式对电选结果的影响最为显著。当电极形式固定后，电压和圆筒转速则交互影响分选效果。如图 16－13 所示即为导体、中矿和非导体矿粒落下的轨迹范围。为了将不同电性质的矿粒分开，它们在圆筒电选机上所受的合力应满足下列要求。

对于导体矿粒，应在圆筒表面的 AB 范围内落下，此时各种作用力之间的关系为：

$$F_{l} + F_{k} > F_{j} + mg\cos\alpha$$

对于非导体矿粒，应在圆筒表面的 CD 范围内落下，此时各种作用力之间的关系为：

$$F_{k} + F_{j} > F_{l} + |mg\cos\alpha|$$

对于中等导电性的矿粒，应在圆筒表面的 BC 范围内落下，此时各种作用力之间的关系为：

$$F_{l} + |mg\cos\alpha| > F_{k} + F_{j}$$

当然这是理想情况，如电压不高，非导体矿粒所获电荷太少，而圆筒的转速又很高，则势必由于离心惯性力过大，镜面吸力小，造成非导体矿粒混杂于导体矿粒中；如电压提高，电晕极又达到一定的要求，使作用区域恰当，非导体矿粒有机会吸附较多的电荷，产生的镜面吸力足够大，则不易混杂于导体矿粒中。

16.4 电选机

电选机的种类多达数十种，在分类上又各不相同。按矿物带电方法分为接触传导带电电选机、电晕带电电选机和摩擦带电电选机；按设备构造特征分为圆筒式电选机、滑板式或溜槽式电选机、室式电选机、带式电选机、圆盘式电选机、振动槽式电选机和摇床式电选机；按入选矿石的粒度范围分为粗粒电选机和细粒电选机。

16.4.1 圆筒式电选机

圆筒式电选机现已发展成各种类型，一种是比较古老的小直径型，即圆筒直径为120 mm、130 mm或150 mm。英国的生产型和实验室型的圆筒直径为150 mm；苏联的生产型圆筒直径为130 mm；日本的生产型圆筒直径为150 mm；中国使用的大部分的圆筒直径为120 mm。另一种是现在世界各国普遍使用的、圆筒直径为200～350 mm的圆筒式电选机，但圆筒的长度和数目则各不相同，采用的电压和电极结构也不同。

16.4.1.1 ϕ120 mm×1500 mm 双辊筒电选机

ϕ120 mm×1500 mm双辊筒电选机的构造如图16－14所示，主要由主机、加热器和高压直流电源3部分组成，这是中国在1964年研制成功的一种电选机，目前仍被广泛应用。从原理和构造上说，它是由美国sutton式电选机发展起来的，与苏联的Cэ－1250型相同，其主要性能参数列于表16－4中。

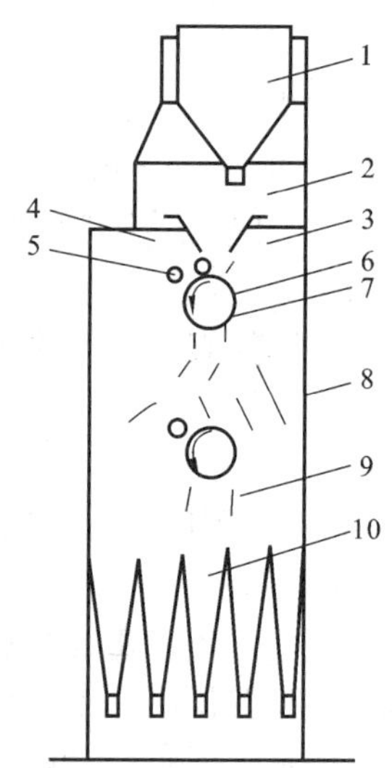

图16－14 双辊筒电选机的结构简图

1—给矿器；2—溜矿板；3—给矿漏斗；4—电晕电极；5—静电极；6—辊筒；7—刷子；8—机架；9—分矿板；10—产品漏斗

ϕ120 mm×1500 mm双辊筒电选机的主机由上、下两个辊筒（直径为120 mm，长1500 mm）和电晕电极、静电极、毛刷、分矿板等组成。辊筒表面镀以耐磨硬铬，由单独的电动机驱动；电晕电极是采用普通的镍铬电阻丝，直径为0.5 mm；静电极（又名偏极）采用直径为40 mm的铝管制成；电晕电极和静电极均平行于辊筒面。电晕电极用支架张紧，并用耐高压瓷瓶支撑于机架上。

ϕ120 mm×1500 mm双辊筒电选机的高压直流电源的负电经非常可靠的电缆引入，上、下两辊筒电极的固定方法相同。毛刷系采用固定压板刷。电选机工作时，由于非导体矿粒的剩余电荷所产生的镜面吸力将其紧紧吸于辊子表面，必须用刷子强制刷下至尾矿斗中。

物料经分选后，所得精、中、尾矿（或称导体、半导体、非导体）的质量、数量，除通过电压、辊筒转速等调节外，还可通过改变分矿板的位置来调节。每个辊筒可分出3种或2种产品，对全机来说，则可分出5种产品。

表 16－4 ϕ120 mm×1500 mm 双辊筒电选机的技术性能

辊筒数	2 个	加热器功率	13 kW
筒径×长度	120 mm×1500 mm	高压整流器最大功率	275W
辊筒转速	400～500r/min	加热器有效容积	0.3 m^3
电晕电极	每辊 1 根，ϕ0.5 mm	给矿粒度	－3 mm
偏极	每辊 1 根，ϕ40 mm	处理能力	0.3～0.5 t/h
高压电源电压	0～22 kV	机器外形尺寸	2090 mm×1020 mm×2855 mm

ϕ120 mm×1500 mm 双辊筒电选机的加热器设在给矿斗内，加热元件是 18 根 ϕ25.4 mm、内衬有 ϕ20 mm 绝缘瓷管、瓷管里面装有 18 号镍铬电阻丝的钢管。在加热器的底部，沿电选机的长度方向，每隔 100 mm 钻有直径为 7 mm 的圆孔，使加热后的物料经这些圆孔均匀地给入电选机选别。

ϕ120 mm×1500 mm 双辊筒电选机的高压直流电源，实际上是将普通单相交流电升压后，采用二极管(电子管)半波整流、电容器滤波，将正极接地，负极用高压电缆引至电选机的电极，最高电压为 20 kV。

ϕ120 mm×1500 mm 双辊筒电选机采用电晕极和静电极(偏极)相结合的复合电场，其电极与辊筒的相对位置如图 16－15 所示。当高压直流电通至电晕电极和静电极后，由于电晕电极的直径很小，从而向着辊筒方向放出大量电子，这些电子又将空气分子电离，阳离子飞向负极，电子则飞向辊筒(接地正极)，因此靠近辊筒一边的空间都带负电荷，静电极则只产生高压静电场，而不放电。

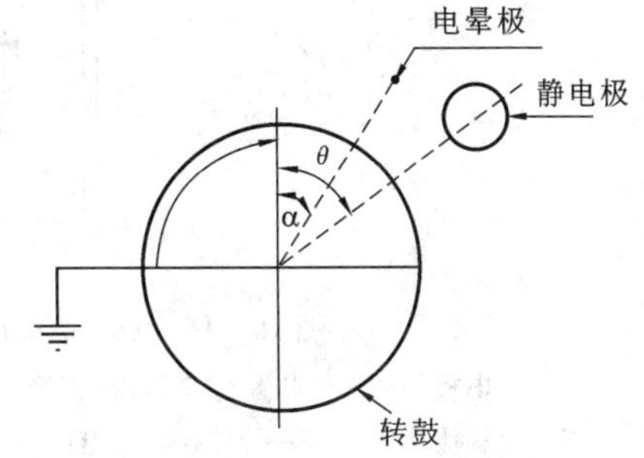

图 16－15 电极与辊筒的相对位置图

矿粒随辊筒进入电场后，将吸附上负电荷。导体矿粒获得负电荷后，能很快地通过辊筒传走，与此同时，又受到偏极所产生的静电场的感应作用，靠近偏极的一端感生正电荷，远离偏极的一端感生负电荷，负电荷又迅速地由辊筒传走，只剩下正电荷，所以被偏极吸向负极(静电极)，加之矿粒本身又受到离心惯性力和重力的作用，致使导体矿粒从辊筒的前方落下而成为精矿(导体)。非导体矿粒由于导电性很差，获得的负电荷很难通过辊筒传走，因而与辊筒表面发生感应而紧吸于辊面，随辊筒转到后方，被压板刷强制刷下，成为尾矿(非导体)。而介于导体与非导体之间的中矿则落到中矿斗中。

ϕ120 mm×1500 mm 双辊筒电选机的突出特点为：

(1)采用电晕电极和静电极的复合电场，可以提高选分效果和处理能力；

(2)设备结构简单，不需任何特殊材料，易于制造和推广；

(3)运转可靠，选分性能良好，操作方便；

(4)设备有上、下两个辊筒，下辊筒可以选分上辊筒的任一产品，因此一台设备可完成多项分选作业；

(5)自身带有加热装置，能自动控制给矿的预热温度，且温度保持恒定，从而使分选指标稳定；

(6)高压整流设备有各种指示表和自动保护装置，调节方便，操作安全。

ϕ120 mm×1500 mm 双辊筒电选机的主要缺点是辊径小、电晕丝少和辊内无加热器，前两个因素可导致颗粒带电和分选时间不够，后一个问题难以避免潮湿气体的影响。

16.4.1.2　DXJϕ320 mm×900 mm **高压电选机**

DXJϕ320 mm×900 mm 高压电选机于1971年研制成功，其构造如图16－16所示，由分选圆筒、电晕极、静电极、分矿板、给料装置和接料装置等构成，主要用于钽铌矿的精选和金红石与石榴子石的分选，一次分选就能获得高质量的精矿。DXJϕ320 mm×900 mm 高压电选机的主要性能参数见表16－5。

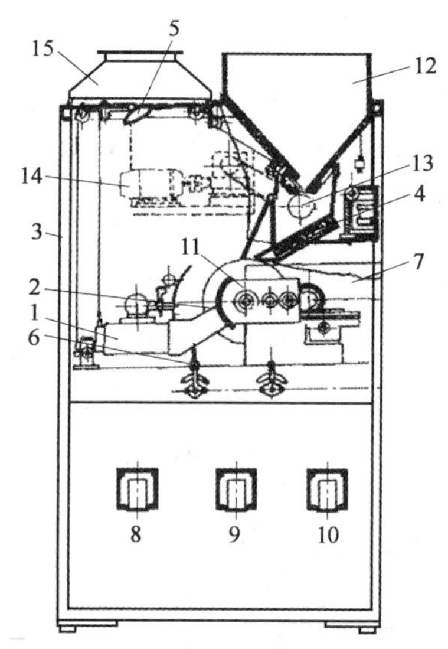

图16－16　DXJϕ320 mm×900 mm 型高压电选机的结构

1—电极传动平衡装置；2—转鼓(正极，接地)；3—机壳；4—给矿板；5—照明装置；6—分矿板；7—毛刷传动装置；8—导体颗粒排出口；9—中矿排出口；10—非导体颗粒排出口；11—入选角和极距调节装置；12—给矿斗；13—给矿辊；14—给矿辊传动装置；15—排风罩

表16－5　DXJϕ320 mm×900 mm 电选机的主要性能参数

分选圆筒及转速	$\phi \times L$=320 mm×900 mm，0～300 r/min
给料粒度	－2 mm
处理能力	0.8～0.2 t/h
给料辊及转速	$\phi \times L$=80×860（mm），27～100 r/min
给料电振器	电压380 V，振幅0～2 mm
接料斗激振器	振幅2 mm，频率12.2 Hz
电晕电极	ϕ0.2 mm，3～6根
静电极	ϕ45 mm，1根
电极位移	径向40～110 mm，周向30°
辊刷	ϕ140 mm，1.2倍圆筒转速，可调水平位移20 mm

DXJϕ320 mm×900 mm 高压电选机的分选圆筒用无缝钢管加工而成，筒面经抛光后镀以硬铬。筒内装有电加热元件，并可自动控制加热温度至 50～80℃。圆筒转速可在 0～300 r/min 范围内调节，并可自动显示。

DXJϕ320 mm×900 mm 高压电选机的电极组为电晕极(6 根)和单静电极对接地圆筒正极，电晕丝和静电极组装在同一弧形支架上，极距和入选角可在运行时调节。

DXJϕ320 mm×900 mm 高压电选机的毛刷用木棒和棕毛按螺纹状排列。为了便于使辊刷与筒面接触或离开，辊刷可在 0～20 mm 范围内平移，其转速约为圆筒转速的 1.25 倍。

DXJϕ320 mm×900 mm 高压电选机的给料装置包括给料斗、给料辊和给料板，料斗和料板都有加热器并分别配有电磁振动器和机械振动器，以便顺利而均匀给入热干料；接料装置包括导体产品斗、中矿斗和非导体产品斗，其特点是接料斗可产生机械振动，自行将电选产品卸到机壳外面。

DXJϕ320 mm×900 mm 高压电选机采用复合电场，分选电压可达 60 kV。采用多丝电晕电极可使颗粒有充分的带电时间，能获得足够数量的电荷，从而增强非导体颗粒的吸附效应；采用较大的静电极可增强导体颗粒的提升效应。高压直流电由四管桥式全波整流器供给，整流系统包括 1 个 TDM－50/60 型高压变压器、4 个 E025/40 型高压二极整流管和 4 个灯丝变压器，它们全部被浸入一个油箱中。单相交流电经升压后进入全波整流器，然后将正极接地，负极与电晕丝及静电极相连。

DXJϕ320 mm×900 mm 高压电选机工作时，干燥物料经给料斗加热后由给料辊带到给料板上，再次加热后给到接地圆筒上，进入电场时由于离子碰撞而带负电，在各种力的共同作用下，导体颗粒落入导体产品斗中，非导体颗粒被辊刷刷入非导体接料斗中，中间导电性颗粒多数落入中矿斗中。

DXJϕ320 mm×900 mm 高压电选机的分选效果好，物料只经 1 次或 2 次分选，就能得到高质量的导体产品和回收率比较高的非导体产品。但由于只有 1 个圆筒，只能完成 1 次分选作业。

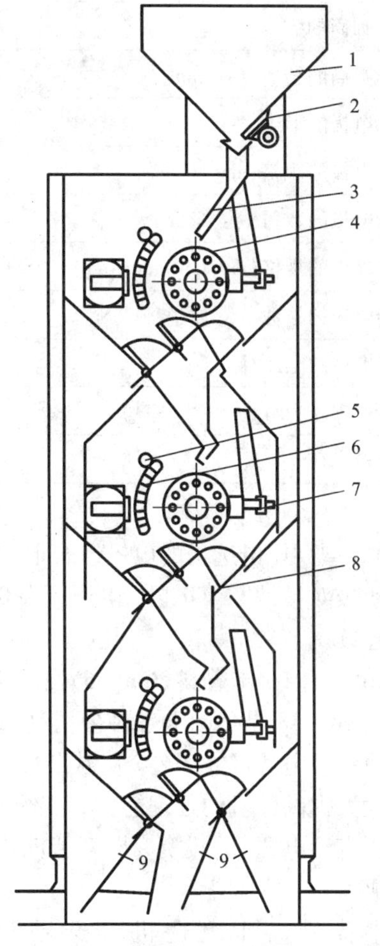

图 16－17　YD 型高压电选机的结构简图

1—给料斗；2—给料闸门；
3—给料斜槽；4—接地圆筒；
5—偏转电极；6—刀片形电晕电极；
7—毛刷；8—分矿板；9—接料斗；

16.4.1.3　YD 型高压电选机

YD 型高压电选机由长沙矿冶研究院研制而成，其工业型设备有 YD－3 型和 YD－4 型两种，都是 3 筒复合电场电选机，前者的电晕极为金属刀片极，后者的电晕极为镍铬丝极。YD 型高压电选机的结构如图 16－17 所示，性能参数见表 16－6。

YD 型高压电选机的分选圆筒的直径尽管只有 300 mm，但长度已增至 2000 mm，设计处理能力为 0.5 ~ 2.5 t/(m · h)，是国内目前最大的工业型电选机。采用 3 筒连选既能加强精选或扫选，又有利于提高处理能力。

表 16 - 6　YD 型高压电选机的主要性能参数

项　目	YD - 3 型	YD - 4 型
分选圆筒的规格($\phi \times L$)/mm × mm	300 × 2000	300 × 2000
分选圆筒的数目	3	3
分选圆筒的转速/($r \cdot min^{-1}$)	45 ~ 274	45 ~ 300
电晕电极的形式	金属刀片	Ni - Cr 丝
电晕电极的规格/mm	ϕ0.1 ~ 0.3	ϕ0.3
电晕电极的数目	7	7
偏转电极的规格($\phi \times L$)/mm × mm	45 × 2185	45 × 2185
偏转电极的根数	1	1
偏转电极的电压/kV	0 ~ 60	0 ~ 60
设计处理能力/($t \cdot m^{-1} \cdot h^{-1}$)	0.5 ~ 2.5	1 ~ 2
给矿粒度/mm	1 ~ 0.04	- 3

YD 型高压电选机的电极组合形式也是电晕和静电负极对接地圆筒正极，电压可在 0 至 60 kV 范围内连续调节。

16.4.1.4　卡普科(Carpco)高压电选机

图 16 - 18 是美国卡普科公司制造的一种工业型 6 筒高压电选机，是迄今筒数最多的电选机，这可以大大提高整机的处理能力，节约附属设备(包括高压直流电源)的投资，提高劳动生产率，降低生产成本。

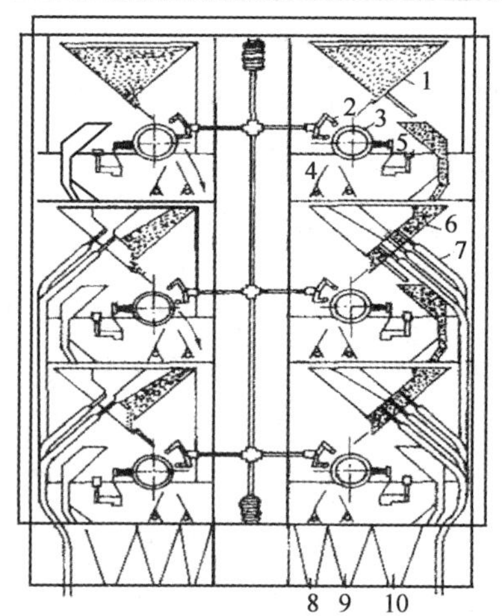

图 16 - 18　卡普科工业型电选机的结构

1—给料斗；2—高压电极；3—分选圆筒；4—分矿板；5—毛刷；6—给料板；7—接料槽；8—导体产品斗；9—中矿斗；10—非导体产品斗

卡普科高压电选机分选圆筒的直径有 200 mm、250 mm、300 mm 和 350 mm 等多种规格，以便按需选择。分选圆筒成 2 列平行对称配置，除共用电源外，互不相关，自成系统。每个系统的 3 个分选圆筒按等距离上、中、下配置，其作业性质可以灵活多变，既可以单独处理同一种原料(如图 16 - 18 右系统所示)，也可以上下连选，下筒分选上筒的导体产品或非导体产品或中间产物(如图 16 - 18 左系统所示)。但无论单独分选或是连选，每个系统只有 3 种最终产品。

卡普科高压电选机采用双电晕丝极和双静电极对接地圆筒复合电极。电晕电极和静电极分两前两后安装在同一电极架上，电极架可作径向和周向移动，以便调节极距和入选角，适合不同性质物料的分选。

卡普科高压电选机的输入电压为 40 kV，电晕电极和静电极的符号可正可负。高压电场为复合电场，电极结构能产生束状电晕放电，并能加强静电极的作用，有利于提高分选效果。

16.4.2　其他类型的电选机

16.4.2.1　自由落下式电选机

自由落下式电选机的构造和分选原理如图 16－19 所示，即在电极上通以高压电，矿石经给矿斗进入振动给矿器，然后进入给矿槽，再送入分选设备。

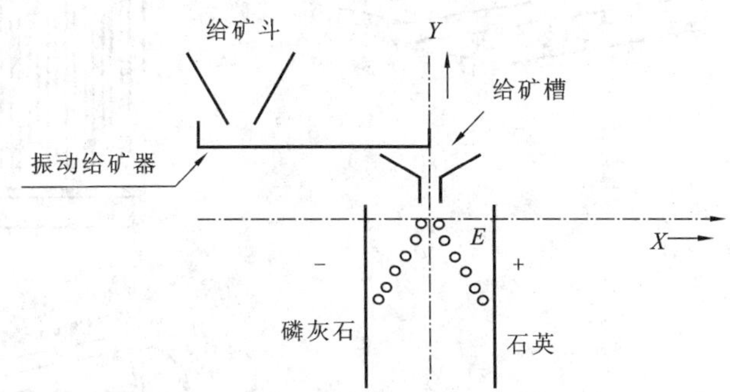

图 16－19　自由落下式电选机的简图

自由落下式电选机的工作原理是根据两种不同性质的物料接触摩擦而引起带电，由于导体矿物在进入电场分选之前已损失掉所带的电荷，因而这种接触带电分选不适宜处理导体矿物，只对于两种都是介电体（即非导体）的矿物才有实际意义。最经典的例子是从石英中分选长石、从磷灰石中分选石英、从钾盐中分选岩盐等。例如，当石英和磷灰石两个颗粒接触摩擦后，各自获得相反符号的表面电荷，磷灰石的介电常数比石英的大，所以带正电荷，而石英带负电荷。

16.4.2.2　电场摇床

电场摇床就是在普通摇床的床面上方加一高压电场，其构造如图 16－20 所示。

电场摇床与普通摇床十分相似，也是采用床面，并沿着横向有一定的倾斜角度，也有摇动机构，但不是产生非对称性的摇动。电场摇床的床面由金属材料制成并接地，有的床面上有来复条，有的则没有。电场摇床的来复条不是沿床面纵向排列，而是与床面纵向成一定的角度。

电场摇床的摇动机构不是摇床头，而是采用交流电磁铁，其振动频率为 120 Hz。在电场摇床中，条状金属电极布满整个床面，电极与床面的空间距离为 25～75 mm，且与床面平行，高压电是间断而瞬时地加于电极，可以采用静电极，也可采用电晕电极。

入选矿石给到电场摇床的床面上以后，高压电极瞬时接通高压电，矿流层会发生松散，即导电性良好的矿粒会立即从接地极获得正电荷，而当电极带高压负电时，也会使导体矿粒感应产生正电荷，立即跳出床面而吸到电极上，在吸上去这一瞬间，恰恰高压电源已中断，矿粒又落到床面，由于床面是倾斜安装且又在不停振动，从而会使导体矿粒按图 16－20 中的 AA 斜线落到接矿槽 T_1 中（即为导体部分）；非导体矿粒与床面接触紧密，在重力和惯性力的作用下，沿床面纵向不断向前运动，到达床面的末端后从 T_3 处排出；中矿则沿 BB 线从 T_2 处排出。

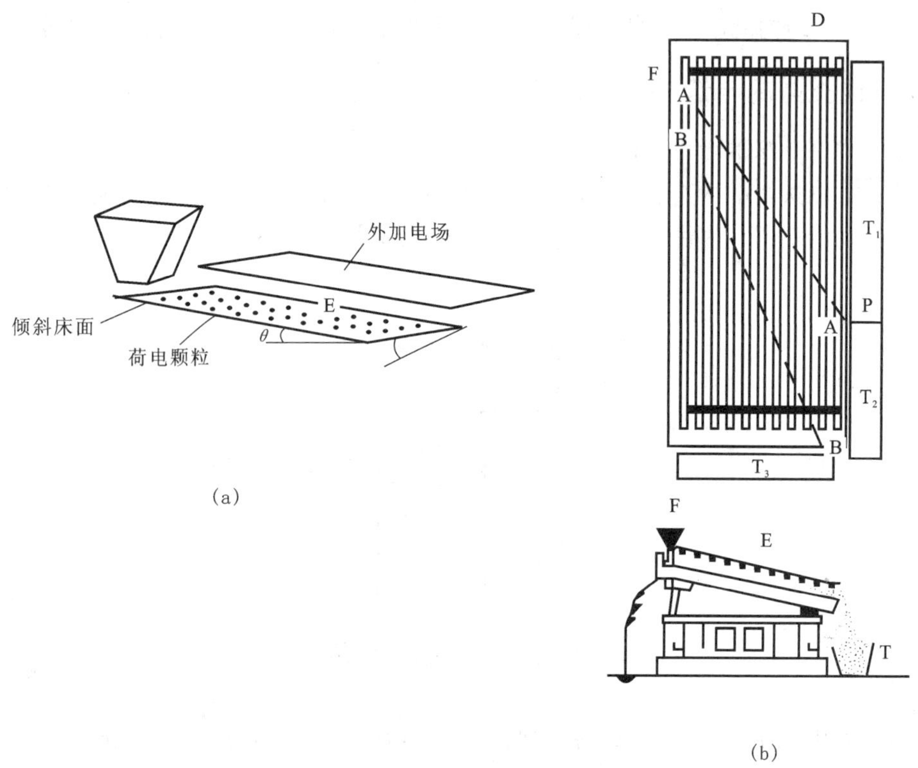

图 16－20　电场摇床的结构简图

(a)结构简图；(b)平断面图

16.4.2.3　**板型和筛网型静电电选机**

澳大利亚矿物矿床公司(Mineral Deposits)生产的 MK－Ⅲ板型和筛网型电选机的分选原理见图 16－21 和图 16－22。

这两种电选机都是分成两个部分，每个部分由 5 级组成(图 16－21)。入选矿石在重力的作用下，沿接地板进入由小到大的曲面电极产生的静电场中。导体矿物吸向带电电极，从而与非导体矿粒分离。由于细矿粒受电场力的影响较粗矿粒的大，因此导体产品中细矿粒导体占优势；而较粗的非导体矿粒则优先排入非导体产品中。同时，由于静电作用力小，粗的导体矿粒也可能混入非导体产品中。

板型和筛网型静电电选机的结构简单、没有运动部件、操作使用和维修费用低。给矿粒度为 0.45～0.063 mm，处理能力为 3～4 t/h(澳大利亚东海岸砂矿)。

这两种电选机的应用范围大致相同。通常，板型电选机用于处理以导体颗粒为主的物料，而筛网型电选机用于处理以非导体为主的物料。这两种电选机配合圆筒型电选机使用，可以弥补圆筒型电选机的缺点。

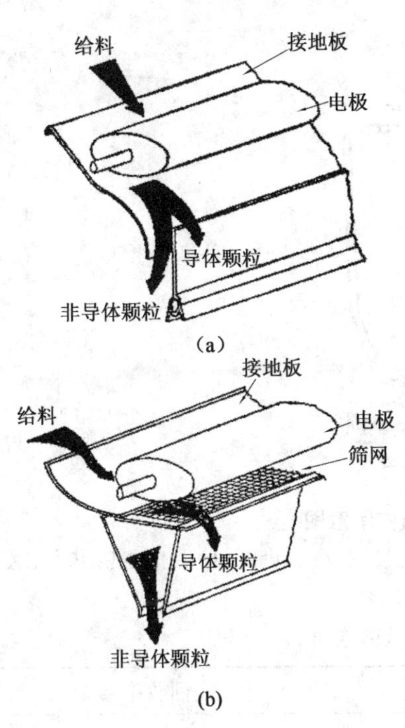

图16－21　MK－Ⅲ型电选机原理图

(a)板型电选机；(b)筛网型电选机

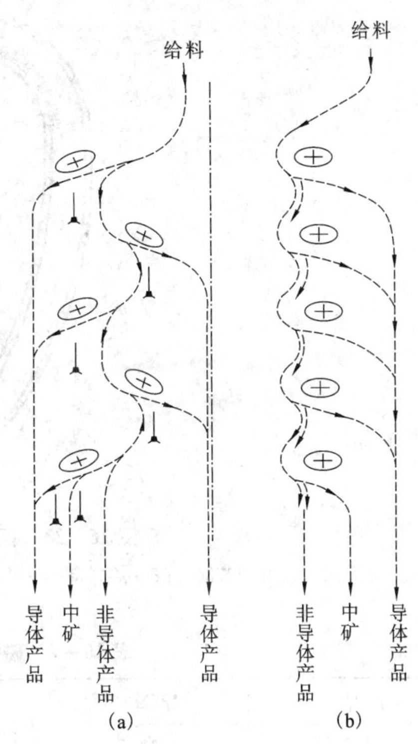

图16－22　MK－Ⅲ型电选机的串联生产图

(a)板型电选机；(b)筛网型电选机

16.4.2.4　回旋电分离器和沸腾电选机

用圆筒型电选机分选粒度小于50～60 μm的物料时，由于物料不易以薄层均匀给矿、细矿粒的团聚以及细矿粒黏附在粗大矿粒上或电极上、在空气湍流运动和电风影响下细矿粒的紊乱和弥散等，给分选过程带来了困难。回旋电分离器和沸腾电选机使物料在气流中处于悬浮状态，可以使上述问题得到一定程度的克服。

(1)回旋电分离器

回旋电分离器(见图16－23)主要由矩形截面管道组成。在管道中保持连续的气流，物料在气流中呈悬浮状态，空气在一定压强下沿连接管给入机内，连接管的端部装有旋叶调节活门；矿石经给料口给入。如果利用电晕放电实现带电，则装上电晕电极和接地电极。

在回旋电分离器中，矿粒的带电在BC段进行。在只有电极5的CD段，导体矿粒的电荷发生转移。根据矿粒带电和电荷转移所需时间的不同，BC段和CD段的长度可以改变。如果用摩擦方法带电，就不需要设置电晕电极和接地电极，矿粒的带电由它们和管壁接触而产生，此时需要在ABCD段装上特殊的衬里。在矿粒荷电区后面的选别区，为了防止离心惯性力对矿粒运动产生影响，管道改成直的。静电极产生的静电场，使矿粒按其电荷发生偏转，分别进入不同的排料孔。

对磨至－62 μm的磁铁矿矿石，用回旋电分离器经过1次粗选、1次精选、2次扫选和中矿连续循环，得到的选别结果如表16－7所示。

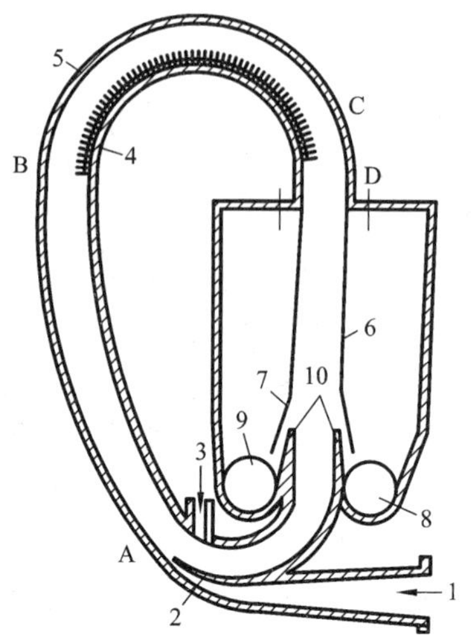

图 16－23　回旋电分离器的结构示意图

1—连接管；2—旋叶调节活门；3—给料口；4—电晕电极；5—接地电极；6、7—静电极；8、9—排料孔；10—闸板

表 16－7　磁铁矿矿石的电选试验结果

产品	产率/%	铁品位/%	铁回收率/%
精矿	73.05	64.78	90.85
尾矿	26.95	17.69	9.15
给矿	100.00	52.09	100.00

用回旋电分离器分选赤铁矿矿石的技术指标列于表 16－8 中。所处理铁矿石中的脉石主要是石英和硅酸盐矿物，采用 1 次粗选、1 次精选、1 次扫选和中矿连续循环的工艺流程，在回收率分别为 97% 和 84% 的情况下，从 37～44 μm 和 －37 μm 粒级中选出了铁品位超过 68% 的精矿。

表 16－8　赤铁矿矿石的回旋电分离器选别结果

粒级/μm	产率/%			铁品位/%			铁回收率/%			对给矿的铁回收率/%		
	精矿	尾矿	合计	精矿	尾矿	合计	精矿	尾矿	合计	精矿	尾矿	合计
－210＋147	23.18	1.37	24.55	64.56	12.38	61.64	98.89	1.11	100.0	26.25	0.30	26.55
－147＋104	15.59	2.55	18.14	67.02	5.36	58.35	98.71	1.29	100.0	18.33	0.24	18.57
－104＋74	12.62	3.37	15.99	68.58	5.13	55.21	98.04	1.96	100.0	15.19	0.30	15.49
－74＋63	4.87	1.65	6.52	68.36	7.31	52.92	96.47	3.53	100.0	5.85	0.21	6.06
－63＋44	11.35	4.13	15.48	67.91	4.69	51.04	97.55	2.45	100.0	13.52	0.34	13.86
－44＋37	4.41	1.15	5.56	68.13	6.62	55.41	97.53	2.47	100.0	5.27	0.13	5.40
－37	9.90	3.86	13.76	68.47	32.15	58.28	89.53	10.47	100.0	11.89	2.18	14.07

(2)沸腾电选机

图 16－24 是沸腾电选机的结构示意图。

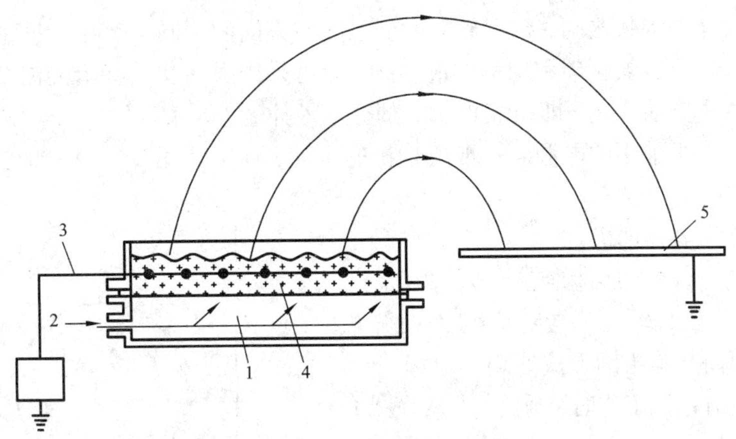

图 16－24　沸腾电选机的结构示意图

1—多孔板；2—空气入口；3—高压电极；4—沸腾床层；5—提取电极

在一个置有多孔板的容器里放置粉碎过的矿石，在容器底层和多孔板之间喷进适量的空气，空气先穿过多孔板，然后穿过矿石层，使矿石产生“流态化”现象，在沸腾床层中，矿粒与高压电极接触，导体矿粒带上与电极极性相同的电荷。高压电极与置于沸腾床层上面或旁边的提取电极之间形成电场，使带电的导体矿粒落至提取电极上，非导体矿粒由于带电量太少，电场的作用不足以将它们带至提取电极上去，一直停留在沸腾床层中。

在沸腾电选机中使矿粒带电，除了上述与置于沸腾层内的高压电极直接接触外，还可以利用摩擦带电或者利用电晕电场带电。

沸腾电选机将静电分选与流态化结合在一起而具有下列特点：

①矿粒在电场里的停留时间可加以控制，这在一般电选机中是难以做到的；

②能在一个大面积的沸腾床层表面上保证均匀的电场，任何电场畸变都可避免；

③如果将进入沸腾电选机的空气预热，则可以用来烘干或预热待选物料；

④虽然细颗粒物料会扰乱电场的作用，但由于气流的夹带作用，在分选开始时即可将它们分离出来，并根据这些细颗粒物料的组成，决定与精矿一起回收或与尾矿一起处理；

⑤沸腾电选机可以使每个矿粒有多次分选机会，所以经过一次分选就能达到很高的分选精确度。

16.4.2.5　**湿式介电分选机**

不同于上述干式电选机，湿式介电分选机是在介电液体中进行的。在介电液体中电场对介电矿粒产生的电场力为：

$$F = \varepsilon_1 r^3 \frac{\varepsilon_m - \varepsilon_L}{\varepsilon_m + 2\varepsilon_1} E \operatorname{grad} E \tag{16-16}$$

式中　F——电场力，N；

ε_m、ε_1——矿粒和介电液体的介电常数，F/m；

r——矿粒的半径，m；

E——电场强度，V/m；

grad$E$——电场梯度，V/m^2。

当 r、E 和 grad E 为常数时，电场力只与矿粒和介电液体的介电常数有关。当 $\varepsilon_m > \varepsilon_1$时，$F > 0$，电极吸引矿粒；当 $\varepsilon_m < \varepsilon_1$时，$F < 0$，电极排斥矿粒。只要选择的介电液体的介电常数

介于两种矿物的介电常数之间，根据矿粒所受电场力方向的不同，就可将两种矿物分开。

介电液体常采用四氯化碳和甲醇的混合物，也可采用煤油和硝基苯的混合物。根据需要调整混合物中各成分的比例，即可获得所需的介电液体。

湿式介电分选机采用的电源与一般电选机的不同，通常采用 2 ~ 5 kV 的交流电源，也可使用直流电源。

(1)圆筒式介电分选机

圆筒式介电分选机的结构如图 16 - 25 所示。圆筒上安装有很多细丝，与之对应的为一筛板网，通电后在圆筒与筛板间形成非均匀电场。

圆筒式介电分选机工作时，圆筒的2/3 浸入介电液体中。给料从圆筒的上部给入，由圆筒带到介电液体中，此时矿粒进入筛子与圆筒之间的电场中，由于非均匀电场的作用，介电常数大于液体介电常数的矿粒吸在圆筒表面，随圆筒转动离开电场后落在右边的槽中，而介电常数小于液体介电常数的则被排斥而通过筛孔落入左边的槽中。圆筒式介电分选机的分选效果很好，但生产能力较低。

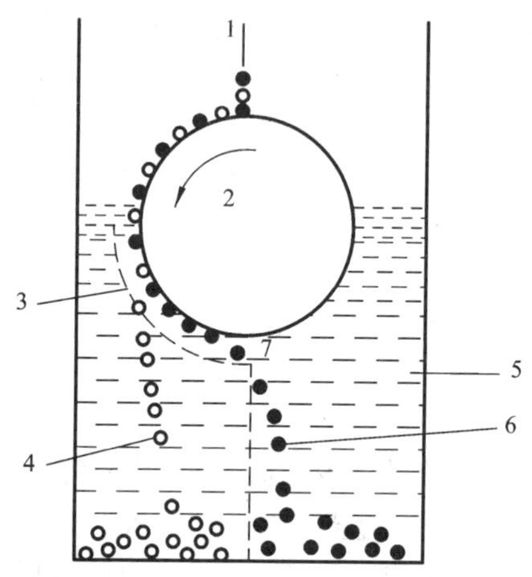

图 16 - 25　圆筒式介电分选机的简图

1—给矿；2—圆筒电极；3—筛网电极；4—低介电常数(<K)矿粒；5—介电常数为 K 的介电液体；6—高介电常数(>K)矿粒；7—分隔板

(2)高梯度电选机

类似于高梯度磁选机，高梯度电选机采用介电体纤维在电场中被极化而产生的极化力，以提高电场梯度，进而提高作用在矿粒上的电场力。

图 16 - 26 为周期式高梯度电选机的结构简图。分选罐中装有绝缘的介电液体，罐中所用介电体为玻璃纤维、球或棒状钛酸盐、陶瓷纤维等。

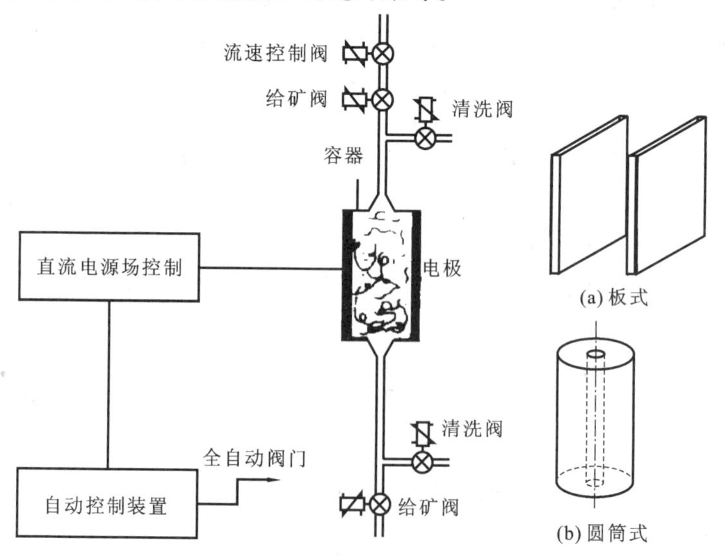

图 16 - 26　周期式高梯度电选机的结构简图

高梯度电选机工作时，两极板接通电源后，介电体纤维被极化，两端出现正、负电荷，形成梯度很高的单元电场，从而产生很大的电场力，捕集矿粒，而捕集的矿粒所产生的聚电效应又建立了新的捕集点。研究表明，在高梯度电选机中，矿粒受到的电场力可达到自身重力的 50 ~ 150 倍。一旦中断电源，被捕集在纤维或球体表面的矿粒就能立即被冲洗掉。

16.5　电选过程的影响因素

电选机虽然结构简单，但电选过程却是既敏感又复杂，其主要影响因素有电场参数、电极尺寸、机械因素、物料性质和给料条件等。

16.5.1　电场参数的影响

电场参数主要指电压、电极极性和电极位置。

电选过程中电压的高低，是直接影响分选效果的重要因素。因为电压直接关系到电场强度，电压愈高，电场强度愈大，所以电极电压的高低，将影响矿粒经历电选时所受电力作用的大小。实践证实，当电压太低时，某些矿物不能分选或难以分选；电压太高时又会影响导体矿物颗粒的回收率。

电选时所需电压的高低，除了取决于待选物料本身的电性质外，还和物料粒度有关。粒度粗，所需电压较高；粒度细，所用电压可低些。选择适宜的电压，是实现电选的基本条件。电压的调节，是电选过程的基本操作因素。

对矿石进行电选时，必须正确选择高压电极的极性，若极性选择不当，会严重影响分选效果，甚至电选过程根本无法进行。

电极位置是指电晕电极的位置角、静电极的位置角以及两电极到接地辊筒表面的距离、电晕电极与静电极之间的距离。

电晕电极的位置角 α 和电晕电极到接地辊筒表面的距离发生变化时，能够改变电晕电场的范围和电晕电流的大小，而电晕电流的大小，又是影响分选过程的关键。图 16－27 展示了电晕电极的位置角 α 对辊筒表面不同位置处电晕电流的影响。

由图 16－27 可见，由于电晕电极位置角 α 的变化，使最大电晕电流值在辊筒表面上的位置也发生了变动，并且随着位置角 α 的增大，电晕电场的位置相应地下移；电晕电流的峰值，恰好出现在与电晕电极距离最近的辊筒表面处。

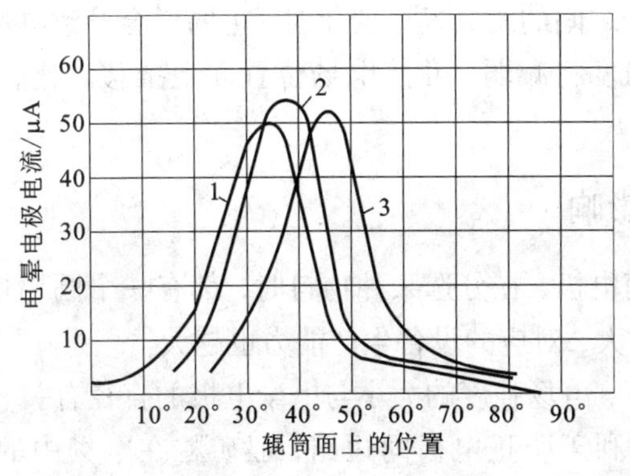

图 16－27　电晕电极的位置角 α 与辊筒表面电晕电流的关系

1—位置角 $\alpha = 35°$；2—位置角 $\alpha = 38°$；3—位置角 $\alpha = 45°$

图 16－28 是反映电晕电极到辊筒表面距离改变时，辊筒表面电晕电流的变化情况。由图 16－28 可看出，电晕电极距离的大小，既影响电晕电场的强度，也影响电晕电场的范围。随着距离的减小，电晕电场强度增大，并且范围也拓宽。

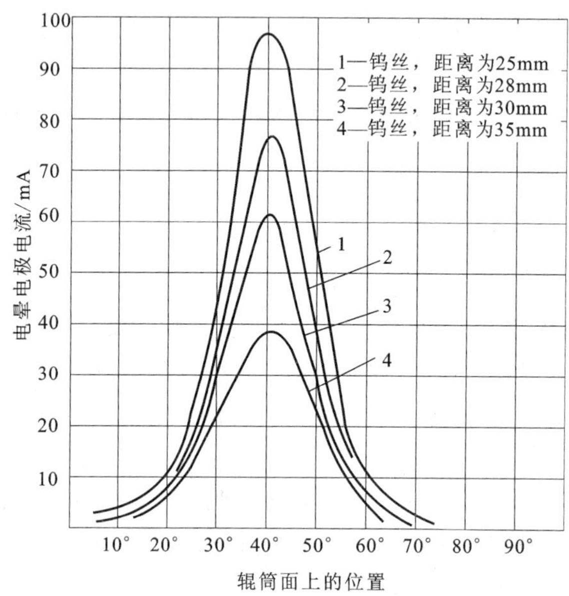

图 16－28　电晕电极的距离对辊筒表面电晕电流的影响

一般来说，电晕电极到辊筒表面的距离为 20～45 mm，而其位置角 α 为 15°～25°。适宜的位置角和电晕电极距离必须通过试验确定。

通常情况下，静电极到辊筒表面的距离和位置角的变化，能引起静电场的电场强度和电场梯度的改变。静电极到辊筒表面的距离愈小，静电场强度愈大，对矿粒的作用力也就愈强。静电极到辊筒表面距离的变化与改变电压的效果不同，改变电压时，电晕电场和静电场同时发生变化，而改变静电极到辊筒表面的距离，只对静电场起作用，仅改变矿粒在静电场中所受的电力。为了避免发生火花放电，静电极到辊筒表面的距离一般为 20～45 mm，它的位置角在 30°～90°的范围内。

当电晕电极与静电极之间的距离发生变化时，也同样会导致电场的位置发生改变。随着两极间距的减小，电场强度将减弱，并使电场位置向上推移。比较适宜的两极距离一般为 15～20 mm。

16.5.2　电极尺寸的影响

不同直径的接地辊筒电极，在分选某种物料时，都有一个圆周速度的上限值，在辊筒直径一定时，辊筒的长度越大，对应的设备生产能力也越大。

在一定的电场条件下，电场强度的大小与电晕电极的直径有关。随着电晕电极直径的增大，电场强度降低，这有利于防止电极间短路，但矿粒在电场中的荷电量减少，影响分选效果。

静电极直径的大小，影响着静电场的作用范围及电场力的强弱。直径增加，静电场力增大，静电场的作用范围也相应扩大。

16.5.3 机械因素的影响

影响电选过程的机械因素主要指辊筒的转速及分隔板的位置。由矿粒在电场中的受力情况可知，矿粒在充电过程中所得到的有限电荷，决定了矿粒被吸附在辊筒表面上的作用力。作用在矿粒上的机械力除重力之外就是离心惯性力。改变离心惯性力的大小，也就可以改变作用在矿粒上的合力大小，必然影响到分选的效果，因而对辊筒的转速必须予以控制。

辊筒转速加大，作用于矿粒上的离心惯性力增强，同时，矿粒经历电晕放电区的时间缩短，荷电量下降，从而使导体产物的产率增加，非导体产物的产率降低。反之，若辊筒转速太低，将导致导体矿粒在非导体产物中的混入量升高，同时设备的处理能力急剧下降。可见，对不同粒级的物料，存在相应的最佳辊筒转速。一般来说，处理粗粒级矿石时，辊筒的转速可小些；处理细粒级矿石时，辊筒的转速可适当大一些。若原料中大部分为非导体矿物，为了提高非导体产品的质量，选用的辊筒转速可大些；若原料以导体矿物为主，为了提高导体产物的质量，就应适当降低辊筒的转速。

产品分隔板的位置，影响到产物的产率和质量。这与其他选矿过程（如磁选等）中产品的分隔板的作用是相同的。为了保证电选的分选指标，在实际工作中，适当地选择前后分隔板的位置是十分重要的。分隔板合适位置的确定，应从产品质量、回收率和产率分配等方面统筹考虑。

16.5.4 物料性质的影响

影响电选过程的物料性质主要指矿物的电性和物料的粒度及其粒度组成，而矿物的电性又取决于它本身的组分和表面性质。

矿石中的水分，不但能改变矿石的表面电阻，降低矿粒之间导电率的差别，而且还能使非导体矿物微粒黏附于导体矿粒上，或导体矿物微粒黏在非导体矿粒上，严重干扰电选过程的正常进行。因此，对矿石进行电选前需要预先干燥，清除矿粒的表面水分。

电选实践证实，物料选前加温，不但可消除矿石表面的水分，而且对某些矿物而言，加温后还能直接影响到其本身电性的变化。矿石加温的温度，根据被选矿石的粒度和性质确定。据资料介绍，电选金刚石时，加热温度过高，会使部分金刚石的晶格受损，使其电导率改变，这部分金刚石则难以回收。

性质不同的矿粒，其表面具有不同的吸湿性，所以空气湿度的变化，往往会引起矿石表面水分的变化，进而影响电选的技术指标。因此，为了提高电选的技术指标，还可以在电选前对矿石进行表面处理，以改变其表面性质。对矿石进行表面处理通常包括两个方面，一是酸处理，即用酸清洗矿石表面的铁质和其他污染物，使本来的表面显露出来；二是添加其他药品，使药剂和矿石表面生成新的表面化合物，或减少矿粒之间的黏附作用，使矿粒彼此解脱。一般在水中对矿石表面进行药剂处理，有时也采用干式处理，即将矿石与固体药剂混合后加热，使药剂蒸发并吸附在矿石表面。进行湿式处理后，必须将矿石烘干。

电选的给矿粒度必须合适。因为作用在矿粒上的机械力（主要是重力和离心惯性力），要促使矿粒离开辊筒，在一定辊筒转速下，若矿粒粒度过大，为使矿粒吸附在辊筒上就需要相应地增加电力（吸力）。然而，在特定的设备上，电力的调整幅度是有限度的。因此，目前矿石电选的给矿粒度绝大部分情况为3～0.05 mm。

16.6 电选的应用

16.6.1 钨矿物与锡石的电选分离

某钨矿石选矿厂产出的黑、白钨粗精矿含 WO_3 67.5%、Sn 1.86%、As 1.05%、S 0.86%，需通过精选除去 Sn、As、S 等杂质，并分选出黑钨矿精矿和白钨矿精矿。为此选矿厂将粗精矿分为 -0.85 +0.33 mm、-0.33 +0.18 mm 和 -0.18 mm 3 个粒级，用不同的工艺流程分别处理。其中 -0.33 +0.18 mm 粒级经浮选脱硫和砷后，用电选和强磁选处理，其流程如图 16 -29 所示，获得的技术指标列于表 16 -9 中。

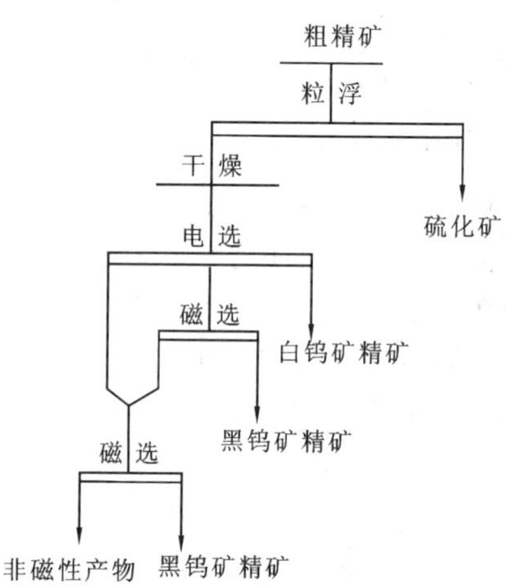

图 16 -29 某含锡粗钨精矿的精选流程图

表 16 -9 -0.33 +0.18 mm 粒级的分选结果

产品名称	产率/%	品位/%				回收率/%
		WO_3	Sn	As	S	
硫化矿	4.21	38.24	痕量	22.43	18.39	2.45
白钨矿精矿	78.40	69.45	0.09	0.04	0.03	82.74
黑钨矿精矿	3.41	67.53	0.13	0.23	0.18	3.50
非磁性产物	13.98	53.24	12.77	0.50	0.32	11.31
给料	100	65.80	1.86	1.05	0.85	100

表 16 -9 中的数据表明，电选除 Sn 效果很好，在给料含 Sn 1.86% 的条件下，精选后白钨矿精矿含 Sn 0.09%，除 Sn 率高达 96.21%；黑钨矿精矿含 Sn 0.13%，白钨矿精矿和黑钨矿精矿的 WO_3 含量都有明显提高。与此同时，锡在非磁性产品中得到了富集。

16.6.2 钛铁矿和金红石的电选

钛铁矿和金红石绝大多数来自海滨砂矿及陆地砂矿，次之为原生矿。海滨砂矿多半含有钛铁矿、金红石、独居石和锆石等多种有用矿物，粗选流程比较简单，但精选流程却相当复杂。电选在海滨砂矿的分选工艺中往往起着重要作用。

澳大利亚的海滨砂矿床主要分布在东海岸和西海岸。东海岸的矿石比较松散，粒度比较均匀，原矿含泥量少，钛铁矿、金红石、锆石、独居石等高密度矿物的含量介于 0.3% ~ 5.0% 之间，平均含量为 0.6% ~0.7%；脉石矿物为石英、长石、电气石和石榴子石等；主要回收矿物为金红石、锆石和独居石；钛铁矿含铬过高（TiO_2 的含量只有 38% ~42%），目前尚无法利用。西海岸的矿石比较坚硬，粒度不均匀、含泥较多，但高密度矿物的平均含量高达 15% ~17%，最高可达 50%；钛铁矿约占高密度矿物的 70%，其中的 TiO_2 含量高达 54% ~

60%；其他高密度矿物为白钛石、金红石、锆石、独居石和磷钇矿等，主要回收矿物为钛铁矿，综合回收金红石、锆石、独居石和磷钇矿。

选矿厂采用的粗选设备主要是圆锥选矿机和螺旋溜槽，重选粗精矿中高密度矿物的回收率一般为 85% ~90%，高密度矿物的含量在 90% 以上。东海岸海滨砂矿重选粗精矿的组成为：金红石 40%、锆石 40%、钛铁矿 10%、其他矿物 10%。西海岸海滨砂矿重选粗精矿的组成为：钛铁矿 70%、金红石 10%、锆石 10%、其他矿物 10%。粗精矿经旋流器脱水和自然干燥后，用汽车运到精选厂进行精选。

重选粗精矿精选厂采用湿选和干选两种工艺流程。给入干选流程的粗精矿，预先用回转窑加热至 190 ~220℃，使其干燥，具体的分选工艺流程如图 16 –30 所示，其特点是：

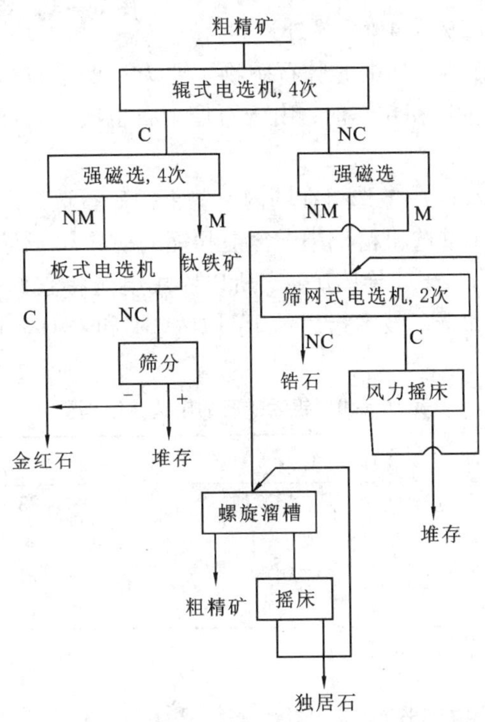

图 16 –30 澳大利亚矿产有限公司(MDL)海滨砂矿干式精选原则流程图

C—导体产物；NC—非导体产物；M—磁性物；NM—非磁性物

(1)用高压辊式电选机多次分选，产出导体和非导体两种产品，金红石和钛铁矿进入导体产品中，锆石和独居石进入非导体产品中；

(2)辊式电选机的导体产品和非导体产品分别用强磁场磁选机分出钛铁矿和独居石，独居石用螺旋溜槽和摇床进一步精选；

(3)两种非磁性产品金红石和锆石分别用板式电选机和筛网式电选机精选，在锆石的分选过程中还使用了风力摇床。

16.6.3 钽铌矿石的电选

含钽和铌的矿物有很多种，其中以钽含量比较高的钽铌铁矿更有意义。据估计，全世界钽铌精矿的年产量已超过 1000 t。含钽和铌的矿物并不是都能用电选进行分离，只有钽铁矿、重钽铁矿、钽铌铁矿、锰钽铁矿、钛铌钽矿、钛铌钙铈矿和铌铁矿等导电性较好，能在电选中作为导体分出，而烧绿石、细晶石等则属不良导体，不能用电选分离。

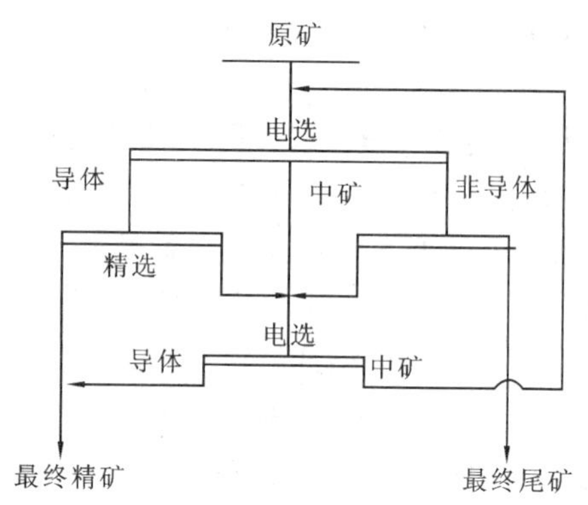

图 16－31　钽铌矿石的电选流程图

中国钽铌矿的资源较多，一部分为伟晶花岗岩原生矿床，一部分为伟晶花岗岩风化矿床和砂矿床。钽铌矿石大都先采用重选（摇床）富集成粗精矿，然后用磁选和电选处理，获得钽铌精矿。

在中国，钽铌原生矿经重选后所得粗精矿的品位（$Ta_2O_5 + Nb_2O_5$）为 2% ～4%，另外还含有黄铁矿、电气石和泡铋矿等，其中的脉石矿物主要为石榴子石，其次为石英、长石和云母等。采用强磁选处理钽铌重选粗精矿时，由于石榴子石也属弱磁性矿物，其磁性与钽铌矿相近，很难将它们有效分离。

DXJϕ320 mm × 900 mm 高压电选机在国内一些钽铌矿石选矿厂中得到了应用，普遍获得了良好效果。这是因为，在重选粗精矿中，含钽和铌的矿物属于导体矿物，而石榴子石、石英、长石、云母和锆石等均属于非导体矿物，所以能用电选将它们有效分离。用高压电选机分选钽铌矿石的工艺流程和选矿技术指标示于图 16－31 和表 16－10 中。

表 16－10　钽铌矿石的电选技术指标

产物名称	产率/%	品位（$Ta_2O_5 + Nb_2O_5$）/%	回收率/%	备注
精矿	6.31	43.21	83.01	原矿是重选后所得的粗精矿
中矿	7.21	2.71	5.71	
尾矿	86.37	0.44	11.28	
合计	100.00	3.30	100.00	

16.6.4　黑色金属矿石的电选

实验研究表明，用卡普科高压电选机对赤铁矿（特别是镜铁矿）、磁铁矿、假象赤铁矿等导电性较好的铁矿物进行电选是比较有效的，而对褐铁矿、针铁矿等则不适用。

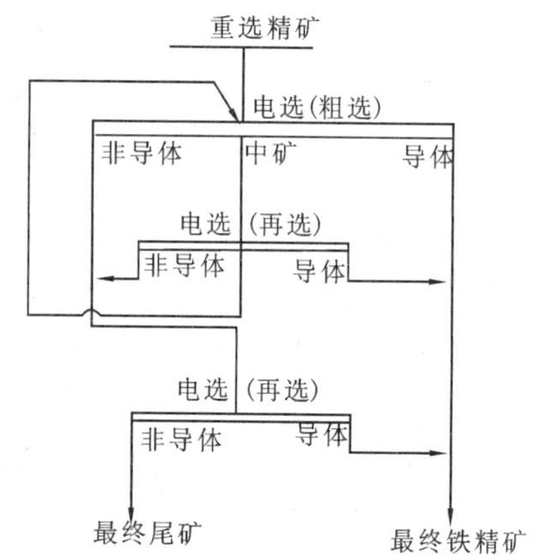

图 16－32　加拿大瓦布什铁矿石选矿厂的电选流程图

在加拿大瓦布什铁矿石选矿厂，原矿（赤铁矿石）经破碎、磨矿，粉碎至 －0.56 mm后进行重选。重选所得的铁精矿经过干燥后，进行电选，获得的最终铁精矿含杂质很低。所用的电选设备为卡普科高压电选机，其工艺流程如图 16－32 所示，生产能力为 20000 t/d。重选精矿含 Fe 65.0%、SiO_2 5.0%、Mn 5.0%；选出的最终铁精矿的产率为 92.24%，含 Fe 67.5%、

SiO_2 2.0%、Mn 1.0%；最终尾矿的铁品位为 15.0%。

习题

1. 使矿物在电场中带电的常用方法有哪几种？各自的带电原理如何？
2. 矿物在电场中受到的电场力和机械力有哪些？是如何使不同矿物分离的？
3. 简述鼓筒式电选机的主要结构及工作原理。
4. 影响电选的因素有哪些？

图书在版编目(CIP)数据

矿物物理分选/魏德洲主编. --长沙：中南大学出版社，2019.2

ISBN 978-7-5487-0270-2

Ⅰ.①矿… Ⅱ.①魏… Ⅲ.①分选工艺 Ⅳ.①TD92

中国版本图书馆CIP数据核字(2011)第088098号

矿物物理分选

KUANGWU WULI FENXUAN

魏德洲 主编

□责任编辑 史海燕 胡业民

□责任印制 易红卫

□出版发行 中南大学出版社

社址：长沙市麓山南路 邮编：410083

发行科电话：0731-88876770 传真：0731-88710482

□印 装 长沙印通印刷有限公司

□开 本 787×1092 1/16 □印张 18.75 □字数 474千字

□版 次 2019年2月第1版 □2019年2月第1次印刷

□书 号 ISBN 978-7-5487-0270-2

□定 价 56.00元